普通高等教育“十一五”国家级规划教材

工程水文及水利计算

（第二版）

武汉大学 雒文生 宋星原 主编

内 容 提 要

本书在第一版的基础上，与时俱进，较全面地反映了当今水文水利计算科学的新进展，更具科学性、实践性，能更好地满足我国水利建设的需要。全书共十四章，内容包括：水文观测及其资料收集，水文统计基本原理与方法，年径流分析与计算，水文过程随机模拟，由流量资料推求设计洪水，流域产汇流计算，河流泥沙计算，水文预报，水库兴利调节计算，防洪计算和调度等。每章都配有复习思考题和习题，并增设了两个课程设计。

本书为普通高等教育“十一五”国家级规划教材，可供水利类非水文的其他专业使用和水利工程技术人员参考。

图书在版编目（CIP）数据

工程水文及水利计算 / 雒文生，宋星原主编. -- 2版. -- 北京 : 中国水利水电出版社，2010.4(2023.1重印)
普通高等教育“十一五”国家级规划教材
ISBN 978-7-5084-7445-8

Ⅰ. ①工… Ⅱ. ①雒… ②宋… Ⅲ. ①水利工程－水文计算－高等学校－教材②水利工程－水利计算－高等学校－教材 Ⅳ. ①TV12

中国版本图书馆CIP数据核字(2010)第074467号

审图号：GS（2010）164号

书　名	普通高等教育“十一五”国家级规划教材 **工程水文及水利计算（第二版）**
作　者	武汉大学　雒文生　宋星原　主编
出版发行	中国水利水电出版社 （北京市海淀区玉渊潭南路1号D座　100038） 网址：www.waterpub.com.cn E-mail：sales@mwr.gov.cn 电话：（010）68545888（营销中心）
经　售	北京科水图书销售有限公司 电话：（010）68545874、63202643 全国各地新华书店和相关出版物销售网点
排　版	中国水利水电出版社微机排版中心
印　刷	天津嘉恒印务有限公司
规　格	184mm×260mm　16开本　20.5印张　486千字
版　次	1992年11月第1版　1992年11月第1次印刷 2010年5月第2版　2023年1月第8次印刷
印　数	16431—18430册
定　价	**56.00**元

第二版前言

本教材第一版的名称为《河流水文学》，是为河流泥沙及治河工程专业而编写的，根据该专业的特点和要求，把水利计算作为水文学的延伸与应用，即将水文和水利计算有机地融合在一起。这一概念得到非水文专业的水文教学工作的普遍认同，因此该书在实际教学中，得到水利类非水文的其他专业广泛应用。为明确起见，此次作为普通高等教育“十一五”国家级规划教材再版时，更名为《工程水文及水利计算》。

此次再版，系在原教材基础上，与时俱进，较全面地反映了当今水文水利计算科学的新进展，使该书更具科学性、实践性，能更好地满足我国水利水电建设的需要进行编写的。全书共分十四章，内容包括：水文观测及其资料收集，水文统计，年径流分析与计算，水文过程随机模拟，由流量资料推求设计洪水，流域产汇流计算，河流泥沙计算，水文预报，水库兴利调节计算，防洪计算和调度等。为更好地适应教学需要，每章都配有复习思考题和习题，并增设了两个课程设计。

本教材由武汉大学雒文生、宋星原主编。雒文生编写第一、第二章和第六～第十章，及对全书统稿，宋星原编写第十一～第十四章，赵英林编写第三～第五章及课程设计一、二。在编写中，引用了一些有关院校、生产单位和科研单位编写的教材及技术资料，编者在此一并致谢。

本教材结合国内外水文水利计算科学进展和原教材使用经验，内容在较大程度上有所更新。限于作者水平，书中缺点和错误在所难免，诚恳希望读者提出批评和意见。

编　者

2009 年 12 月于武汉

第一版前言

本教材系根据1988年11月在武汉召开的全国高等学校水利水电类专业教学委员会水文教学组扩大会议制定的教材出版规划，为河流泥沙及治河工程专业而编写的。全书共分15章，主要包括水文测验及资料收集，水文统计，年径流分析计算，水文过程的随机模拟，流域产汇流分析，设计洪水推求，河流泥沙及水质计算，水文预报，水库兴利，防洪计算和调度等。

本教材由武汉水利电力学院雒文生主编。雒文生编写第一、第二章和第七～第十二章；本院张国庆编写第六章，第十三～第十五章；本院赵英林编写第三～第五章。编写中，引用了一些有关院校、生产单位和科研单位编写的教材及技术资料，编者在此一并致谢。

本教材由河海大学詹道江教授主审。从制定教材编写大纲到教材试用稿，主审人都作了认真审查，并提出了宝贵意见。编者在此基础上，综合多次试用的经验和许多同行专家的建议，对初稿进行了较大的修改和补充，使本教材的终稿更加完善。编者对他们的帮助深表感谢。

最后，我们诚恳希望读者对本书的缺点和错误提出批评意见，以便今后进一步修正和完善。

编　者

1991年3月于武汉

目　录

第一章 绪 论

第一节 工程水文及水利计算研究内容及在国民经济建设中的作用

本书包括两方面的内容，一是工程水文学；二是水利计算。前者主要研究水文变化规律，为后者提供工程设计的水文依据；后者则是根据前者规划设计水工程的规模、运用方式等。两者紧密结合，形成一个有机的整体，即工程水文及水利计算。

大气中的水汽，地球表面的江河、湖泊，沼泽、冰川、海洋以及地下水等，都是以一定形式存在于自然界的水体。广义的水文学就是研究自然界中这些水体的运动、变化和分布规律的科学。因此，按照水体所处的位置和特点的不同，水文学可分为水文气象学、河流水文学、湖泊水文学、沼泽水文学、海洋水文学（海洋学）、地下水文学等。从应用的角度说，水文学有许多实际用途，运用水文学的理论和方法，为国民经济建设，如水利水电工程、工业和城镇建设工程、交通运输工程、农业建设工程、水土保持工程等提供水文设计数据和水文预报等，为工程设计、施工和管理服务，则称为工程水文学。

工程水文学的内容主要包括：①水文测验和资料整编，为水文、水利计算提供系统的完整的水文资料；②水文实验，包括室内的与野外的，主要通过试验区域详细、深入、系统的研究水文变化的物理机制与变化规律；③水文学基本概念与原理，研究水文循环、水量平衡、径流形成规律和统计规律；④水文分析与计算，包括设计年径流、设计洪水、河流泥沙等，为工程规划设计提供水文依据；⑤水文预报，预报未来短期和长期将要出现的水文现象，如洪水预报、枯水预报、沙情预报、冰情预报等，使有关部门及早作好防汛抗旱和工程合理调度等准备，将灾情降到最低，效益尽可能提高。

水利计算是指在水资源系统开发利用中对河流等水体的水文情况、国民经济各部门用水需求、径流调节方式和经济论证进行分析计算，以便确定建筑物的规模和运行规程，同时也为各种水资源工程的投资和效益、用水部门工作的保证程度和工程修建后的结果作经济分析、综合论证提供依据。水利计算主要包括兴利（如灌溉、发电等）计算和防洪计算，以确定工程规模（如库容大小、装机多少等）和运用方式。

水利水电工程从兴建到运用，一般要经历规划设计，施工和运用管理三个阶段，每个阶段都要进行水文水利计算，以适应各阶段的需要。

1．规划设计阶段

这个阶段主要是确定工程的位置、规模，例如一条河流，在何处布设何种工程合适，各工程的规模选择多大为宜，如何运用最为有利。要使它们确定得经济合理，关键在于正

确预计将来工程运用期间可能出现的各种水文情况。例如设计水库时，若把河流的洪水估算过大，据以设计的库容就会偏大，从而造成浪费；反之，洪水估算过小，设计的库容小了，将会危及工程本身和下游人民的安全。在多沙河流上修建水利水电工程，还需要估算水库及引水工程的淤积，以便采取措施延长工程使用寿命。规划设计阶段水文水利计算的任务主要是为工程设计提供水文数据，如设计年径流、设计洪水，设计来沙量等，在此基础上通过水利计算，确定工程规模和运用方式。

2. 施工阶段

此阶段需要确定临时性水工建筑物，如围堰、导流隧洞和明渠等的尺寸，为此要求计算施工期设计洪水，经调洪演算定出围堰高程和导流洞或渠道的断面。另外，还要提供中、短期径流预报，为防洪抢险和截流做好前期工作。

3. 运用管理阶段

在这一阶段，特别需要通过水文预报，预知未来的来水量大小，以便合理调度，充分发挥工程效益。例如在正确的洪水预报指导下，可以在大洪水来临之前预泄，腾出一部分兴利库容拦蓄洪水，从而增加水库及其下游的安全；在洪水结束之前，保证安全的条件下，又尽可能地多拦蓄一部分尾部洪水，以增加发电、灌溉效益。除此之外，随着工程运用期间水文资料的不断积累，还要经常地复核和修正原来计算的水文数据，改进调度方案或对工程实行扩建、改建。

水文水利计算，不仅对水利水电工程建设有巨大的作用，而且对许多国民经济部门也是非常必要的。例如，铁路公路桥涵，航运码头、城市给排水等的设计和管理都离不开水文计算、水文预报和水利计算，该学科在国民经济建设中的作用将越来越重要。

第二节　水文现象基本规律及其研究方法

水文现象多种多样，如自然界的降水、蒸发、下渗、径流、泥沙等，变化千差万别，但都遵循一些基本规律，并由此形成一些广泛采用的水文分析计算方法。

一、水文现象的基本规律

1. 水文现象的确定性规律

水文现象同其他自然现象一样，具有必然性和偶然性。在水文学中通常按数学上的习惯，称前者为确定性、后者为随机性。

众所周知，河流每年都具有洪水期和枯水期的周期性交替，冰雪水源河流则具有以日为周期的流量变化，产生这些现象的基本原因是地球公转和自转的周期性变化。在一条河流上降落一场暴雨，相应地就会出现一次洪水。如果暴雨强度大、历时长、笼罩面积广，产生的洪水就大；反之，则小。显然，暴雨与洪水之间存在着因果关系。这些说明：水文现象的变化都具有客观发生的原因和具体形成的条件，其变化过程都有一定的前因后果关系，存在确定性的变化规律，也称成因规律。如水文周期性规律、水文循环规律、水量平衡原理、水动力学原理、产汇流原理等。但是，影响水文现象的因素极其错综复杂，其确定性规律常不能完全用严密的数理方程表达出来，于是，在一定程度上又表现出非确定性，称随机性。例如，根据雨洪产汇流原理进行洪水预报，尽管能取得较好的效果，但由

于计算中忽略了一些次要的偶然因素的干扰，从而使预报结果表现出某种程度的随机误差。

2. 水文现象的随机性规律

河流某断面每年出现最大洪峰流量的大小和它们出现的具体时间各年不同，具有随机性。即未来的某一年份到底出现多大洪水是不确定的。但通过长期观测资料的统计分析，可以发现，特大洪水流量和特小洪水流量出现的机会很少，中等洪水出现的机会较多，多年平均值则是一个趋于稳定的数值，洪水大小和出现机会之间形成一个确定的分布，即每一洪水数值都对应一个相应的出现几率，这就是所说的随机性规律，因为要掌握这种规律，常常需要由大量的资料统计分析出来，因此也常称统计规律。

3. 水文现象的地区性规律

某些水文现象受气候因素，如降水、蒸发、气温等制约，而这些气候因素是具有地区性规律的，所以这些水文现象在一定程度上也具有地区性规律。例如我国的多年平均降水量自东南沿海向西北内陆逐渐减少，从而使河川多年平均径流深也呈现出同样的地区性变化，它综合地反映了确定性规律和统计规律。

二、水文研究的基本方法

根据上述水文现象的基本规律，其研究方法相应地分为以下三类。

1. 成因分析法

如上所述，水文现象与其影响因素之间存在着成因上的确定性关系。通过对实测资料和实验资料的分析研究，可以从水文过程形成的机理上建立某一水文现象与其影响因素之间确定性的定量关系。这样，就可以根据过去和当前影响因素的状况，预测未来出现的水文现象。这种利用水文现象确定性规律来解决水文问题的方法，称为成因分析法，它在水文分析和水文预报中得到了广泛应用。

2. 数理统计法

根据水文现象的随机性，以概率理论为基础，运用频率计算方法，可以求得某水文要素的概率分布，从而得出工程规划设计所需要的设计水文特征值。利用两个或多个变量之间的统计关系——相关关系，进行相关分析，以展延水文系列或做水文预报。

为了获得水文现象的随机过程，近代又提出了一种随机水文学方法。

3. 地区综合法

根据气候要素和其他地理要素的地区性规律，可以按地区研究受其影响的某些水文特征值的地区变化规律。这些研究成果可以用等值线图或地区经验公式表示，如多年平均径流深等值线图、洪水地区经验公式等。利用这些等值线或经验公式，可以求出资料短缺地区的水文特征值。这就是地区综合法。

以上三种研究方法，在实际工作中常常结合使用，相辅相成，互为补充，以期计算成果合理可靠。

第三节　我 国 的 水 资 源

水资源通常指陆地上某一区域平均每年可以提供的淡水径流量，而大气降水量则是它的补给来源，后者又称为毛水资源量。根据2001年出版的《中国可持续发展水资源战略研究综合报告及各专题报告》，在我国960万km^2的土地上，多年平均年降水量约61900亿m^3，折合平均年降水深为648mm，该值低于全球陆面799mm和亚洲陆面741mm的多年平均年降水深。全国河流多年平均年水资源量为28124.4亿m^3，折合径流深294.6mm。全国水力资源蕴藏量为6.29亿kW，其中可供开发利用的为3.81亿kW。

我国的水资源量与世界各国比较，仅次于巴西、苏联、加拿大、美国和印度尼西亚，居世界第六位。但按人口、耕地面积平均，则处于较低的水平。我国人均水资源量，按1998年总人口12.48亿计算，只有2263m^3，相当于世界人均水资源量的1/4；亩均水资源量只有1900m^3，约为世界亩均水资源量的80%，可见，我国的水资源并不富裕。同时，我国的水土资源组合极不平衡，全国有45%的国土处于年降水量少于400mm的干旱少水地带。长江流域及其以南地区的径流量占全国的81%，耕地只占全国的35.9%；北方黄淮海及东北地区，径流量只占全国的14.4%，而耕地却占全国的58.3%。我国水资源不仅在地域上分布很不均匀，南北水土资源组成相差悬殊，而且年内、年际分配也极不均匀，大部分地区年内连续4个月降水量占全年的70%左右，水资源总量2/3左右是洪水径流；水资源年际变化也很大，许多河流发生过3～5年的连丰、连枯期，如黄河在1922～1932年连续11年枯水，1943～1951年连续9年丰水，造成水旱灾害频繁发生。随着人口和工农业的发展，导致水土流失和水体污染的问题也日益突出。目前全国水土流失面积约为156万km^2，占国土面积的1/6左右，平均每年流失泥沙约50亿t，造成湖泊水库淤积，河床堵塞，洪水灾害加剧，水资源利用能力降低。关于水污染，1998年对全国11.97×10^4km评价河段的水质资料统计，Ⅰ、Ⅱ、Ⅲ类水河长占总评价河长的59.3%，Ⅳ类、Ⅴ类和超Ⅴ类水河长达4.87×10^4km，占评价总河长的40.7%，表明我国已有超过2/5的河流受到比较严重的污染，不少地方造成水质型缺水，使本来已经比较紧缺的水资源更为紧张。因此，合理使用水量、防止水污染已是水资源保护的重要任务。

第四节 我国水文事业的发展

水文科学和其他科学一样，随着人类生产建设的发展，在实践中逐步形成和成熟起来。古代，我国很早就在《山海经》等著作中对河流洪水、径流变化、冰情等做过记载和描述。425年（明仁宗洪熙元年）正式颁布了测雨器制度，但后来由于半封建半殖民地的旧中国生产停滞，发展极其缓慢，致使我国的近代水文科学在19世纪末才开始。例如1865年才在汉口观测水位，1912年成立江淮水利局，在淮河测验水位流量，至1949年新中国成立的时候，全国仅有水文、水位、雨量站353个。新中国成立后，随着水利建设的蓬勃发展，我国的水文事业也迅速发展起来，并取得了巨大的成就。这里仅就以下三个方面作一简要介绍。

一、水文观测与资料收集

1949年新中国成立时，全国仅有水文站148个、水位站203个、雨量站2个。到1978年时，全国水文部门共有水文站2922个、水位站1320个、雨量站13309个、水质站800个、实验站33个，至2008年底，全国已有水文测站37436个、水位站1244个、

雨量站14602个、水质站5668个、地下水监测站12683个、蒸发站17个，实验站51个。测站现代化建设上，建成了测流缆道2162座、水文测船849艘、专用巡测车近300辆、配备多普勒测流设备AD－CP 341台、全站仪481台、GPS全球卫星定位系统486套以及多波束测深系统等，水文自动测报系统300余处，自记水位站2000余个，其中遥测的1000多处，7000多个固态存储雨量观测设备。目前，已建成了覆盖全国主要江河水系、布局基本合理、功能比较完善、监测项目比较齐全的水文站网体系。观测资料按流域进行整编刊印，1989年共计刊印水文年鉴2277册，(后因故停刊，2007年又全面恢复)，还调查整理了6000多个河段的历史特大洪水资料，由各省汇编出版，较好地满足了水利建设和经济社会发展对水文信息的需求。

二、水文水利计算

多年来水文部门、规划设计部门和研究部门共同协作，进行了大量的水文统计分析工作，各地都编制出了水文特征统计表、水文手册、水文图集等。1981年颁发了《水利水电工程设计洪水计算规范》，1983年颁发了《水利电力工程水利动能设计规范》、1995年颁发了《水利水电工程水文计算规范》，1975年以后，全国开展可能最大暴雨研究，编制了《全国24小时可能最大暴雨等值线图》、《暴雨洪水查算图表》，1980年起，开展全国水资源调查评价工作，编制了《中国水资源初步评价》，2000年又开始第二次全国范围的水资源调查和评价工作。2005年起，为解决水库防洪与兴利的矛盾，实现洪水资源化，在许多大型水库开展汛限水位设置与控制运用研究，尤其汛限水位动态控制研究，在确保水库安全的条件下，大大提高已建水库的综合效益。

三、水文预报

中华人民共和国成立以来，针对防汛抗旱的需要，水文预报工作从无到有已经逐步发展起来。目前全国建立了125个水情分中心，自动测报站6385个（约占报汛站总数的80%），长江水利委员会118个中心报汛站全部实现了自动测报。2006年建成了2M宽带网，全国7大流域机构和31个省（自治区、直辖市）的水雨情信息均可通过宽带传达到国家防办，极大地提高了信息的时效性，实现防洪抗旱异地会商、洪水预报自动测报、优化决策等的及时、快速、高效、准确。另外，水文预报的理论和方法也有很大发展，基本形成了适合我国国情的一整套水文预报方法，如新安江流域模型等。1985年颁发，2000年修订的《水文情报预报规范》，促进我国水文预报向着国际先进水平发展。

其他，我国在水文实验研究，水文地理，河床演变等方面，中华人民共和国成立以来也都取得了许多成就。

复习思考题

1－1　什么是工程水文学？它研究的主要内容有哪些？

1－2　水文学在水利水电工程建设的各个阶段有何作用？

1－3　水文现象有哪些基本规律和相应的研究方法？

第二章　气 象 与 水 文

一定区域的水文特征，如多年平均径流量、径流的年内分配和年际变化等，取决于那里的气象条件和下垫面因素，其中气象因素常常起主导作用。气象因素有气温、气压、湿度、风、降水、蒸发等；下垫面因素有河流长度、坡降和河流集水区（称流域）的面积、形状、坡度、土壤、地质、植被、人类活动措施等。本章将简要论述气象与水文的基本概念，为进一步学习打下基础。

第一节　气 象 基 本 要 素

表示大气中物理现象的物理量称气象要素，如大气的温度、气压、湿度、风、云、日照等，其中前 4 项与水文现象关系密切，称基本要素，将直接影响大气降水和蒸发。

一、气温

表示空气冷热程度的物理量称气温。空气的冷热是一种现象，它实质上是空气分子动能大小的表现。当空气获得能量时，分子的运动速度增大，动能增加，气温上升；反之，分子动能减小，温度降低。

引起大气温度变化的根本原因是太阳辐射，因此，大范围的气温变化将随季节和地区而异。气块升降中气温的绝热变化，则直接影响一个地区天气的好坏和降雨的大小。

以后会了解到，由于各种各样的原因引起气块上升或下沉。假定气块升降运动中和外界没有热量交换，即既没有热量从气块内散发出去，也没有热量从外部输入气块中来，这种情况下气块内的温度变化称绝热变化。干燥的空气上升时，高空气压低，气块上升过程中发生膨胀，对外做功，消耗内能，引起气块内的温度下降；反之，气块下降时，因低空的气压比高空大，被压缩，外力对气块做功，气块内能增加，引起温度上升。理论和实际表明，干空气绝热条件下，每上升（下降）100m，其温度将降低（增加）1℃，称此为干空气（包括非饱和的湿空气）的绝热变化直减率 γ_d。绝热条件下饱和湿空气的上升温度直减率 γ_m 将低于 γ_d，这是因为饱和湿空气上升时，随着气温下降不断有水汽凝结成水滴、冰晶，凝结时放出潜热，部分地补偿了气块上升时膨胀引起的温度降低。饱和湿空气下沉时，因温度增高而变为非饱和状态，所以它的直减率将近似于干空气的 γ_d。

气块中的水汽凝结后，如凝结的水滴、冰晶仍留在气块中与其一起运动，则称这种情况下的空气状态变化为湿绝热过程；若凝结物作为降水随时脱离气块降落到地面，则称这种情况下的空气状态变化为假绝热过程。实际上大暴雨的饱和空气上升过程比较接近假绝热状态，空气自地面至高空整层饱和，气温自地面至高空按假绝热变化降低，如图 2－1 所示，温度随高程的变化只是地面（换算至海平面）温度的函数。利用该图可由地面的饱和空气温度算出整个气柱的含水量，称可降水（具体计算见第九章）。

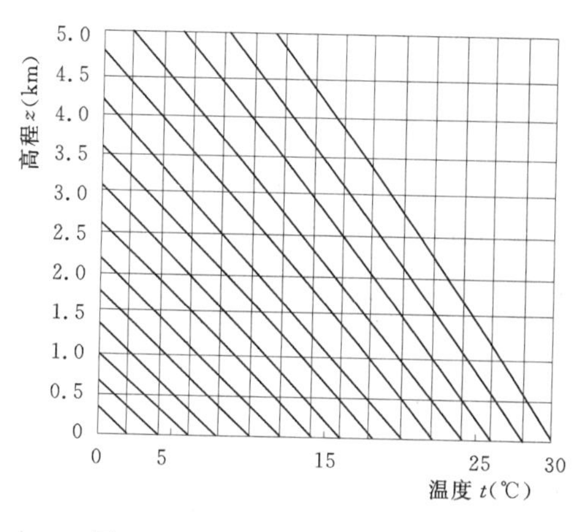

图 2-1　假绝热温度垂直分布图

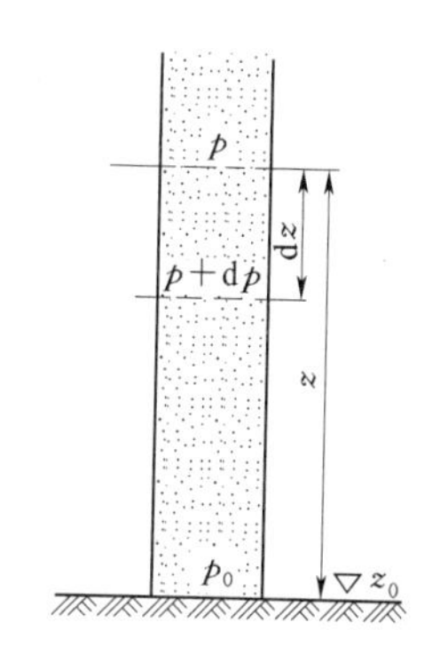

图 2-2　空气柱气压与高度关系示意图

二、气压

气压指大气的压强，可由气压计测得。大气中任一高度上的气压，等于其单位面积上所承受的从该计算高度到大气顶界（这里气压为零）的大气柱的重量，单位以 hPa 表示。标准状态下（纬度 45°，温度 0℃），海平面的气压为 1013.25hPa，常称为一个大气压。

气压随高度增加而减小，如图 2-2 所示，气压与高度的关系，可用大气静力学方程表示

$$dp=-\rho g dz \tag{2-1}$$

式中　ρ——空气密度；

g——重力加速度；

z——气柱某一截面的高程；

p——气压。

由于空气密度 ρ 不是一个常数，所以气压与高度不是线性关系。海平面以上各高度处的气压值如表 2-1 所示。

表 2-1　标准状态下海拔高度与气压的关系

海拔高度（m）	0	1000	1500	2000	3000	4000	5500	7000	9000	11600	15800
气压（hPa）	1000	900	850	800	700	600	500	400	300	200	100

因为气温等条件的变化，使得气压随时间、地点而变化。例如，即将降雨时，天气沉闷，气压低；降雨过后，气压升高，天气转晴。气压的空间分布称气压场。空间气压相等的点组成的曲面称等压面。空间等压面与地平面交割出来的等压线，如图 2-3 所示的下面部分，反映靠近地面的气压的空间变化，称地面天气图。高空的气压变化，一般

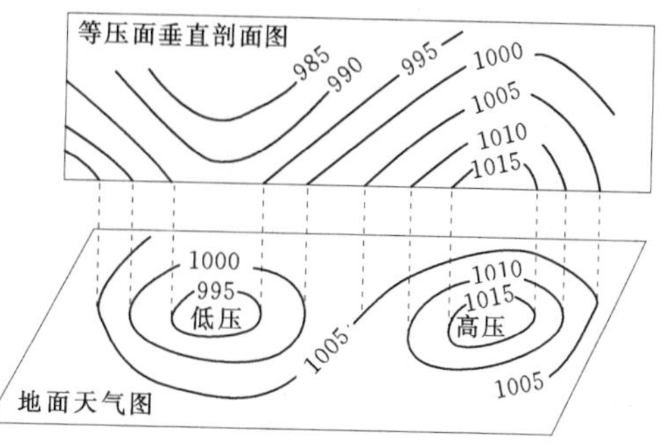

图 2-3　气压场剖面与地面天气图示意（单位：hPa）

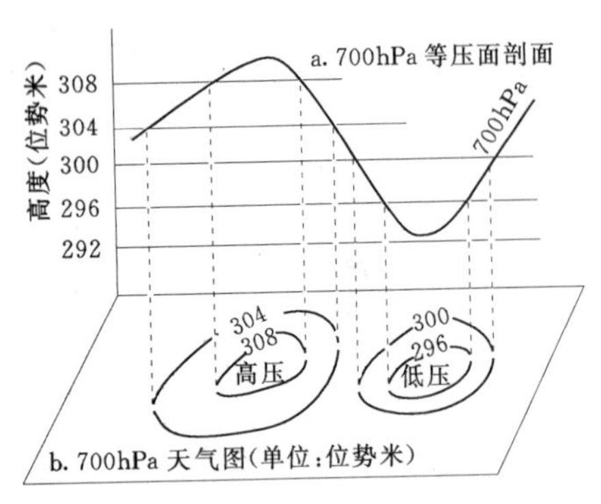

图 2-4　等压面剖面及其高空天气图示意

用空间等压面与不同高度的水平面交割出来的等高线在水平面上的投影来描述，如图 2-4 所示的下部，称高空天气图。高空天气图，依等压面的气压大小分为 700hPa、500hPa、200hPa 的高空图。地面天气图和高空天气图都反映气压场的分布情况，由式（2-1）很容易理解，等高线图上的高值区就是高压区，低值区就是低压区。气流从高压区流向低压区，低空暖湿空气辐合上升，形成云雨天气；高压区空气下沉、升温，向外辐散，形成晴朗天气。

三、风

空气的水平运动称为风，可用风速仪（板）观测，风速常以 m/s 或 km/h 计，依其自小至大的变化分为 12 级，0 级风速为 0.0～0.2m/s，1 级为 0.3～1.5m/s，…，12 级超过 32.6m/s。

大气的水平运动主要是由于各地气压不平衡引起。空气从高压流向低压形成了风，空气在流动中，受地转偏向力影响，在北半球，高空风的流向与等压线平行，以低压为中心呈逆时针方向运动，或以高压为中心呈顺时针方向运行，这种情况下的风称地转风。近地面的地方，由于运动的气流还要受到地面摩阻力的影响，风向将在一定程度上偏向低压一侧，如图 2-5 所示。低压区气流呈逆时针方向流动的同时向低压中心辐合，其流场称为气旋；在高压区，气流呈顺时针方向流动的同时向外侧辐散，其流场称为反气旋。

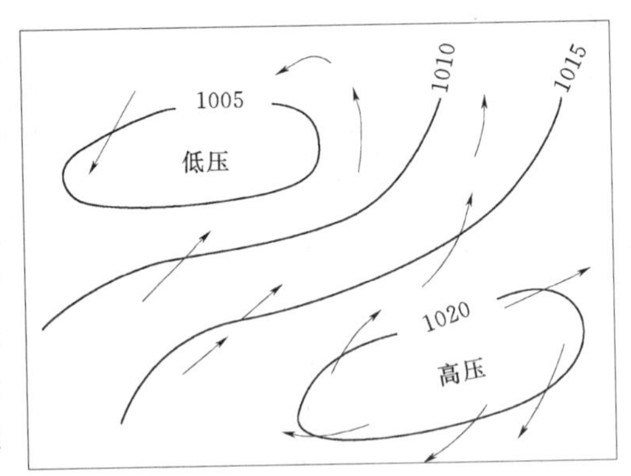

图 2-5　近地面的气压场与流场关系示意图（单位：hPa）

从影响我国水文情况的风来说，最重要的是季风，它使我国的降雨具有明显的季节性。夏季，海洋上比大陆上凉爽，洋面上的气压高于陆面的气压，盛行东南风，洋面上的暖湿空气将源源不断地流向内陆，引起夏季的暴雨洪水，我国广大地区处于汛期；冬季则相反，风由大陆吹向海洋，我国绝大部分地区受到来自西伯利亚和蒙古的干冷气流影响，盛行西北风，天气寒冷少雨，形成河流、湖泊水量锐减的枯水期。

四、湿度

表示空气中水汽多少的物理量称为湿度，可由湿度计测得。

水汽主要来自海洋的蒸发，凭借空气的垂向对流运动向上输送，并由风吹向内陆，故水汽含量一般随高度上升而减少，随与海洋的距离加大而递减。地面上空 5km 高度的水汽含量约为地面的 1/10，愈向上愈少。因此，在计算大气柱中的水汽含量时，一般只计算至 200hPa 等压面，这一高度的大气几乎不含水分，称水汽顶界。

表示湿度的方法很多，如水汽压．绝对湿度、相对湿度，比湿，露点等，其中主要的有以下内容。

1. 水汽压

大气中含有水汽，因此大气中也就存在着水汽压。水汽压是大气压的一部分，也以hPa计。水汽压越高，说明大气中水汽含量也就越多；反之，则越小。在一定温度下，一定体积的空气能够容纳的水汽量有一个最大的限度，如果水汽达到这个限度，称为饱和空气。饱和空气的水汽压称饱和水汽压 E(hPa)，它与温度 t(℃) 的关系为

$$E=E_0\times 10^{\frac{7.45t}{235+t}} \tag{2-2}$$

式中　E_0——0℃时清洁水面的水汽压，等于6.11hPa。

2. 绝对湿度

绝对湿度指单位体积空气里的水汽含量，即水汽密度。当水汽压 e 的单位取hPa、绝对温度 T 的单位取K，绝对湿度 a 的单位取g/m^3，则它们间的关系为

$$a=217\frac{e}{T} \tag{2-3}$$

3. 露点

保持气压和水汽含量不变，使温度下降，当空气达到饱和时的温度称为露点温度，简称露点。气压一定时，露点的高低仅与空气中的水汽含量有关。式（2－2）中的温度 t 实际上就是露点 t_d，所以露点也是反映空气中水汽含量的指标。

由于空气经常处于未饱和状态，空气的实际温度将比露点高，所以没有水汽凝结发生。当空气达到饱和时，实际气温与露点相等，这时如果降温，就会有水分凝结出来，例如早晨小草上悬挂的露珠。

第二节　自然界水循环与水量平衡

一、自然界的水循环

地球表面的广大水体，在太阳辐射作用下，大量的水分被蒸发上升至空中，随气流运动向各地输送。水汽上升和输送过程中，在一定条件下凝结以降水形式降落到陆面或洋面上，降在陆面上的雨水形成地表、地下径流，通过江河汇入海洋，然后再由海洋面上蒸发。水分这种往复不断的循环过程称为自然界的水循环，常称水文循环。

自然界中水的循环有蒸发、降水、下渗和径流四个主要环节。根据地球上水文循环的全局性和局部性，可把水文循环分为大循环和小循环。海洋上蒸发的水汽，被气流带到陆地上空，在一定气象条件下成云致雨，降落到地面，称降水。其中一部分被蒸发；另一部分形成地面径流和地下径流，最后回归海洋。这种海洋与大陆之间水分的不断交换称大循环，如图2－6所示中的1。洋面蒸发的水汽，凝结后又降落在洋面上；或陆面蒸发的水汽，上升凝结后又降落在陆面上，这种局部的水文循环称小循环，如图2－6所示中的2。对陆面降水来说，主要是依赖于洋面上源源不断送来的水汽，即大循环起主导作用。

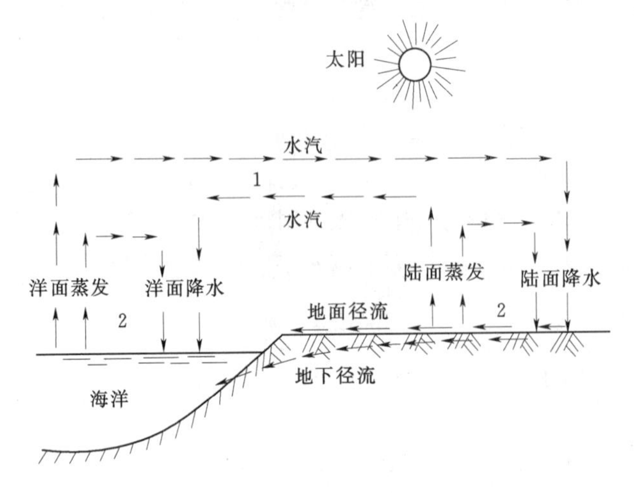

图 2-6　自然界水循环示意图

1—大循环；2—小循环

我国水文循环的主要水汽来源是东南面的太平洋。随着东南季风，水汽向西北往大陆输送。输送途中，首先在沿海地区形成较多的降水，所以，越向西北，空气中的水汽将越少，降水量也越少。来自西南方向印度洋的水汽也是我国水汽的一个很重要的来源，对我国西南地区和江淮流域的降水有很大作用。西北边疆地区，还有少量的水汽来自西风环流带来的大西洋水汽，如随强盛的北风带来的北冰洋水汽。鄂霍次克海的水汽，随东北气流进入我国东北地区，对该区降水有重要影响。

二、地球的水量平衡

水文循环过程中，任一地区一定时段内进入的水量与输出的水量之差．必等于其蓄水的变化量，此即水量平衡原理。每年的蓄水变量有正有负，长期多年的平均值将趋近于零，因此，对于陆地来说，多年平均情况的水量平衡方程为

$$\overline{R}=\overline{P}_c-\overline{E}_c \tag{2-4}$$

对于海洋则为

$$\overline{R}=\overline{E}_0-\overline{P}_0 \tag{2-5}$$

式中　$\overline{R}$——流入海洋的多年平均年径流量；

$\overline{P}_c$、$\overline{P}_0$——陆地上和海洋上的多年平均年降水量；

$\overline{E}_c$、$\overline{E}_0$——陆地和海洋的多年平均年蒸发量。

上述两式合并，得全球水量平衡方程为

$$\overline{E}_c+\overline{E}_0=\overline{P}_c+\overline{P}_0 \tag{2-6}$$

即全球的降水量和蒸发量是相等的，如表 2-2 所示。由表可知，海洋平均每年将向大陆输送 119000km^3 的降水资源，除去蒸发后，将是可能为人们运用的径流资源，即一般所说的水资源。由于各地的水文循环情况不同，使水资源在地区分布和时程分配上有很大的差异。另外，某一地区的水资源量也不是永恒不变的，它们可以通过影响水文循环使之改变。例如大规模的灌溉、造林等，使陆面蒸发增加，从而使降水增加和径流减少。

表 2-2 地球上的水量平衡

区域	面积 ($10^6 km^2$)	多年平均年降水量		多年平均年蒸发量		多年平均入海年径流量	
		km^3	mm	km^3	mm	km^3	mm
陆地	149	119000	800	72000	485	47000	315
海洋	361	458000	1270	505000	1400	47000	130
全球	510	577000	1130	577000	1130		

第三节 河流及流域

接纳地面径流和地下径流的天然泄水通道称河流。供给河流地面和地下径流的集水区域叫流域，它由汇集地面径流的地面集水区域和汇集地下径流的地下集水区域所组成。流域里大大小小的水流，构成脉络相通的系统称河系（河网），又称水系。河流的流域和河系是河川径流的补给源地和输送路径，它们的特征都将直接、间接地影响径流的形成和变化。

一、河流特征

1. 河流长度

自河源沿主河道至河口的长度称为河流长度，简称河长，可在适当比例尺的地形图上用曲线仪测量。

2. 河流分段

一条河流沿水流方向，自上向下可分为河源、上游、中游、下游、河口区 5 段。河源是河流的发源地，可以是泉水、溪涧、沼泽、冰川等。上游直接连结河源，这一段的特点是河谷窄、坡度大、水流急、下切侵蚀为主，河流中常有瀑布，急滩。中游河段坡度渐缓，下切力减弱，旁蚀力加强，急流，瀑布消失，河槽变宽，两岸有滩地，河床较稳定。下游是河流的下段，河槽宽、坡度缓、流速小，淤积为主，浅滩沙洲多，河曲发育。河口是河流的终点，即河流注入海洋或内陆湖的地区，这一段因流速骤减，泥沙大量淤积，往往形成三角洲。

3. 河谷与河槽

可以排泄河川径流的连续凹地称为河谷。河谷的横断面形状由于地质构造不同有很大差异，一般可分为峡谷、宽广河谷和台地河谷。谷底过水的部分称河槽，河槽的横断面称过水断面。根据横断面形状的不同，分为单式和复式两类，如图 2-7 所示。复式断面由枯水河槽和滩地组成，洪水时滩地将被淹没和过水。

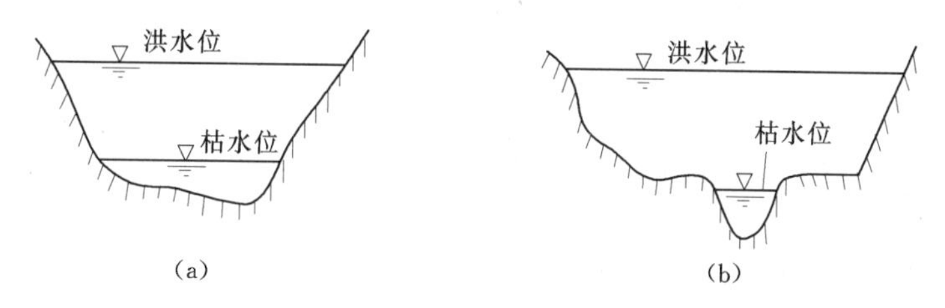

图 2-7 河槽断面图

(a) 单式断面；(b) 复式断面

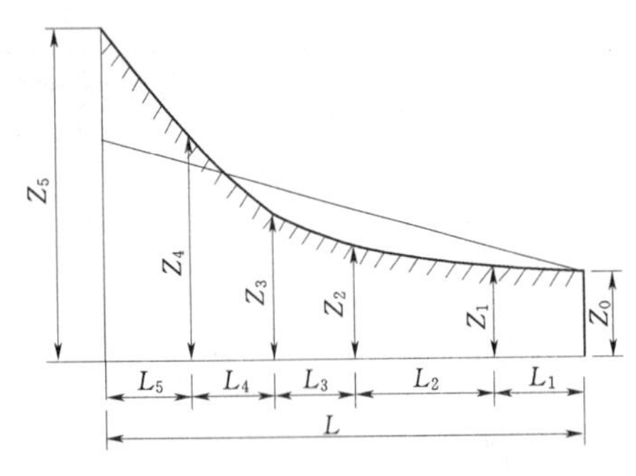

图 2-8　河道平均纵比降计算示意图

4. 河道纵比降

河段两端的高程差称落差。单位河长的落差称河道纵比降，亦称河流坡降。当河段纵断面的河底近于直线时，该河段的落差除以河段长，便得平均纵比降。当河道纵断面的河底呈折线时，如图 2-8 所示，则通过下游端断面的河底处向上游作一斜线，使之以下的面积与原河底线以下的面积相等，此斜线的坡度即为河道的平均纵比降 J，计算公式为

$$J=\frac{(Z_0+Z_1)L_1+(Z_1+Z_2)L_2+\cdots+(Z_{n-1}+Z_n)L_n-2Z_0L}{L^2} \tag{2-7}$$

式中　Z_0，Z_1，…，Z_n——自下游至上游沿程各转折点的高程；

L_1，L_2，…，L_n——自下游向上游相邻两转折点间的距离；

L——河道全长。

5. 河系的几何形态

河系中长度最长或水量最大的河流作为干流，有时也按习惯规定。直接汇入干流的为一级支流，汇入一级支流的为二级支流，其余类推。根据干支流分布状况，河系可分为 4 种类型：①扇状河系：河系如扇骨状分布；②羽状河系：干流沿途接纳许多支流，其排列如同羽毛状；③平行河系：几条支流平行排列，在靠近河口处，才很快会合；④混合型河系：大的河流大都包括上述两、三种型式的混合排列。

6. 河网密度

一个流域中所有河道的总长度 $\sum L_i$ 与该流域总面积 F 之比，称河网密度 D，即

$$D=\sum L_i/F$$

二、流域特征

1. 分水线和流域

(1) 分水线。如图 2-9 所示，地形向两侧倾斜，使雨水分别汇入两条不同的河流中去，这一地形上的脊线起着分水作用，称为分水线或分水岭。分水线是相邻两流域的分界线，例如降在秦岭以南的河水流入长江，而降在秦岭以北的雨水则流入黄河，所以秦岭是长江与黄河的分水岭。流域的分水线是流域的周界。流域的地面分水线是地面集水区的周界，通常就是经过出口断面环绕流域四周的山脊线，可根据地形图勾绘。流域的地下分水线是地下集水区的周界，但很难准确确定。由于水文地质条件和地貌特征影响，地面、地下分水线可能不一致，如图 2-9 所示 A、B 两河地面分水线即中间的山脊线，但地下不透水层向 A 河倾斜，其地下分水线在地面分水线的右边，两者在垂直方向不重合，地面、地下分水线间的面积上，降雨产生的地面径流注入 B 河，产生的地下径流则

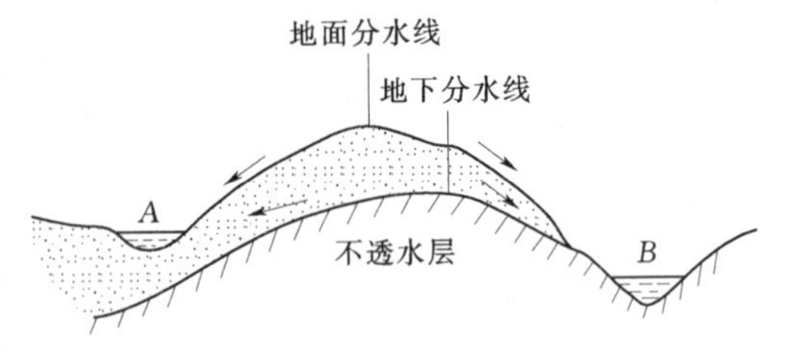

图 2-9　地面分水线与地下分水线示意图

注入 A 河，从而造成地面、地下集水区不一致。除此之外，如果 A、B 之间没有不透水的地下分水线，枯季时，A 河的水还会渗向 B 河，使地下分水线发生变动。

(2) 流域。流域是指汇集地面、地下径流的区域，相对河流某一个断面就有一个相应的流域。例如图 2-9 所示中 B 断面控制的流域，即是 B 以上的地面、地下集水区，它们产生的径流将由 B 断面流出。A 断面控制的流域则是 A 以上的集水区域，但由于它下切深度浅，其上产生的径流将有小部分从下面的透水层排出，而没有完全通过 A 断面。

当流域的地面、地下分水线重合，河流下切比较深，流域面积上降水产生的地面、地下径流能够全部经过该流域出口断面排出者，称该类流域为闭合流域。一般的大、中流域，地面、地下分水线不重合造成地面、地下集水区的差异相对于全流域很小，且出口断面下切较深，常常被看作是闭合流域。与闭合流域相反，或者因地面、地下分水线不一致，或者因河道下切过浅，出口断面流出的径流并不正好是流域地面集水区上降水产生的径流时，称这种情况的流域为非闭合流域。小流域，或岩溶地区的流域，常常是非闭合流域，水文计算时要格外注意，应通过地质、水文地质、枯水、泉水调查和水平衡分析等，判定由于流域不闭合可能造成的影响。

2. 流域的几何特征

流域的几何特征常用流域面积、流域长度、流域形状系数等描述。

(1) 流域面积。流域面积是指流域地面集水区的水平投影面积，通常先在 1/50000 或 1/100000 的地形图上划出流域的地面分水线，然后用求积仪量出它所包围的面积，这就是流域面积 F。

(2) 流域长度和平均宽度。流域长度就是流域的轴长。以流域出口为中心作出许多同心圆，由每个同心圆与流域分水线相交点作割线，各割线中点的连线的长度即为流域长度 L_F。流域面积 F 除以 L_F 的比值为流域的平均宽度 B，即 $B=F/L_F$。

(3) 流域形状系数。流域平均宽度 B 与流域长度 L_F 之比为流域形状系数 K_F，即

$$K_F=B/L=F/L^2 \tag{2-8}$$

扇形流域 K_F 较大，容易形成洪峰比较高的洪水；狭长流域 K_F 较小，洪水不易集中。它在一定程度上反映了流域形状对汇流的影响。

3. 流域的自然地理特征

流域自然地理特征，包括流域的地理位置、气候条件、土壤性质及地质构造、地形、植被、湖泊沼泽等。

(1) 流域的地理位置。流域的地理位置是以流域所处的经度和纬度来表示，反映流域所处的气候带和地理环境。

(2) 流域的气候条件。包括降水、蒸发、温度、湿度、风等，是决定流域水文特征的重要因素。

(3) 流域的地形。流域的地形特性除用地形图描述外，还常用流域的平均高程和平均坡度指标来定量的表征。它们可用格点法计算，即将流域地形图划分成 100 个以上的正方格，定出每个方格交叉点上的高程和与等高线正交方向的坡度，这些高程的平均值即为流域平均高程，这些格点的坡度平均值即为流域平均坡度。

(4) 流域的土壤、岩石性质和地质构造。土壤的性质、如土壤类型、结构。岩石水理

性质，如适水性，给水度；地质构造，如断层、节理。它们对下渗和地下水运动具有重要影响。

(5) 流域的植被。植被主要指森林，以植被面积占流域面积之比，称植被率，表示植被的相对多少。森林对调节气候、改善径流分配、减少泥沙和洪水有重要作用。

(6) 流域的湖泊与沼泽。湖泊与沼泽对径流起调节作用，能调蓄洪水和改变径流的年内分配，保护环境。通常以它们占流域面积的百分数，称湖泊率和沼泽率，来反映它们的相对大小。

人类活动措施，如水利水电工程、水土保持、农业措施、城市化等，将通过改变流域的自然地理条件而引起水文上的变化，例如修建水库，扩大了水面面积，增加了蒸发和对径流的调蓄。毁林开荒，则会增加水土流失，河道淤积，旱涝灾害加剧。

第四节　降　　水

水分以各种形式从大气降落到地面的现象称降水。降水的主要形式有雨，雪，雾，雹，其他还有霜，露等。对我国绝大多数的河流来说，降雨对水文现象的关系最大，所以本节主要介绍降雨。

一、降水的成因与分类

降水的形成主要是由于地面暖湿气团在各种因素的影响下迅速升入高空，上升过程中产生动力冷却，当温度降到零点以下时，气团中的水汽便凝结成水滴或冰晶，形成云层，云中的水滴、冰晶，随着水汽不断凝结而增多，同时还随着气流运动，相互碰撞合并而增大，直到它们的重量不能为上升气流浮托时，在重力作用下降落形成降水。可见，源源不断的水汽输入雨区是降水的依据，气流上升产生动力冷却则是形成降水的必要条件。

按气流上升运动形成动力冷却的原因，常把降水分成以下四种类型：锋面雨、气旋雨、对流雨和地形雨。准确地说，锋面雨是指存在锋面的气旋雨；气旋雨这里则是指不存在锋面的气旋雨。

1. 锋面雨

锋面雨是由于冷、暖气团相遇，使暖湿空气上升而形成的降雨。它又可分为冷锋雨、暖锋雨、静止锋雨等。

气团是指大气物理性质，如温度、湿度等在水平方向上比较均一的大团空气。气团向较冷地区移动时，它的温度相对较周围的空气高，称为暖气团；反之，称冷气团。冷、暖气团相遇时，形成的交界区域称为锋区或锋面，简称锋。冷气团比较强盛时，如图 2－10 (a) 所示，因冷空气较重，将楔入暖气团的下部，使锋面向暖气团一侧移动的同时，还迫使暖湿空气沿锋面上升，发生动力冷却而致雨，称此为冷锋雨。一般情况，冷锋雨强度大、历时短、雨区范围较小。若暖气团比较强大，推动锋面向冷气团方向移动，暖空气主动沿锋面滑行到冷气团的上方，如图 2－10(b) 所示，这样形成的降雨称暖锋雨。暖锋雨的锋面比较平缓，暖湿空气上升速度较慢，所以降雨的强度较小，但历时长，范围广。若冷、暖气团势力相当，锋面在一定地区来回摆动，称为准静止锋，将产生历时长、强度也比较大的降雨。

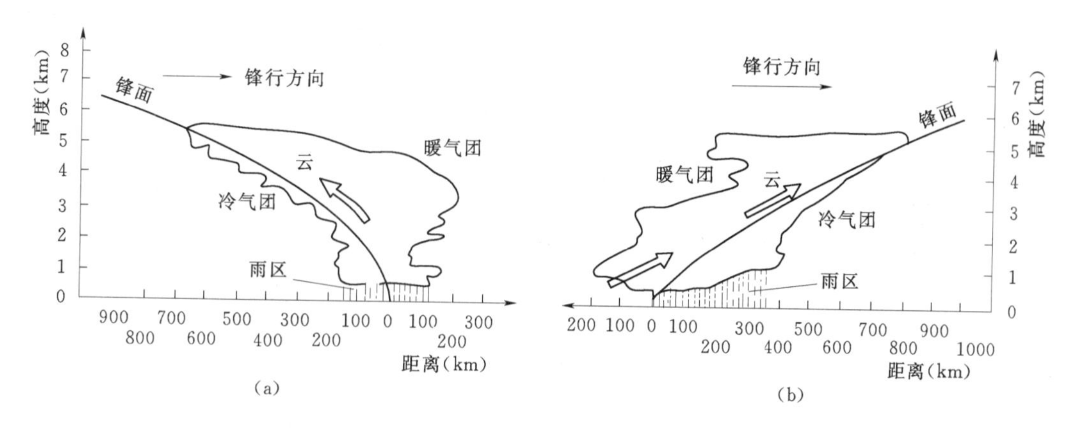

图 2-10　锋面雨示意图
(a) 冷锋雨；(b) 暖锋雨

2. 气旋雨

存在气旋的地方，由于气流向低压中心辐合引起大规模的空气上升运动，这样形成的降雨称气旋雨。

非锋面气旋，有高空涡旋，称涡，如西南涡，西北涡等。1963 年 8 月海河流域的特大暴雨就是西南涡连续北上造成，獐犸站 7 天雨量达 2051mm，其中最大 24h 雨量 950mm。还有热带气旋，按气旋地面中心风速大小分为热带低压、热带风暴、强热带风暴和台风（风速超过 12 级），后者所形成的降雨称台风雨。台风雨来势凶猛，一天内降雨可达数百毫米，极易造成灾害。1975 年 8 月，第三号台风在淮河上游降落了历史上罕见的特大暴雨，最大 24h 降雨 1060.3mm，其中最大 6h 达 830.1mm。

气旋雨（包括锋面雨）是我国降水的最主要类型，几乎所有比较大的降雨都与它有关，是造成我国洪水的主要来源。

3. 对流雨

地面局部受热，下层空气膨胀。比重减小，与上层空气形成对流，使下层带有大量水汽的暖空气上升产生动力冷却，凝结致雨，称为对流雨。对流雨多发生在夏季酷热的午后，一般强度大、面积小、历时短，它对小面积洪水影响极大，易形成陡涨陡落的洪水。

4. 地形雨

地形雨是空气在运行途中，因遇到山岭障碍，沿山坡爬升，发生动力冷却而成云致雨。地形雨多在迎风面的山坡上，背风坡则雨量较少。例如，我国的岭南山地，七月份岭南比岭北的雨量大一倍之多，就是因为夏季多东南风，岭南属迎风面。

降水的以上分类，只是一种从成因上简化了的典型分类，实际上许多降水，尤其大暴雨，往往同时由几种类型的降雨叠加所形成。气象部门按日降水的大小将降水分为 7 级，一日降水小于 0.1mm 为无雨或微雨，0.1～10mm 为小雨，10～25mm 为中雨，25～50mm 为大雨，50～100mm 为暴雨，100～200mm 为大暴雨，超过 200mm 为特大暴雨。

二、降水观测

降水量以降落在地面上的水层深度表示，常以毫米为单位。观测降雨量常用器测法，仪器有雨量器和自记雨量计等，采集站点的降水量。其他还有雷达探测、气象卫星云图法估算一个地区的降水，目前还处于研制开发阶段，有待逐步普及。以下主要介绍雨量器和自记雨量计。

雨量器的构造如图 2－11 所示。设置时，其上口距地面 70cm，器口保持水平。雨量观测一般采用定时观测，通常在每天的 8 时与 20 时观测，称两段制。雨季为更好地掌握雨情变化，将增加观测段数，如 4 段制，即从每天的 8 时开始，每隔 6h 观测一次，雨大时还要加测，如 1h 观测一次。观测时用空的储水瓶将雨量筒中的储水瓶换出，在室内用特制的量杯量出降雨量。当可望降雪时，将雨量筒的漏斗和储水瓶取出，仅留外筒，作为承雪器进行观测。将雪加温融化后，测得降水深。

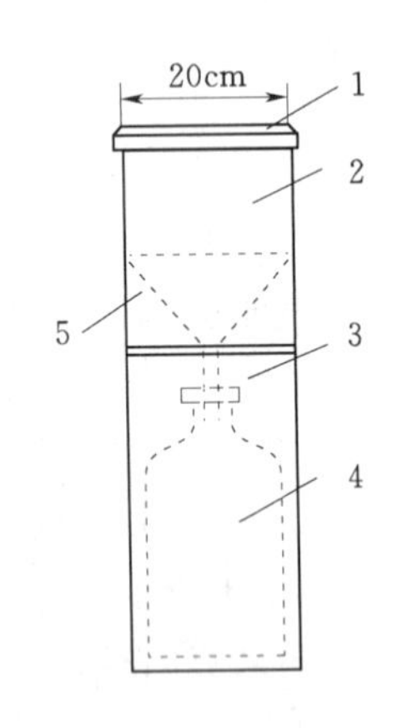

图 2－11　雨量器示意图

1—器口；2—承雨器；3—雨量筒；4—储水瓶；5—漏斗

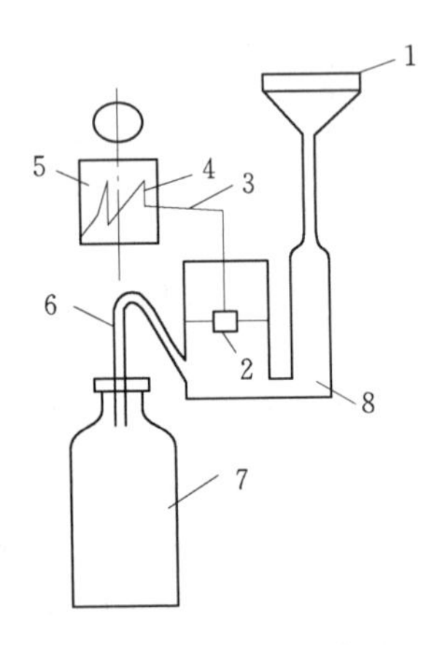

图 2－12　虹吸式自记雨量计结构示意图

1—承雨器；2—浮子；3—连杆；4—自记笔；5—自记钟；6—虹吸管；7—储水瓶；8—浮子室

自记雨量计是自动观测与记录降雨过程的仪器，有虹吸式、称重式、翻斗式等多种型式，视情况不同采用适合的仪器。如用作遥测，常选用翻斗式雨量计；对于雨雪混合降水地区，可选称重式雨量计；主要为降雨的地区，则常选虹吸式雨量计。作为一例，这里介绍虹吸式自记雨量计的情况，其构造如图 2－12 所示。雨水从承雨器 1 流入容器 8 内，器内浮子 2 随水面上升，带动自记笔 4 在附于时钟 5 上的记录纸上画出曲线。该曲线的纵坐标表示累积雨量，横坐标表示时程，称累积雨量过程线。当容器内的水面升至虹吸管 6 的喉部时，容器内的水通过虹吸管自动快速地全部排入储水瓶 7。与此同时，自记笔下落至横坐标上，以后再随着降雨量增加而随时上升，继续记录雨量。

从自记雨量计的记录纸上，可以确定降雨的起讫时间、雨量大小和降雨强度的瞬时变化过程，而雨量器观测只能得到各时段的雨量和时段平均降雨强度。

将观测的雨量进行检查、核对、整理计算，得逐日降水量和汛期降水量摘录（反映暴雨的详细过程），与其他水文资料一起，在水文年鉴或存在水文数据库中。

三、降雨时程变化表示方法

描述降雨的时间变化，通常有两种方法：一种是降雨强度过程线；另一种是降雨累积过程线。

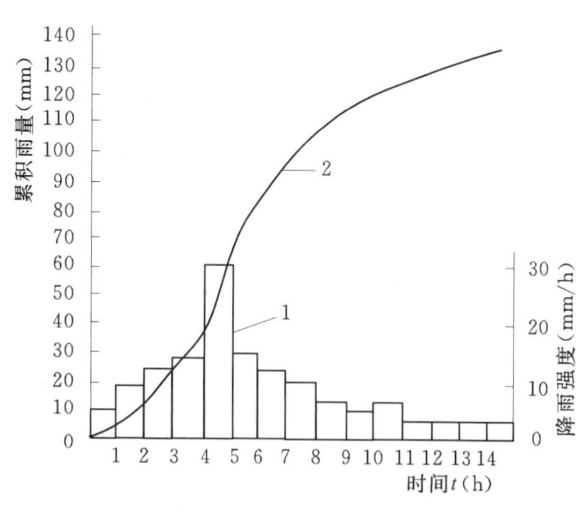

图 2-13　某站一次降雨过程

1—时段平均雨量过程线；2—累积雨量过程线

(1) 降雨强度过程线。将时段雨量除以时段长，得时段平均降雨强度，简称雨强，以雨强为纵坐标，以时间为横坐标，可点绘出一次降雨的时段平均降雨强度过程线，如图2-13所示中的1线。当时段取得很小时，曲线1变为一条光滑的曲线，称瞬时降雨强度过程线。

(2) 累积降雨过程线。降雨强度过程线随时间积分，即累积降雨过程线。如图2-13所示中的曲线2，是对1线各时段雨量按时程累加而得。显然，累积过程线的坡度就是相应时间的降雨强度。自记雨量计记录的是累积降雨过程，可由它求得各时段雨量和降雨强度。

四、流域平均雨量计算

雨量站观测到的降水量，只代表该站点的降水情况。在水文计算中，常常需要知道一个流域或地区一定时段内的平均降水量。下面介绍三种常用的计算方法。

1. 算术平均法

当流域内雨量站分布比较均匀，地形起伏变化不大时，可用算术平均法求某一时段的流域平均雨量，计算公式为

$$\overline{P}=\frac{P_1+P_2+\cdots+P_n}{n}=\frac{1}{n}\sum_{i=1}^{n}P_i \tag{2-9}$$

式中　$\overline{P}$——某时段的流域平均雨量，mm；

P_i——该时段第 i 站的降雨量，mm，$i=1，2，\cdots，n$；

n——流域内雨量站数。

如图2-14所示，为某流域及其附近雨量站的分布情况，图中1，2，…，11为雨量站代号。对于某次降雨，各站测得的雨量（mm）标在图中各站点上。根据流域内的7站资料，用算术平均法求得该流域这次的流域平均雨量为123.7mm。

2. 泰森多边形法

当流域雨量站分布不太均匀时，为了更好地反映各站在计算流域平均雨量中的作用，该法假定流域各处的雨量可由与其距离最近的雨量站代表。据此，可采用如下的作图方法确定各雨量站代表的面积：如图2-14所示，先用直线（图中的虚线）连接流域内及附近相邻的雨量站，成为很多个三角形；然后，在各连线上作垂直平分线，

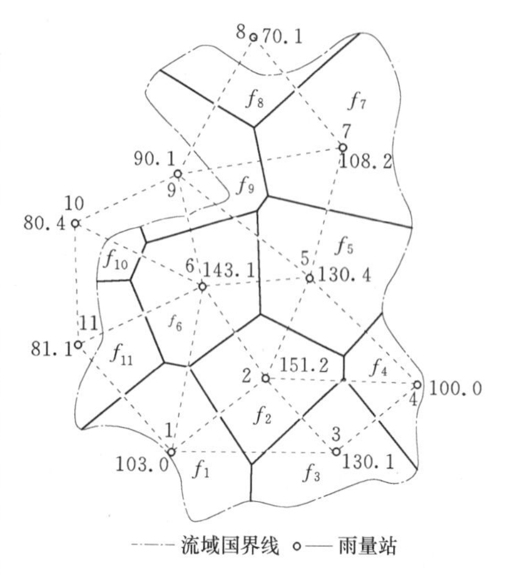

图2-14　泰森多边形法求流域平均雨量

它们与流域周界一起组成 n 个多边形，每个多边形正好有一个相应的雨量站。例如，多边形 f_1 有雨量站 1。不难证明，在所有雨量站中，只有这个相应的雨量站距其多边形中的任何一点最近。设 P_1、P_2、…、P_i、…、P_n 为各雨量站观测的雨量，f_1、f_2、…、f_i、…、f_n 为各站代表的多边形面积，F 为流域面积，则流域平均雨量可由下式计算

$$\overline{P}=\frac{P_1f_1+P_2f_2+\cdots+P_nf_n}{F}=\sum_{i=1}^{n}\frac{f_i}{F}P_i \tag{2-10}$$

式中　f_i/F——各站代表面积占全流域的比值，称权重。

这样计算流域平均雨量的方法称泰森多边形法。根据图 2-14 所示的资料，按此法算得该流域平均雨量为 115.8mm。

3. 等雨量线法

当流域地形变化较大，区域内有足够的雨量站，能结合地形变化绘出等雨量线图时，宜采用该法求流域平均雨量。

首先按各雨量站同时期的雨量，类似绘制等高线，绘出等雨量线，如图 2-15 所示，量出流域内各相邻等雨量线间的面积 f_i，并由相邻的等雨量线值算出 f_i 上的平均雨量 P_i，然后按下式计算流域平均雨量 $\overline{P}$

$$\overline{P}=\frac{1}{F}\sum_{1}^{n}P_if_i \tag{2-11}$$

如图 2-15 所示，流域及基本资料与图 2-14 相同，根据绘制的该次降雨的等雨量线，求得流域平均雨量为 114.7mm。

此法能考虑流域地形对降雨的影响绘制等雨量线，比较好地反映了降雨在流域上的变化，精度较高。但绘制等雨量线需要较多站点的资料，且每次都要重绘，工作量很大。因此，实际上应用得并不普遍，用得最多的还是泰森多边形法。

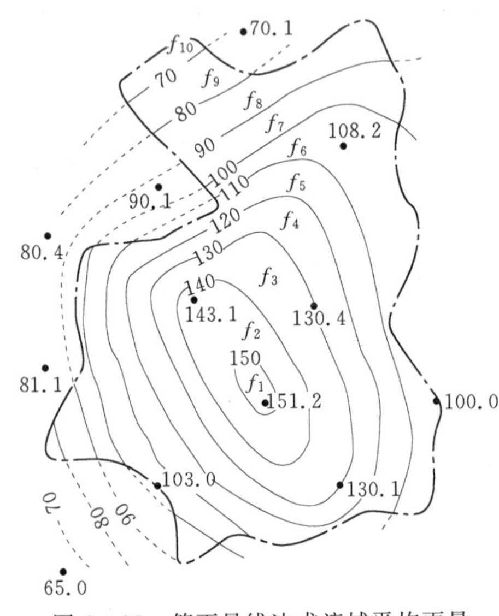

图 2-15　等雨量线法求流域平均雨量

—·—流域图界线；●—雨量站

五、我国降水时空变化的一般特性

我国多年平均降水量 648mm，低于全球陆面多年平均的 800mm，也低于亚洲陆面多年平均的 740mm，降水资源总体上并不丰富，且时空分布极不均匀。

由于我国所处地理位置，大部分地区受到东南和西南季风的影响，因而形成东南多雨、西北干旱的特点。以多年平均年雨量小于 400mm 的地区作为干旱半干旱地区，从全国多年平均年降水量等值线图上可以看出，400mm 的等值线从东北到西南斜贯我国大陆，我国西北 45%的国土处于干旱半干旱地带，农业产量比较低；东南为湿润多雨地区，是我国主要的农业区，尤其秦岭、淮河以南，更是我国农业生产发达和高产的地区。

全国绝大部分地区的降水季节上分配不均匀，冬季，我国大陆受到来自西伯利亚的冷气团控制，气候寒冷，降水稀少；春暖以后，暖湿气团自东南沿海逐渐北上，降雨自南向北推进，各地雨量也自南向北迅速增加，夏季全国处于主汛期。长江以南地区，雨季较

长，多雨期为3～6月或4～7月。正常年份，最大4个月雨量约占全年降水量的50%～60%，5、6月容易出现洪涝，而7月、8月受台风影响，则易旱涝。华北和东北地区，雨季为6～9月，正常年份最大4个月雨量约占全年的70%～80%。华北雨季最短，大部分集中在7、8两月，且多以暴雨形式出现，因此春旱秋涝现象特别严重。西南地区受西南季风影响，年内旱季和雨季明显，一般5～10月为雨季，11～4月为旱季。四川、云南和青藏高原东部，6～9月的降水量约占全年的70%～80%，冬季则不到5%，这里也是春旱比较严重的地区。新疆西部的伊犁河谷、准噶尔盆地西部以及阿尔泰地区，终年在西风气流控制下，水汽来自大西洋和北冰洋，虽因远离海洋，降水量不算丰沛，但四季分配比较均匀。台湾的东北端，受东北季风影响，冬季降水约占全年的30%，也是我国降水年内分配比较均匀的地区。

第五节　蒸　　发

蒸发是水文循环和水量平衡的基本要素之一，对径流变化有直接影响。我国湿润地区约有30%～50%的年降水量被蒸发掉，干旱地区约有80%～95%的年降水量被蒸发掉。因此，水文分析中研究流域蒸发是一项很重要的工作。自然界的蒸发包括水面蒸发、土壤蒸发和植物蒸散发，流域蒸发则是流域各部分这些蒸散发的总和。

蒸发是水受热后由液态或固态转化为水汽向空中扩散的过程，是凝结的逆过程。蒸发量或蒸发率是指前者减去后者的差值，实际观测的蒸发量就是这样的数值，通常以某一时段的蒸发水深表示，例如1日蒸发量3mm表示为3mm/d。上述蒸发过程表明。蒸发的先决条件是蒸发面上要有水分，必要条件是供给一定的热能（主要是太阳辐射）和风引起的乱流扩散。

一、水面蒸发

水面蒸发量常用水面蒸发器进行观测。一般用的蒸发器有20cm直径蒸发皿，口径为80cm的带套盆的蒸发器和口径为60cm的埋在地表的带套盆的E-601蒸发器。后者观测条件比较接近自然水体，代表性和稳定性都比较好，我国现在的蒸发站都用这种仪器观测。每天8时观测一次，得蒸发器一日（今日8时至次日8时）的蒸发水深，即日蒸发量。以上三种蒸发器都属于小型蒸发器皿，它们的蒸发条件与实际水体有一定差异。因此，必须把蒸发器皿测得的蒸发量$E_{器}$乘以折算系数k_w，才得实际水体的水面蒸发量E_w，即$E_w=k_wE_{器}$。折算系数随蒸发器皿的直径而异，当蒸发器直径超过3.5m时，其值近似等于1.0。蒸发系数还与月份、所在地区有关。例如表2-3是湖北省东湖蒸发试验站得出的各类蒸发器皿的折算系数。实际工作中，应根据当地的资料分析采用。

表2-3　　不同类型蒸发器皿折算系数k_w值表

月份	1	2	3	4	5	6	7	8	9	10	11	12	全年平均
20cm蒸发皿	0.64	0.57	0.57	0.46	0.53	0.57	0.59	0.66	0.75	0.74	0.89	0.80	0.65
80cm蒸发器	0.92	0.78	0.66	0.62	0.65	0.67	0.67	0.73	0.88	0.87	1.01	1.04	0.79
E-601蒸发器	0.98	0.96	0.89	0.88	0.89	0.93	0.95	0.97	1.03	1.03	1.06	1.02	0.97

实测资料缺乏时，水面蒸发还可通过间接的方法计算，如热量平衡法、水汽输送法、

彭曼法、经验公式法等。

二、土壤蒸发

土壤蒸发即土壤中所含水分以水汽的形式逸入大气的运动。土壤蒸发较水面蒸发复杂，它不仅受气象条件影响，而且同土壤中所含水分、土壤性质等有关。湿润的土壤在蒸发过程中逐渐干燥时，其蒸发过程如图 2-16 所示，大体分为Ⅰ、Ⅱ、Ⅲ 三个阶段。在第一阶段（Ⅰ），土壤含水量 θ 大于田间持水量 $\theta_{田}$（重力作用下，土壤能够保持而不被流走的最大含水量），土壤十分湿润，土层中毛细管上下沟通，这时土壤中的水分可以充分地供给土壤表面蒸发，蒸发强度（蒸发率）E 只受气象条件影响，按土壤蒸发能力 E_m 进行，即 $E=E_m$。所谓蒸发能力，是指充分供水条件下的蒸发，近似等于或略大于这里的水面蒸发。由于土壤蒸发持续耗水，土壤含水量不断减少，当减少到小于田间持水量后，土壤中毛细管的连续状态逐渐受到破坏，于是土壤内部由毛细管作用上升到地表的水分也逐渐减少，这时土壤进入第二阶段（Ⅱ）。在阶段Ⅱ中，土壤蒸发的供水条件随着土壤含水量的减少越来越差，土壤的蒸发率也就越来越小，土壤蒸发率与土壤含水量大体上成正比，即 $E=(\theta/\theta_{田})E_m$。当土壤含水量继续减少，至毛管断裂含水量 $\theta_{断}$ 后，土壤蒸发进入第三阶段（Ⅲ）。这时毛管水不再以连续状态存在于土层中，毛管向土壤表面输送水分的机制遭到完全破坏，水分只能以薄膜水或气态水的形式向地面移动，运动十分缓慢。这一阶段的土壤蒸发率很微小，基本保持一个常量，与气象条件和土壤含水量的关系已很不明显。

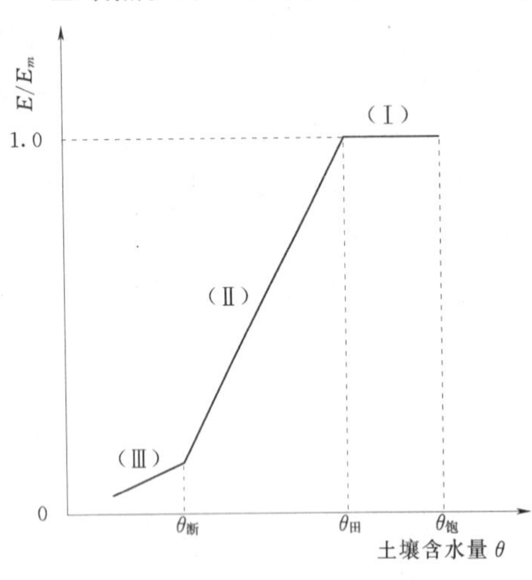

图 2-16　土壤蒸发过程示意

土壤蒸发可通过土壤蒸发试验场或土壤蒸发器进行观测，受许多条件的限制，其成果很少在生产上具体应用，多用于如上所述的蒸发规律的研究。

三、植物蒸散发

土壤中的水分经植物吸收后，输送至叶面，经由气孔逸入大气，称为植物散发。由于气孔受植物生命活动的控制，具有随外界条件张开和关闭的性能，所以植物散发是一种生物物理过程。植物的散发率随土壤含水量、植物种类、季节和天气条件的不同而异。当土壤含水量低于枯萎点后，植物就要枯萎而死亡，散发随之停止。植物除散发外，还有降水时枝叶截留一部分降水在雨后蒸发的现象，两者一起称植物蒸散发。植物生长在土壤中，植物蒸散发与植物所生长的土壤上的蒸发总是同时存在，因此通常又将两者合称为陆面蒸发。

四、流域蒸散发

流域土壤蒸发、水面蒸发与植物蒸散发的总和，称流域蒸散发或流域总蒸发，简称流域蒸发，水文计算和水文预报中，常常需要确定这个总的数值和变化。很容易想到：先分别计算各项蒸发和蒸散发，然后再综合而得。但由于流域情况极其复杂和分项计算还很难准确，所以这种设想目前还难以实现。现在应用最多的办法是用流域水量平衡原理推求，

即以实测的降水量和径流量由流域水量平衡方程计算，或根据实测的水面蒸发资料按流域蒸发模型计算。

我国已根据流域水量平衡原理分析和绘制了全国和各省的多年平均年蒸散发量等值线图，可供使用。结果表明：我国多年平均总蒸发为 364mm，地理分布大体与年降水量相当，总的趋势由东南沿海向西北内陆递减。淮河以南、云贵高原以东地区大都为 700～800mm；海南岛东部和西藏东南隅可达 1000mm；华北平原大部为 400mm；东北平原约 400mm；大兴安岭以西地区、内蒙古高原、鄂尔多斯高原、阿拉善高原及西北部都小于 300mm，其中塔里木、柴达木和新疆若羌以东地区尚不足 25mm。总蒸发量的年内变化与太阳辐射、气象因素密切相关，全年最小蒸发量一般出现在 12 月和 1 月，以后随太阳辐射的增强而增加，夏季通常达到最大。

第六节　下　　渗

下渗是水从土壤表面渗入土壤内的运动过程，常用下渗率的大小来描述下渗的强弱。所谓下渗率就是单位时间内渗入土壤的水深，其单位与降雨强度相同，以 mm/h、mm/d 表示。下渗不仅直接决定地面径流的大小，同时也影响土壤水分、地下水和地下径流，是径流形成的一个重要因素。

一、下渗的物理过程

当降雨持续不断地落在干燥的土层表面后，由于土粒分子吸力、土壤孔隙的毛管力和地球的重力作用，雨水将不断地渗入土壤。随着下渗过程中土壤分子力和毛管力的先后消失，使下渗显示出不同的阶段和特点。

（1）渗润阶段。降雨初期，主要受土壤分子力的作用，下渗的水分被土粒吸附而成为薄膜水。干燥的土粒吸附力极大，从而造成初期很大的下渗率，如图 2－17 中所示开始时的 f_0。当土壤含水量达到最大分子持水量时，土粒分子吸力消失，这一阶段告终。

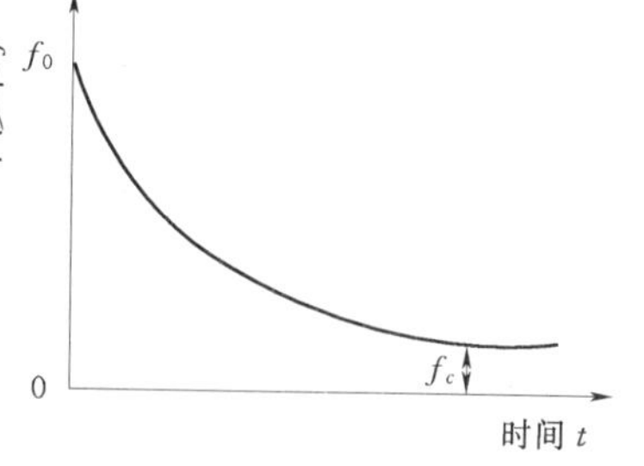

图 2－17　下渗能力曲线

（2）渗漏阶段。下渗水分在毛管力和重力作用下，沿土壤孔隙向下作不稳定流动，并逐步充填土壤孔隙，直到土层的全部孔隙为水充满而饱和，此时毛管力也消逝了。这一阶段，随着指向下层的毛管力的很快消失，下渗率很快减小。连同上一阶段一起，都属于非饱和渗流，为非稳定下渗期。

（3）渗透阶段。土壤饱和后，水分在重力作用下呈稳定流动，称这一阶段为稳定下渗阶段，下渗率基本为一常量 f_c，如图 2－17 所示，称稳定下渗率。

二、下渗测量及下渗能力公式

测量下渗的方法有同心环法、人工降雨法等。同心环法是把两个同心而无底的钢环打入地面下约 10cm，在内环和内外环之间同时加水，水深基本保持一个常值，内外水面保持水平。因入渗而水面降低，需继续加水，维持一定水深，则加水的速率就代表该处的下渗率。内环为测量的下渗面积，两环间加水是为了防止内环下渗的水分向旁侧渗透。根据各个时间观测的下渗率，以实验开始的时间作起点，绘制下渗率随时间的变化过程，如图2-17所示，称下渗能力曲线，或简称下渗曲线。值得指出的是，下渗能力是充分供水下的下渗率，当供水不充分时，其下渗率将小于下渗能力。

很多实验表明，一个地点的下渗能力曲线基本上表现为一条光滑曲线，并呈现出下渗能力随时间增长而衰减的规律，经过一定时间后逐渐趋于一个稳定的数值。这种规律与上面分析的下渗过程是一致的，实用上常以某种数学模式来描述，如R.E霍顿公式

$$f=f_c+(f_0-f_c)e^{-\alpha t} \tag{2-12}$$

式中　f——t时刻的下渗能力；

f_0——初始（$t=0$）的下渗能力；

f_c——稳定下渗率；

α——递减指数。

又如菲利浦公式

$$f=f_c+\frac{1}{2}st^{-1/2} \tag{2-13}$$

式中　s——吸水系数；

其他符号意义同上。

实际工作中，只需通过实验或流域降雨资料定出上述的f_0、f_c、α或s值，便可按公式求得某处的下渗能力曲线。但必须指出：流域各处的下渗能力将随着土壤地质条件和土壤含水量的不同而有比较大的变化。为反映这一实际，实用上，或用流域平均下渗能力曲线近似表示，或进一步与下渗能力地区分布函数联合解算。这方面的问题将在后面有关的章节中讨论。

第七节　径　　流

流域上的雨水，除去损失以后，经由地面和地下的途径汇入河网，形成流域出口断面的水流，称之为河川径流，简称径流。径流随时间的变化过程，称径流过程，它是工程设计、施工和管理的基本依据。

一、径流形成过程

由降雨到径流是一个很复杂的过程，为了便于分析，一般都把它分解为产流和汇流两个过程。

1. 产流过程

雨水降到地面，一部分损失掉，剩下能形成地面、地下径流的那部分降雨称净雨。因此，净雨和它形成的径流在数量上是相等的，但两者的过程完全不同，前者是径流的来源，后者是净雨的汇流结果；前者在降雨停止时就停止了，后者却要延续很长的时间。我们把降雨扣除损失变为净雨的过程称作产流过程。如图2-18所示，降雨的损失，大体分为：

(1) 植物截留（I_0）。为植物枝叶截留的雨水，雨停以后，这部分雨水将很快被蒸发。

（2）填洼（V_d）。植物截留后降到地面的雨水，除去地面下渗，剩余的部分（超渗雨）将沿坡面流动，只有把沿程的洼陷填满之后，才能流到河网中去。填充洼地的这部分水量称填洼。填洼的水量一部分下渗；另一部分以水面蒸发的形式返回大气。

（3）雨期蒸发（E）。包括雨期的地面蒸发和截留蒸发。

（4）初渗（F_0）。严格地说，应为降雨初期"补充土壤缺水量的那部分下渗"（田间持水量与当时的土壤实际含水量之差，称土壤缺水量）。初渗的那部分雨水将为土壤所持留，以后被蒸发和散发掉，而不能成为地下径流，所以是损失，而且是很主要的损失，其值可超过100mm。

产流过程中，净雨按产流的场所如图2-18所示可分为：

（1）地面净雨。形成地面径流（Q_s）的那一部分降雨称地面净雨。它等于降雨扣除植物截留、填洼、蒸发和全部的地面下渗。它从地面汇入河网，形成地面径流。

（2）表层流净雨。形成表层流（Q_1）的那一部分降雨称表层流净雨。表层流又称壤中流，因为表层土壤多为根系和小动物活动层，比较疏松，下渗能力比下层密实的土壤大，降雨时，来自地面的下渗将有一部分被阻滞在上、下层交界的相对不透水的界面上，形成沿界面的侧向水流，在表层土壤中流入河网（或在地面下凹处露出地面而注入河网），因此，被称作表层流或壤中流。表层流净雨在数量上应等于地面下渗减去初渗量和深层下渗量。

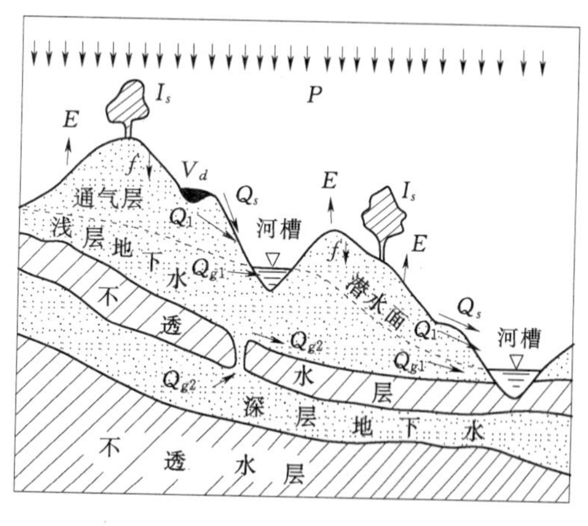

图2-18　径流形成过程示意图

（3）地下净雨。产生地下径流（包括浅层的Q_{g1}和深层的Q_{g2}）的那一部分降雨称地下净雨，它在数量上等于地面下渗扣除初渗和表层流净雨。

必须指出：就目前的水文科学水平，要正确划分地面径流、表层流和地下径流是非常困难的，故实用上，现在一般只把实测的总径流过程划分为地面径流（称地表径流较为严格）和地下径流。相应地，净雨也只分为地面净雨和地下净雨。表层流与地面径流性质上比较相近，可以认为是把它归并到地面径流中了，表层流净雨也自然地归并到地面净雨之中。实验表明，湿润多雨、植被良好的地区，除挨近河道的坡脚，即使大暴雨洪水，也很难观测到真正的坡面流。显然这种情况下，表层流常是径流的主要成分，径流计算时，应给予足够的重视和考虑，

2. 汇流过程

净雨沿坡地从地面和地下汇入河网，然后再沿着河网汇流到流域出口断面，这一完整的过程称流域汇流过程。前者称坡地汇流，后者称河网汇流。

（1）坡地汇流。坡地汇流也可分为三种情况：一是地面净雨沿坡面流到附近河沟的过程，称坡面漫流。在植被差、土层薄的干旱半干旱地区，大暴雨时，在山坡上容易看到这种水流。它一般没有明显的沟槽，常是许多股细流，时分时合，雨强很大时形成片流。在

植被良好、土层较厚的山坡上，其量较少，通常仅在坡脚土壤饱和的地方出现。坡面流速度快，将形成陡涨陡落的洪峰。再是表层流（壤中流），在植被良好、表层土壤疏松的大孔隙中，饱和壤中流也有较大的速度，对于较大的流域和历时较长的降雨，将是形成洪水的重要成分。第三种是地下净雨向下渗透到地下潜水面或深层地下水体后，沿水力坡降最大的方向流入河网，称此为坡地地下汇流。地下汇流速度很慢，所以降雨以后，地下水流可以维持很长的时间，较大的河流可以终年不断，是河川的基本径流。因此，也常称它形成的地下径流为基流。非饱和壤中流也可以维持很长的时间，成为基流的一部分。

（2）河网汇流。净雨经坡地汇流进入河网，在河网中从上游向下游、从支流向干流汇集到流域出口后流出，这种河网汇流过程称河网汇流或河槽集流。显然，在河网汇流过程中，沿途不断有坡面漫流和地下水流汇入。对于比较大的流域，河网汇流时间长，调蓄能力大。所以，降雨和坡面漫流终止后，它们产生的洪水还会延续很长的时间。

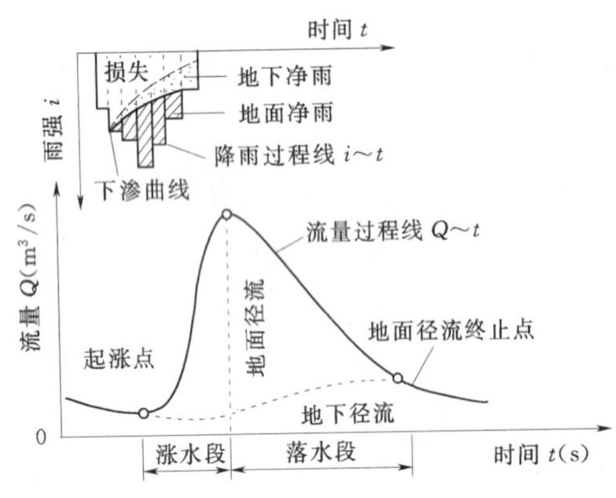

图 2－19 流域降雨—净雨—径流关系

一次降雨过程，经植物截留、填洼、初渗和蒸发等项扣除后，进入河网的水量自然比降雨总量少，而且经坡地汇流和河网汇流两次再分配作用，使出口断面的径流过程远比降雨过程变化缓慢、历时增长、时间滞后。如图 2－19 所示清楚地显示了这种关系。如前所述，由于划分径流成分上的困难，目前实用上，一般只近似地划分地面、地下径流（地面径流中包括相当多的快速壤中流），相应地把净雨划分为地面净雨和地下净雨。

二、径流的表示方法和度量单位

（1）流量 Q。流量指单位时间通过某一断面的水量，常用单位为 m^3/s。由实测的各时刻流量，可绘出流量随时间的变化过程，如图 2－20所示中的 $Q\sim t$ 线，称流量过程线。该图中的流量是各时刻的瞬时流量，瞬时流量过程按时段求平均值，得时段平均流量，如日平均流量、年平均流量等。

（2）径流总量 W。径流总量是指时段 T 内通过某一断面的总水量。常用单位有 m^3、亿 m^3 等。它等于流量过程在时段 T 内的积分，如图2－20所示中过程线与横坐标之间的面积。因此，一种常用的近似计算方法是：将 T 划分为 n 个小的计算时段 Δt，即 $\Delta t=T/n$；然后按 Δt 把整个面积分成

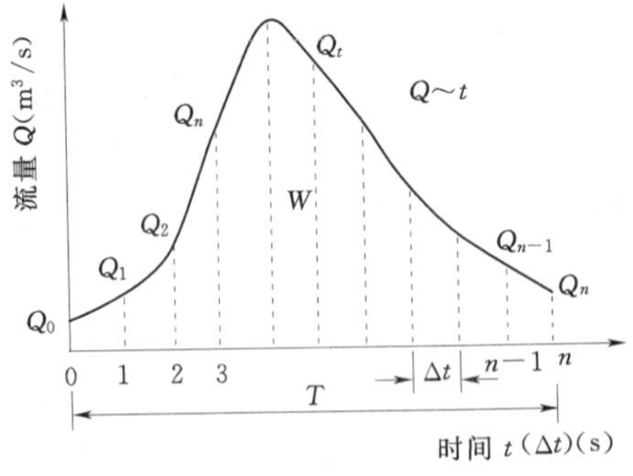

图 2－20 流量过程线及径流总量计算示意

n 个梯形，用求梯形面积的方法求各时段的径流量；最后，把它们累加起来，即得 T 时段的径流总量 W，其计算式为

$$W=(Q_0/2+Q_1+\cdots+Q_{n-1}+Q_n/2)\Delta t \tag{2-14}$$

式中各符号的意义如图 2-20 所示。

历时 T 的径流总量 W 与平均流量 $\overline{Q}$ 的关系为

$$W=\overline{Q}T \tag{2-15}$$

（3）径流深 R。径流深是设想将径流总量 W 均匀的平铺在整个流域面积 F 上所得的水深，常以 mm 计。若时段 T 秒内的径流总量为 $W(m^3)$、平均流量为 $\overline{Q}(m^3/s)$、流域面积为 $F(km^2)$，则径流深 R(mm) 与它们之间的关系为

$$R=\frac{W}{1000F}=\frac{\overline{Q}T}{1000F} \tag{2-16}$$

（4）径流模数 M。单位面积上产生的径流流量称径流模数，计算式为

$$M=Q/F \tag{2-17}$$

当 Q 为年平均流量时，M 相应地为年平均流量模数；Q 为洪峰流量时，M 相应地为洪峰流量模数。

（5）径流系数 α。某一时段的径流深 R 与相应的流域平均降雨量 P 之比称径流系数

$$\alpha=R/P \tag{2-18}$$

因为 R 是由相应的 P 扣除损失后所形成，对于闭合流域 R 必小于 P，所以 $\alpha<1$。

【例 2-1】 某站控制流域面积 $F=121000km^2$，多年平均年降水量 $\overline{P}=767mm$，多年平均流量 $\overline{Q}=822m^3/s$。根据这些资料可算得

（1）多年平均年径流总量：$\overline{W}=\overline{Q}T=822\times365\times86400=259\times10^8\ (m^3)$

（2）多年平均年径流深：$R=\frac{\overline{W}}{1000F}=\frac{259\times10^8}{1000\times121000}=214\ (mm)$

（3）多年平均径流模数：$\overline{M}=\frac{\overline{Q}}{F}=\frac{822}{121000}=0.0068=6.8[L/(s\cdot km^2)]$

（4）多年平均年径流系数：$\alpha=\frac{\overline{R}}{\overline{P}}=\frac{214}{767}=0.28$

三、我国河川径流时空变化的一般特征

我国多年平均年径流深 294.6mm。由于径流主要受控于流域降水和蒸发，尤其是降水，因此，我国的年径流总的时空分布趋势和年降水分布比较相似，地理上由南向北和由东向西递减；时间上夏秋多暴雨洪水，冬春大都为枯季径流。同时，流域的下垫面因素对径流也有一定影响，使之变化比降水更为复杂。

我国各省区在大量统计分析实测资料基础上，绘制了许多径流特征值随地理位置变化的等值线图，可供有关部门应用。结果表明：多年平均径流深 100mm 的等值线与多年平均降水深 400mm 的等值线位置基本一致，该线以东为半湿润区和湿润区，河流水量较多或非常丰沛；以西为干旱半干旱区，河流少水，甚至常常干涸。例如东南和华南地区、台

湾、海南、云南西南部及西藏东南部，多年平均径流深高于 800mm，尤其台湾中央山地和藏东南雅鲁藏布江下游甚至高达 4000～5000mm，河流水量非常丰富。而内蒙古高原、河西走廊、柴达木盆地、准噶尔盆地、塔里木盆地、吐鲁番盆地的多年平均径流深则小于 10mm，河流除暴雨期外常常断流。

径流的时间变化一般分为年际和年内两类，前者常以年径流的概率分布和丰枯年组交替周期表示；后者则多以不同典型年的年内分配过程来反映。我国的河川径流年际、年内变化都比较大，即年际、年内分配都相当不均，干旱半干旱地区将远远大于半湿润和湿润地区。例如历年最大最小年径流量的比值，海滦河、淮河各支流达 10～20，而长江以南则多小于 3；汛期连续 4 个月的径流量占全年径流量的比值，松辽平原、华北平原及淮河流域大部为 70%～80%以上，而长江以南则多在 60%～70%之间，这将明显影响水资源的开发利用。

第八节　流域水量平衡

前面曾就全球为对象建立水量平衡方程，现在则以水文上的流域为对象，研究其水量平衡问题。为更具普遍性，先建立通用的某一区域的水量平衡方程。假定在地面上任意划定一个区域，沿此区域的边界取出一个其底无水量交换的柱体，如图 2-21 所示来研究。设在一定时段 T 内，进入此柱体的水量有：降水量 P、凝结量 E_1、地面径流流入量 R_{s1}、地下径流流入量 R_{g1}；流出此柱体的水量有：区域蒸发量 E_2、地面径流流出量 R_{s2}、地下径流流出量 R_{g2}；时段初、末的柱体蓄水量分别为 S_1、S_2，根据水量平衡原理，该柱体在 T 时段内的通用水量平衡方程式如下

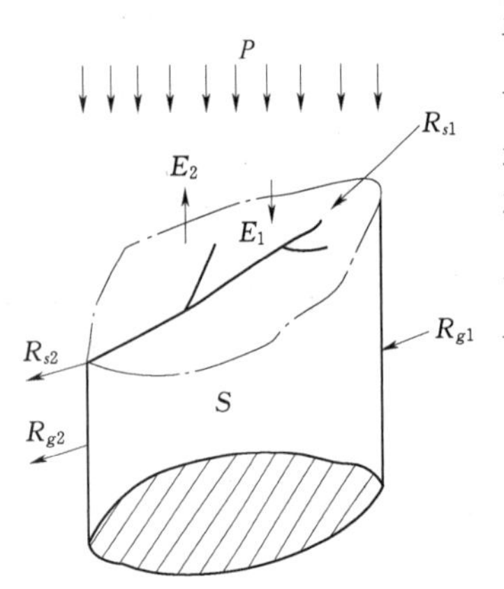

图 2-21　区域水平衡示意图

$$(P+E_1+R_{s1}+R_{g1})-(E_2+R_{s2}+R_{g2})=S_2-S_1 \tag{2-19}$$

式中各项均以水深计。

若上述柱体是一个闭合流域，则 $R_{s1}=0$，$R_{g1}=0$。并令 $R=R_{s2}+R_{g2}$，为流域出口断面的总径流量；$E=E_2-E_1$，代表流域蒸散发量；$\Delta S=S_2-S_1$，为该流域 T 时段内的蓄水变量，则得闭合流域时段为 T 的水量平衡方程为

$$P-E-R=\Delta S \tag{2-20}$$

对于多年平均情况，上式中蓄水变量 ΔS 的多年平均值趋于零，R 变为多年平均年径流量$\overline{R}$，P 变为多年平均年降水量$\overline{P}$，E 变为多年平均年蒸散发量$\overline{E}$，从而求得多年平均情况的闭合流域水量平衡方程为

$$\overline{P}=\overline{R}+\overline{E} \tag{2-21}$$

根据各流域的实测降水、径流资料，并运用流域水量平衡方程，可求得各流域的或区域的多年平均情况的水平衡要素，如表 2-4 所示。

表 2-4　　我国各流域片多年平均年水量平衡表

项　目	内陆河	外流河										全国
		黑龙江	辽河	海滦河	黄河	淮河	长江	浙闽台诸河	珠江	西南诸河	额尔齐斯河	
年降水量$\overline{P}$（mm）	153.9	495.5	551.0	559.8	464.4	859.6	1070.5	1758.1	1544.3	1097.7	394.5	648.4
年径流量$\overline{R}$（mm）	32.0	129.1	141.1	90.5	83.2	231.0	526.0	1066.3	806.9	687.5	189.6	284.1
年蒸发量$\overline{E}$（mm）	121.9	366.4	409.9	469.3	381.2	628.6	544.5	691.8	737.4	410.2	204.9	364.3
流域面积（km^2）	3321713	903418	345207	318161	794712	329211	1808500	239803	580641	851406	52730	9545322

复习思考题

2-1　空气上升和沉降运动中，为什么会发生绝热变化？何谓假绝热变化？

2-2　为什么低气压区常常是阴雨天气？而高气压区多为晴朗天气？

2-3　什么是露点？与湿度有何关系？

2-4　什么叫水文循环？为什么会发生水文循环？它与水资源有何联系？

2-5　什么是闭合流域和非闭合流域？如何判定？它们的水量平衡方程有何不同？

2-6　形成降雨的充分必要条件是什么？

2-7　什么是流域蒸散发？实用上应如何推求？

2-8　降雨过程中，下渗是否总按下渗能力进行？为什么？

2-9　净雨与径流有何区别与联系？

2-10　某流域的年径流模数为 10L/(s·km^2)，其年径流深为多少？

习　　题

2-1　余英溪姜湾流域，如图 2-22 所示，流域面积 F=20.0km^2，其上有 10 个雨量站，各站控制面积已按泰森多边形法求得，并与 1958 年 6 月 29 日的一次实测降雨一起列于表 2-5。要求：(1) 绘制泰森多边形；(2) 计算本次降雨各时段的流域平均降雨量及总雨量；(3) 绘制流域时段平均雨强过程线和累积降雨过程线。

表 2-5　　姜湾流域 1958 年 6 月 29 日降雨量表

雨量站	控制面积 f_i (km^2)	权重 α_i (=f_i/F)	时段雨量 (mm)							
			13～14 时		14～15 时		15～16 时		16～17 时	
			P_{i1}	$\alpha_i P_{i1}$	P_{i2}	$\alpha_i P_{i2}$	P_{i3}	$\alpha_i P_{i3}$	P_{i4}	$\alpha_i P_{i4}$
高坞岭	1.20		3.4		81.1		9.7		1.4	
蒋家村	2.79		5.0		60.0		11.0		0.7	
和睦桥	2.58		7.5		30.5		21.3		0.9	
姜湾	1.60		0		21.5		9.7		1.8	
庄边	0.94		11.5		46.5		15.0		1.7	

续表

雨量站	控制面积 f_i (km²)	权重 α_i $(=f_i/F)$	时段雨量 (mm) 13～14时		14～15时		15～16时		16～17时	
			P_{i1}	$\alpha_i P_{i1}$	P_{i2}	$\alpha_i P_{i2}$	P_{i3}	$\alpha_i P_{i3}$	P_{i4}	$\alpha_i P_{i4}$
桃树岭	1.74		14.1		65.9		17.0		1.6	
里蛟坞	2.74		8.5		45.7		9.8		0	
范坞里	2.34		0.1		36.8		7.8		0.9	
佛堂	2.84		0.1		27.1		12.7		0.8	
葛岭	1.23		14.5		40.9		9.4		0.7	
全流域	20.00									

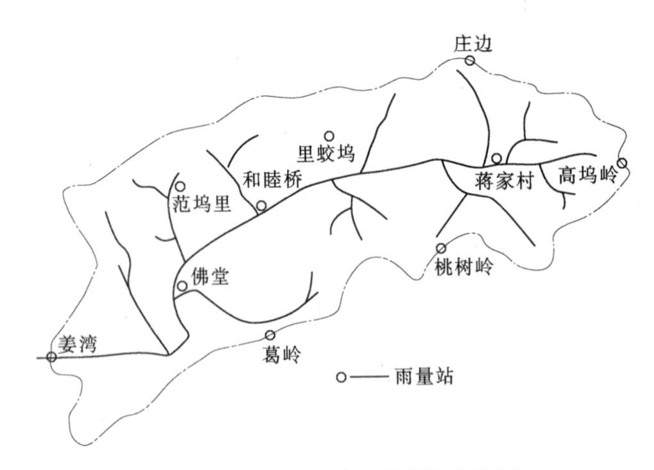

图 2-22　姜湾流域及雨量站分布图

2-2　湖北省某水库流域面积 $F=366\text{km}^2$。其上某年 7 月 15～16 日发生一次降雨，流域日平均雨量为 43.5mm，形成的洪水过程见表 2-6，要求：(1) 绘制该次洪水的流量过程线；(2) 计算该次洪水的径流总量 W、流域平均径流深 R、洪峰流量模数和径流系数 α。

表 2-6　某流域 7 月一次洪水过程

月	日	时	流量 (m³/s)	月	日	时	流量 (m³/s)
7	15	14	20.0	7	16	20	57.4
7	15	20	99.9	7	17	2	41.8
7	16	2	122.0	7	17	8	33.6
7	16	8	98.1	7	17	14	27.8
7	16	14	75.6	7	17	20	20.0

2-3　某流域面积为 500km^2，流域多年平均雨量为 1000mm，多年平均流量为 $6\text{m}^3/\text{s}$，问该流域多年平均蒸发量为多少？若在流域出口修一水库，水库水面面积为 10km^2，当地

蒸发器观测的多年平均年水面蒸发量为950mm，蒸发器折算系数为0.8，试求建库后该流域的径流量是增加还是减少？建库后出库的多年平均年流量是多少？

2-4　某流域面积 $F=1500km^2$，其中湖泊湿地等水面面积 $F_{水}=400km^2$，流域多年平均降水量 $\overline{P}=1300.0mm$，多年平均水面蒸发量 $\overline{E}_{水}=1100.0mm$，多年平均陆面蒸发量 $\overline{E}_{陆}=700.0mm$，拟围湖造田 $200km^2$，试计算围湖造田前、后该流域的多年平均流量各为多少？

第三章　水文观测及其资料收集

第一节　水　文　站

一、测站与站网

水文测站是进行水文观测的基层单位，也是收集水文资料的基本场所。水文站在地区上的分布网称水文站网。

按测站的性质，水文站可分为三类：基本站、专用站和实验站。基本站是综合国民经济各方面的需要，由国家统一规划而建立的。要求以最经济的测站数目，达到内插任何地点水文特征值的目的。专用站是为某种专门目的或某项特定工程的需要由各部门自行设立的。实验站是为了对某种水文现象的变化过程和某些水体作深入研究，由有关科研单位设立的。

水文观测的项目很多，如水位、流量、泥沙、降水、蒸发、冰凌、水质等。一个测站的具体工作内容，应根据设站目的和任务确定。根据测验项目的不同，水文测站又可分为水位站、流量站、雨量站、蒸发站，水质监测站等。一般把以测定流量为主要任务的站称为水文站。

二、水文站的设立

1. 选择测验河段

设立水文站，应先选择好测验河段。测验河段是野外进行各种水文测验的场所，它的选择必须符合以下原则：①应能满足设站的目的和要求；②便于施测和保证测验成果符合精度要求，有利于简化测验和资料整编工作。即所选测验河段，其水位流量关系能经常保持比较稳定的关系，便于以后由水位推求流量。例如，选择河道顺直，河床稳定，不生长水草，水流集中，便于布设测验设施的河段。

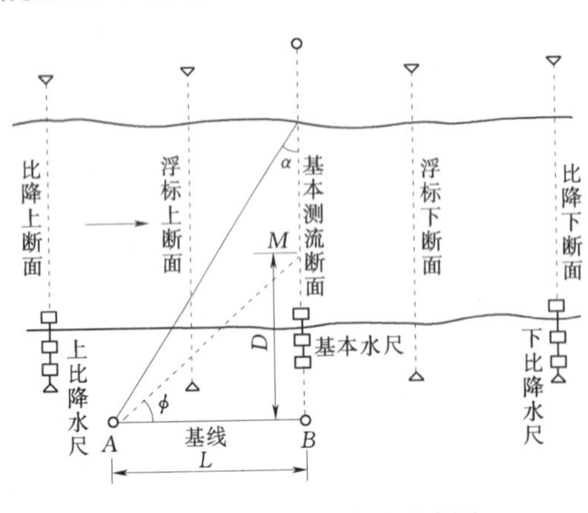

图 3-1　水文测站布设示意图

2. 布设测验断面

测验河段要求布设必要的测验断面，如图 3-1 所示。按照不同的用途，测验断面可分为基本水尺断面、流速仪测流断面、浮标测流断面和比降断面。基本水尺断面一般位于测验河段的中部，其上设立基本水尺，用来进行经常性的水位观测。流速仪测流断面

应设置在测流条件良好的断面上，断面方向应垂直于该断面平均流向，并尽可能与基本水尺断面重合，以便简化测验与整编工作。浮标测流断面分上、中、下三个断面，中间断面一般与流速仪测流断面重合。上下断面之间的距离不应太短，主要考虑计时测量的精度和浮标测得速度的代表性。比降断面是比降水尺所在的断面，分为上比降断面和下比降断面，用来观测河流的水面比降和分析河道的糙率。

3. 布设基线

在测验河段上进行断面测量和水文测验时，用经纬仪、六分仪等以测角交会法推求测验垂线 M 在断面上距基点 B 的距离（称起点距）D，因此需要在岸上布设基线 AB，如图 3－1 所示。基线宜垂直于测流断面，起点应在测流横断面线上。基线的长度 L 不应小于河宽的 0.6 倍。此外，建站工作还应包括设置水准点，修建水位和流量的测验设备及各种测量标志。

第二节　水　位　观　测

一、水位

河流、湖泊、沼泽、水库等水体的自由水面离开固定基面的高程称为水位，其单位以 m 表示。目前，全国统一采用黄海基面，但由于历史的原因，许多测站仍沿用以往使用的基面，如吴淞基面、大沽基面、珠江基面，也有使用假定基面的。使用水位资料时，一定要弄清楚测站所使用的基面。使用不同测站的水位资料时，若各测站基面不同，应作相应的修正，使其有统一的基面。

水位是水利建设、防洪抗旱的重要依据，直接应用于堤防、水库、堰闸、航道、灌溉、排涝等工程的设计、管理，并据以进行水文预报工作。

二、水位观测的设备和方法

观测水位常用的设备有水尺和自记水位计两大类。

按水尺的构造形式不同，可分为直立式、倾斜式、矮桩式与悬锤式四种。其中以直立式水尺构造最简单，且观测方便，采用最为普遍，如图 3－2 所示。水尺板上刻度的起点到基面的垂直距离称为水尺的零点高程，设站时预先测定。每次观读水面在水尺上的读数，加上水尺零点高程即为当时水面的水位值，即

$$水位=水尺零点高程+水尺读数$$

水位观测次数，视水位变化情况，以能测得完整的水位变化过程，满足日平均水位计算及发布水情预报的要求为原则加以确定。当水位变化平缓时，每日 8 时和 20 时各观测一次；枯水期每日 8 时观测一次；汛期一般每日观测 4 次，洪水过程中还应根据需要加密测次，使能得出完整的洪水过程。

自记水位计能将水位变化的连续过程自动记录下来，具有连续、完整、节省人力的优点。有的并能将观测的水位以数字或图像的形式远传至室内，使水位观测工作日益自动化和远程化。自记水位计种类很多，主要形式有横式自记水位计、电传自记水位计、超声波自记水位计和无线远传水位计等。

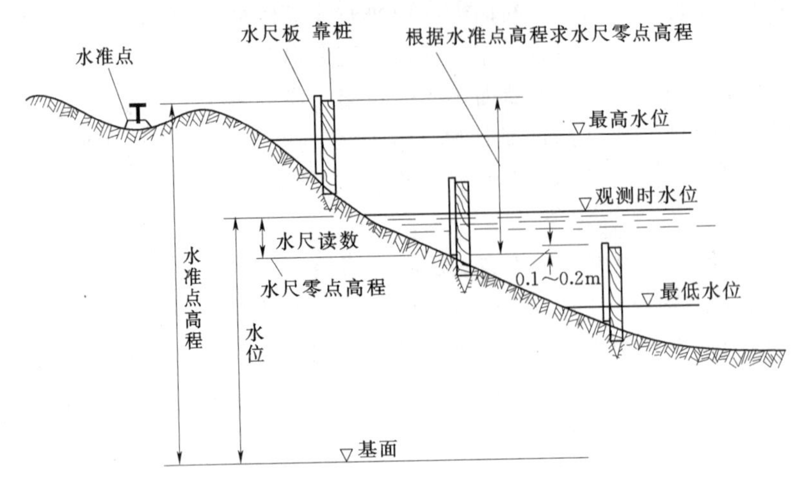

图 3-2　直立式水尺示意图

三、水位资料整编

水位资料整编工作的内容包括日平均水位、月平均水位、年平均水位的计算等。一日内水位变化平缓，或水位变化虽大，但系等时距观测或摘录时，均采用算术平均法计算日平均水位。一日内水位变化较大，且不等时距观测或摘录时，采用面积包围法计算。将当日 0～24h 内水位过程线所包围的面积，如图 3-3 所示，除以 24h 的时间，即得日平均水位 $\overline{Z}$(m)。其计算公式如下

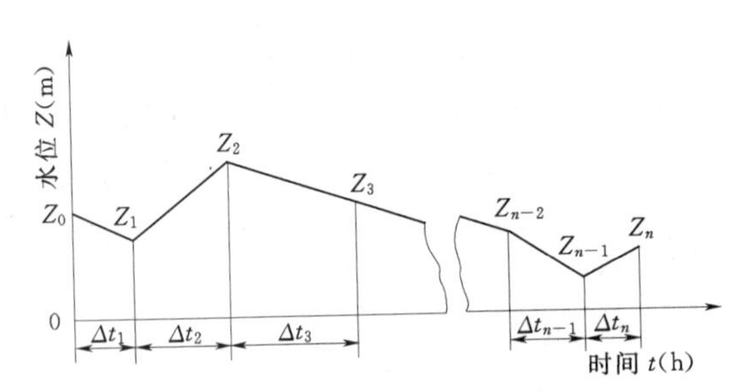

图 3-3　面积包围法计算日平均水位示意图

$$\overline{Z}=\frac{1}{48}[Z_0\Delta t_1+Z_1(\Delta t_1+\Delta t_2)+\cdots+Z_{n-1}(\Delta t_{n-1}+\Delta t_n)+Z_n\Delta t_n] \tag{3-1}$$

式中　Z_0，Z_1，…，Z_n——日内各测次观测的水位，m；

Δt_1，Δt_2，…，Δt_n——相邻两测次间的时距，h。

把整编好的逐日平均水位，年、月最高水位，最低水位，平均水位，洪水水位要素摘录一起刊于水文年鉴或储存在水文数据库中，供有关部门查用。

第三节　流　量　测　验

一、流速仪测流及流量计算

通过河流某一断面的流量 Q 可表示为过水断面面积 A 与断面平均流速 $\overline{V}$ 的乘积，即

$$Q=A\overline{V} \tag{3-2}$$

因此，流量测验应包括断面测量和流速测验两部分工作。

流速仪法测流，是以式（3-2）为依据，将过水断面划分为若干部分，用某种测量的方法测算出各部分断面的面积，用流速仪测算出各部分面积上的平均流速，部分面积乘以

相应部分面积上的平均流速，称为部分流量。部分流量的总和即为断面的流量。

（一）断面测量

河道断面测量，是在断面上布设一定数量的测深垂线，如图 3－4 所示，测得每条测深垂线的起点距 D_i 和相应水深 H_i，从施测的水位减去水深，即得各测深垂线处的河底高程，可绘出测流断面的断面图。

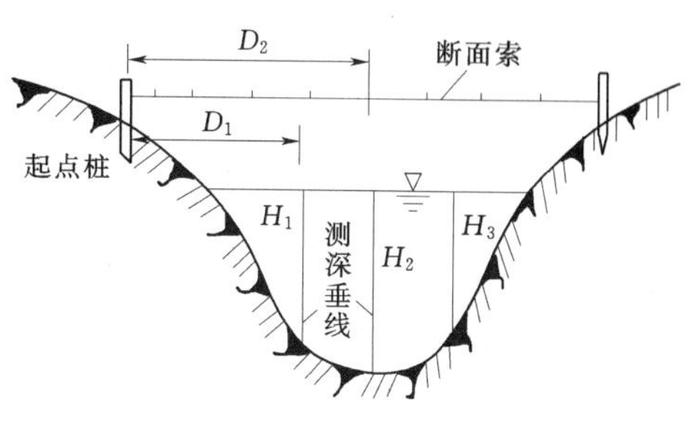

图 3－4　断面测量示意图

1. 水深测量

测深垂线的数目和位置要求达到能控制断面形状的变化，以便能正确地绘出断面图。一般主槽较密，滩地较稀，测深垂线的位置应能控制河床变化的转折点。

测量水深的方法随水深、流速大小、精度要求不同而异。通常采用测深杆、测深锤（或铅鱼）、回声测深仪等施测。测深杆是一种精度较高的测深方法，当水深小于 5m，流速小于 3.0m/s 时，应尽量采用此方法。测深锤（或铅鱼）用于流速和水深都较大的情况。回声测深仪一般适用于水深大，含沙量小的江河湖库，测法见本章第六节。

2. 起点距测量

起点距是指断面上测深垂线到断面起点桩的水平距离。起点距可用断面索法和仪器测角交会法测定。

断面索法，如图 3－4 所示，是一种利用架设在横断面上的钢丝缆索上系好表示起点距的标志，直接读得各测深垂线起点距的一种方法。适用于河宽不大，有条件架设断面索的测站。

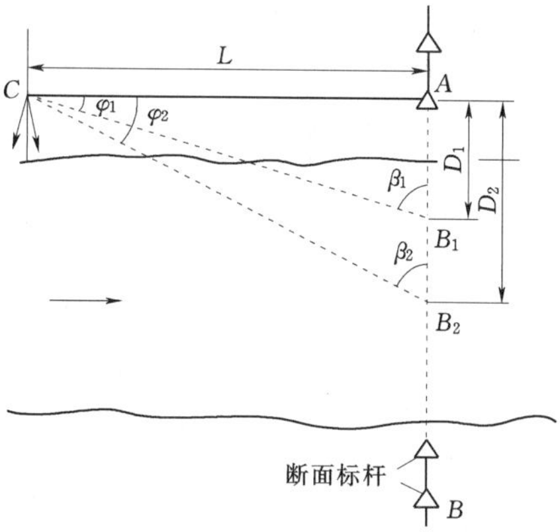

图 3－5　测角交会法测定起点距示意图

仪器测角交会法包括经纬仪交会法和六分仪交会法等。当使用经纬仪作前方交会时，将仪器架设在 C 点测出夹角 φ（图 3－5），再用下式计算出起点距

$$D=L\tan\varphi \tag{3-3}$$

式中　D——起点距，m；

L——基线长度，m；

φ——基线与经纬仪视线间的夹角，(°)。

六分仪交会法是在船上测出夹角 β，如图 3－5 所示，再按下式计算起点距

$$D=L\cot\beta \tag{3-4}$$

（二）流速测验

1. 流速仪测速原理与点流速测定

流速仪是用来测定水流中任意指定点沿流向的水平流速的仪器。我国采用的主要是旋杯式（图 3－6）和旋桨式（图 3－7）两类。它们由感应水流的旋转器（旋杯或旋桨），记

录信号的计数器和保持仪器正对水流的尾翼三部分组成。当仪器放入水中时，旋杯或旋桨受水流冲击而旋转，流速越大，旋转越快。根据每秒转数和流速的关系，便可计算出测点流速。流速仪转子的转速 n 与流速 v 的关系，在流速仪检定槽中通过实验率定，其关系式一般为

$$v=Kn+C \tag{3-5}$$

式中　K、C——仪器检定常数与摩阻系数。

测流时，对于某一测点，记下仪器的总转数 N 和测速历时 T，求出转速 $n=N/T$，由式（3－5）即可求出该测点的流速 v。为消除流速脉动的影响，要求 $T\geqslant 100$s。

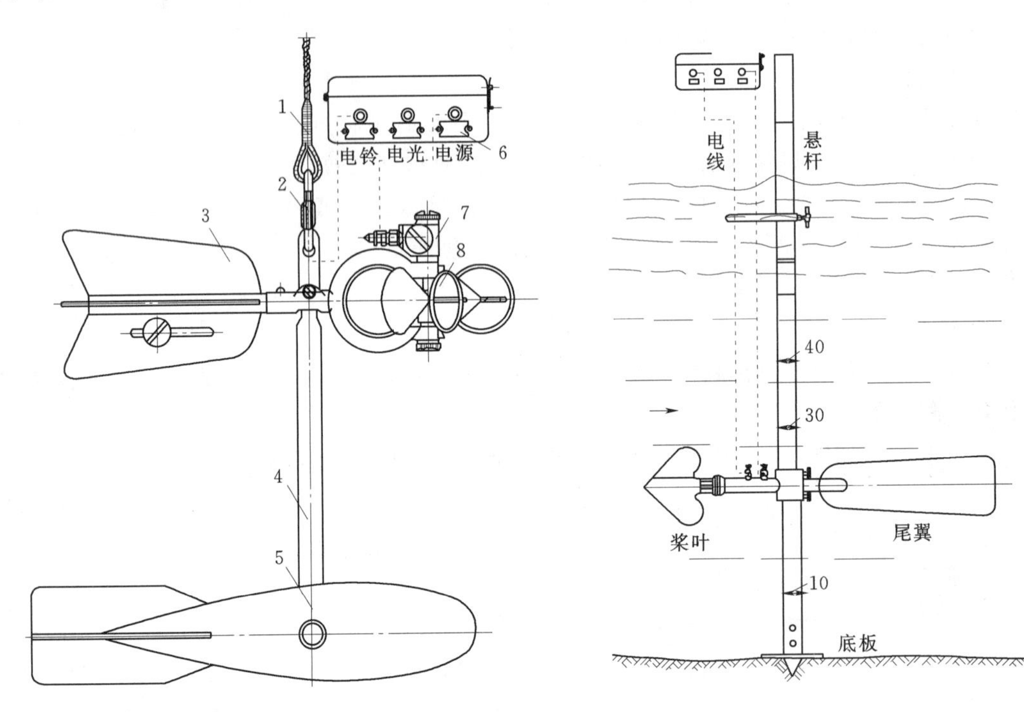

图 3－6　LS68－2 型旋杯式流速仪

1—钢丝绳；2—绳钩；3—尾翼；4—悬杆；5—铅鱼；6—电铃计数器；7—传信盒；8—旋杯

图 3－7　LS25－1 型旋桨式流速仪

2. 测速垂线及测速点布置

流速仪测速时必须在断面上布设测速垂线和测速点，以计算测量断面上的流速。测速的方法，根据布设垂线、测点的多少繁简程度而分为精测法，常测法和简测法。

流速仪测速垂线的数目主要是根据水面宽度、水深和测量精度要求而定，具体规定见表 3－1。

在每条测速垂线上，流速随水深而变化，为求得垂线平均流速，须在各测速垂线不同水深点上测速。垂线上测点的数目和位置根据水深和对精度的要求而定，但无论用何种方法测流，垂线上测速点的间距都不宜小于流速仪旋桨或旋杯的直径。精测法的测速点分布，参见表 3－2。

表 3-1 我国精测法、常测法最少测速垂线数目的规定

水面宽 (m)	<5.0	5.0	50	100	300	1000	>1000
精测法	5	6	10	12～15	15～20	15～25	>25
常测法	3～5	5	6～8	7～9	8～13	8～13	>13

表 3-2 精测法测速点的分布

水深 (m)		垂线上测点数目和位置	
悬杆悬吊	悬索悬吊	畅 流 期	冰 期
>1.0	>3.0	五点（水面、0.2、0.6、0.8水深，河底）	六点（水面或冰底、0.2、0.4、0.6、0.8水深，河底）
0.6～1.0	2.0～3.0	三点（0.2、0.6、0.8水深）或二点（0.2、0.8水深）	三点（0.2、0.6、0.8水深）
0.4～0.6	1.5～2.0	二点（0.2、0.8水深）	二点（0.2、0.8水深）
0.2～0.4	0.8～1.5	一点（0.6水深）	一点（0.5水深）
0.16～0.20	0.6～0.8	一点（0.5水深）	一点（0.5水深）
	<0.6	改用悬杆悬吊或其他测流方法	改用悬杆悬吊
<0.16		改用小浮标或其他方法	

（三）流量计算

流量计算一般都以列表方式进行。方法是：由测点流速推求垂线平均流速，由垂线平均流速推求部分面积上的平均流速，部分平均流速和部分面积相乘得部分流量，各部分流量之和即为全断面流量。具体算法如下：

1. 垂线平均流速计算

一点法
$$v_m = v_{0.6} \quad 或 \quad v_m = (0.9\sim0.95)v_{0.5} \tag{3-6}$$

二点法
$$v_m = \frac{1}{2}(v_{0.2}+v_{0.8}) \tag{3-7}$$

三点法
$$v_m = \frac{1}{3}(v_{0.2}+v_{0.6}+v_{0.8}) \tag{3-8}$$

五点法
$$v_m = \frac{1}{10}(v_{0.0}+3v_{0.2}+3v_{0.6}+2v_{0.8}+v_{1.0}) \tag{3-9}$$

六点法
$$v_m = \frac{1}{10}(v_{0.0}+2v_{0.2}+2v_{0.4}+2v_{0.6}+2v_{0.8}+v_{1.0}) \tag{3-10}$$

式中 v_m——垂线平均流速，m/s；

$v_{0.0}$，$v_{0.2}$，$v_{0.4}$，…，$v_{1.0}$——水面、0.2H、0.4H、…、河底处的测点流速，m/s。

2. 部分面积平均流速的计算

部分面积平均流速是指两测速垂线间部分面积的平均流速，以及岸边或死水边两端测速垂线间部分面积的平均流速，如图3-8所示。图的下半部和上半部，分别表示部分面积和垂线平均流速沿断面的分布。

(1) 中间部分面积平均流速的计算

$$v_2=\frac{1}{2}(v_{m1}+v_{m2}) \quad (3-11)$$

(2) 岸边部分面积平均流速的计算

$$v_1=\alpha v_{m1} \quad (3-12)$$

式中　α——岸边系数，与岸边性质有关，斜岸边 $\alpha=0.67\sim0.75$，陡岸边 $\alpha=0.8\sim0.9$，死水边 $\alpha=0.5\sim0.67$。

3. 部分面积计算

部分面积以测速垂线为分界。中间部分按梯形计算，岸边部分按三角形计算，如图3－8所示。

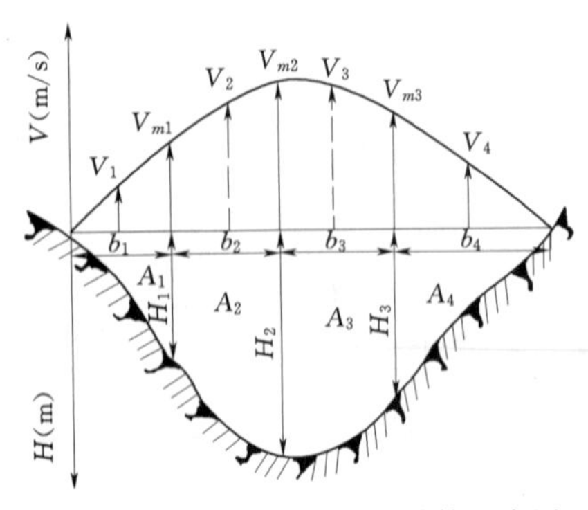

图3－8　流量及部分面积计算示意图

(1) 中间部分面积

$$A_2=\frac{1}{2}(H_1+H_2)b_2 \quad (3-13)$$

(2) 岸边部分面积

$$A_1=\frac{1}{2}H_1b_1 \quad (3-14)$$

4. 断面流量计算

$$Q=A_1v_1+A_2v_2+\cdots+A_nv_n=q_1+q_2+\cdots+q_n=\sum q_i \quad (3-15)$$

式中　Q——断面流量，m^3/s；
q_i——部分流量，m^3/s；
A_i——部分面积，m^2；
v_i——部分面积平均流速，m/s。

5. 断面平均流速计算

$$\bar{v}=\frac{Q}{A} \quad (3-16)$$

式中　A——全断面面积，它等于各部分面积之和，$A=\sum A_i$。

6. 断面平均水深计算

$$\overline{H}=\frac{A}{B} \quad (3-17)$$

式中　B——水面宽度，为各测深垂线间水平间距之和，$B=\sum b_i$。

二、浮标法测流

1. 浮标测流的方法

凡能漂浮之物，都能做成浮标。浮标可分为水面浮标、浮杆和深水浮标等，其中以水面浮标应用最广。

用水面浮标测流时，首先在上游沿河宽均匀投放浮标，用停表测定各浮标流经上、下游断面间的运行历时 T，用经纬仪测定各浮标流经中断面的位置（起点距）。同时还应观测水位、风向、风力等，供检查和分析成果时参考。

2. 水面浮标测流流量计算

按下式计算各浮标的虚流速 v_f

$$v_f = L/T \tag{3-18}$$

式中 v_f——虚流速，m/s；

L——上、下游浮标断面的间距，m；

T——浮标流经上、下游浮标断面的历时，s。

绘制虚流速横向分布曲线，在曲线上查得各条测深垂线的流速，计算两条测深垂线间的部分面积 A_i 和部分平均流速 v_{fi}，则部分虚流量为 $q_{fi}=A_i v_{fi}$。全断面的虚流量 $Q_f=\sum A_i v_{fi}$，则断面流量 Q 为断面虚流量乘以浮标系数 K_f，即

$$Q = K_f Q_f \tag{3-19}$$

浮标系数与浮标类型、风力，风向等因素有关，应通过与流速仪法比测确定，其值一般在 0.85～0.95 之间。

第四节　流量资料整编

水文站上施测流量一般都不是逐日连续进行的，每年施测流量的次数一般十几次或几十次。这些孤立的成果不能够直接用于规划设计。为此必须把这些原始资料通过分析整理，按科学的方法和统一的格式，整理成系统的、连续的、具有一定精度的流量资料，并刊印成册或存入数据库。称这种整理分析过程为流量资料整编。河渠中水位与流量关系密切，可以通过建立水位与流量之间的关系，用连续的水位过程推求流量过程。流量资料整编的内容虽多，但其中心问题就是建立这种水位流量关系。

一、水位流量关系曲线的绘制

一个测站的水位流量关系是指测站基本水尺断面处的水位与通过该断面的流量之间的关系。水位流量关系曲线是根据实测的流量和相应水位成果，以水位为纵坐标，流量为横坐标点绘在方格纸上，并通过点群中央绘出的平滑曲线。根据测站不同的控制条件，天然河流中水位与流量的关系有时呈现单一关系，有时呈现复杂的非单一关系。前者关系比较稳定，称稳定的水位流量关系；后者关系多变，称不稳定的水位流量关系。

（一）稳定的水位流量关系

根据水力学中的曼宁公式，天然河道的流量可用下式表示

$$Q = \frac{1}{n} A R^{2/3} I^{1/2} \tag{3-20}$$

式中 Q——断面流量，m^3/s；

A——过水断面面积，m^2；

R——水力半径，m；

n——糙率；

I——水面比降。

欲使水位流量关系稳定，必须具备的条件是同一水位下，A、R、I、n 维持不变；或同一水位下，A，R、I、n 虽有变化，但其影响可以互相补偿。在这种条件下，水位流量

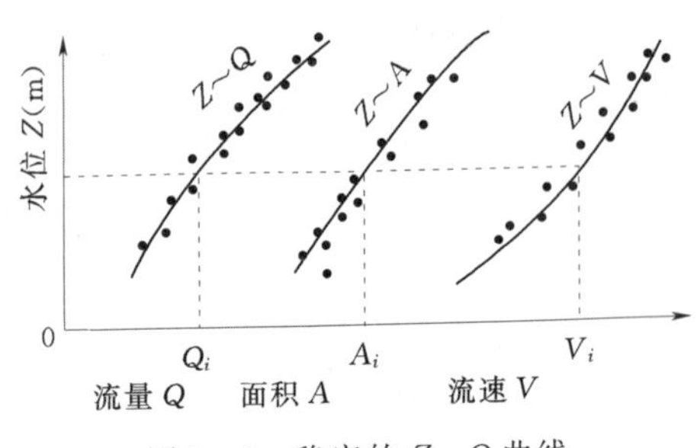

图 3-9　稳定的 Z～Q 曲线

关系就呈现单一的曲线，如图 3-9 所示。

在根据各次实测的水位、流量成果绘制水位流量 $Z \sim Q$ 关系曲线时，还应同时绘出水位面积 $Z \sim A$ 和水位流速 $Z \sim V$ 关系曲线，以便相互对照检查或适当外延，使各级水位对应的流量满足 $Q_i = A_i v_i$（误差小于 1%），否则应调整 $Z \sim Q$ 关系曲线，直至达到要求为止，如图 3-9 所示。

（二）不稳定的水位流量关系

式（3-20）表明，即使水位不变，只要 A、R、I、n 中任一因素发生变化，Q 都不是定值。在这种情况下，水位流量关系就不再是单一线，而是随水力因素变化而异的非单一曲线。天然河道中，洪水涨落、断面冲淤、回水影响等，都会通过 A、R、I，n 的改变而影响 $Z \sim Q$ 曲线的稳定性，如图 3-10、图 3-11 和图 3-12 所示。

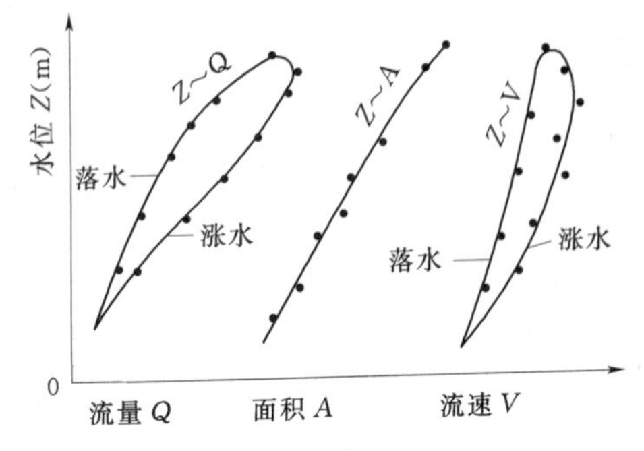

图 3-10　受洪水涨落影响的 Z～Q 曲线

不稳定的水位流量关系曲线，由于影响因素不同，定线和流量推求的方法也有所不同。有的测站，虽受冲淤的影响，但不是经常性的，在一定的时期内，$Z \sim Q$ 关系保持稳定状态，则可分别定出各时期的 $Z \sim Q$ 曲线，称为临时曲线法，如图 3-13 所示。在由水位推求流量时，应从各相应时期的 $Z \sim Q$ 曲线上查取。如断面受回水影响，则可用比降为参数定出一组 $Z \sim Q$ 曲线备用。如由于洪水涨落影响，则可按涨落过程分别定线。

当 $Z \sim Q$ 曲线受多种因素混合影响时，一般采用连时序法确定 $Z \sim Q$ 曲线。所谓连时序法，就是按照水位流量关系点据测次的时间顺序连成圆滑绳套曲线，如图 3-14 所示。

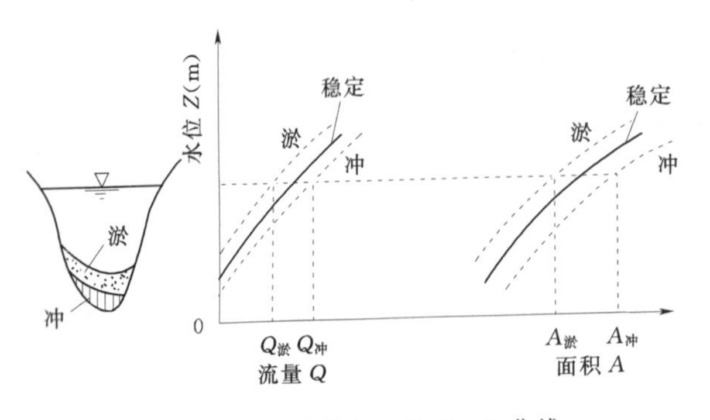

图 3-11　受冲淤影响的 Z～Q 曲线

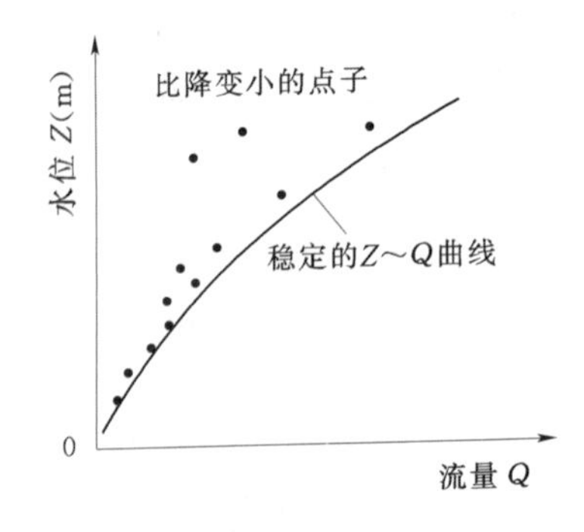

图 3-12　受变动回水影响的 Z～Q 曲线

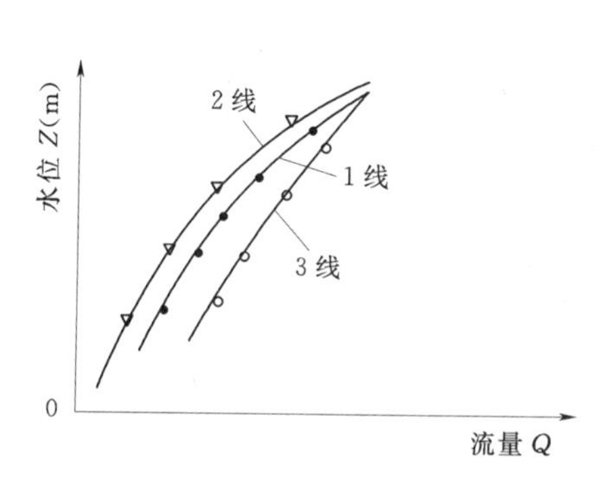

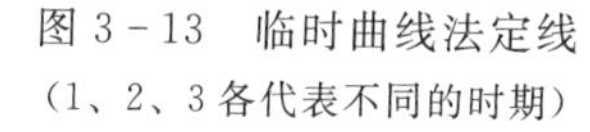

图 3-13 临时曲线法定线
(1、2、3 各代表不同的时期)

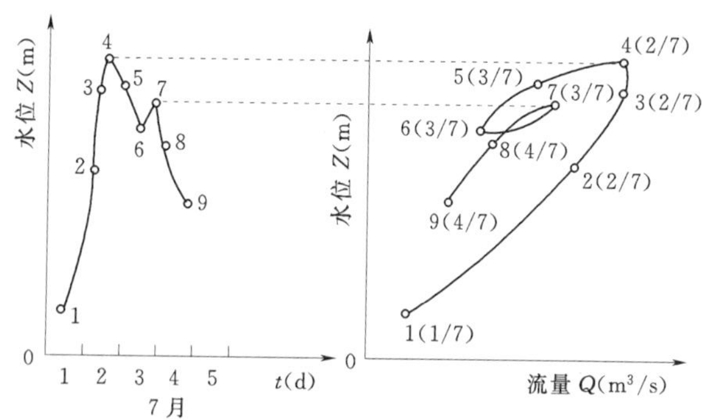

图 3-14 连时序法 $Z\sim Q$ 曲线

二、水位流量关系曲线的延长

在安排流量测验时，应力求在整个水位变幅内均匀布置测次。但是特高和特低水位持续时间短，施测条件往往受到限制而缺测。这时，必须将 $Z\sim Q$ 曲线作高、低水部分的外延，方能推得全年完整的流量过程。高水部分的延长幅度一般不超过当年实测水位变幅的30%，低水部分不超过10%。

（一）低水延长方法

以断流水位 Z_0 为控制点，将实测水位流量关系曲线按趋势延长。所谓断流水位 Z_0，即流量等于零时的水位。确定断流水位 Z_0 的方法有：

(1) 根据测站纵横断面资料确定。如测站下游有浅滩或石梁，可直接以其顶部高程作为断流水位。如测站下游相当长距离内河底平坦，可取基本水尺断面河底的最低点高程作为断流水位。

(2) 分析法。如测站断面形状规整，在延长部分的水位变幅内河宽无显著变化，则可采用分析法。此时假定水位流量关系的低水部分的方程为

$$Q=K(Z-Z_0)^n \tag{3-21}$$

式中 K、n——方程式的系数和指数，为待定常数。

在 $Z\sim Q$ 曲线下部顺序取 a、b、c 三点，其相应的水位分别为 Z_a、Z_b、Z_c，流量分别为 Q_a、Q_b、Q_c，使这 3 点满足 $Q_b^2=Q_aQ_c$，则可解得断流水位为

$$Z_0=\frac{Z_aZ_c-Z_b^2}{Z_a+Z_c-2Z_b} \tag{3-22}$$

（二）高水延长方法

1. 根据水位面积关系 $Z\sim A$ 和水位流速关系 $Z\sim V$ 延长

河床稳定的测站，$Z\sim A$、$Z\sim V$ 关系曲线稳定，趋势明显，可据以延长 $Z\sim Q$ 曲线。$Z\sim A$ 曲线可根据实测大断面资料延长，$Z\sim V$ 曲线高水时常趋近于一条与纵轴平行的直线，可顺趋势延长。根据 $Q_i=A_iV_i$，即可延长 $Z\sim Q$ 关系，如图 3-15 所示。

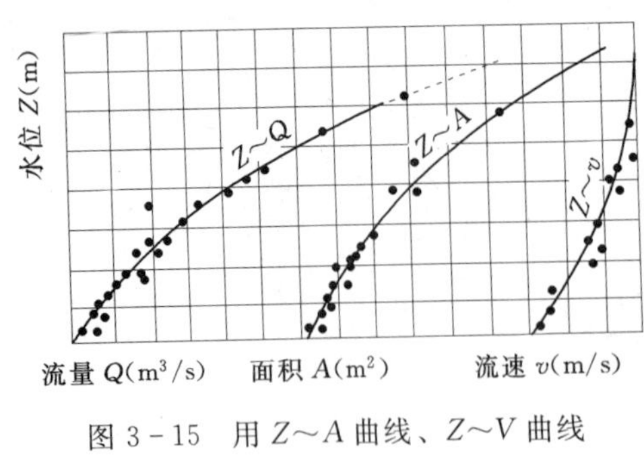

图 3-15　用 Z～A 曲线、Z～V 曲线延长 Z～Q 曲线

2. 用水力学公式延长

水力学公式法是在延长 Z～V 曲线时，用水力学公式计算出需要延长部分的流速 v 值来辅助定线，然后与由实测大断面资料延长的 Z～A 曲线配合，仍用 $Q_i=A_iV_i$ 来延长 Z～Q 曲线。

(1) 用曼宁公式延长。用曼宁公式 $V=\frac{1}{n}R^{2/3}I^{1/2}$ 计算流速时，水力半径 R 可根据大断面资料求得，糙率 n 值和水面比降 I 可通过绘制 Z～n 曲线和 Z～I 曲线关系，并顺势延长，以确定高水位时的糙率和比降。

当没有 n、I 资料时，可将曼宁公式改写为

$$\frac{1}{n}I^{1/2}=\frac{V}{R^{2/3}}\approx\frac{V}{\overline{H}^{2/3}} \tag{3-23}$$

式中　V——断面平均流速，m/s；

$\overline{H}$——断面平均水深，m。

根据实测流量资料，计算出各测次的 $V/\overline{H}^{2/3}$ 值，亦即各测次的 $\frac{1}{n}I^{1/2}$ 值，于是可以点绘出关系曲线 Z～$\frac{1}{n}I^{1/2}$。因高水部分 $\frac{1}{n}I^{1/2}$ 接近于常数，故可按曲线的趋势来延长，如图 3-16 所示。同时，由大断面资料计算各级水位的平均水深 $\overline{H}$ 与过水断面面积 A，并求得 $A\overline{H}^{2/3}$，点绘 Z～$A\overline{H}^{2/3}$ 关系曲线。某一水位 Z 的 $A\overline{H}^{2/3}$ 与 $\frac{1}{n}I^{1/2}$ 相乘，即该水位时的流量，以此延长 Z～Q 关系曲线。

(2) 用 Q～$A\sqrt{H}$ 法延长（史蒂文森法）。此法适用于水深较大，过水断面较宽，河段顺直无漫滩，n，I 变化不大的河道。

根据谢才公式

$$Q=CA\sqrt{RI}=(C\sqrt{I})(A\sqrt{R}) \tag{3-24}$$

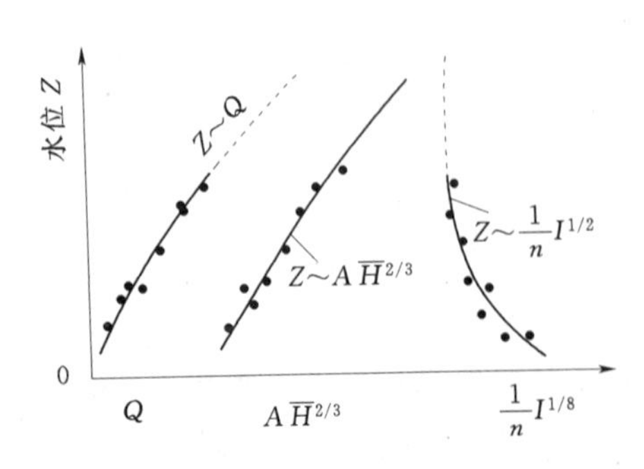

图 3-16　用曼宁公式延长 Z～Q 曲线

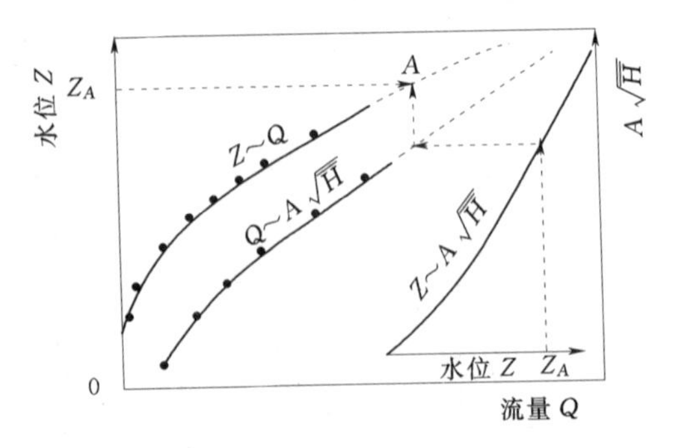

图 3-17　用 Q～$A\sqrt{H}$ 延长 Z～Q 曲线

在高水时，一般 $C\sqrt{I}$ 接近于常数，令 $K=C\sqrt{I}$，则 $Q=KA\sqrt{R}$，说明 Q 与 $A\sqrt{R}$ 在高水部呈线性关系。对于宽浅河道，水力半径可近似用平均水深代替，即 $R\approx\overline{H}$，故 $Q=KA\sqrt{\overline{H}}$。应用此法时，先根据实测大断面资料计算并点绘出 $Z\sim A\sqrt{\overline{H}}$ 关系；根据实测水位流量资料计算并点绘出 $Q\sim A\sqrt{\overline{H}}$ 关系；再按直线趋势外延，如图 3-17 所示；然后利用 $Z\sim A\sqrt{\overline{H}}$ 及 $Q\sim A\sqrt{\overline{H}}$ 推算出高水位时的流量，使 $Z\sim Q$ 曲线得以延长。

三、流量资料整编

流量资料整编的主要工作之一就是推求逐日平均流量。当 $Z\sim Q$ 曲线较为平直，水位变化平缓时，可用日平均水位在 $Z\sim Q$ 曲线上查得日平均流量。当一日内流量变化较大时，可用逐时水位在 $Z\sim Q$ 曲线上查得逐时流量，再用算术平均法或面积包围法计算日平均流量。然后制成"逐日平均流量表"，在水文年鉴中刊布或储存于水文数据库。此外，在水文年鉴中还刊布"实测流量成果表"及反映洪水详细变化的"洪水水文要素摘录表"等流量整编成果。

第五节　泥沙测验及计算

天然河流中的泥沙经常淤积河道，并对水利工程的兴建和河流的治理产生着巨大的影响，因此必须对河流泥沙运行规律及其特性进行研究。河流泥沙测验，就是对河流泥沙进行直接的观测，系统地收集泥沙资料，探明河流泥沙的来源、数量、特性和运动变化规律，为流域治理、河流开发和水利水电工程规划设计、管理提供基本资料。

河流中的泥沙，按其运动形式分为悬移质、推移质和河床质 3 种。悬移质是指悬浮于水中，随水流运动的细颗粒泥沙。推移质是指在河床上以滚动、滑动或跳跃的方式运动的粗颗粒泥沙。河床质则是指组成河床并处于相对静止状态的泥沙。三者没有严格的界线，随水流条件的变化而相互转化着。三者特性不同，测验及计算方法也不同。

一、悬移质泥沙测验及计算

（一）含沙量测验

单位水体的浑水中所含泥沙的重量，称为含沙量，记为 ρ，单位为 kg/m^3。含沙量测验一般是用采样器从水流中采取水样，然后经过量积、沉淀、过滤、烘干、称重等手续，求出一定体积水样中的干沙重，然后用下式计算水样的含沙量

$$\rho=\frac{W_S}{V} \tag{3-25}$$

式中　ρ——水样含沙量，kg/m^3；

W_S——水样中的干沙重，kg；

V——水样体积，m^3。

我国目前使用较多的有横式采样器如图 3-18 所示和瓶式采样器如图 3-19 所示。横式采样器的器身为圆筒形，容积一般为 0.5～5L 。取样前把仪器安置在悬杆上或悬吊着铅鱼的悬索上，使取样筒两边的盖子张开。取样时，将仪器放至测点位置，器身与水流方向一致，水从筒中流过。操纵开关，借助两端弹簧拉力使筒盖关闭，即可取得水样。瓶式

采样器的容积一般为0.5～2.0L，瓶口上安装有进水管和排气管，两管口的高差为静水头ΔH，用不同管径的管嘴与ΔH，可调节进口流速。取样时，将其倾斜地装在悬杆或铅鱼上，进水管迎向水流方向，放至测点位置，即可取样。

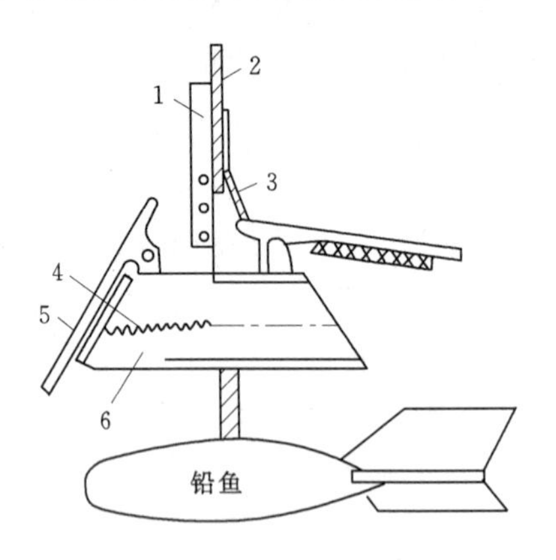

图3-18　横式采样器

1—铁锤；2—钢索；3—控制开关的撑爪；
4—弹簧；5—筒盖；6—水样筒

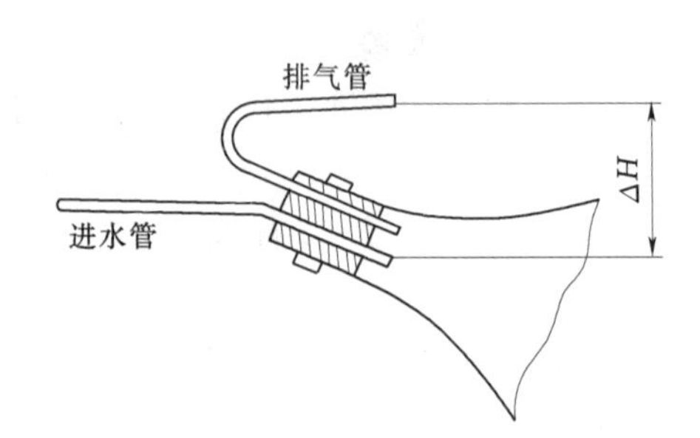

图3-19　瓶式采样器

（二）输沙率测验

单位时间内通过测验断面的悬移质重量称为该断面悬移质输沙率。悬移质含沙量测验的目的就是为了推求通过河流测验断面的悬移质输沙率及其随时间的变化过程。由于断面内各点含沙量不同，因此输沙率测验和流量测验相似，也是在断面上布设一定数量的测沙垂线，通过测定各垂线测点流速及含沙量，计算垂线平均流速及垂线平均含沙量，然后计算部分流量及部分输沙率，各部分输沙率之和即断面输沙率。

1. 垂线平均含沙量计算

在测得各测点的流速及含沙量后，按下列公式计算垂线平均含沙量

五点法
$$\rho_m=\frac{\rho_0 v_{0.0}+3\rho_{0.2}v_{0.2}+3\rho_{0.6}v_{0.6}+2\rho_{0.8}v_{0.8}+\rho_{1.0}v_{1.0}}{v_{0.0}+3v_{0.2}+3v_{0.6}+2v_{0.8}+v_{1.0}} \tag{3-26}$$

三点法
$$\rho_m=\frac{\rho_{0.2}v_{0.2}+\rho_{0.6}v_{0.6}+\rho_{0.8}v_{0.8}}{v_{0.2}+v_{0.6}+v_{0.8}} \tag{3-27}$$

二点法
$$\rho_m=\frac{\rho_{0.2}v_{0.2}+\rho_{0.8}v_{0.8}}{v_{0.2}+v_{0.8}} \tag{3-28}$$

一点法
$$\rho_m=C_1\rho_{0.5}\quad 或 \quad \rho_m=C_2\rho_{0.6} \tag{3-29}$$

式中　ρ_m——垂线平均含沙量，kg/m^3；

ρ_j——相对水深为j的测点含沙量，j=0.0，0.2，…；

v_j——相对水深为j的测点流速，j=0.0，0.2，…；

C_1、C_2——一点法的系数，由多点法的资料分析确定，无资料时可用1.0。

2. 断面输沙率计算

由垂线平均含沙量和测沙垂线间的部分流量，按下式计算断面输沙率

$$Q_S=\frac{1}{1000}\left(\rho_{m1}q_1+\frac{\rho_{m1}+\rho_{m2}}{2}q_2+\cdots+\frac{\rho_{mn-2}+\rho_{mn-1}}{2}q_{n-1}+\rho_{mn-1}q_n\right) \tag{2-30}$$

式中　Q_S——断面输沙率，t/s；

ρ_{mi}——第 i 条垂线的平均含沙量，kg/m^3，$i=1, 2, \cdots, n-1$；

q_i——第 i 块测沙垂线间面积的部分流量，m^3/s；$i=1, 2, \cdots, n$。

3. 断面平均含沙量

断面平均含沙量 $\bar{\rho}$ 为

$$\bar{\rho}=\frac{Q_S}{Q}\times 1000 \tag{3-31}$$

（三）单沙断沙关系

悬移质输沙率测验工作不仅复杂繁重，而且很难实现逐日逐时施测。实践中发现断面平均含沙量（简称断沙）常与断面上某一测点含沙量或某一垂线平均含沙量（简称他们为单沙）有一定的关系，称为单沙断沙关系，如图 3-20 所示。通过多次实测资料分析，建立了这种关系之后，经常性的泥沙取样工作便可只在此测点或垂线上进行，这样使测验工作大为简化。

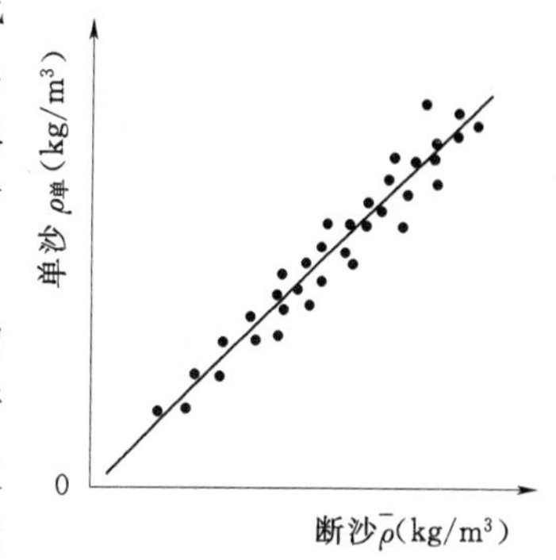

图 3-20　单沙与断沙关系

单沙测验的位置应选在其单沙与断沙关系比较稳定的测点或垂线上，这种位置可通过多次输沙率详测资料分析得到。利用绘制的单沙断沙关系如图 3-20 所示，由各次单沙实测资料推求出相应的断沙和输沙率，可进一步计算日平均输沙率、年平均输沙率及年输沙量等。

单沙的测次，平水期一般每日定时取样一次；含沙量变化很小时，可 5～10 日取样一次；含沙量有明显变化时期，每日应取样两次以上；洪水期，对较大的洪水过程取样次数不应少于 7～10 次。

二、推移质泥沙测验及计算

1. 推移质输沙率测验

推移质泥沙测验是为了测定推移质输沙率及其变化过程。推移质输沙率是指单位时间内通过测验断面的推移质泥沙重量。测验推移质时，首先确定推移质的边界，在有推移质的范围内布设若干垂线，施测各垂线的单宽推移质输沙率，计算部分宽度上的推移质输沙率，最后累加求得断面推移质输沙率（简称断推）。由于测验断推工作量大，故也可以用一条垂线或两条垂线的推移质输沙率（称单位推移质输沙率，简称单推）与断推建立相关关系，用经常测得的单推和单推—断推关系推求断推及其变化过程，从而使推移质测验工作大为简化。

推移质取样的方法，是将采样器放到河底直接采集推移质沙样。因此，推移质采样器应具有的一般性能是：进口流速与天然流速一致；仪器口门的下沿能贴紧河床，口门底部河床不发生淘刷；采样器的采样效率高且较稳定；便于野外操作，适用于各种水深和流速条件下取样。

由于推移质粒径不同，推移质采样器分为沙质和卵石两类。沙质推移质采样器适用于平原河流。我国自制的这类仪器有黄河 59 型（图 3-21）和长江大型推移质采样器。卵石推移质采样器通常用来施测 1.0～30cm 粗粒径推移质，主要采用网式采样器，有软

底网式和硬底网式（图 3－22）两种。

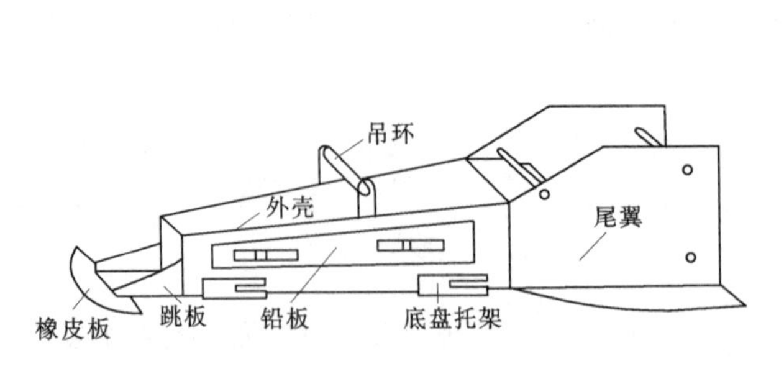

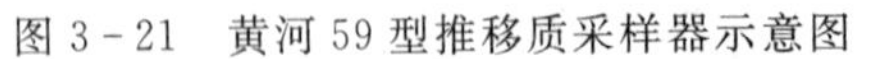

图 3－21　黄河 59 型推移质采样器示意图

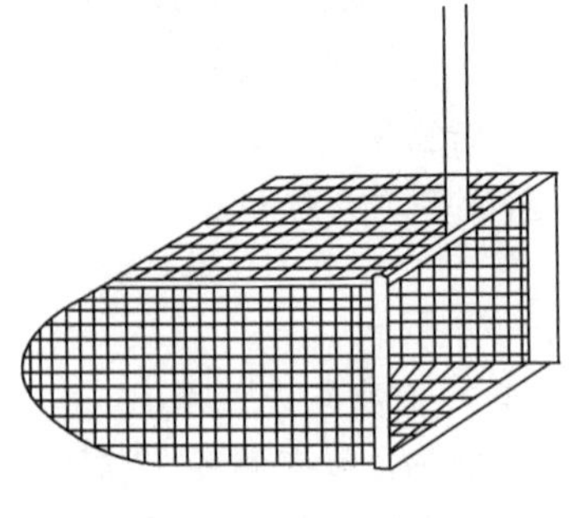

图 3－22　硬底网式推移质采样器

2. 推移质输沙率的计算

利用推移质采样器实测输沙率，要首先计算各取样垂线的单宽推移质输沙率，即

$$q_b=\frac{100W_b}{tb_k} \tag{3-32}$$

式中　q_b——单宽推移质输沙率，g/（s·m）；

W_b——推移质沙样重，g；

t——取样历时，s；

b_k——取样器的进口宽度，cm。

断面推移质输沙率用下式计算

$$Q_b=\frac{1}{2000}K[q_{b1}b_1+(q_{b1}+q_{b2})b_2+\cdots+(q_{bn-1}+q_{bn})b_{n-1}+q_{bn}b_n] \tag{3-33}$$

式中　Q_b——断面推移质输沙率，kg/s；

q_{b1}、q_{b2}、…、q_{bn}——各垂线单宽推移质输沙率，g/(s·m)；

b_1、b_2、…、b_{n-1}——各取样垂线间的间距，m；

b_1、b_n——两端取样垂线至推移质运动边界的距离，m；

K——修正系数，为采样器采样效率的倒数，通过率定求得。

三、河床质测验

河床质测验的基本工作是采取测验断面或测验河段的河床质泥沙，并进行颗粒分析。河床质的颗粒级配资料可供分析研究悬移质和单宽推移质输沙率沿断面横向的变化，同时又是研究河床冲淤，利用理论公式推估推移质输沙率和河床糙率等的基本资料。

采取河床质沙样，可使用专门的河床质采样器。采样器应能取得河床表层 0.1～0.2m 以内的沙样，仪器向上提时器内沙样不得流失。国内目前使用的沙质河床质采样器有圆锥式、钻头式、悬锤式等；卵石河床质采样器有锹式、蚌式等。河床质的测验，一般只在悬移质和推移质测验作颗粒分析的各测次进行。取样垂线尽可能和悬移质、推移质输沙率测验各垂线位置相同。

四、泥沙颗粒分析

泥沙是由许多粒径不同的沙粒组成。沙样中各种粒径的泥沙各占多少（百分比）的分配情况，即该泥沙的颗粒级配。反映这种级配情况的曲线图称为颗粒级配曲线，如图 3－

23所示为某断面的悬移质、推移质、河床质的级配曲线，它是研究泥沙运动规律，合理解决各类工程泥沙问题的基本资料之一。

（一）泥沙颗粒分析方法

泥沙颗粒分析的方法很多，应根据泥沙粒径大小、取样多少进行选择。目前，使用的有筛分析法、粒径计法、比重计法、移液管法等。这些方法常互相配合使用。

筛分析法适用于粒径大于0.1mm的泥沙颗粒分析，设备简单，操作方便。将各种孔径的标准筛按孔径大小顺序重叠，孔径大的在上，小的在下，最上一层有筛盖，最下一层有筛底盘。将干沙样置于最上层筛内，用震筛机震摇约15min，然后将留存各筛上的干沙重量分别称出，或按筛孔从小到大依次累加称重，即可得到小于各筛孔径之干沙重。依据称重结果，可按下式计算出不大于各种粒径的沙重百分数

$$P=\frac{A}{W_S}\times 100 \tag{3-34}$$

式中　P——不大于某粒径的沙重百分数；

A——不大于某粒径的沙重，g；

W_S——总沙重，g。

粒径计法、比重计法和移液管法属于水分析法，一般用于粒径小于0.1mm的泥沙颗粒分析。其分析原理是：不同粒径的泥沙颗粒在静水中具有不同的沉降速度，测出沉降速度后，分别用下述沉速公式计算出相应的粒径，便可推求泥沙颗粒级配。

斯托克斯公式，适用于泥沙颗粒直径$D\leqslant 0.1$mm

$$\omega=\frac{\gamma_s-\gamma_w}{1800\mu}D^2 \tag{3-35}$$

冈查洛夫第二公式，适用于$D=0.15\sim 1.5$mm

$$\omega=6.77\frac{\gamma_s-\gamma_w}{\gamma_w}D+\frac{\gamma_s-\gamma_w}{1.92\gamma_w}\left(\frac{T}{26}-1\right) \tag{3-36}$$

冈查洛夫第三公式，适用于$D>1.5$ mm

$$\omega=33.1\sqrt{\frac{\gamma_s-\gamma_w}{10\gamma_w}D} \tag{3-37}$$

式中　ω——沉降速度，cm/s；

D——颗粒直径，mm；

μ——水的动力粘滞系数，$g\cdot s/cm^2$；

γ_s——泥沙的比重；

γ_w——水的比重；

T——悬液的温度，℃ 。

粒径在0.1～0.15mm之间时，可将式（3－35）与式（3－36）的粒径与沉速关系曲线顺势直接连接查用。

用粒径计进行颗粒分析，是借助于一支粒径计管来实现的。粒径计管是长103cm的玻璃管。将它安装在分析架上，在管顶用加沙器加入沙样，直接观测不同历时后通过粒径管下沉的泥沙重量。由于下沉的距离已知，故由下沉历时可推算出相应沉速，用上述沉速与粒径之间的关系计算相应粒径，就可推求出泥沙的颗粒级配。

比重计法是将分析沙样15～30g放入1000cm³的量筒内，加分析用水至1000cm³刻度，搅拌均匀后观测泥沙下沉情况。在分析试验开始后t时刻，粒径为D的泥沙从液面下沉的距离为L，在液面下L处的悬液内只有粒径等于及小于D的泥沙，粒径大于D的泥沙则全部下沉到更深处。在不同时刻t用比重计测定L处悬液的容重，利用沉速与粒径之间的关系计算出粒径D，就可以推求泥沙颗粒级配。

移液管法的基本原理与比重计法基本相同。差别仅在于移液管法不用比重计测定量筒中测点的悬液比重，而是用一根移液管，在沉降开始后的不同时间，吸取量筒内一定深度定量的悬液，经过烘干称重，计算出含沙量，便可推算出全部沙样中粒径等于及小于D的泥沙重量百分比，即可推求出泥沙颗粒级配。

（二）泥沙颗粒分析成果的计算

在每个悬移质、推移质、河床质沙样颗粒分析的基础上，计算出悬移质、推移质、河床质的断面平均颗粒级配和平均粒径。

1. 悬移质垂线平均颗粒级配的计算

悬移质泥沙颗粒分析所用沙样若按积深法采取，则颗粒分析成果即为垂线平均颗粒级配。如沙样用积点法取得，应用垂线各测点输沙率加权平均计算垂线平均颗粒级配，即

$$p_m=\frac{\sum_i c_i p_i \rho_i v_i}{\sum c_i \rho_i v_i} \tag{3-38}$$

式中　p_m——垂线平均不大于某粒径的悬移质沙重百分数，%；

p_i——垂线各测点不大于某粒径的悬移质沙重百分数，%；

c_i——垂线各测点流速的权重，和计算垂线平均流速时相同；

ρ_i——垂线各测点含沙量，kg/m³；

v_i——垂线各测点流速，m/s。

2. 悬移质、推移质、河床质断面平均颗粒级配的计算

用全断面混合法取样作颗粒分析，其成果即为断面平均悬移质颗粒级配。否则，应用输沙率加权平均计算断面平均悬移质颗粒级配，即

$$\overline{p}=\frac{(2q_{s0}+q_{s1})\overline{p}_{m1}+(q_{s1}+q_{s2})\overline{p}_{m2}+\cdots+(q_{s(n-1)}+2q_{sn})\overline{p}_{mn}}{2Q_S} \tag{3-39}$$

式中　$\overline{p}$——断面平均不大于某粒径的悬移质沙重百分数，%；

q_{s0}、q_{s1}、q_{s2}、…、q_{sn}——以取样垂线分界的部分输沙率，kg/s；

$\overline{p}_{mi}$——各取样垂线的垂线平均不大于某粒径的悬移质沙重百分数，%；

Q_S——全断面输沙率，kg/s。

推移质断面平均颗粒级配，用垂线推移质输沙率加权平均计算，即

$$\overline{p}=\frac{(b_0+b_1)q_{b1}p_1+(b_1+b_2)q_{b2}p_2+\cdots+(b_{n-1}+b_n)q_{bn}p_n}{(b_0+b_1)q_{b1}+(b_1+b_2)q_{b2}+\cdots+(b_{n-1}+b_n)q_{bn}} \tag{3-40}$$

式中　b_0、b_n——两端垂线与推移质边界的间距，m；

b_1、b_2、…、b_{n-1}——各取样垂线间的距离，m；

q_{b1}、q_{b2}、…、q_{bn}——各垂线的单宽输沙率，kg/（s·m）；

p_1、p_2、…、p_n——各垂线处小于某粒径沙重百分数，%。

河床质断面平均颗粒级配用河宽加权法计算，即

$$\overline{p}=\frac{(2b_0+b_1)p_1+(b_1+b_2)p_2+\cdots+(b_{n-1}+2b_n)p_n}{2(b_0+b_1+b_2+\cdots+b_n)} \tag{3-41}$$

式中　b_0、b_n——两端垂线与推移质边界的间距，m；

b_1、b_2、…、b_{n-1}——各取样垂线间的距离，m；

p_1、p_2、…、p_n——各垂线处小于某粒径沙重百分数，%。

通过泥沙颗粒分析，然后在半对数格纸上以横坐标表示泥沙粒径 D，纵坐标表示小于或等于该粒径的泥沙所占重量的百分比 p，点出 $D\sim p$ 关系，如图 3-23 所示，即为泥沙颗粒级配曲线。

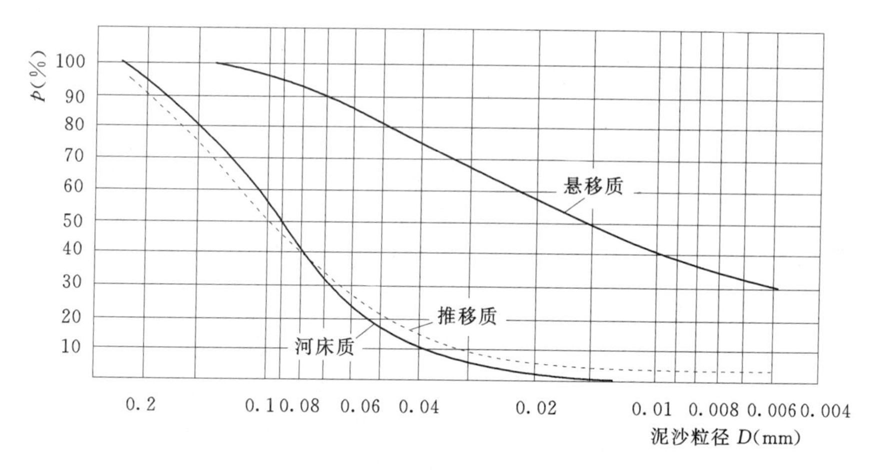

图 3-23　某断面悬移质、推移质、河床质的级配曲线

3. 悬移质、推移质、河床质断面平均粒径的计算

各种泥沙的断面平均粒径系根据相应的断面平均颗粒级配曲线用分组沙重百分数加权平均计算，即

$$\overline{D}=\frac{\sum\Delta p_i\overline{D}_i}{100} \tag{3-42}$$

$$\overline{D}_i=\frac{D_上+D_下+\sqrt{D_上 D_下}}{3} \tag{3-43}$$

式中　$\overline{D}$——断面平均粒径，mm；

Δp_i——第 i 组沙重百分数，%；

$\overline{D}_i$——第 i 组平均粒径，mm；

$D_上$，$D_下$——某组上、下限粒径，mm。

第六节　水下地形测量

江河湖海水面以下常呈现复杂的地形。为了研究河床、海岸的演变，确定河道整治方案，修建闸坝等水工建筑物，要有水下地形资料。水下地形用等高线图表示，除施测方法与陆上有差异外，施测原理基本相同。水下地形测量是利用船艇等在水面上探测河道地形的一种方法，它包括水位观测、测深和定位等内容。

一、控制网的布设

平面控制，通常是沿河流两岸布设小三角锁或导线，并与国家控制点相连接；高程控制，视河道长短与宽窄，以国家水准点为起始点，沿河布设所需等级的高程控制网作为高程的基本控制。

二、测深点的布设

在水下地形测量中，河床的高低起伏情况是看不见的，不可能像陆上地形测量那样选择地形特征点作为碎部点，一般只能按均匀分布的原则布设测深点。

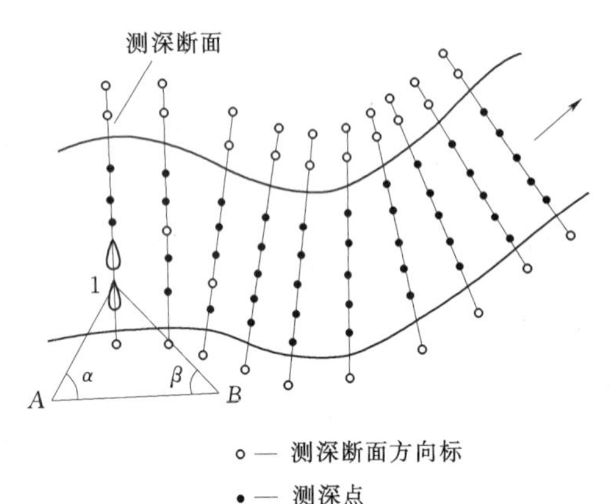

图 3-24　某河段测深点布设示意图

如图 3-24 所示，在垂直于河流流向每隔一定距离布设测深断面（在河道弯曲处，测深断面可布设成辐射线的形式）。在每个测深断面延长方向的两岸上竖立断面标杆，测船以断面标杆为目标沿断面行驶，每隔一定距离测定一个水深，与此同时用经纬仪、六分仪或测距仪交会法测定测深点的平面位置。

一般规定，在图上每隔 1～2cm 布设一个测深断面，相邻测点之间的距离在图上一般为 0.6～0.8cm 左右。

三、水位观测及测点高程

为了求得河床测点的高程，要观测水位与水深，以水位减水深即得测点高程。如测区附近已设有固定水尺，可直接进行水位观测。否则，应在水边设立临时水尺进行观测。由于水位的涨落随时间而异，严格地说，计算每个测点的高程应该用测量该点水深时的水位。但这是难以做到的，实际上也不需要这样高的精度。一般做法是每测一个断面观测一次水位，或在测量开始和结束时各观测一次水位。

水位不仅随时间而异，而且随地点不同而异。除湖、库以外，河流水面总有个降落的坡度，这时应根据所观测河段的首部，中部和尾部水位，按水面比降及断面间距推算出各测深断面的水位。

四、测深工具

测深杆适用于水深在 5m 以内的浅水区，测深锤适用于水深在 10m 以内的河道，在水深流急的河道中可使用回声测深仪测深。

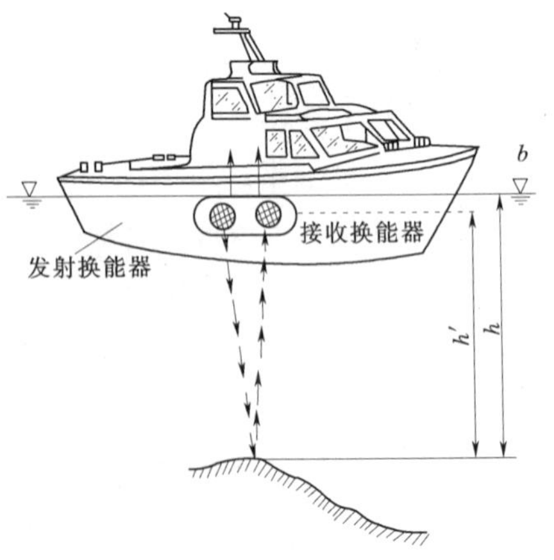

图 3-25　回声测深仪测深示意图

回声测深仪是利用回声原理设计制成的。如图 3-25 所示，回声测深仪从发射换能器向河底发射超声波，超声波到达河底后反射回来，由仪器的接

收换能器接收。因为超声波在水中的传播速度 v 已知（水温 28℃时，为 1500m/s），如若记下从发射到接收往返的时间 t，则换能器至河底的距离 h' 为

$$h'=\frac{1}{2}vt \tag{3-44}$$

加上换能器至水面的距离 b，即得该点的水深 h。

$$h=h'+b \tag{3-45}$$

便携式超声波测深仪具有精度高、稳定可靠、微功耗、体积小、重量轻、携带方便、操作简单等特点。测深时将超声波换能器置于水面，利用超声波在水中的固定声速 V 和超声波发射到接收的时间 t，仪器自动换算出水深 h。超声波收发转换电路采用专用大规模集成电路，并以液晶显示测深结果。仪器还可与计算机或便携机联机运行。如图 3-26 所示是 Ponoldepth—1 型便携式超声波测深仪主机和换能器，如图 3-27 所示是主机示意图，仪器最大量程可达 100m，分辨率达 0.01m。仪器使用方法详见使用说明书。

图 3-26　Ponoldepth-1 型便携式超声波测深仪

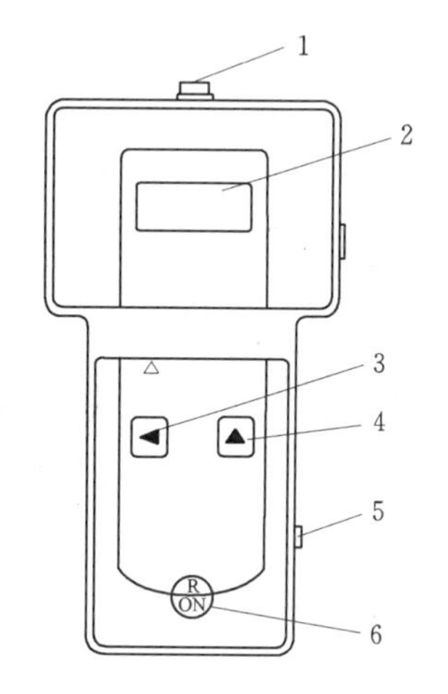

图 3-27　Ponoldepth-1 型便携式超声波测深仪主机示意图

1—传感器接口；2—显示窗口；3—选择键；4—确认键/加 1 键；5—外接电源接口；6—复位键/开机键

五、测深点定位作业的实施

确定测深点平面位置的方法有经纬仪前方交会法、六分仪后方交会法和激光测距仪法等。

1. 经纬仪前方交会法

经纬仪前方交会法，是用两架经纬仪对测点同时测定两个交会角，以确定该点的平面位置。如图 3-28 所示，A、B、C、D 为控制点，要确定测船所在点 1 的位置，可在 A 点和 B 点上分别安置经纬仪，同时测出交会角 α_1 和 β_1，则点 1 的位置即确定。因为 A、B、C、D 各点的坐标为已知，在 A 点量出 α_1 角，绘出方向线 $A1$，在 B 点量出 β_1 角，绘出方向线 $B1$，两方向线的交点即为点 1 的位置。同样的方法可定出其他各测深点的位置。

2. 六分仪后方交会法

六分仪后方交会法对测深点定位，是用两架六分仪在测深船上测得与岸上 3 个控制点

间的两个夹角，如图 3-29 中的 α 及 β，用以确定测深点位置的一种方法。它的特点是作业人员均在船上。施测时，测深船沿断面线行驶，每隔一定距离，两个测角员各持六分仪分别测出 α 及 β 角，测深员同时进行测深，记录员随时记录在表，绘图员用三杆分度仪（图 3-30）按 α 及 β 角在图板上定出该点的位置。完成野外各点的测深、测角等作业后，算出各测深点高程，展绘于图纸上，从而绘出等高线如图 3-31 所示。

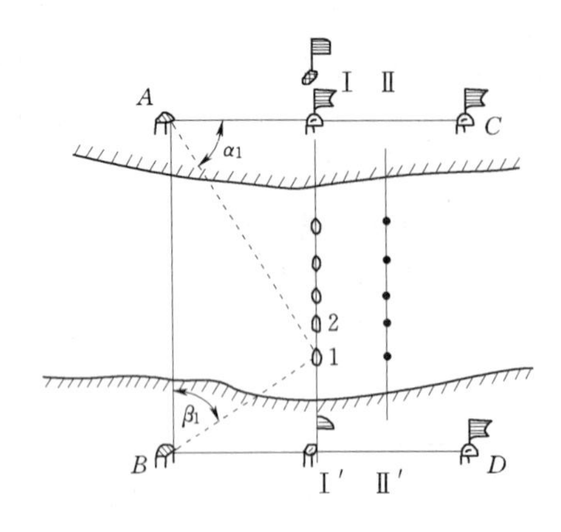

图 3-28　经纬仪前方交会法

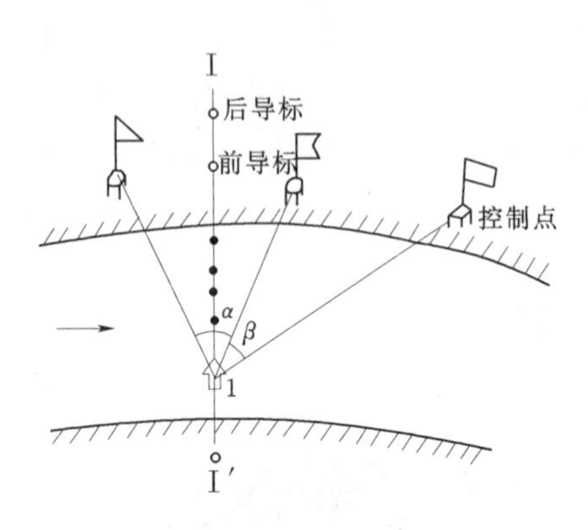

图 3-29　六分仪后方交会法

3. 手持式激光测距仪法

手持式激光测距仪（LASER/400）具有体积小、重量轻、携带方便、操作简单、测距精度高等优点，测距范围在 10～400m 之间，适用于中小水库和河宽不大的中小河流水下地形测量。手持式激光测距仪的结构如图 3-32 所示，包括物镜、激光探测镜、单位选取按钮、电源开关、目镜、焦距调整按钮、电池仓等。测量方法是：①按 电源开关④ ；②眼睛观看 物镜① ，此时可见物镜中液晶显示在闪烁；③以物镜液晶显示中的十字丝中心对准目标，当景物不清晰时，可 旋转焦距⑥ ，直至目标清晰；④再次按 电源开关④ ，进行测量；⑤若液晶显示为[═]，则表示正在测量，稍等片刻将显示距离读数，此点测量完毕；⑥若液晶显示为[———]，则表示该点不能测量，表示实际距离超出了仪器测距范围；⑦按住 电源开关④ 不松手，显示的距离读数将不会立即消失；距离为多次显示的那个数据；⑧测量单位的选择：此仪器有两种读数单位，即米（m）和码（YD），1YD=0.914m，其转换方法为：按住 单位选取③ 片刻，即能实现两种单位之间的转换。

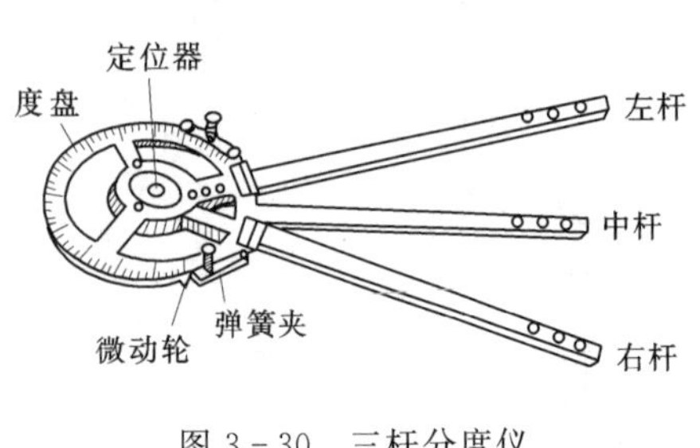

图 3-30　三杆分度仪

激光测距仪对测深点定位，是用两架激光测距仪在测深船上测得与岸上两个控制点间的距离以确定测深点位置的一种方法。它的特点也是作业人员均在船上。施测时，测深船沿断面线行驶，每隔一定距离，两个测距员各持激光测距仪分别测出岸上两个控制点的距离，测深员同时进行测深，记录员随时记录在表，绘图员用圆规分别以控制点为圆心，以

该控制点距测深点的距离为半径画弧，两个圆弧的交点即为测深点的位置。

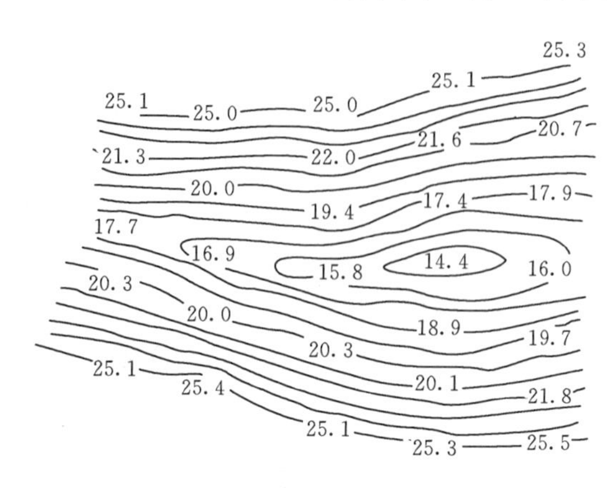

图3-31　某河段水下地形图

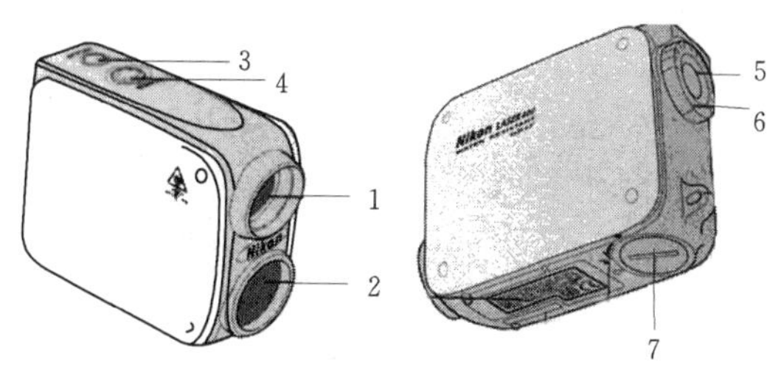

图3-32　手持式激光测距仪

1—物镜；2—激光探测镜；3—单位选取按钮；4—电源开关；5—目镜；6—焦距；7—电池仓

GPS技术的出现，带来了测量方法的革新，在大地控制测量、精密工程测量及变形监测等应用中形成了具有很大优势的实用化方案。尤其是GPS RTK技术能够在野外实时得到厘米级定位精度，为地形测图和水下地形测量等带来了新的作业方法，极大地提高了野外作业效率，是GPS应用的里程碑。数字化成图技术软件功能强大，使用方便，可自动生成三角网、等高线，内置各种地形、地貌、地物的标准图库，具有自动生成断面图、建立三维模型、自动计算方量等功能。

第七节　水文资料收集

收集水文资料是水文分析计算的基本工作之一。水文资料的来源有水文年鉴、水文手册、水文图集和各种水文调查资料等。

一、水文年鉴

水文站网观测整编的资料，按全国统一规定，分流域、干支流及上下游，每年刊布一次，称为水文年鉴。水文年鉴的主要内容包括：测站分布图；水文站说明表及位置图；测站的水位、流量、泥沙、水温、冰凌，水化学、降水量、蒸发量等资料。

二、水文手册和水文图集

水文手册和水文图集是全国及各地区水文部门，在分析研究全国各地区所有水文站资料的基础上，通过地区综合分析编制出来的。它给出了全国或某一地区的各种水文特征值的等值线图、经验公式、图表、关系曲线等。利用水文手册和水文图集，便可计算无资料地区的水文特征值。

三、水质资料

天然水体的特征和性质，除在数量上描述外，还要从水的质量上描述。后者即水质问题，它研究天然水体中各种物质的成分及其含量。在灌溉、工业、生活用水及养殖等方

面，都要了解水中各种物质的含量。在防治水污染工作中，更需掌握水中有害物质的变化情况。

水质观测可以分为天然水体的物质成分测验，污染情况测验及为其他专用目的水质测验三类。测验项目一般包括水温、浑浊度、色度、溶解氧（DO）、生化需氧量（BOD）、pH值、氨、硝酸盐、重金属等。在水文年鉴中有水化学分析成果表可供查用，如需有关水质方面更详细的资料，可向环境监测站收集。

四、水文调查

通过水文站网进行定位观测是收集水文资料的主要途径。但是，由于定位观测受时间和空间的限制，有时并不能完全满足生产需要，故必须通过水文调查来补充定位观测的不足，使水文资料更加系统完整。

1. 洪水调查

水利水电工程的设计洪水计算，都必须进行历史洪水的调查和考证工作。一般方法是在工程断面附近选择调查河段，查阅历史文献，询问当地老居民，指认历史洪痕及发生时间，然后测量河道地形、纵横断面和洪痕高程，推算历史洪水的洪峰、洪量、洪水过程及重现期。近年来，还应用第四纪地质学、年代学知识，调查分析近万年内的特大洪水，称为古洪水研究，是洪水调查的一种新途径。

2. 暴雨调查

暴雨调查的主要内容有：暴雨成因、暴雨量、暴雨发生时间、暴雨变化过程、前期雨量情况及暴雨走向等。对历史暴雨的调查，一般是通过群众对雨势的回忆，或与近期发生的某次大暴雨相对比，得出定性的概念；也可根据群众设在空旷露天处的生产生活用具，如盆、桶、缸等容器暴雨期间接纳的雨水推算出降水量。

3. 枯水调查

枯水流量是水文分析计算中不可缺少的资料，也必须进行历史枯水调查。调查方法与洪水调查基本相似，不过难度更大。一般很难找到枯水痕迹，只能根据当地较大旱灾的旱情，无雨天数，河水是否干涸断流，水深情况等分析估算出当时最枯流量，最低水位及发生时间。如四川涪陵长江江心白鹤梁石鱼题刻资料，是目前宜渝河段保存最好、最有价值的枯水资料，是探索长江该河段枯水水文规律的主要依据。经过长期调查、整理、分析，得到了1200年间长江枯水系列的宝贵资料。

复习思考题

3-1　水文测验河段布设哪些断面？

3-2　流速仪测流的原理是什么？

3-3　流速仪测流包括哪些内容？如何利用测流资料计算流量？

3-4　水位流量关系曲线不稳定的原因何在？

3-5　水位流量关系曲线的高低水延长有哪些方法？

3-6　试比较悬移质测验与流速仪法流量测验的异同？

3-7　六分仪测角的原理是什么？

习　　题

3-1　已知沅江王家河站1974年实测水位、流量成果，并根据大断面资料计算出相应的断面面积，见表3-3。要求①求各测次的平均流速；②利用 $Z \sim A$、$Z \sim V$ 关系延长 $Z \sim Q$ 曲线；③求出水位为57.62m的流量。

表3-3　1974年沅江王家河站实测水位、流量成果

水位 Z (m)	流量 Q (m^3/s)	断面面积 A (m^2)	平均流速 V (m/s)	水位 Z (m)	流量 Q (m^3/s)	断面面积 A (m^2)	平均流速 V (m/s)
44.35	531	1210		51.68	10200	4400	
45.45	1200	1580		52.16	10300	4630	
46.41	2230	1980		53.01	11900	5050	
46.96	2820	2210		53.76	13700	5390	
47.58	3510	2470		54.19	14500	5610	
48.09	4370	2710		55.68	18800	6350	
48.76	4950	3020		56.98	19600	7010	
49.03	5690	3250		57.31	20700	7160	
50.60	7490	3880		57.62		7320	

第四章　水文统计基本原理与方法

第一节　频　率　计　算

一、概述

（一）水文统计在水文分析计算中的应用

水文现象在它本身的发生、发展和演变过程中包含着必然性的一面，也包含着随机性的特点。所以在水文分析计算中，必须把研究必然性规律的物理成因分析和研究随机性规律的概率统计分析密切结合起来，相辅相成地解决水文问题。

在数理统计中，把研究对象的个体集合称为总体。从总体中随机地抽取 n 个个体称为总体的一个随机样本，简称样本。样本中的个体数 n 称为样本容量。水文系列的总体通常是无限的，例如某站的年降雨量，其总体应该是自古迄今再至未来的长远岁月中的所有年降雨量。有限期内所观测到的系列仅仅是一个很小的随机样本。水文系列的总体虽然是客观存在的，但是无法得到它。因此，水文分析计算中概率分析的目的就是要由样本来估计总体，对未来的水文情势作出概率预测。样本和总体既有区别又有联系，样本既然是总体的一部分，那么，样本的特征在某种程度上就反映和代表了总体的特征，这就是为什么能够通过对实测系列（样本）的研究来推估未来水文变化情势的原因；但样本毕竟只是总体的一部分，用样本来推断总体必然会产生误差，这种误差是由于抽样引起的，故称为抽样误差。水文分析中，对抽样误差的大小及范围也要作出概率估计。

归纳起来，水文统计在水文分析计算中的应用主要有：

(1) 根据已有的资料系列（样本），应用概率理论和频率计算，推求指定频率的水文特征值。

(2) 研究水文现象之间的统计关系，应用这种关系插补、延长水文系列和作水文预报等。

(3) 根据误差理论，估计水文计算中的随机误差范围。

（二）水文统计和工程数学中的概率论与数理统计的主要差别

水文统计学与工程数学中的概率论与数理统计在概率的描述方法上不尽相同。了解了它们之间的差别，就可以很容易地将在概率论与数理统计中所学的知识用于水文统计。这些差别主要有如下几点。

1. 分布函数的形式不同

统计数学中，分布函数 $G(x)$ 表示为

$$G(x)=p(X\leqslant x) \tag{4-1}$$

系采用不及制累积概率形式。但在水文计算中所研究的特征值，一般是研究超过某值

的概率，例如，年最大流量超过某一指定流量的概率，或年降雨量超过某一指定雨量的概率等。因此，分布函数系采用超过制累积频率的形式，其分布函数 $F(x)$ 表示为

$$F(x)=p(X\geqslant x) \tag{4-2}$$

两者的关系是

$$F(x)=1-G(x) \tag{4-3}$$

分布函数 $F(x)$ 有如下性质：

(1) $F(x)$ 是非增函数。

(2) 当 x 为随机系列中的最小值 x_{min} 时，$F(x_{min})=1$。

(3) 当 x 为随机系列中的最大值 x_{max} 时，$F(x_{max})=0$。

对于连续型随机变量，分布函数为

$$F(x)=\int_{x_p}^{\infty}f(x)\mathrm{d}x \tag{4-4}$$

代表图 4-2 中阴影部分的面积。被积函数 $f(x)$ 称为 X 的概率分布密度函数或简称密度函数。

2. 概率密度曲线和分布曲线画法习惯不同

概率论中概率密度曲线和分布曲线常表示为如图 4-1 所示的形式，图中阴影面积表示不大于 x_p 的概率。在水文统计中则习惯于把概率密度曲线和分布曲线画成如图 4-2 所示的形式，以便于理解和分析概率密度曲线与分布曲线的关系。水文学中常称分布曲线为累积频率曲线。

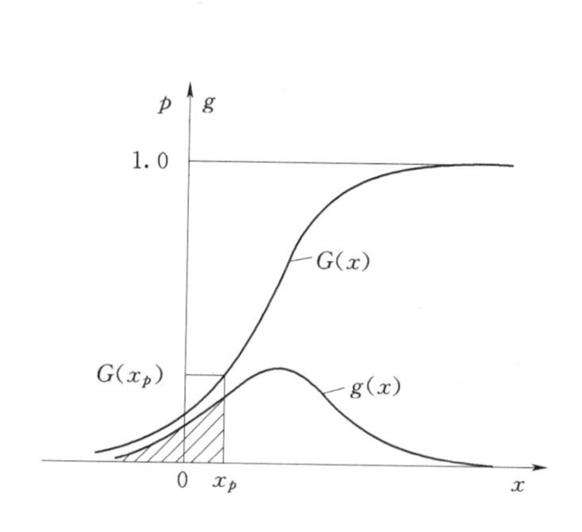

图 4-1 概率密度曲线与概率分布曲线

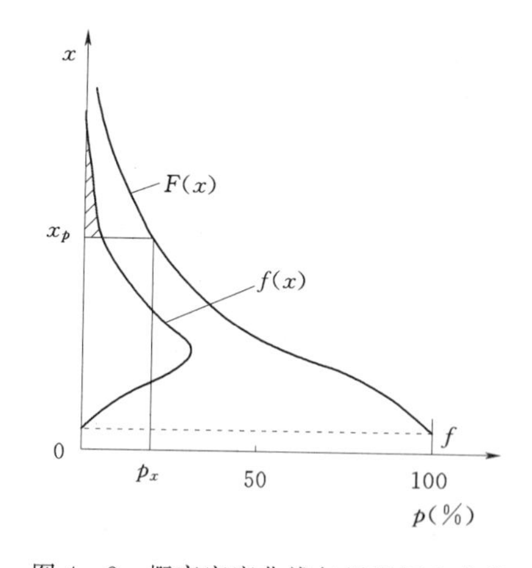

图 4-2 概率密度曲线与累积频率曲线

二、经验频率曲线

根据实测水文资料，按从大到小的顺序排列，然后用经验频率公式计算出来的概率，称为经验频率。以水文变量为纵坐标，以经验频率为横坐标，点绘经验频率点据，根据点群趋势绘出一条平滑的曲线，称为经验频率曲线。

（一）经验频率公式

根据经验频率的定义，各变量的频率可按下式计算

$$p=\frac{m}{n}\times 100\% \tag{4-5}$$

式中　p——不小于某变量 x_m 的经验频率；

m——变量 x_i 按从大到小排列的序号；

n——观测资料的总项数，即样本容量。

如果掌握的实测水文系列就是总体，用式（4-5）计算是合理的。如对短系列的样本资料则不合理。因为当 $m=n$ 时，则 $p=100\%$，即样本的末项就是总体的最小值，样本之外再也不会出现比它更小的数值了，显然是不符合实际情况的。对此，水文学家提出了很多改进公式，我国水文统计中常用的为数学期望公式

$$p=\frac{m}{n+1}\times 100\% \tag{4-6}$$

这个公式形式简单，计算结果比较符合实际情况，并且偏于安全，在统计学上也有一定的理论根据。对此，这里我们不进行数学上的严格推导，仅作一些概念性说明。设某一随机变量总体 X，共有无穷项。随机地从中抽出项数为 n 的 K 个样本。将这 K 个样本系列分别按从大到小的顺序排列，取各样本中同序号 m 的变量 x_m 对应的概率 p_m，然后求 K 个 p_m 的数学期望（均值），当 K 较大时，即得式（4-6）。

（二）频率与重现期的关系

频率是一个抽象的数理统计术语，一般不易为人所理解，为通俗起见，有时用“重现期”来代替“频率”一词。所谓重现期是指随机事件的平均重现间隔时间，即平均间隔多少时间出现一次，或说多少时间遇到一次。根据所研究问题的性质不同，频率与重现期的关系有两种表示方法。

1. 超过某设计值 x_p 的重现期（一般用于研究设计暴雨洪水的情况）

$$T=\frac{1}{p} \tag{4-7}$$

式中　T——不小于设计值 x_p 的重现期，年；

p——不小于 x_p 的频率，%。

例如，当某一洪水 x_p 的频率为 $p=1\%$时，用式（4-7）可算得 $T=100$ 年，称此洪水为百年一遇的洪水，表示大于等于这样的洪水平均 100 年可望会遇到一次。

2. 不及某设计值 x_p 的重现期（一般用于研究枯水情况）

$$T=\frac{1}{1-p} \tag{4-8}$$

例如，对于 $p=80\%$的枯水流量，由式（4-8）得 $T=5$ 年，称此为 5 年一遇的枯水流量，表示不大于该流量平均 5 年遇到一次。

由于水文现象一般并无固定的周期性，所谓百年一遇的洪水，是指大于或等于这样的洪水在长时间内平均 100 年可能发生一次，而决不能认为每隔一百年必然遇上一次。

（三）经验频率曲线的绘制方法

经验频率曲线的绘制和使用方法是：

（1）将某种水文变量 x_i，例如某站的年降雨量，按由大到小的次序排列，排列的序号不仅表示大小的次序，而且表示 $x\geqslant x_i$ 的累积次数。

（2）用数学期望公式（4-6）计算各项 $x \geqslant x_i$ 的经验频率。

（3）以变量 x 为纵坐标，以其对应的经验频率为横坐标，点绘出经验频率点，根据与点群配合最好的原则绘出一条平滑曲线，如图4-3所示，即为该站年雨量经验频率曲线。

（4）有了经验频率曲线，即可在曲线上求得指定频率 p 的水文变量值 x_p。如 $p=5\%$，查得20年一遇设计年降雨量为 $x_{p=5\%}=1700\text{mm}$。

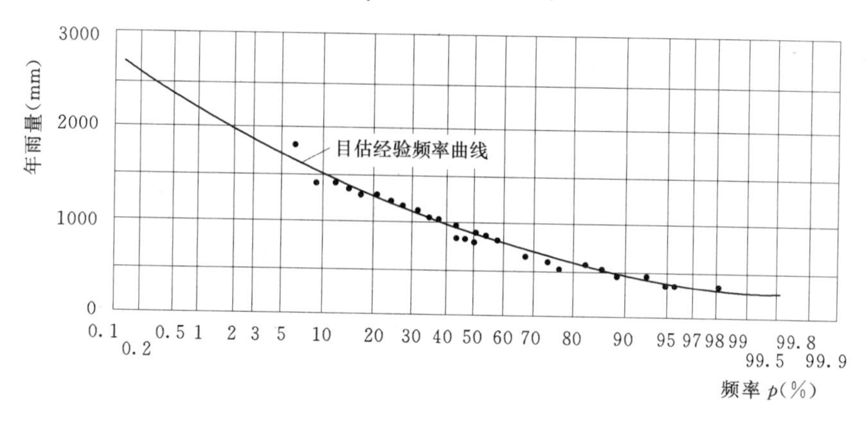

图4-3　某站年雨量经验频率曲线

经验频率曲线计算工作量小，绘制简单，查用方便，但受实测资料所限，往往难以满足设计上的需要。因为在水文计算中，常需推求百年一遇，千年一遇，甚至更稀遇的设计值，而实测资料往往只有几十年。因此，必须将经验频率曲线外延。为避免外延的任意性，常借助于由数学方程表示的频率曲线，这种频率曲线称为理论频率曲线。

三、理论频率曲线

水文计算中常用的几种理论频率曲线介绍如下。

1. 正态分布

若连续型随机变量 x 的密度函数为

$$f(x)=\frac{1}{\sigma\sqrt{2\pi}}e^{-\frac{(x-\bar{x})^2}{2\sigma^2}} \quad (+\infty<x<-\infty) \tag{4-9}$$

则称 x 服从正态分布。其中 $\bar{x}$ 和 σ 为两个参数，分别称作均值（或平均数）和均方差（或标准差）。

正态分布是应用十分广泛的一种分布，其密度曲线如图4-4所示，它具有如下性质：

（1）单峰。只具有一个最高点，即在 $x=\bar{x}$ 时，$f(x)$ 具有最大值 $\frac{1}{\sigma\sqrt{2\pi}}$。

（2）$f(x)$ 以直线 $x=\bar{x}$ 为对称轴。

（3）当 $x\rightarrow\pm\infty$ 时，曲线以 x 轴为渐近线。

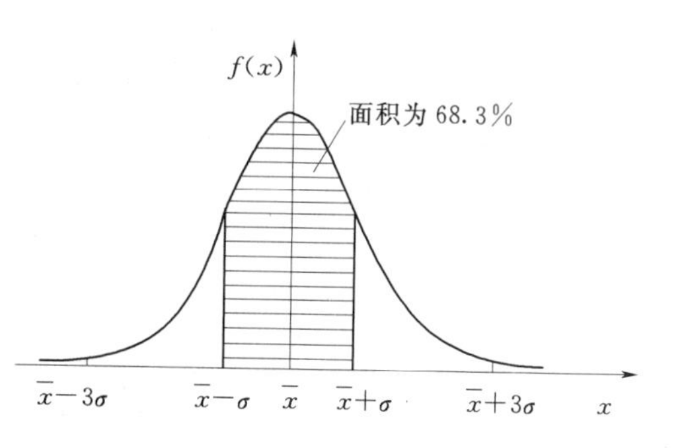

图4-4　正态分布概率密度曲线

由式（4-9）得正态分布的分布函数为

$$F(x)=\frac{1}{\sigma\sqrt{2\pi}}\int_{-\infty}^{x}e^{-\frac{(x-\overline{x})^2}{2\sigma^2}}dx,\quad(+\infty<x<-\infty) \tag{4-10}$$

正态分布的密度曲线与 x 轴所围成的全部面积等于 1。均值两边 $\pm\sigma$，$\pm 2\sigma$，$\pm 3\sigma$ 范围内的面积分别为

$$\left.\begin{aligned}P(\overline{x}-\sigma<x<\overline{x}+\sigma)=68.3\%\\P(\overline{x}-2\sigma<x<\overline{x}+2\sigma)=95.4\%\\P(\overline{x}-3\sigma<x<\overline{x}+3\sigma)=99.7\%\end{aligned}\right\} \tag{4-11}$$

正态分布的这种特性在误差估计时常常应用。

2. 皮尔逊Ⅲ型分布

英国生物学家皮尔逊从很多实际资料中发现物理学、生物学及经济学上的有些随机变量不具有正态分布，因此致力于探求各种非正态的分布曲线，最后提出 13 种类型的分布曲线。其中第Ⅲ型曲线被引入水文计算中并得到广泛的应用，现介绍如下。

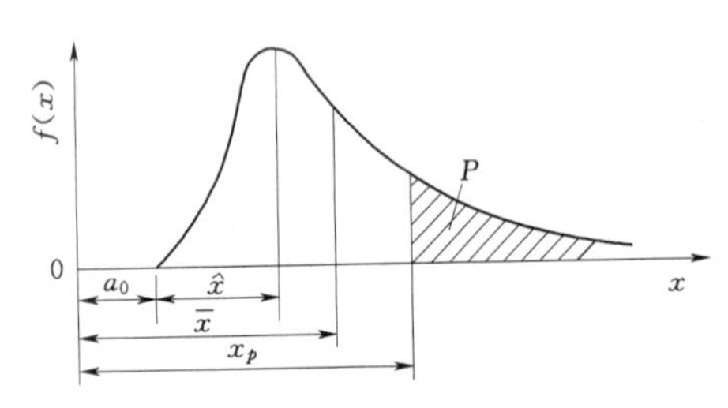

图 4-5　皮尔逊Ⅲ型概率密度曲线

皮尔逊Ⅲ型概率密度曲线是一条一端有限一端无限的不对称单峰曲线，如图 4-5 所示。其密度函数为

$$f(x)=\frac{\beta^\alpha}{\Gamma(\alpha)}(x-a_0)^{\alpha-1}e^{-\beta(x-a_0)} \tag{4-12}$$

式中　　α、β、a_0——曲线的三个待定参数；

$\Gamma(\alpha)=\int_0^\infty x^{\alpha-1}e^{-x}dx$——$\alpha$ 的伽玛函数。

显然，三个参数确定之后，密度函数即随之确定。可以推证 α、β、a_0 与统计参数均值 $\overline{x}$、离势系数 C_V、偏态系数 C_S 之间有如下关系

$$\left.\begin{aligned}\alpha&=\frac{4}{C_S^2}\\\beta&=\frac{2}{\overline{x}C_VC_S}\\a_0&=\overline{x}\left(1-\frac{2C_V}{C_S}\right)\end{aligned}\right\} \tag{4-13}$$

在水文计算中，需要的是频率曲线，即需要知道相应于指定频率 p 的随机变量值 x_p，也就是要从下式中求解出 x_p 值

$$p=P(X\geqslant x_p)=\frac{\beta^\alpha}{\Gamma(\alpha)}\int_{x_p}^{\infty}(x-a_0)^{\alpha-1}e^{-\beta(x-a_0)}dx \tag{4-14}$$

由式（4-13）、式（4-14）知，x_p 取决于 p、$\overline{x}$、C_V 和 C_S。对于某随机变量系列，统计参数 $\overline{x}$、C_V 和 C_S 一定，因此，x_p 仅与 p 有关。对于指定的 p 值，由式（4-14）就可以计算出 x_p，于是就可对应地点绘出理论频率曲线。要对这样复杂的方程频频进行解算是非常麻烦的，实用上，可以通过查算由式（4-14）已制成的专用表计算，以大大简

化解算工作量。

取标准化变量 $\varphi = (x-\overline{x})/(\overline{x}C_V)$（称为离均系数），对于设计频率 p，由标准化变量得 $x_p=\overline{x}(C_V\varphi_p+1)$，$dx=\overline{x}C_V d\varphi$，将之与式（4－13）代入式（4－14），通过简化可得

$$F(\varphi \geqslant \varphi_p)=\int_{\varphi_p}^{\infty} f(\varphi_p, C_S)\,d\varphi \tag{4-15}$$

式（4－15）中的被积函数只含有一个参数 C_S 了。因而只要给定 C_S 就可以算出 φ_p 和 p 的对应值。对于不同的 C_S 值，φ_p 和 p 的对应值表已先后由美国工程师福斯特和苏联工程师雷布京制定出来（见附表 1）。使用该表时，由已给定的 C_S 和 p 查出 φ_p，再用下式计算 x_p

$$x_p=\overline{x}(C_V\varphi_p+1) \tag{4-16}$$

令 $K_p=C_V\varphi_p+1$，则式（4－16）可写成 $x_p=K_p\overline{x}$，K_p 称为模比系数，它等于某一频率 p 的随机变量 x_p 与随机变量均值 $\overline{x}$ 之比，即 $K_p=x_p/\overline{x}$。已经制成了一套专供水文频率计算查用的 K_p 表，使用更为方便。

【例 4－1】 已知某站年最大 24h 暴雨系列的 $\overline{x}=125.0$mm，$C_V=0.52$，$C_S=3.5C_V$，试求 500 年一遇（$p=0.2\%$）的 24h 设计暴雨。

由 $C_S=3.5C_V=1.82$，$p=0.2\%$，由附表 1 查得 $\varphi_p=5.03$，则

$$x_{p=0.2\%}=\overline{x}(C_V\varphi_p+1)=125.0\times(0.52\times5.03+1)=452.0\text{mm}$$

必须指出，水文计算中所说的“理论频率曲线”，并不是从水文现象的物理性质方面推导出来的，而是根据经验从数学的已知频率曲线中选出来的。水文随机变量究竟属于何种分布，目前还没有充分的论证。所以选用皮尔逊Ⅲ型曲线，是因为从水文计算的实践中发现，它比较符合我国水文变量的分布。国外也有采用对数皮尔逊Ⅲ型和克～曼型的。

四、皮尔逊Ⅲ型分布参数估计方法

在概率分布函数中都包含一些表示分布特征的参数，如皮尔逊Ⅲ型分布函数中就包含有三个参数，即均值 $\overline{x}$、离势系数 C_V、偏态系数 C_S。为了确定一条与经验频率点据配合得好的理论频率曲线，就得初步估算出这些参数。估算方法有多种，如矩法、概率权重矩法、权函数法、三点法等。本章先学习矩法和权函数法，三点法将在第七章介绍。

（一）矩法

矩法是一种古老而直观的方法。对任一随机样本，由大数定律可知，当 $n\to\infty$ 时，样本的各阶原点矩依概率收敛到总体的各阶矩，因此，当样本比较大时，可用样本矩估计总体矩。

1. 均值

均值，也称算术平均数，用 $\overline{x}$ 表示，代表样本系列的水平，表示系列的平均情况。例如甲河的多年平均流量 $\overline{Q}_{甲}=2500\text{m}^3/\text{s}$，乙河的多年平均流量 $\overline{Q}_{乙}=25\text{m}^3/\text{s}$，则说明甲河流域的水资源比乙河流域丰富得多。

设随机变量 x 的实测系列共有 n 项，各项的值为 x_1，x_2，…，x_n，则其均值为

$$\overline{x}=\frac{x_1+x_2+\cdots+x_n}{n}=\frac{1}{n}\sum_{i=1}^{n}x_i \tag{4-17}$$

模比系数 $K_i = x_i / \overline{x}$，由式（4-17）可知，$\overline{K} = \sum K_i / n = 1$（在不易混淆的情况下，下文均将 $\sum\limits_{i=1}^{n}$ 略写为$\sum$），这是水文统计中一个很重要的特性。

2. 均方差（标准差）σ 和离势系数 C_V

均值只能表示变量系列水平的高低，不能反映系列中各变量值相对于均值集中或离散的程度。研究系列的离散程度，是以均值为中心来考察的。在离散度大的系列中，离均差$(x_i - \overline{x})$大；反之，离散度小，离均差$(x_i - \overline{x})$小。由于$\sum(x_i - \overline{x}) = 0$，因而不可能采用离均差的平均数来衡量系列的离散程度。为此，采用离均差平方的平均数来表示系列的离散程度，即

$$D_x = \frac{1}{n}\sum(x_i - \overline{x})^2 \tag{4-18}$$

D_x 称为系列的方差。为了保持与原变量相同的单位，可用方差的算术平方根表示系列的离散程度，称为均方差（标准差），即

$$\sigma = \sqrt{\frac{\sum(x_i - \overline{x})^2}{n}} \tag{4-19}$$

均值相同的两个系列，σ 愈大，离散程度也愈大，σ 小则离散程度小。对均值不同的两个系列，则用均方差来比较它们的离散程度就不适宜了。例如，甲系列$\overline{x}_1 = 1000$，$\sigma_1 = 4.08$；乙系列$\overline{x}_2 = 10$，$\sigma_2 = 4.08$，两系列的绝对离散程度是相同的（$\sigma_1 = \sigma_2$），但因其均值不同，其离散情况的实际严重性是很不相同的。可见，对于均值不同的系列，应当用一个相对量来比较它们的离散程度，即消除均值的影响。水文统计中用均方差与均值之比作为衡量系列相对离散程度的一个参数，称为离势系数，用 C_V 来表示，其计算式为

$$C_V = \frac{\sigma}{\overline{x}} = \frac{1}{\overline{x}}\sqrt{\frac{\sum(x_i - \overline{x})^2}{n}} = \sqrt{\frac{\sum(K_i - 1)^2}{n}} \tag{4-20}$$

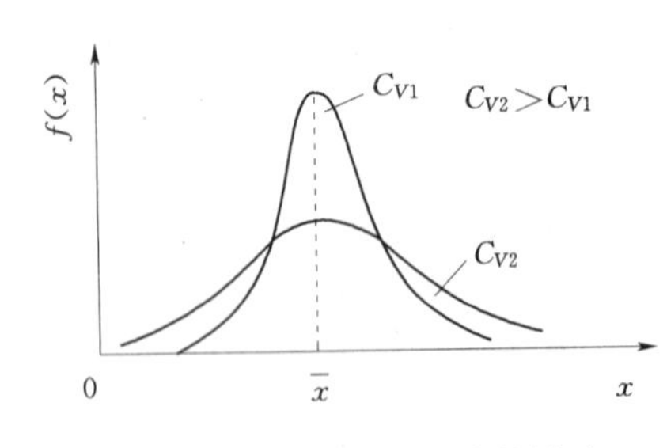

图 4-6　C_V 对密度曲线的影响

由式（4-20）可以算得上述两系列的离势系数分别为 $C_{V1} = 0.00408$，$C_{V2} = 0.408$，说明甲系列的离散程度远比乙系列的离散程度为小。C_V 对密度曲线的影响如图 4-6 所示，C_V 越大，密度曲线越矮胖，表明 x 相对于$\overline{x}$比较分散；反之 C_V 越小，曲线越尖，表明 x 分布比较集中。

3. 偏态系数 C_S

离势系数只能反映系列的离散程度，它并不能反映系列在均值的两边是否对称或不对称的程度如何。水文统计中，用离均差的三次方的平均值与均方差的三次方的比值，作为衡量系列是否对称及不对称程度的参数，称为偏态系数，记为 C_S。其计算式为

$$C_S = \frac{\sum(x_i - \overline{x})^3}{n\sigma^3} = \frac{\sum(K_i - 1)^3}{nC_V^3} \tag{4-21}$$

当 $C_S=0$ 时，称为对称分布（即正态分布），表示随机变量大于均值与小于均值的出现机会相等，即均值所对应的频率为 50%。当 $C_S\neq 0$ 时，称为偏态分布，其中 $C_S>0$ 的称为正偏态，表示大于均值的变量出现的机会比小于均值的变量出现的机会少；$C_S<0$ 的称为负偏态，表示大于均值的变量比小于均值的变量出现的机会多。C_S 对密度曲线的影响如图 4-7 所示。

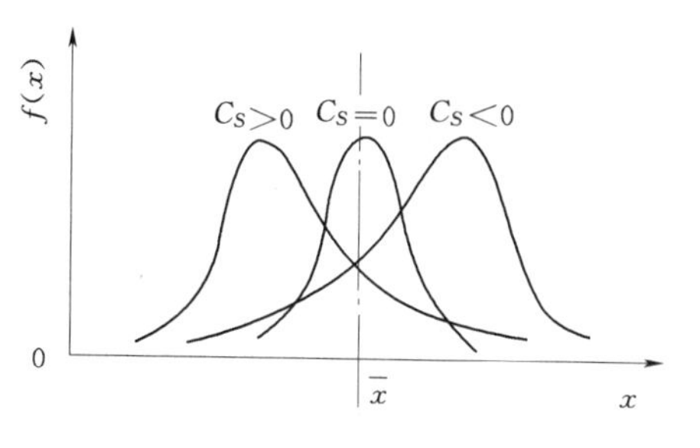

图 4-7 C_S 对密度曲线的影响

（二）权函数法

用矩法计算系列参数时，由于方法本身的缺陷而产生一定的计算误差，其中尤以 C_S 的计算误差最大。为提高参数 C_S 的计算精度，众多水文学者对其进行了深入的研究，提出了不少估计方法。马秀峰从分析矩法的求矩差出发，1984 年提出了一种新的估计方法——权函数法。该法的实质在于用一阶、二阶权函数矩来推求 C_S。实践证明，该法有较好的精度。

对皮尔逊Ⅲ型密度函数式（4-12）两端取对数得

$$\ln f(x)=\ln\frac{\beta^{\alpha}}{\Gamma(\alpha)}+(\alpha-1)\ln(x-a_0)-\beta(x-a_0)$$

将上式两边求导，并利用式（4-13）导出来的关系式 $\frac{\alpha}{\beta}=\overline{x}-a_0$ 化简，可得

$$\frac{f'(x)}{f(x)}=\frac{\alpha-1-\beta(x-a_0)}{x-a_0}=-\frac{1+\beta(x-\overline{x})}{x-a_0}$$

即

$$(x-a_0)f'(x)=-[1+\beta(x-\overline{x})]f(x)$$

上式两边乘以权函数 $\varphi(x)$，再积分，则有

$$\int_{a_0}^{\infty}(x-a_0)\,\varphi(x)f'(x)\mathrm{d}x=-\int_{a_0}^{\infty}[1+\beta(x-\overline{x})]\,\varphi(x)f(x)\mathrm{d}x$$

将左边分步积分，并利用皮尔逊Ⅲ型曲线的性质

$$\lim_{x\to a_0}f(x)=\lim_{x\to\infty}f(x)=0$$

则上面含有积分的方程可化为下列形式

$$a_0\int_{a_0}^{\infty}\varphi'(x)f(x)\mathrm{d}x+\beta\int_{a_0}^{\infty}(x-\overline{x})\varphi(x)f(x)\mathrm{d}x=\int_{a_0}^{\infty}x\varphi'(x)f(x)\mathrm{d}x \tag{4-22}$$

利用式（4-13），则可由式（4-22）解出 C_S，即

$$C_S=\frac{2}{\sigma}\frac{\int_{a_0}^{\infty}(x-\overline{x})\varphi(x)\mathrm{d}x-\sigma^2\int_{a_0}^{\infty}\varphi'(x)f(x)\mathrm{d}x}{\int_{a_0}^{\infty}(x-\overline{x})\varphi'(x)f(x)\mathrm{d}x} \tag{4-23}$$

问题是如何选择一个权函数 $\varphi(x)$，使得用"有限和"取代式（4－23）中的"无限积分"时 C_S 具有最高的计算精度。

权函数的选取应满足以下两个条件：

（1）$\varphi(x)$ 非负，且连续可微；

（2）$\int_{a_0}^{\infty}\varphi(x)\mathrm{d}x = 1$。

用式（4－23）计算 C_S，要想保持一定的精度，一个必要的条件是该公式分母的积分运算不因正负相消而失去有效数字。为此，所选的权函数必须使 $(x-\overline{x})\varphi'(x)$ 在区间 (a_0,∞) 上不改变符号。为满足这一条件，可取

$$\sigma^2\varphi'(x)=-\lambda(x-\overline{x})\varphi(x) \tag{4-24}$$

求解上述微分方程得

$$\varphi(x)=C\mathrm{e}^{-\frac{\lambda}{2}\left(\frac{x-\overline{x}}{\sigma}\right)^2} \tag{4-25}$$

式中，$\lambda>0$，是为控制计算精度而设置的待定常数。经大量的计算表明，取 $\lambda=1$ 具有较好的效果。

由 $\lambda=1$ 和 $\int_{a_0}^{\infty}\varphi(x)\mathrm{d}x = 1$，可求出积分常数 C，即

$$C=\frac{1}{\sigma\sqrt{2\pi}}$$

即

$$\varphi(x)=\frac{1}{\sigma\sqrt{2\pi}}\mathrm{e}^{-\frac{(x-\overline{x})^2}{2\sigma^2}} \tag{4-26}$$

由上式可知，所选取的函数为一正态分布的密度函数。

将式（4－26）代入式（4－23），并经整理可导出 C_S 的计算公式

$$C_S=-4\sigma\frac{E}{G}=-4\overline{x}C_V\frac{E}{G} \tag{4-27}$$

$$E=\int_{a_0}^{\infty}(x-\overline{x})\varphi(x)f(x)\mathrm{d}x\approx\frac{1}{n}\sum_{i=1}^{n}(x_i-\overline{x})\varphi(x_i) \tag{4-28}$$

$$G=\int_{a_0}^{\infty}(x-\overline{x})^2\varphi(x)f(x)\mathrm{d}x\approx\frac{1}{n}\sum_{i=1}^{n}(x_i-\overline{x})^2\varphi(x_i) \tag{4-29}$$

式（4－27）～式（4－29）便是用权函数法计算皮尔逊Ⅲ型频率曲线参数 C_S 的具体形式，其中式（4－28）和式（4－29）可分别理解为一阶与二阶加权中心矩。

（三）不偏估计量

利用样本资料，按上述各统计参数公式所计算出来的统计参数都是样本参数，它们与总体的相应参数不相等。设想有许多个同容量的样本，对每一个样本都可计算出其统计参

数，就会有许多个参数，并对这些参数求其平均值。其平均值是否可望等于相应的总体参数？可以证明，用式（4－17）求得的$\overline{x}$，平均说来可望等于总体的均值，一般称这样的估值为不偏估值。而用式（4－20）和式（4－21）求得的C_V和C_S值，平均说来却不等于总体的相应参数，一般称这样的估值为有偏估值。为了得到不偏估值，必须对式（4－20）和式（4－21）进行修正，从而得到近似的不偏估值公式

$$C_V=\sqrt{\frac{n}{n-1}}\times\sqrt{\frac{\sum(K_i-1)^2}{n}}=\sqrt{\frac{\sum(K_i-1)^2}{n-1}} \tag{4-30}$$

$$C_S=\frac{n^2}{(n-1)(n-2)}\times\frac{\sum(K_i-1)^3}{nC_V^3}\approx\frac{\sum(K_i-1)^3}{(n-3)C_V^3}\quad(\text{当 } n \text{ 较大时}) \tag{4-31}$$

式（4－17），式（4－30）和式（4－31）称为不偏估值公式。在水文计算中，总是用这些不偏估值公式计算参数，并以此推估总体的参数，最后定出概率分布函数。但必须指出，由某一样本用不偏估值公式计算的参数，仍然不等于总体的参数，而只有极多个同容量样本的这种不偏估值的平均值才正好等于总体的相应参数。

（四）抽样误差

用一个样本的统计参数来代替总体的统计参数是存在一定误差的，这种误差是由于从总体中随机抽取的样本与总体有差异所引起的，故称为抽样误差。统计参数的抽样误差与频率曲线的线型有关。根据统计学的推导，当总体为皮尔逊Ⅲ型分布时，采用上述矩法公式计算参数，则样本参数的抽样误差，用均方差表示，称为均方误，其计算公式如下

$$\left.\begin{aligned}\sigma_{\overline{x}}&=\frac{\sigma}{\sqrt{n}}\\ \sigma_{C_V}&=\frac{C_V}{\sqrt{2n}}\sqrt{1+2C_V^2+\frac{3}{4}C_S^2-2C_VC_S}\\ \sigma_{C_S}&=\sqrt{\frac{6}{n}\left(1+\frac{3}{2}C_S^2+\frac{5}{16}C_S^4\right)}\end{aligned}\right\} \tag{4-32}$$

式中 $\sigma_{\overline{x}}$、σ_{C_V}、σ_{C_S}——样本均值、离势系数和偏态系数的均方误差；

C_V、C_S——总体的变差系数和偏态系数，计算时仍用样本的相应统计参数代替。

由上述公式可见，抽样误差的大小，随样本的项数 n、C_V 和 C_S 的大小而变。样本容量越大，对总体的代表性越好，其抽样误差也越小。这就是在水文计算中总是想方设法取得较长水文系列的原因。在计算 σ_{C_S} 公式中，包含有 C_S 的高次方，由此可知，当样本容量不是很大时（如 $n<100$），由样本系列直接计算 C_S 的误差会很大，不能满足水文计算的要求。例如 $n=100$，$C_V=0.1\sim1.0$，$C_S=2C_V$ 时，则 $\sigma_{C_S}=40\%\sim126\%$。

五、现行水文频率计算方法——适线法

（一）适线法及其步骤

适线法也称配线法，是以经验频率点据为基础，给它选配一条拟合最好的理论频率曲线，以此估计水文系列总体的统计规律。衡量拟合最优的准则，当使用计算机配线时，可视具体情况选用离差平方和最小，离差绝对值之和最小等准则。但目前采用这些准则配线，尚不能考虑不同经验频率点的资料精度不同，所选线型不尽符合水文分布规律等的影

响。因此，在实用中，尤其洪水频率计算，常在综合考虑上述因素影响基础上，采用目估的方法选配一条与经验点据拟合良好的理论频率曲线，称为目估适线法。目估适线法能综合地体现水文专家的经验和科学判断，因此，可以看作是一种考虑多种因素影响的综合寻优方法，但常常因人而异，使选配的曲线有一定的差别。两种方法各有优缺点，可根据实际情况分析选用。

适线法一般步骤如下：

(1) 计算并点绘经验频率点。把实测资料按由大到小的顺序排列，按数学期望式(4-6)计算各项的经验频率，并与相应的变量值一起点绘于频率格纸上。频率格纸是水文计算中绘制频率曲线的一种专用格纸。它的纵坐标为均匀分格，表示随机变量；横坐标表示概率，为不均匀分格，如图4-3所示。它的分格是按把正态频率曲线拉成一条直线的原理计算绘制出来的，中间部分分格较密，向左右两端分格渐稀。在这种格纸上绘制频率曲线，如为正态曲线则成直线；如为偏态曲线则两端的曲度也会大大变小，有利于配线工作的进行。

(2) 计算样本系列的统计参数。按式(4-17)和式(4-30)计算$\overline{x}$和C_V，由于C_S的计算误差太大，故不直接计算，而是根据以往水文计算的经验，年径流$C_S=(2\sim3)C_V$；暴雨和洪水$C_S=(2.5\sim4)C_V$，初选一个C_S作为第一次配线时的C_S值。

(3) 选定线型。我国一般选用皮尔逊Ⅲ型曲线。

(4) 计算理论频率曲线。根据初定的C_S，在附表1皮尔逊Ⅲ型曲线的φ值表中查出各对应频率的φ_p值。按式$x_p=\overline{x}(C_V\varphi_p+1)=K_p\overline{x}$列表计算各频率$p$对应的设计值$x_p$。

(5) 适线。将理论频率曲线画在绘有经验频率点据的同一图上，根据与经验点据配合的情况，适当修正统计参数，直至配合最好为止，从而得到要求的理论频率曲线。因为矩法估计的均值一般误差较小，C_S误差较大，在修改参数时，应首先考虑改变C_S，其次考虑改变C_V，必要时也可适当调整$\overline{x}$。

(6) 求指定频率的水文变量设计值。按设计频率p，或在理论频率曲线上查取，或由$x_p=\overline{x}(C_V\varphi_p+1)=K_p\overline{x}$计算。

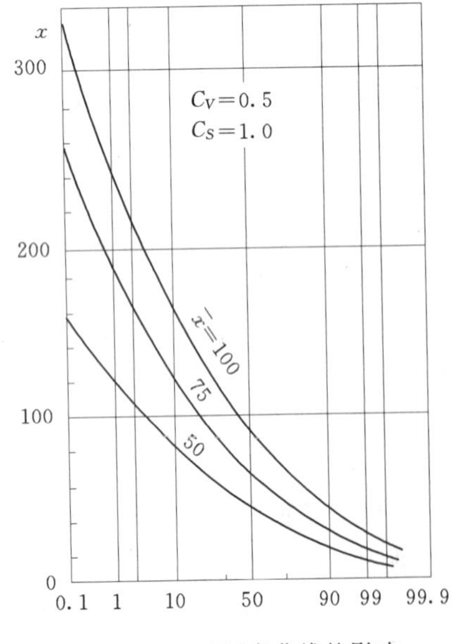

图4-8　$\overline{x}$对频率曲线的影响

(二) 统计参数对频率曲线的影响

为了避免修正参数的盲目性，需要了解参数$\overline{x}$、C_V和C_S对频率曲线形状的影响。

因为密度曲线的形状随参数的不同而变化，频率曲线只不过是密度曲线的一种积分形式，其形状当然与参数密切相关。若C_V和C_S不变时，由于$\overline{x}$的不同，频率曲线的位置也就不同，增大均值将使频率曲线抬高，并且变陡（图4-8）。C_V对频率曲线的影响，可以从以模比系数K为变量（为了消除均值的影响）的频率曲线（图4-9）上清楚看出，若$\overline{x}$和C_S不变时，增大C_V将使频率曲线变陡，即增大C_V有一种使整个频率曲线按顺时针方向转动的作用。

图 4－10 表示了若$\bar{x}$和 C_V 不变时，C_S 的改变对频率曲线的影响，即增大 C_S 将使频率曲线上段变陡，下段变平，中段变低。

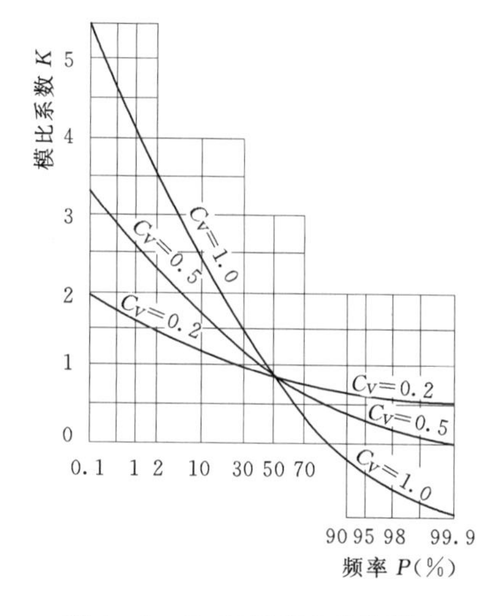

图 4－9　C_V 对频率曲线的影响

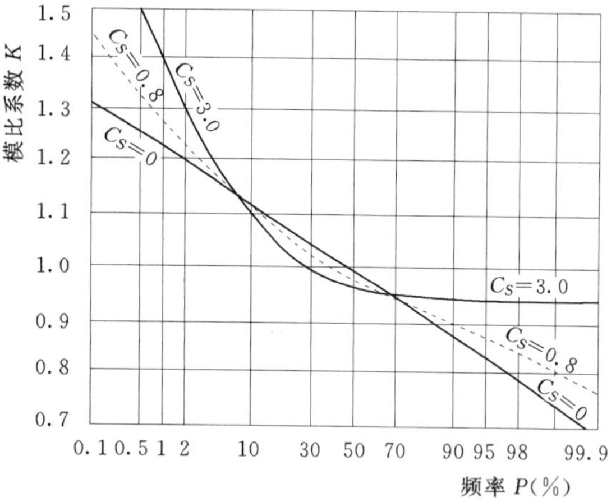

图 4－10　C_S 对频率曲线的影响

（三）计算实例

【例 4－2】　已知忠建河宣恩站 25 年实测年最大洪峰流量资料，见表 4－1 中的第（1）栏和第（2）栏。试用矩法初估参数配线，推求该站百年一遇的洪峰流量。具体计算如下。

表 4－1　　宣恩站年最大洪峰流量理论频率曲线计算表

年份	洪峰流量 Q_i(m^3/s)	序号	由大到小排列 Q_i(m^3/s)	模比系数 K_i	K_i-1	$(K_i-1)^2$	$p=\frac{m}{n+1}\times100\%$
(1)	(2)	(3)	(4)	(5)	(6)	(7)	(8)
1978	1130	1	2660	2.725	1.725	2.9740	3.8
1979	743	2	1610	1.649	0.649	0.4213	7.7
1980	1290	3	1340	1.373	0.373	0.1388	11.5
1981	688	4	1310	1.342	0.342	0.1168	15.4
1982	1610	5	1300	1.332	0.332	0.1099	19.2
1983	2660	6	1290	1.321	0.321	0.1032	23.1
1984	1310	7	1280	1.311	0.311	0.0967	26.9
1985	548	8	1240	1.270	0.270	0.0729	30.8
1986	602	9	1170	1.198	0.198	0.0394	34.6
1987	1300	10	1130	1.157	0.157	0.0248	38.5
1988	548	11	990	1.014	0.014	0.0002	42.3
1989	810	12	925	0.947	－0.053	0.0028	46.2
1990	1240	13	814	0.834	－0.166	0.0276	50.0
1991	990	14	810	0.830	－0.170	0.0290	53.8
1992	291	15	810	0.830	－0.170	0.0290	57.7
1993	814	16	743	0.761	－0.239	0.0571	61.5

续表

年份	洪峰流量 Q_i(m³/s)	序号	由大到小排列 Q_i(m³/s)	模比系数 K_i	K_i-1	$(K_i-1)^2$	$p=\frac{m}{n+1}\times100\%$
(1)	(2)	(3)	(4)	(5)	(6)	(7)	(8)
1994	636	17	688	0.705	−0.295	0.0872	65.4
1995	1280	18	636	0.651	−0.349	0.1215	69.2
1996	810	19	602	0.617	−0.383	0.1470	73.1
1997	1340	20	600	0.615	−0.385	0.1486	76.9
1998	1170	21	567	0.581	−0.419	0.1758	80.8
1999	925	22	548	0.561	−0.439	0.1925	84.6
2000	567	23	548	0.561	−0.439	0.1925	88.5
2001	506	24	506	0.518	−0.482	0.2321	92.3
2002	600	25	291	0.298	−0.702	0.4927	96.2
总计	24408		24408	25.001	0.001	6.0334	

1. 点绘经验频率曲线

将原始资料按由大至小的次序排列，列入表 4-1 第（4）栏，用数学期望公式计算经验频率，列于第（8）栏，用第（4）栏和第（8）栏的对应数据点绘经验频率点于频率格纸上，如图 4-11 所示。

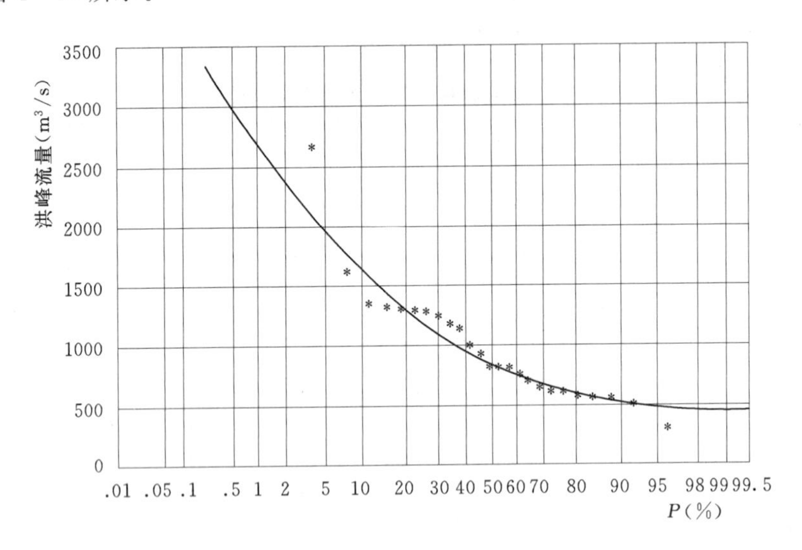

图 4-11　宣恩站年最大洪峰流量频率曲线

2. 按无偏估值公式计算统计参数

$$\overline{Q}=\frac{1}{n}\sum Q_i=\frac{1}{25}\times24408=976\text{m}^3/\text{s}$$

$$C_V=\sqrt{\frac{\sum(K_i-1)^2}{n-1}}=\sqrt{\frac{6.0334}{25-1}}=0.50$$

其中，$K_i=Q_i/\overline{Q}$ 为各项的模比系数，列于表中第（5）栏，$\sum K_i=n$，$\sum(K_i-1)\approx0$，

说明计算无误。$\sum(K_i-1)^2=6.0334$ 为第（7）栏的总和。

3. 选配理论频率曲线

（1）由 $\overline{Q}=976\text{m}^3/\text{s}$，$C_V=0.50$，并假定 $C_S=3C_V$，查附表 1，得出相应于不同频率 p 的 φ_p 值，列于表 4-2 的第（2）栏，按 $K_p=C_V\varphi_p+1$ 计算 K_p 值，列入第（3）栏，计算 $Q_p=K_p\overline{Q}$，列入第（4）栏。将表 4-2 中的第（1）栏和第（4）栏的对应值点绘曲线，发现理论频率曲线上段和下段明显偏低，中段稍微偏高（此线在最后配线完成时已擦掉）。

（2）修正参数，重新配线。根据统计参数对频率曲线的影响，需增大 C_S。因此，选取 $\overline{Q}=976\text{m}^3/\text{s}$，$C_V=0.50$，$C_S=3.5C_V$，再次配线（图 4-11），该线与经验频率点据配合良好，即可作为目估适线法最后采用的理论频率曲线。

4. 推求设计洪峰流量

由图 4-11 查出，或依据配线选定参数按 $Q_p=\overline{Q}(C_V\varphi_p+1)=K_p\overline{Q}$ 计算百年一遇设计洪峰流量，得 $Q_{p=1\%}=2674\text{m}^3/\text{s}$。

表 4-2　　**理论频率曲线选配计算表**

频率 P (%)	第一次配线			第二次配线		
	$\overline{Q}=976$　$C_V=0.50$　$C_S=3C_V$			$\overline{Q}=976$　$C_V=0.50$　$C_S=3.5C_V$		
	φ_p	K_p	Q_p	φ_p	K_p	Q_p
(1)	(2)	(3)	(4)	(5)	(6)	(7)
1	3.33	2.67	2606	3.47	2.74	2674
5	1.95	1.98	1932	1.98	1.99	1942
10	1.33	1.67	1630	1.32	1.66	1620
20	0.69	1.35	1318	0.65	1.33	1298
50	−0.24	0.88	859	−0.27	0.87	849
75	−0.73	0.64	625	−0.72	0.64	625
90	−1.02	0.49	478	−0.96	0.52	508
95	−1.13	0.44	429	−1.04	0.48	468
99	−1.26	0.37	361	−1.12	0.44	429

【例 4-3】　采用例 4-2 的资料，按权函数法估计统计参数进行配线。步骤如下：

（1）按矩法估计参数 $\overline{Q}$ 和 C_V。仍采用例 4-2 的计算结果，即 $\overline{Q}=976\text{m}^3/\text{s}$，$C_V=0.50$，由此可得 $\sigma=\overline{Q}C_V=976\times0.50=488.0\text{m}^3/\text{s}$。

（2）权函数法计算 C_S：

1）计算权函数值 $\varphi(Q_i)=\dfrac{1}{\sqrt{2\pi}\sigma}\text{e}^{-\frac{1}{2}\left(\frac{Q_i-\overline{Q}}{\sigma}\right)^2}$，并列于表 4-3 第（4）栏。

2）由表 4-3 第（4）栏的数值，计算 $(K_i-1)\varphi(Q_i)$ 和 $(K_i-1)^2\varphi(Q_i)$ 值，分别列于表 4-3 第（5）栏和第（6）栏。

3）计算 C_S：

因为

$$E=\frac{1}{n}\sum(Q_i-\overline{Q})\varphi(Q_i)=\frac{\overline{Q}}{n}\sum(K_i-1)\varphi(Q_i)$$

表 4-3　　权函数法计算表

序号	年份	由大到小排列 Q_i (m^3/s)	$\varphi(Q_i)=\frac{1}{\sigma\sqrt{2\pi}}\times e^{-\frac{(Q_i-\overline{Q})^2}{2\sigma^2}}$ ($\times10^{-5}$)	$(K_i-1)\varphi(Q_i)$ ($\times10^{-5}$)	$(K_i-1)^2\varphi(Q_i)$ ($\times10^{-5}$)
(1)	(2)	(3)	(4)	(5)	(6)
1	1983	2660	0.21	0.37	0.63
2	1982	1610	35.16	22.82	14.81
3	1997	1340	61.91	23.06	8.59
4	1984	1310	64.70	22.11	7.56
5	1987	1300	65.60	21.75	7.21
6	1980	1290	66.48	21.36	6.86
7	1995	1280	67.35	20.95	6.52
8	1990	1240	70.64	19.08	5.15
9	1998	1170	75.56	14.99	2.97
10	1978	1130	77.80	12.25	1.93
11	1991	990	81.74	1.15	0.02
12	1999	925	81.33	−4.27	0.22
13	1993	814	77.39	−12.87	2.14
14	1996	810	77.17	−13.15	2.24
15	1989	810	77.17	−13.15	2.24
16	1979	743	72.96	−17.44	4.17
17	1981	688	68.70	−20.29	5.99
18	1994	636	64.15	−22.36	7.79
19	1986	602	60.96	−23.37	8.96
20	2002	600	60.77	−23.42	9.03
21	2000	567	57.55	−24.13	10.12
22	1985	548	55.66	−24.42	10.71
23	1988	548	55.66	−24.42	10.71
24	2001	506	51.43	−24.77	11.93
25	1992	291	30.53	−21.43	15.04
Σ		24408		−89.61	163.56

$$G=\frac{1}{n}\sum(Q_i-\overline{Q})^2\varphi(Q_i)=\frac{\overline{Q}^2}{n}\sum(K_i-1)^2\varphi(Q_i)$$

所以

$$C_S=-4\overline{Q}C_V\frac{E}{G}=-4C_V\frac{\sum(K_i-1)\varphi(Q_i)}{\sum(K_i-1)^2\varphi(Q_i)}$$

$$=-4\times0.50\times\frac{-89.61\times10^{-5}}{163.56\times10^{-5}}=1.10$$

(3) 根据 $\overline{Q}=976\text{m}^3/\text{s}$，$C_V=0.50$，$C_S=1.10$ 进行配线。配线方法与例 4-2 相同，不再赘述。应当指出，权函数法仅在于提高 C_S 的计算精度，没有解决$\overline{x}$及 C_V 的计算方法及估计精度问题，$\overline{x}$和 C_V 的计算还需要配合其他方法，且 C_S 的估算精度还受$\overline{x}$、C_V 估算

精度的影响。权函数法增加了均值附近数据的权重，减小了远端数据的作用，在系列有特大值时（如本例），估算的 C_S 值偏小。

第二节　相　关　分　析

一、概述

1．相关分析的意义与作用

自然界中有许多现象并不是各自独立的，而是相互之间有着一定的联系。例如，径流的形成不仅与降雨的大小有关，而且与降雨强度、降雨分布、蒸发、入渗、植被、土壤含水量等许多因素有关。其中，有些因素是主要的，有些因素是次要的。这些关系往往非常复杂，无法逐一辨明清楚。因此，要抓住主要影响因素，而把次要的因素撇开，按数理统计法建立这些因素间的近似关系，称这种基于统计的近似关系为相关关系，把对这种关系的分析和建立称为相关分析。

相关分析在水文计算中广泛应用。例如，在水文分析计算中，常常遇到一种变量的实测系列很短，但与其有关的另一变量的实测系列却较长，就可以通过相关计算把短系列延长或插补。又如水文预报中，可以根据上，下游站水位间的相关关系，由上游站水位预报下游站水位。

2．相关的种类

根据变量之间相互关系的密切程度，变量之间的关系有三种情况，即完全相关、零相关和统计相关。两个变量 x 和 y 之间，对于每一个 x 值，有一个（或多个）确定的 y 值与之对应，则这两变量之间的关系就是完全相关，或称函数关系。若两变量之间没有什么联系，一个变量的变化不影响另一变量的变化，这种关系则称为零相关。若两变量的关系界于完全相关与零相关之间，则称为统计相关或相关关系。当只研究两个变量的相关关系时，称为简相关。若研究三个或多个变量的相关关系时，则称为复相关。根据相关线的线型，又可分为直线相关和非直线相关两类。根据倚变量与自变量变化步调是否一致，又可分为正相关和负相关。

3．相关分析的内容

相关分析（或回归分析）的内容一般包括三个方面：①判定变量间是否存在相关关系，若存在，计算其相关系数，以判断相关的密切程度；②确定变量间的数量关系——回归方程或相关线；③根据自变量的值，预报或延长、插补倚变量的值，并对该估值进行误差分析。

二、简直线相关（一元线性回归）

在水文计算中，通常以应用简相关中的直线相关为最多，同时这种简直线相关也是研究复杂相关的基础，因此，本节以介绍简直线相关为主。

1．回归方程及其误差

设 x_i 和 y_i 代表两系列的对应观测值，计有 n 对，把对应值点绘于方格纸上，得到很多相关点，如果相关点的平均趋势近似直线，即可通过点群中央绘出相关直线（图 4－12），称这种直接用作图的方法定出相关线为相关图解法。另外，为避免定线的任意性，

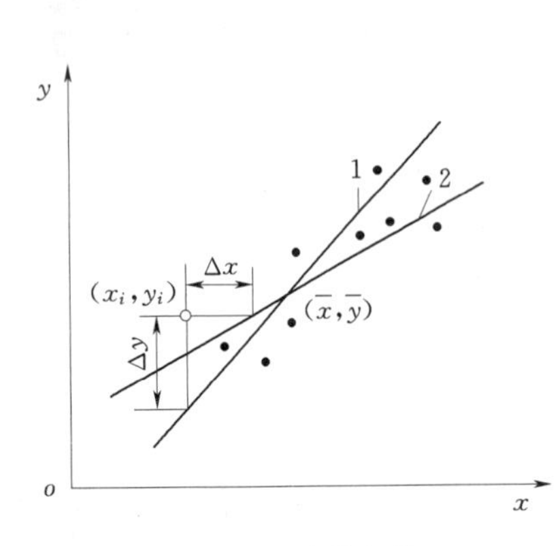

图 4-12 直线相关
1—y 倚 x 的回归线；2—x 倚 y 的回归线

常采用相关计算法来确定相关线的方程，即回归方程。y 倚 x 的简直线相关方程可表示为

$$y=a+bx \tag{4-33}$$

式中 x——自变量；

y——倚变量；

a、b——待定常数。

在图 4-12 中，设 x_i、y_i 表示实测值，x、y 表示回归线上的值。由图可知，观测点与配合直线在纵轴方向的离差为

$$\Delta y_i=y_i-y=y_i-a-bx_i$$

根据最小二乘原理，要使直线与点群配合最佳，须使 y 的离差平方和为最小，即

$$\sum(\Delta y_i)^2=\sum(y_i-a-bx_i)^2=\min$$

依二元函数求极值的方法，欲使上式取最小值，可分别对 a、b 求一阶偏导数，并令其等于零，求出 a 和 b，即

$$\frac{\partial\sum(y_i-a-bx_i)^2}{\partial a}=-2\sum(y_i-a-bx_i)=0 \tag{4-34(a)}$$

$$\frac{\partial\sum(y_i-a-bx_i)^2}{\partial b}=-2\sum(y_i-a-bx_i)x_i=0 \tag{4-34(b)}$$

联解这个方程可得

$$b=r\frac{\sigma_y}{\sigma_x} \tag{4-35}$$

$$a=\overline{y}-b\overline{x}=\overline{y}-r\frac{\sigma_y}{\sigma_x}\overline{x} \tag{4-36}$$

$$r=\frac{\sum(x_i-\overline{x})(y_i-\overline{y})}{\sqrt{\sum(x_i-\overline{x})^2\sum(y_i-\overline{y})^2}}=\frac{\sum(k_x-1)(k_y-1)}{\sqrt{\sum(k_x-1)^2\sum(k_y-1)^2}}=\frac{\sum(k_x-1)(k_y-1)}{(n-1)C_{Vx}C_{Vy}} \tag{4-37}$$

式中 $\overline{x}$、$\overline{y}$——自变量 x_i 和倚变量 y_i 的平均值；

σ_x、σ_y——x_i 和 y_i 两系列的均方差；

C_{Vx}、C_{Vy}——两系列的离势系数；

r——两系列的相关系数，表示两变量间关系的密切程度。

将 a 与 b 代入式 (4-33)，整理后得

$$y-\overline{y}=r\frac{\sigma_y}{\sigma_x}(x-\overline{x}) \tag{4-38}$$

此式称为 y 倚 x 的回归方程，由该回归方程决定的相关线称为 y 倚 x 的回归线。通过回归方程或回归线就可以由自变量 x 估计倚变量 y 的值了。$b=r\frac{\sigma_y}{\sigma_x}$，称 y 倚 x 的回归系数，记为 $R_{y/x}$；$a=\overline{y}-r\frac{\sigma_y}{\sigma_x}\overline{x}$，为回归线在 y 轴上的截距。

同样，可以求得 x 倚 y 的回归方程

$$x-\overline{x}=r\frac{\sigma_x}{\sigma_y}(y-\overline{y}) \tag{4-39}$$

一般 y 倚 x 的回归线和 x 倚 y 的回归线并不重合（图 4-12），但有一个公共交点（$\overline{x}$，$\overline{y}$）。在作回归计算时必须注意，由 x 求 y 时用式（4-38），由 y 求 x 时用式（4-39）。

回归线仅是观测点据的最佳配合线，通常观测点据并不完全落在回归线上，而是散布于回归线的两旁。对于一个给定的 x_i，本来有许多个 y_i 与之对应，在回归线上所对应的 y 只不过是这许多个 y_i 的平均数，称为条件平均数。因此，回归线只反映一种平均关系，按此关系由 x 推求的 y 和实际值之间存在着误差，一般采用均方误来表示。如用 S_y 表示 y 倚 x 回归线的均方误，y_i 为观测值，y 为回归线上的对应值，n 为系列项数，则

$$S_y=\sqrt{\frac{\sum(y_i-y)^2}{n-2}} \tag{4-40}$$

同样，x 倚 y 回归线的均方误 S_x 为

$$S_x=\sqrt{\frac{\sum(x_i-x)^2}{n-2}} \tag{4-41}$$

可以证明，回归线的均方误可由系列的均方差与相关系数来计算，即

$$S_y=\sigma_y\sqrt{1-r^2} \tag{4-42}$$

$$S_x=\sigma_x\sqrt{1-r^2} \tag{4-43}$$

假定回归线与观测点的误差近似服从正态分布，因而由正态分布的性质可知，y_i 落在 $y\pm S_y$ 范围内的概率为 68.3%；y_i 落在 $y\pm 2S_y$ 范围内的概率为 95.4%；y_i 落在 $y\pm 3S_y$ 范围内的概率为 99.7%，如图 4-13 所示。

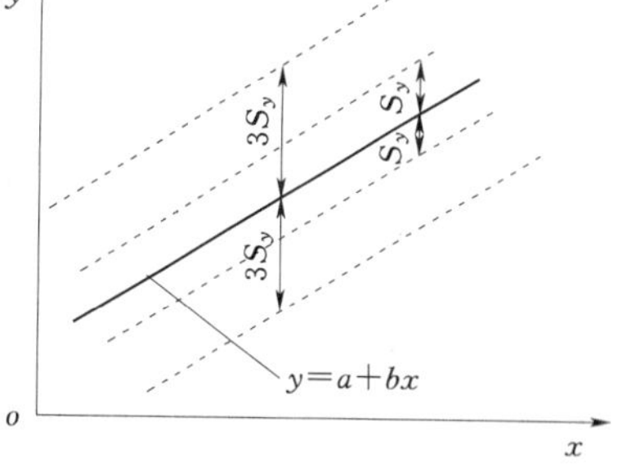

图 4-13　y 倚 x 回归线的误差范围

必须指出，在讨论上述误差时，没有考虑样本的抽样误差。事实上只要用样本资料来估计回归方程中的参数，抽样误差就必然存在。可以证明，这种抽样误差在回归线的中段较小，而在上下两端较大，在使用回归线时，对此必须给予注意。

2. 相关系数及其显著性检验

相关系数是表示两变量间相关密切程度的一个指标。从式（4-42）可知：

（1）若 $r^2=1$，则均方误 $S_y=0$，（x_i，y_i）完全落在相关线上，即完全相关。

（2）若 $r^2=0$，则 $S_y=\sigma_y$，此时误差 S_y 达到最大，说明 x 与 y 无直线相关关系，称为零相关。

（3）若 $0<r^2<1$，为统计相关，r^2 愈接近于 1，S_y 越小，相关越密切。$r>0$ 为正相关；$r<0$ 为负相关。

在相关分析中，相关系数是根据有限的实测资料（样本）计算出来的，必然会有抽样误差。因此，为了推断两变量之间是否真正存在着相关关系，必须对样本相关系数作统计

检验。检验是采用数理统计学中假设检验的方法，先假设总体不相关，但总体不相关的两个变量，由于抽样的原因，样本相关系数不一定为零，$|r|$变化于零与1之间。不同样本的相关系数值的出现概率也不同，即样本的相关系数形成一定的概率分布。样本相关系数的这种分布可由数理统计学中的t分布转换而得，在样本容量$n=50$和$n=10$的情况下，其密度曲线如图4-14所示。由图可以看出：在总体不相关的情况下，当样本较大时（如$n=50$），r比较集中在零附近，$|r|$出现较大值的可能性较小；但当样本较小时（如$n=10$），则r的离散度较大，$|r|$甚至可能接近于1。

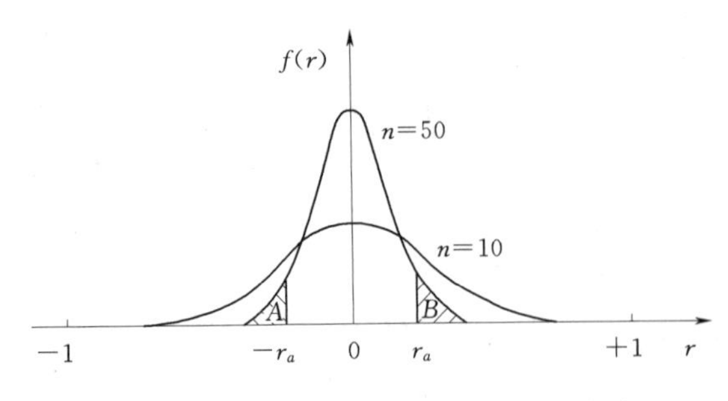

图4-14　样本相关系数密度曲线示意图

相关系数的检验是在一定的信度水平下进行的，信度（记为α）是以概率的形式给出（例如$\alpha=5\%$）。对于给定的n值，相对于某一信度就可算出一个临界的相关系数值r_α。只有当样本的相关系数$|r|>r_\alpha$时，即r落于图4-14阴影面积A或B的区域内（A、B面积各为2.5%，共为5%）时，则有很大的把握认为总体是相关的。但作出上述推断，包含着犯错误的可能性，就是有可能把本来是不相关而当作相关了，犯这种错误的可能性为5%。

根据上述原理，已制成不同的n和不同的α所对应的r_α值表供查用，现将常用部分列于表4-4中。

表4-4　　不同信度水平下所需相关系数最低值r_α

$n-2$	α			
	0.10	0.05	0.02	0.01
8	0.5494	0.6319	0.7155	0.7646
9	0.5214	0.6021	0.6851	0.7348
10	0.4973	0.5760	0.6581	0.7079
11	0.4762	0.5529	0.6339	0.6835
12	0.4575	0.5324	0.6120	0.6614
13	0.4409	0.5139	0.5923	0.6411
14	0.4259	0.4973	0.5742	0.6226
15	0.4124	0.4821	0.5577	0.6055
16	0.4000	0.4683	0.5425	0.5897
17	0.3887	0.4555	0.5285	0.5751
18	0.3783	0.4438	0.5155	0.5614
19	0.3687	0.4329	0.5034	0.5437
20	0.3598	0.4227	0.4921	0.5368
25	0.3233	0.3809	0.4451	0.4869
30	0.2960	0.3494	0.4093	0.4487
35	0.2746	0.3246	0.3810	0.4182

续表

$n-2$	α			
	0.10	0.05	0.02	0.01
40	0.2573	0.3044	0.3578	0.3932
45	0.2438	0.2875	0.3384	0.3721
50	0.2306	0.2732	0.3218	0.3541
60	0.2108	0.2500	0.2948	0.3248
70	0.1954	0.2919	0.2737	0.3017
80	0.1829	0.2172	0.2565	0.2830
90	0.1726	0.2050	0.2422	0.2673
100	0.1638	0.1946	0.2301	0.2540

注　n 为样本容量。

3. 直线回归的扩充

许多水文现象间的关系，并不表现为直线关系而具有曲线相关的形式。有些简单的曲线形式，可通过变量代换转化为线性关系，仍能用直线相关法进行计算。

对于幂函数

$$y=ax^{b} \tag{4-44}$$

等式两边取对数得

$$\lg y=\lg a+b\lg x$$

令 $Y=\lg y$，$X=\lg x$，$A=\lg a$，则

$$Y=A+bX \tag{4-45}$$

对新变量 X 和 Y 而言，便是直线关系了，对其作直线回归分析求得 A、b，并进一步计算 a。

对于指数函数

$$y=ae^{bx} \tag{4-46}$$

两边取对数得

$$\lg y=\lg a+bx\lg e$$

令 $Y=\lg y$，$X=x$，$A=\lg a$，$B=b\lg e$，则上式变为

$$Y=A+BX \tag{4-47}$$

对新变量 X 和 Y 为直线关系，回归分析得 A、B，再算出 a、b。

4. 相关分析必须注意的几个问题

(1) 应用相关分析时，首先需对研究变量作成因分析，了解它们在成因上是否有比较密切的联系。决不能把物理成因上基本没有关系的两个变量硬作相关分析。

(2) 同期观测资料不能太少，一般要求 n 在 10 或 12 组以上，否则抽样误差太大，会影响成果的可靠性。

(3) 除计算的相关系数应大于临界值外（即 $r>r_{\alpha}$），水文计算中一般还认为 $r>0.8$ 才算相关密切。

(4) 回归方程或回归直线是根据样本资料推估出来的，在直线的上下两端误差较大，如需用到回归线上无实测点据的外延部分，要特别慎重。

【例 4-4】 根据忠建河宣恩站以上流域 15 年的流域平均年降雨量与年径流量的同期对应观测资料（表 4-5）进行相关计算，然后用较长的年降雨量系列对年径流系列进行延长。

因为相关计算的目的是以较长的年降雨量系列延长系列较短的年径流量，所以这里以年降雨量作为自变量 x，年径流量作为倚变量 y。根据水文分析计算的经验，年降雨径流关系一般为直线（也可把对应数据点绘在方格纸上，根据点群趋势判断属何种相关），故用直线相关分析。具体计算如表 4-5 所示。

表 4-5　　宣恩站年降雨量～年径流量相关计算表

年份	年降雨量 x (mm)	年径流量 y (mm)	K_x	K_y	K_x-1	K_y-1	$(K_x-1)^2$	$(K_y-1)^2$	$(K_x-1)(K_y-1)$
1988	1070.9	502.0	0.73	0.52	−0.27	−0.48	0.0748	0.2335	0.1322
1989	1771.0	1314.4	1.20	1.35	0.20	0.35	0.0405	0.1248	0.0711
1990	1425.8	1026.3	0.97	1.06	−0.03	0.06	0.0011	0.0032	−0.0019
1991	1749.1	1242.6	1.19	1.28	0.19	0.28	0.0348	0.0780	0.0521
1992	1156.1	691.2	0.78	0.71	−0.22	−0.29	0.0466	0.0832	0.0622
1993	1595.0	1133.0	1.08	1.17	0.08	0.17	0.0067	0.0277	0.0136
1994	1224.4	753.5	0.83	0.78	−0.17	−0.22	0.0287	0.0503	0.0380
1995	1424.5	950.9	0.97	0.98	−0.03	−0.02	0.0011	0.0004	0.0007
1996	1627.3	1177.6	1.10	1.21	0.10	0.21	0.0108	0.0451	0.0221
1997	1415.2	851.8	0.96	0.88	−0.04	−0.12	0.0016	0.0151	0.0049
1998	1944.3	1385.9	1.32	1.43	0.32	0.43	0.1017	0.1822	0.1361
1999	1523.6	1052.0	1.03	1.08	0.03	0.08	0.0011	0.0069	0.0028
2000	1476.3	909.2	1.00	0.94	0.00	−0.06	0.0000	0.0041	−0.0001
2001	1158.9	586.2	0.79	0.60	−0.21	−0.40	0.0458	0.1572	0.0848
2002	1551.0	992.9	1.05	1.02	0.05	0.02	0.0027	0.0005	0.0012
合计	22113.4	14569.5	15.00	15.00	0.00	0.00	0.3980	1.0122	0.6198

由表 4-5 的计算结果，可进一步计算出下列各值：

（1）均值

$$\overline{x}=\frac{1}{n}\sum x_i=\frac{22113.4}{15}=1474.2\text{mm}$$

$$\overline{y}=\frac{1}{n}\sum y_i=\frac{1}{15}\times 14569.5=971.3\text{mm}$$

（2）均方差

$$\sigma_x=\overline{x}\sqrt{\frac{\sum (K_x-1)^2}{n-1}}=1474.2\sqrt{\frac{0.3980}{15-1}}=248.6\text{mm}$$

$$\sigma_y=\overline{y}\sqrt{\frac{\sum (K_y-1)^2}{n-1}}-971.3\sqrt{\frac{1.0122}{15-1}}=261.2\text{mm}$$

（3）相关系数

$$r=\frac{\sum (k_x-1)(k_y-1)}{\sqrt{\sum (K_x-1)^2\sum (K_y-1)^2}}=\frac{0.6198}{\sqrt{0.3980\times 1.0122}}=0.977$$

相关系数的显著性检验：在 $\alpha=0.01$ 时，据 $n=15$ 查表 4-4 得 $r_\alpha=0.641$。因为 $r>r_\alpha$，由此可以推断总体是相关的，且 $r>0.8$，可以认为相关是密切的。

(4) 回归系数　　$R_{y/x}=r\frac{\sigma_y}{\sigma_x}=0.977\times\frac{261.2}{248.6}=1.026$

(5) y 倚 x 的回归方程　　$y=1.026x-541.4$

(6) 回归直线的均方误　$S_y=\sigma_y\sqrt{1-r^2}=261.2\times\sqrt{1-0.977^2}=56.0\text{mm}$

有了相关方程，就可用较长系列的年降雨资料将年径流系列展延至与年雨量系列同样的长度。

三、复直线相关（多元线性回归）

一个变量有时受两个或两个以上的主要变量所影响，其中任何一个因素都不可忽略，那么就必须建立多变量之间的复相关，此即多元回归问题。因为复相关的计算比较复杂，以前工程上多用图解法选配相关线。复相关的分析法多借助于计算机进行。

设多元线性回归方程为

$$y=b_0+b_1x_1+b_2x_2+\cdots+b_mx_m \tag{4-48}$$

式中：b_0，b_1，b_2，…，b_m 为 $m+1$ 个待定参数，可直接用最小二乘法求解。

设在 $t(t=1, 2, \cdots, n)$ 时刻，Y 及 $X=[1, x_1, x_2, \cdots, x_m]^T$ 的观测值序列已经获得，则可得到 n 个方程的方程组来表示这些数据之间的关系。

$$y_t=b_0+b_1x_{1t}+b_2x_{2t}+\cdots+b_mx_{mt}\quad(t=1,2,\cdots,n) \tag{4-49}$$

方程组（2-49）可用矩阵形式表示如下

$$Y=XB \tag{4-50}$$

式中

$$Y=\begin{bmatrix}y_1\\y_2\\\vdots\\y_n\end{bmatrix}\quad X=\begin{bmatrix}1 & x_{11} & x_{21} & \cdots & x_{m1}\\1 & x_{12} & x_{22} & \cdots & x_{m2}\\\vdots & \vdots & \vdots & \vdots & \vdots\\1 & x_{1n} & x_{2n} & \cdots & x_{mn}\end{bmatrix}\quad B=\begin{bmatrix}b_0\\b_1\\\vdots\\b_m\end{bmatrix}$$

因为 $n\gg m+1$，式（2-50）是一个矛盾方程组，它不存在通常意义下的解。如何在最优条件下解矛盾方程组，最小二乘原理指出：最可信赖的参数值 B 应在使残余误差平方和最小的条件下求得。

设估计误差向量 $e=[e_1, e_2, \cdots, e_n]^T$，并令

$$\mathrm{e}=Y-XB \tag{4-51}$$

目标函数为　　$J=\sum_{i=1}^{n}\mathrm{e}_i^2=\mathrm{e}^T\mathrm{e}=\min$

$$J=(Y-XB)^T(Y-XB)=Y^TY-B^TX^TY-Y^TXB+B^TX^TXB$$

将 J 对 B 求偏导数，并令其等于零，则可求得使 J 趋于最小的估计值 B，即

$$\frac{\partial J}{\partial B}\Big|_{B=\hat{B}}=-2X^TY+2X^TX\hat{B}=0$$

可解得 $\hat{B}$ 为

$$\hat{B}=(X^TX)^{-1}X^TY \tag{4-52}$$

若 (X^TX) 是非奇异矩阵，则解向量 $\hat{B}$ 是唯一的。

【例 4-5】　某流域有 1990～1995 年共 6 年的 10～11 月降雨和同年 12 月的径流资料，如表 4-6 所示。试推求该流域以 10 月降雨为 x_1、11 月降雨为 x_2 与 12 月径流 y 的关系式。

表 4-6　**某流域 1990～1995 年 10～11 月降雨及 12 月径流资料**　单位：mm

年　份	降　雨		12 月径流
	10 月	11 月	
1990	186.7	55.1	19.3
1991	61.5	207.5	30.7
1992	39.6	83.1	26.7
1993	126.5	66.5	14.5
1994	37.8	73.7	6.1
1995	58.2	64.8	10.4

经分析，确定 y 倚 x_1 和 x_2 之间的关系为

$$y_t = b_0 + b_1 x_{1t} + b_2 x_{2t} \quad (t=1,2,\cdots,6)$$

方程组用矩阵形式表示为

$$Y = XB$$

$$Y=\begin{bmatrix}19.3\\30.7\\26.7\\14.5\\6.1\\10.4\end{bmatrix} \quad X=\begin{bmatrix}1 & 186.7 & 55.1\\1 & 61.5 & 207.5\\1 & 39.6 & 83.1\\1 & 126.5 & 66.5\\1 & 37.8 & 73.7\\1 & 58.2 & 64.8\end{bmatrix} \quad B=\begin{bmatrix}b_0\\b_1\\b_2\end{bmatrix}$$

$$X^TX=\begin{bmatrix}1 & 1 & 1 & 1 & 1 & 1\\186.7 & 61.5 & 39.6 & 126.5 & 37.8 & 58.2\\55.1 & 207.5 & 83.1 & 66.5 & 73.7 & 64.8\end{bmatrix}\begin{bmatrix}1 & 186.7 & 55.1\\1 & 61.5 & 207.5\\1 & 39.6 & 83.1\\1 & 126.5 & 66.5\\1 & 37.8 & 73.7\\1 & 58.2 & 64.8\end{bmatrix}$$

$$=\begin{bmatrix}6 & 510.3 & 550.7\\510.3 & 61025.6 & 41308.6\\550.7 & 41308.6 & 67050.9\end{bmatrix}$$

$$(X^TX)^{-1}=\begin{bmatrix}1.52709 & -0.00734 & -0.00802\\-0.00734 & 0.00006 & 0.00002\\-0.00802 & 0.00002 & 0.00007\end{bmatrix}$$

$$B=(X^TX)^{-1}X^TY=\begin{bmatrix}2.640\\0.043\\0.127\end{bmatrix}$$

故所求回归方程为　$y=2.640+0.043x_1+0.127x_2$

复习思考题

4-1　样本和总体有什么区别和联系？

4-2　概率与频率有什么区别和联系？

4-3　简述统计参数$\bar{x}$、C_V、C_S的意义及其对频率曲线的影响。

4-4　试述配线法的主要方法步骤。

4-5　什么是相关分析？相关分析在水文分析计算中有什么作用？

4-6　为什么相关系数能说明相关关系的密切程度？如何对相关系数做显著性检验。

习　　题

4-1　大坳站年平均流量系列如表4-7所示，用配线法推求设计保证率$P=10\%$的丰水年、$P=50\%$的中水年和$P=90\%$的枯水年的设计年径流量。

表4-7　**大坳站年平均流量表**　单位：m^3/s

年份	年平均流量	年份	年平均流量	年份	年平均流量
1965	35.8	1975	84.8	1985	40.9
1966	43.0	1976	46.0	1986	43.2
1967	32.8	1977	34.2	1987	56.4
1968	64.0	1978	37.7	1988	49.2
1969	44.4	1979	54.0	1989	49.1
1970	40.8	1980	58.9	1990	40.0
1971	43.9	1981	56.2	1991	18.9
1972	37.4	1982	47.1	1992	67.4
1973	81.5	1983	110.2	1993	69.9
1974	48.6	1984	46.7	1994	62.8

4-2　汤渡河站年最大洪峰流量Q_m及年最大三日洪量W_{3d}的对应实测资料列于表4-8中，要求：①建立W_{3d}倚Q_m的回归方程；②计算相关系数，并做显著性检验（$\alpha=0.01$）；③计算回归直线的均方误；④由历史洪水调查得1935年$Q_m=7410m^3/s$，1947年$Q_m=4130m^3/s$，分别计算其最大三日洪量。

表4-8　**汤渡河站最大洪峰流量及年最大三日洪量**

年份	W_{3d}（亿m^3）	Q_m（m^3/s）	年份	W_{3d}（亿m^3）	Q_m（m^3/s）
1958	3.5100	3270	1962	1.0100	1510
1959	0.3060	312	1963	1.9700	2780
1960	0.5600	622	1964	0.8120	860
1961	0.5140	577	1965	0.8530	1480

续表

年份	W_{3d}（亿 m³）	Q_m（m³/s）	年份	W_{3d}（亿 m³）	Q_m（m³/s）
1966	0.4740	512	1976	0.5136	638
1967	0.7740	1290	1977	0.5522	363
1968	2.3600	1920	1978	0.3816	346
1969	1.3200	771	1979	0.8252	1040
1970	1.0800	1390	1980	0.4490	339
1971	0.9487	847	1981	0.1928	383
1972	0.2335	158	1982	0.1699	137
1973	0.6634	962	1983	0.4685	699
1974	0.5728	420	1984	3.8900	4360
1975	0.8649	895	合计	26.2691	28881

第五章　年径流分析与计算

第一节　概　　述

一、年径流和设计年径流

河槽里流动的水流称为河川径流，简称径流。在一个年度内，通过河流某一断面的水量称为年径流量。年径流量可以用年径流总量、年平均流量、年径流深及年径流模数等特征值表示。年径流量的多年平均值称为多年平均年径流量，代表河川的水资源量。

通过对年径流资料的分析，可以看出年径流变化有如下一些特性：

（1）河川径流存在着以年为周期的丰水期和枯水期交替变化的规律。尽管各年丰、枯季的历时有长有短，发生时间有迟有早，水量有大有小，从不重复，表现出偶然性，但丰、枯水期交替变化，年年如此，又具有必然性。

（2）年径流量的年际变化。年平均流量接近多年平均流量的年份称为中水年（或平水年），远大于多年平均流量的年份称为丰水年，远小于多年平均流量的年份称为枯水年。丰、枯水年份年径流量相差有时十分悬殊。例如，资水桃江站 1961～1999 年 39 年资料统计，多年平均年径流量 $736m^3/s$，最大年径流量 $1140m^3/s$（1994 年）是平均年径流量的 1.55 倍，最小年径流量 $429m^3/s$（1963 年），仅为年平均径流量的 0.58 倍。

（3）年径流量在多年变化中有丰水年组和枯水年组交替出现的现象。例如，黄河陕县站出现过连续 11 年（1922～1932 年）的枯水年组，新安江也出现过连续 13 年（1956～1968 年）的枯水年组。松花江哈尔滨站 1898～1928 年 31 年基本上是连续枯水年组，而后出现 1960～1966 年连续 7 年的丰水年组。

河川径流的天然变化特性往往与用水部门的需水要求不相适应。为了解决来、用水之间的矛盾，就必须对天然径流进行人工干预，即将天然径流按用水要求在时间和地区上重新分配，这就是径流调节。对径流进行调节的最有效措施就是兴建水库，将丰水期多余的水量蓄起来，调至缺水期应用。对不同的年份，来、用水的组合情况不同，所需要的调节库容大小也不同，那么，依据哪种来、用水年份来确定水库的兴利库容呢？因此，需要有一个设计标准。这个标准一般用频率表示，称为设计保证率，表示用水得到满足的保证程度。例如，对于灌溉工程，保证率 $P=80\%$表示 100 年间可望有 80 年满足设计灌溉用水的要求。

相应于某一设计保证率的年径流量称为设计年径流量。设计保证率是根据用水特性、水资源丰枯情况及当地经济条件，依据国家规范选定的。设计年径流的设计内容，主要包括设计年径流量及其年内分配的确定。

二、影响年径流的因素

为了分析年径流及其变化规律，必须研究影响年径流的因素。对于一个闭合流域，年水量平衡方程为

$$R=P-E-\Delta S \tag{5-1}$$

由流域水量平衡方程可知，闭合流域年径流量 R 的大小取决于年降水量 P、年蒸发量 E 和流域当年蓄水量的变化量 ΔS。流域的年降水量 P 和年蒸发量 E 属气候因素，它对年径流量起着决定性作用。流域蓄水量的年变化量 ΔS 取决于下垫面因素及人类活动因素。流域下垫面因素主要包括地形、土壤、地质、植被、湖泊、沼泽和流域大小等。这些因素对年径流量的影响：一方面表现在流域调蓄能力上；另一方面通过对降水和蒸发等气候条件的改变间接地影响年径流量。人类活动对年径流的影响包括直接影响和间接影响两个方面。直接影响如跨流域引水，间接影响如修水库、塘堰等水利工程，旱地改水田，坡地改梯田，植树造林等对气候发生影响。

三、年径流分析与计算的任务

水利工程的兴利规模，要依据来水与用水情况，经分析计算来确定。本章的主要任务就是研究年径流的年际变化及年内分配规律，预估未来工程运用期间的径流变化情势，为合理确定工程规模和效益提供正确的水文依据。

水利工程调节性能和采用的调节计算方法不同，设计年径流分析计算的任务也有所不同。有些情况需推求长期的年月径流系列，有些情况需推求代表年的月径流过程。计算中还会遇到有长期实测径流资料、短期实测径流资料和缺乏实测资料三种情况。

第二节　有长期实测径流资料时的设计年径流计算

所谓具有长期实测径流资料，一般指设计站有 20～30 年以上实测径流系列，而且系列必须满足可靠性、一致性和代表性要求。

一、资料审查

水文资料是水文分析计算的依据，它直接影响着分析计算成果的精度和工程的安全。因此，对所使用的资料必须认真地进行审查。资料审查包括资料的可靠性、一致性和代表性，即通常所说的“三性”审查。

1. 资料可靠性审查

这是对原始资料可靠程度的鉴定。应从资料的来源、测验和整编方法等方面进行检查，并通过上下游、干支流水量平衡来检查成果是否合理。

2. 资料一致性审查

一个统计系列只能由成因一致的资料所组成，即随机试验的基本条件应保持不变，这样的统计系列才具有一致性。年径流系列是否具有一致性，决定于流域上影响年径流的气候条件和下垫面条件是否稳定。流域的气候条件变化缓慢，在不太长的年代间，可以认为是相对稳定的；但下垫面条件，则可能由于人类活动而显著变化。例如，上游修建水库或引水工程，则工程建成前后，下游实测资料的一致性就遭到了破坏。遇此情况，需对实测资料系列进行一致性修正，一般是将人类活动后的系列修正到流域大规模治理以前的同一条件上，消除径流形成条件不一致的影响后再进行分析计算，这种一致性修正称为“还原计算”。

3. 资料代表性审查

所谓资料的代表性，是指样本系列的统计特性能否很好地反映总体的统计特性。在频

率计算中，则表现为样本的频率分布能否很好地反映（即代表）总体的概率分布。在年径流分析计算中，是用以往长期实测年径流系列来反映未来年径流变化的。因此，样本代表性的高低，很大程度上决定着设计成果的精度。

由于总体的概率分布为未知，代表性的鉴别一般只能通过与其关系密切的更长期的其他系列（近似代表总体）做比较来衡量。例如与同一气候区内下垫面条件相似的邻近流域的年径流系列相比较，或与本流域的年降水量系列相比较等。比较的方法是：从该长系列中取出与设计站（正要进行设计年径流计算的测站）实测系列同期的那部分资料，计算其统计参数，进行配线。若所得统计参数及频率曲线与该长系列的统计参数及频率曲线甚为接近，即认为这一段时期参证站资料的代表性较高，从而可以推断设计站年径流系列在这一段时期代表性也比较高。另外，从研究径流长期变化的资料知，一个地区的径流变化常常具有丰水年组和枯水年组的循环交替，但周期并不像太阳黑子变化每 11 年一个周期那样稳定，而是一种近似的周期性波动，例如长江宜昌站年径流变化有近似 15 年的主周期。因此可以认为，当实测资料长度有连续几个周期（至少一个）以上时，才基本上具备对总体的代表性。当然资料更长，代表性更好。所以，在实际工作中，为保证年径流系列具有一定的代表性，常要求连续实测资料应有 20～30 年以上。若资料的代表性不高，则要想法插补和展延设计站径流系列。

显然，应用上述方法评价系列的代表性，应具备以下两个条件：①设计变量（指设计站的年径流量）与参证变量（即用作比较的具有更长期资料的变量）的时序变化过程应具有同步性；②参证变量的长系列本身应具有较高的代表性。

二、设计年、月径流系列的推求

通过“三性”审查，合乎设计要求的长系列实测年、月径流系列，按水利年度进行划分，以表格形式给出，就可以供水库兴利调节计算之用，这就是所谓的“设计年、月径流系列”。它与设计用水系列相配合，采用第十二章介绍的长系列法进行调节计算，就可求得逐年的所需库容值，作出库容频率曲线，由设计保证率就可查得设计兴利库容。

表 5-1 就是按水利年度给出的黄沙桥水库设计年、月径流系列。水利年度又称调节年度，是为方便兴利调节计算而划分的一种年度。它以水库蓄泄循环作为一年的起讫点，即水库从蓄水期开始作为水利年度的开始，水库蓄满后经供水期将水库放空作为水利年度的结束，水库从空库到满库再到空库这样所经历的一年称为一个水利年度。它与通常所说的水文年度不同，水文年度是根据水文现象的循环周期划分的一种年度，在一个水文年度内径流基本上应当是该年度的降雨所产生。

表 5-1　　黄沙桥水库设计年、月径流系列（按水利年度）　　单位：m^3/s

年　份	月平均流量 $Q_月$												年平均流量 Q
	11	12	1	2	3	4	5	6	7	8	9	10	
1985～1986	0.81	0.06	0.53	0.83	2.29	2.40	0.66	2.57	1.53	0.15	0.14	0.74	1.06
1986～1987	1.76	0.03	0.70	0.93	1.25	2.06	2.25	1.42	1.57	1.08	1.08	2.19	1.36
1987～1988	0.10	0.17	1.22	2.17	2.55	2.71	3.95	1.50	0.90	1.03	1.11	0.60	1.50
1988～1989	0.72	0.43	2.32	1.79	1.31	1.71	4.06	3.20	3.00	0.29	0.36	0.73	1.66

续表

年　份	月平均流量 $Q_月$												年平均流量 Q
	11	12	1	2	3	4	5	6	7	8	9	10	
1989～1990	1.20	0.41	1.24	1.88	2.00	1.87	2.82	1.57	0.94	0.65	0.41	1.57	1.38
1990～1991	1.27	0.71	2.49	0.72	5.24	2.18	2.26	0.93	0.63	0.75	1.24	1.00	1.62
1991～1992	0.20	1.49	0.90	2.61	7.54	1.25	3.17	3.82	2.33	0.40	0.08	0.22	2.00
1992～1993	0.97	0.43	1.32	1.25	1.31	1.70	2.82	2.05	2.83	0.88	0.25	1.35	1.43
1993～1994	0.78	1.77	0.55	1.77	2.36	3.82	2.52	4.63	2.01	2.26	1.46	1.25	2.10
1994～1995	0.55	0.23	1.82	2.02	2.37	2.73	2.08	4.02	0.06	1.90	0.05	1.60	1.62
1995～1996	0.28	0.60	1.51	0.36	2.46	2.42	2.55	0.87	1.42	4.26	0.54	0.13	1.45
1996～1997	1.58	1.79	0.91	1.85	3.24	2.83	4.17	2.99	2.83	2.42	2.91	1.99	2.46
1997～1998	0.82	0.42	4.67	2.19	4.27	2.09	4.81	3.53	0.89	0.10	0.68	0.61	2.09
1998～1999	0.61	0.03	0.71	0.36	1.84	2.80	3.42	1.05	2.60	3.82	2.25	0.80	1.69
1999～2000	1.26	0.22	1.25	0.85	2.87	2.77	2.53	3.77	0.44	1.83	1.30	2.40	1.79
2000～2001	2.22	1.06	1.36	0.88	1.25	4.01	3.95	2.04	0.82	0.72	0.07	0.60	1.58
2001～2002	0.68	1.81	0.91	0.67	1.83	2.53	1.75	3.03	2.43	2.23	1.06	2.44	1.78
2002～2003	0.65	0.38	1.32	1.60	1.38	1.65	4.46	1.85	0.06	0.33	0.82	0.14	1.22
2003～2004	1.21	1.10	1.58	1.65	2.33	4.43	4.17	1.99	0.67	3.01	0.20	0.00	1.86
2004～2005	1.77	0.75	1.35	2.89	1.70	1.21	5.05	1.55	0.79	1.09	0.63	0.31	1.59

三、代表年年径流量及年内分配的计算

长系列法推求年调节或多年调节水库的兴利库容，保证率概念明确，成果精度较高，但对水文资料的要求也较高，必须提供长期年、月径流系列及相应的用水系列，而中小型工程难以具备以上条件。同时，在规划设计阶段需要进行多方案比较，计算工作量较大。因此，在规划设计年调节的中小型水库工程时，也广泛采用下述较为简单的各种代表年法。代表年法是先计算设计年来水量和设计年用水量，通过选择典型，计算其来、用水过程，然后对代表年进行调节计算，就可确定出年调节水库的兴利库容。根据对典型年来、用水量是否做缩放，代表年法又可分为设计代表年法和实际代表年法。

（一）设计代表年法

设计代表年法的计算步骤是：①对经过审查的年径流量系列作频率计算，求出设计年径流量；②在长系列实测径流资料中，按一定原则选择典型的年内分配过程，并按此典型计算设计年径流的年内分配。

1. 设计代表年年径流量的计算

资料审查符合要求以后，便可根据这些资料按第四章讲述的方法进行频率计算，绘制年径流量理论频率曲线，并求出符合设计保证率的年径流量值，即为设计年径流量。

对计算成果必须进行合理性分析，确信其符合客观规律后方可应用。成果分析，主要是对配线所得均值$\overline{x}$、C_V、C_S 进行合理性审查，一般是借助于水量平衡原理和参数的地理分布规律来进行。

（1）多年平均年径流量的检查。影响多年平均年径流量的因素是气候因素，而气候因素具有地理分布规律，所以多年平均年径流量也具有地理分布规律，将设计站与上、下游站和邻近流域站的多年平均年径流深进行比较，便可判断成果是否合理。发现不合理现象，应查明原因，作进一步的分析计算与论证。各地区绘制的多年平均年径流深等值线图，例如图 5-3 所示，为这种检查提供了很大方便，要重视其利用。

（2）年径流离势系数 C_V 的检查。反映径流年际变化的 C_V 也具有一定的地理分布规律。我国许多省区都绘有该地区的年径流 C_V 等值线图，如图 5-4 所示，可据以检查年径流 C_V 值的合理性。应注意，这些年径流量 C_V 等值线图，一般是根据大中流域的资料绘制的，流域面积大则调蓄能力强，不同区域的来水互相补偿，年径流量的 C_V 值较小，而小流域则相反。把这种 C_V 等值线图用于小流域时，要特别注意这一点。

（3）年径流偏态系数 C_S 的检查。根据水文计算的经验知道，C_S/C_V 值在地区上也具有一定的分区性，一些省区也绘制有 C_S/C_V 分区图，可作为检查 C_S 是否合理的依据。但是，年径流量 C_S 值的变化规律及影响其变化的物理原因至今还研究不足，尚无公认的检查办法。

2. 典型年的选择

河川径流在一年内的分配是很不均匀的，丰、枯水期径流有时相差十分悬殊。年径流量不同的年份，年内分配固然不同，即使年径流量相同的年份，年内分配也不相同。由于年内分配不同对所需的兴利库容影响很大，因此，合理确定设计年径流量的年内分配是一项很重要的工作。

推求设计年径流量的年内分配，实际上就是推求设计年径流过程。在水文计算中，一般是采用典型年同倍比缩放的办法。典型年的选择，可按下述两条原则进行。

（1）选择年径流量接近设计年径流量的年份作为典型。这是认为，年径流量与年内分配有一定的联系，年径流量接近的年份，其年内分配一般也比较接近。

（2）选择分配情况对工程较不利的年份作为典型。这是因为目前对径流年内分配的规律研究的还不够，为安全起见，应选择对工程不利的年内分配作典型。所谓对工程不利，是指用这种分配计算所得工程规模较大。例如对于灌溉工程，应选择灌溉需水期的径流量相对较小，非灌溉期的径流量相对较大的年份。灌溉面积和设计保证率一定时，这种年份的径流分配需要较大的兴利库容。

3. 径流年内分配计算

典型年选定之后，求出设计年径流量 Q_P（这里用年平均流量表示，当然也可以用其他径流单位）与典型年的年径流量 $Q_典$ 之比值 K，即

$$K=\frac{Q_P}{Q_典} \tag{5-2}$$

称为放大（缩小）倍比。然后以 K 乘典型年各月的径流量，就得到了设计代表年的径流过程。

【例 5-1】　黄沙桥水库有 1986～2005 年年径流系列（以年平均流量表示，见表 5-1），求灌溉设计保证率为 75%的设计年径流量及年内分配。

1. 设计年径流量计算

对黄沙桥水库年径流系列进行频率计算，得 $\overline{Q}=1.66\text{m}^3/\text{s}$、$C_V=0.25$、$C_S=2.5C_V$。按 $C_S=2.5C_V=2.5\times0.25=0.625$ 和设计保证率 $P=75\%$ 查附表1得 $\varphi_p=-0.72$，则设计年径流量为

$$Q_{p=75\%}=\overline{Q}(C_V\varphi_p+)=1.66\times(-0.72\times0.25+1)=1.36\text{m}^3/\text{s}$$

2. 典型年的选择

从坝址20年的径流资料中可以看出，1986～1987年、1989～1990年和2002～2003年水利年度的年径流量分别为 $1.36\text{m}^3/\text{s}$、$1.38\text{m}^3/\text{s}$ 和 $1.22\text{m}^3/\text{s}$，都与设计年径流量比较接近。从径流年内分配情况比较，2002～2003年水利年度灌溉期6～10月来水最枯，仅占全年来水量的21.9%，年内分配较为不利。因此，选择该年度为典型年。

3. 设计年径流年内分配计算

采用同倍比放大法计算径流年内分配，其放大倍比为

$$K_Q=\frac{Q_{p=75\%}}{Q_{典}}=\frac{1.36}{1.22}=1.115$$

将典型年各月平均流量乘以 K_Q 值，即得设计年各月径流量，如表5-2所示。

表5-2　黄沙桥水库设计年径流量各月分配表　　单位：m^3/s

月份	11	12	1	2	3	4	5	6	7	8	9	10	年平均
典型年月平均流量	0.65	0.38	1.32	1.60	1.38	1.65	4.46	1.85	0.06	0.33	0.82	0.14	1.22
设计年月平均流量	0.72	0.42	1.47	1.78	1.54	1.84	4.97	2.06	0.07	0.37	0.91	0.16	1.36

径流的分配过程除用上述流量过程表示外，还可用流量历时曲线来表示。流量历时曲线在水力发电、航运、木材流放和给排水工程设计的水利计算中有着重要的意义。因为这些工程的设计除考虑流量的时序变化，更主要取决于流量的持续历时。

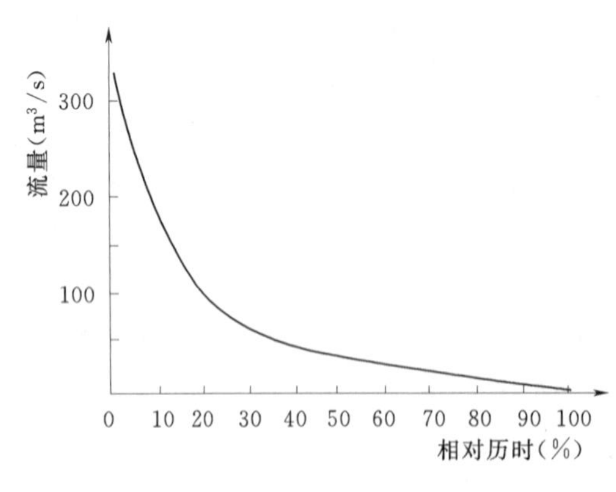

图5-1　日平均流量历时曲线

历时曲线可以根据实测径流资料绘制。典型年历时曲线的绘制方法是：应用日平均流量表，将典型年的全部流量资料从大到小划分为若干组，并统计每组流量出现的日数，然后逐一累加，求出各组的累积频率，用各组的流量下限和累积频率值 P 点绘如图5-1所示的曲线，即得某典型年的日平均流量历时曲线。由曲线可查算出不小于 Q_P 的流量持续的天数，等于 $365P$。

（二）实际代表年法

实际代表年法就是从长系列径流资料中选出年径流量接近于设计年径流量的一个实际年份作为代表年（不需进行缩放），用其各月径流过程直接与该年的用水过程相配合，进行调节计算，确定兴利库容。两种方法在频率计算和选择典型年的原则上是相同的，区别仅在于是否对典型年进行水量上的缩放。

第三节　有短期实测径流资料时的设计年径流计算

为了推求设计年径流量，设计站必须具有一个较长的、有代表性的年径流系列，以满足频率计算的要求。在中小河流上，实测径流年限一般较短，缺乏代表性，如果直接根据这种短系列资料进行计算，求得的成果可能具有很大的误差。所以，为了提高计算精度，保证成果的可靠性，在规划设计时必须设法将短系列年、月径流资料进行展延，使之具有代表性。展延的方法，主要是利用第四章所讲的相关分析法，即建立设计站年径流量与参证变量之间的相关关系，然后利用参证变量长期的实测资料展延设计站的年径流系列。

参证变量应具备以下几个条件：

(1) 参证变量与设计变量在成因上有密切联系。

(2) 参证变量应具有长期的实测资料，系列本身有较高的代表性。

(3) 参证变量与设计变量之间有一段足够长的同期观测资料，以便建立相关关系。

根据上述条件，结合具体资料情况，可以选用不同的参证资料来展延年径流系列。在水文计算中，通常是以流域降雨资料或上下游站、邻近流域站的径流资料作为参证变量。

一、利用径流资料展延系列

1. 利用年径流资料展延系列

当设计站上游或下游站具有长期径流资料时，可选作参证站。如设计站与参证站所控制的流域面积相差不多时，一般可获得良好的结果。如果自然地理条件和气候条件在地区上变化较大时，则两站年径流量的相关关系可能不好，这时应引入反映区间径流量的参数，以改善相关关系。

当设计站上、下游无长期资料时，经过分析，可以选用自然地理条件相似的邻近流域的年径流量作为参证变量。

参证变量选定之后，就可用参证变量与设计变量的同期观测值按相关图解法或相关计算法建立两变量的相关关系，然后用参证变量的长系列将设计变量延长到一定长度。

2. 利用月径流资料展延系列

当设计站实测年径流系列太短，难以建立年径流量相关关系，或规划设计要求提供设计年、月径流系列时，可以考虑建立月径流相关关系来延长设计变量。由于影响月径流量的因素比影响年径流量的因素复杂得多，月径流量间的相关关系没有年径流量间的相关关系密切。因此，用月径流量相关来展延系列，要特别慎重。图 5-2 中月径流相关点据较年径流相关点据散乱，年径流相关系数为 0.95，而月径流相关系数则较低。

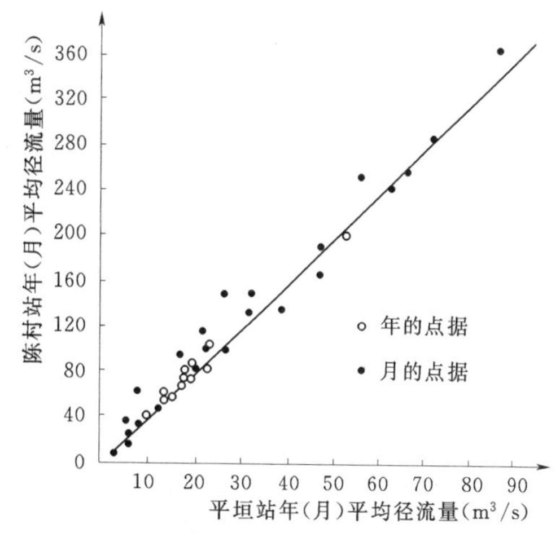

图 5-2　陈村与平垣年（月）径流相关图

二、利用降雨资料展延系列

1. 利用年降雨资料展延系列

在湿润地区，年径流系数较大，年径流量与流域上的平均年降雨量关系密切，因此，可以选用流域平均年降雨量作为参证变量来展延年径流量系列，一般可得到良好的结果。在点绘相关图时，为便于比较，年径流量和年降雨量都采用毫米为单位。在干旱地区，年降雨量中的很大部分耗于蒸发，年径流系数很小，年径流量与年降雨量相关关系常不密切，难以利用其相关关系展延年径流系列。

2. 利用月降雨资料展延系列

当设计站实测年径流量系列太短，不足以建立年降雨径流相关关系，或规划设计要求提供设计年、月径流系列时，可以考虑建立月降雨量与月径流量相关关系。

月降雨量与月径流量之间的相关关系较差，相关点据一般比较散乱，应查明原因，予以改正。其原因及改正方法是：

（1）枯季月份降雨量不大，月径流量主要受月蒸发量和流域蓄水量变化的影响，月降雨量与月径流量在成因上的联系较差，相关点据必然散乱。在这种情况下，可分别建立非枯季月降雨径流相关图和枯季上月与本月径流量相关图，两图联合运用，便可进行年、月径流系列的展延。

（2）月降雨量与月径流量在时间上不对应，月末降雨所产生的径流大部分在下月形成，而在做月降雨量与径流量统计时，月末降雨与它产生的径流被统计于不同的月份，因而使相关点据散乱。在这种情况下，可用改正降雨或改正径流的方法，使降雨量和它所产生的径流量相互对应。

应该指出，利用相关法展延资料时，要找出变量间的真实关系，不能被一些表面的假象所蒙蔽。最好不要通过辗转相关来建立关系，因为它会造成相关密切的假象。也不要过分延长相关线来展延资料，因为延长部分是否符合此关系无法验证，所得成果不一定可靠。相关线是相关点的平均配合线，故相关展延的资料还有均化问题，系列的 C_V 值会有所减小。

有了插补展延的年径流量系列后，即可进行频率计算及年内分配计算，其方法与具有长期实测径流资料的情况相同。

第四节　缺乏实测径流资料时的设计年径流计算

在中、小流域设计年径流的分析计算中，常会遇到或者完全没有资料，或者资料系列太短，无法展延的情况。这时，估算设计年径流量的关键就是如何通过间接的方法来推求理论频率曲线的三个统计参数，即均值$\bar{x}$、C_V、C_S。常用的方法有水文比拟法和等值线图法。

一、水文比拟法

所谓水文比拟法，就是将参证流域的水文资料移植到设计流域上来的一种方法。此法认为气候和自然地理条件类似的流域，其径流情况也具有共性，因此可以考虑水文资料的移用。显而易见，使用此法的关键在于恰当地选择参证流域。参证流域应具有较长期的实

测径流系列，影响径流的主要因素应与设计流域相近。

选定参证流域，并进行影响因素的分析之后，就可决定采用何种方法进行移置。

（一）多年平均年径流量的计算

1. 直接移用

当设计站与参证站属于同一气候区，下垫面条件相似，可以直接把参证流域的多年平均年径流深 $\overline{R}_{参}$ 移用过来，作为设计流域的多年平均年径流深$\overline{R}_{设}$，即

$$\overline{R}_{设}=\overline{R}_{参} \tag{5-3}$$

2. 修正移用

当移用的参证变量不是多年平均年径流深$\overline{R}_{参}$，而是移用多年平均流量 $\overline{Q}_{参}$，则应考虑流域面积差异进行修正，即

$$\overline{Q}_{设}=\frac{F_{设}}{F_{参}}\overline{Q}_{参} \tag{5-4}$$

式中　$F_{设}$、$F_{参}$——设计流域与参证流域的流域面积。

如果还要考虑设计流域与参证流域多年平均降雨量的不同，则应同时考虑流域面积和多年平均年降雨量的差异，其修正公式为

$$\overline{Q}_{设}=\frac{F_{设}}{F_{参}}\frac{\overline{x}_{设}}{\overline{x}_{参}}\overline{Q}_{参} \tag{5-5}$$

式中　$\overline{x}_{设}$、$\overline{x}_{参}$——设计流域与参证流域的多年平均降雨量。

（二）年径流离势系数 C_V 的估算

当设计流域和参证流域属于同一气候区，流域地理特征和下垫面条件相似，可以直接把参证流域的 $C_{VR_{参}}$ 移用过来，作为设计流域的 $C_{VR设}$。如考虑影响因素有差异时，可考虑修正移用，即

$$C_{VR设}=\frac{C_{Vx设}}{C_{Vx参}}C_{VR参} \tag{5-6}$$

式中　$C_{Vx设}$、$C_{Vx参}$——设计流域与参证流域多年平均降雨量的离势系数。

（三）年径流偏态系数 C_S 的估算

年径流量的 C_S 值，一般以 C_S 与 C_V 的比值给出。C_S/C_V 有一定的分区性，如设计流域与参证流域相距不远，同属一个气候区，可直接移用 C_S/C_V，或作适当修正。在一般情况下，通常采用 $C_S=2C_V$。

二、参数等值线图法

1. 多年平均年径流深的估算

大多数的水文变量及其特征值都具有地区分布上渐变的地理变化规律，因而可以制作等值线图或分区图。这样，对于无资料流域，便可采用地理插值的方法求得各水文变量值或其特征值，从而解决无资料流域的水文计算问题，称该方法为等值线图法。

闭合流域多年平均年径流量的影响因素是降水和蒸发，而降水量和蒸发量具有地理分布规律，所以多年平均年径流量也具有地理分布规律，因而可以绘成多年平均年径流量等值线图。为了消除流域面积这一非分区性因素的影响，其等值线图常用径流深来绘制，如图 5-3 所示。

河流任一断面的径流量是由该断面以上流域面积上各点的径流汇集而成，并不是这个断面处的数值，而是代表流域的平均值。因此，在绘制等值线图时，不能将多年平均年径流深值点绘在这一断面处，而应点绘在流域面积的形心处。在山区，径流量有随高程增加而增大的趋势，所以多年平均年径流深值应点绘在接近形心的流域平均高程处。全国各省（区）编制的水文手册或水文图集都绘有本省（区）的多年平均年径流深等值线图供查用，例如图 5-3 是湖北省部分地区多年平均年径深等值线图。

应用等值线图推求设计流域的多年平均年径流深时，先勾绘出设计流域的分水线，再定出流域形心，然后用直线内插法求出形心处的多年平均年径流深。

应当注意，等值线图一般都是以中等流域的实测资料为基础绘制的，用于中等流域，其精度一般较高。对于小流域，按等值线图查得的数值可能有一定误差。其主要原因是小河的河槽下切不深，流域可能不闭合，不能汇集本流域降水形成的全部地下径流，使由图上查得的数值可能偏大。必要时应进行流域查勘，结合具体条件对查算值作适当修正。

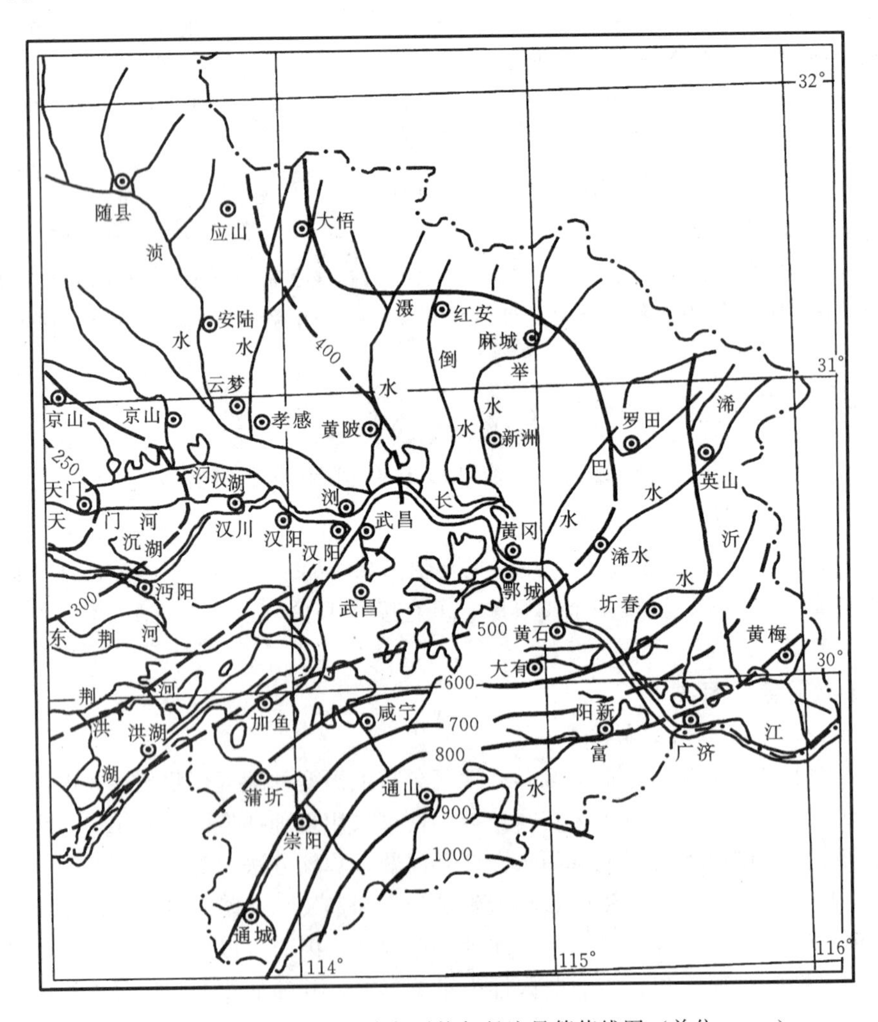

图 5-3　湖北省部分地区多年平均年径流量等值线图（单位：mm）

2. 年径流量离势系数 C_V 的估算

年径流量的 C_V 值，主要取决于气候因素的变化程度及自然地理因素对径流的调节程度。由于气候因素具有渐变的地区分布规律，受其影响的 C_V 值也具有地区分布规律，因此可以绘制年径流量 C_V 等值线图。

年径流量 C_V 等值线图的绘制和使用方法与多年平均年径流深等值线图相似。图 5-4 是湖北省部分地区年径流量离势系数 C_V 等值线图。一般情况，大中河流的年径流量 C_V 值要比小河的小，因此，在使用等值线图查算小河年径流量 C_V 值时，也须结合具体情况加以修正。

3. 年径流量偏态系数 C_S 的估算

缺乏资料地区年径流量的偏态系数 C_S 值，通常采用 $C_S=2C_V$。根据各地区的具体情况，也可采用大于或小于 $2C_V$ 的数值。例如，对于湖泊较多的流域，因 C_V 值偏小，可采用 $C_S>2C_V$。各省（区）的水文手册中有的绘出了 C_S/C_V 的分区图，可供缺乏资料的地区参考使用。

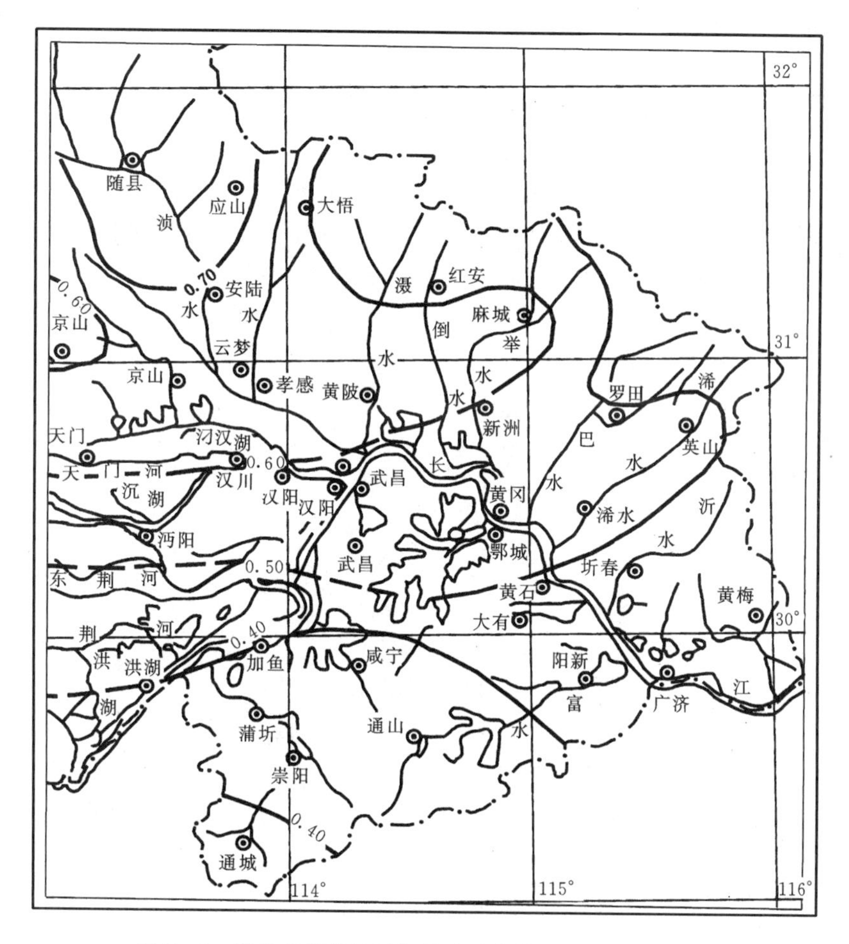

图 5-4 湖北省部分地区年径流量离势系数 C_V 等值线图

求得年径流量的三个统计参数后，即可绘出理论频率曲线，推求指定频率的设计年径流量。如果水文手册或水文图集中绘有现成的相应于指定频率的年径流深等值线图，则可直接在这些等值线图上查得设计年径流量。年内分配计算，一般采用水文比拟法，即直接移用参证流域典型年的月径流分配百分比，乘以设计年径流量即得设计年径流量的年内分配；各省（区）水文手册配合参数等值线图，都按气候及自然地理条件给出了分区的典型年分配过程，以备查用。

复习思考题

5-1 什么叫设计保证率？灌溉水库的设计保证率如何选定？

5-2 水文年度和水利年度的含义有何区别？

5-3 水文分析计算中，资料审查包括哪些方面？如何进行审查？

5-4 展延年径流系列时，如何选择参证变量？

5-5 月降雨径流相关图上点据散乱的原因是什么？如何予以修正？

5-6 制作年径流深均值和离势系数等值线图的依据何在？如何制作？如何使用？

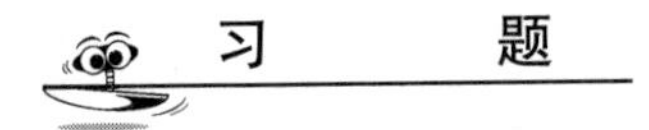

习　　题

5-1 飞口水利枢纽位于青河中游（图5-5），流域面积为10100km^2。试根据表5-3及表5-4所给资料，推求该站设计频率为95%的年径流及其分配过程，并与本流域上下游站和邻近流域资料（表5-5）比较，分析成果的合理性。

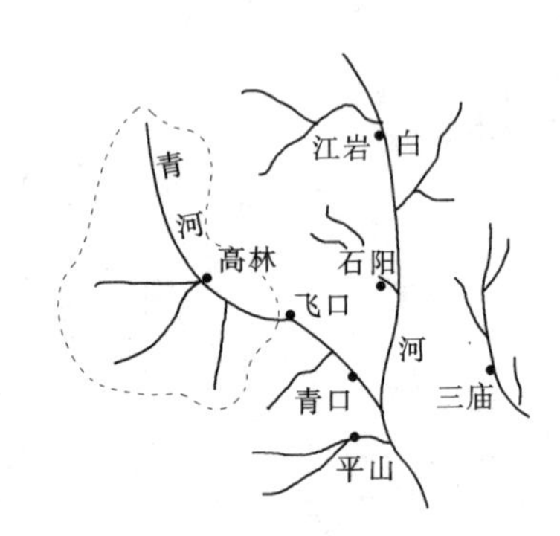

图5-5 青河及附近流域测站位置图

表5-3 飞口、青口站实测年平均流量表 单位：m^3/s

站名	1965.5～1966.4	1966.5～1967.4	1967.5～1968.4	1968.5～1969.4	1969.5～1970.4	1970.5～1971.4	1971.5～1972.4	1972.5～1973.4	1973.5～1974.4
飞口						396	596	459	577
青口	665	750	540	695	810	430	643	516	664
站名	1974.5～1975.4	1975.5～1976.4	1976.5～1977.4	1977.5～1978.4	1978.5～1979.4	1979.5～1980.4	1980.5～1981.4	1981.5～1982.4	
飞口	560	514	438	377	462	508	564	543	
青口	594	559	464	400	505	528	614	603	

表 5-4　　飞口站枯水年逐月平均流量表　　单位：m^3/s

时间（年．月）	5	6	7	8	9	10	11	12	1	2	3	4	年平均
1970.5～1971.4	483	893	733	621	414	360	259	329	103	106	129	321	396
1976.5～1977.4	604	681	782	710	637	449	279	188	141	138	257	389	438
1977.5～1978.4	450	504	851	520	739	442	231	183	124	109	172	200	377

表 5-5　　青河及邻近流域各测站年径流量统计参数

站　名	流域面积 F （km^2）	多年平均流量 $\overline{Q}$ （m^3/s）	多年平均年径流深 $\overline{R}$ （mm）	离势系数 C_V	备　注
青口	11800	583	1560	0.18	表中所列各站的控制流域均属深丘区，自然地理条件与飞口站以上流域相似
高林	8520	433	1600	0.22	
江岩	5810	260	1410	0.21	
三庙	5440	266	1540	0.20	
平山	3340	144	1360	0.23	
石阳	2900	140	1520	0.25	

第六章　水文过程随机模拟

第一节　概　　述

水文现象随时间的变化，称水文过程，如某一流域的降水过程、径流过程等。其变化既受到确定因素作用，又受到随机因素影响，具有一定的随机性，故水文过程常常为随机过程。水利水电工程等的规划设计，尤其大型工程，常需要预测长期的（如数百年、数千年的）水文变化过程，使工程设计能够考虑未来各种各样的水文情况。水文过程随机模拟，目标就是要根据现在观测到的水文资料（样本）模拟当今自然地理条件下未来可能发生的水文过程。但限于水文现象的极端复杂性和现在的科学发展水平，目前对该问题的研究还是相当初步的，实际应用，尤其暴雨洪水过程还有相当大的局限性。

一、　随机过程与时间序列

受随机性因素影响的水文变量，如径流、降水等，称随机变量或随机函数，它们随时间的连续变化，称随机过程。但为观测和计算上的方便，常对随机过程按时间 t 取一系列的离散值，即离散型的随机过程，称为随机序列或时间序列，以数字化的形式表达水文现象随时间的变化。

如果时间序列的统计特性不随时间变化时，则此时间序列称为平稳的随机过程；否则，就是不平稳的。因此，对一个时间序列首先要进行统计检验，以确定它是否平稳（即资料的一致性）。如果不平稳，可通过排除非平稳因素的干扰，如还原计算，成为平稳的水文随机序列。还要检查它是否具有遍历性（即代表性），使样本容量足够大，能够反映总体的变化特征。建立随机模型的依据，就是具有平稳性和遍历性的样本序列。

二、水文时间序列的组成

水文时间序列值 x，包括确定性成分和随机性成分，其组成一般式表示为

$$x_t = y_t + Z_t = T_t + C_t + P_t + Z_t \tag{6-1}$$

式中　　x_t——时间 t 时的随机变量值；

T_t、C_t、P_t、Z_t——趋势项、跳跃项、周期项和随机项 4 种成分在时间 t 时的分量值。

前 3 项为确定性成分，其和为 y_t。当时间序列值不含确定性成分时，即 $x_t = Z_t$，为仅包括随机成分的时间序列，如年径流序列常近似于这种情况；月径流序列因存在明显的年周期变化，则为确定性成分和随机性成分共同构成的时间序列。

趋势项 T_t，表示水文变量（主要是均值）长期系统地升高或下降的情况。如温室气体的不断增加使大气温度很长时期的逐渐升高，不断修建水库和扩大灌溉总体趋势上使径

流逐渐减少等。对实测水文时间序列可用滑动平均或假设检验的方法分析是否存在趋势项。如果存在，则可通过水文变量的长期系统变化趋势，建立该项分量随时间变化的趋势方程，以估计该项的影响。

跳跃项 C_t，表示由于某些突然的因素作用，使水文变量发生跳跃性的变化。如短期间在流域内建成大量的水库，将使流域的水文情势在建库前后发生跳跃性变化。该项在实测序列中是否存在，多用分割样本的方法识别和预计。即把样本划分为突变前的和突变后的，分别计算其均值，检验是否有明显差异。如果明显，其差值即估计的跳跃项。将突变后的序列扣除跳跃项，从而得到排除该项影响的水文时间序列。

周期项 P_t，是由于自然界的周期性变化影响造成的，如地球公转、自转引起的年周期和日周期变化，太阳黑子周期性活动等引起的旱涝多年变化等，常用谐波分析的方法求得。例如，黄河某水文站有 62 年的径流序列，分析表明无趋势项、跳跃项，进一步由谐波分析法分析，表明仅有一个影响显著的周期为 3 年的谐波，其周期项成分如下式

$$P_t = \mu_x + \sum_{j=1}^{l}(a_j\cos 2\pi jf_1t + b_j\sin 2\pi jf_1t) = 502.2 - 19.3\cos\frac{2\pi}{3}t + 53.0\sin\frac{2\pi}{3}t$$

式中　P_t——该站年径流序列第 t 年的周期项分量，亿 m^3；

μ_x——年径流序列均值，$\mu_x = 502.2$ 亿 m^3；

l——显著谐波的个数，$l=1$；

a_1、b_1——该谐波分量的振幅，$a_1=-19.3$ 亿 m^3、$b_1=53.0$ 亿 m^3；

f_1——3 年周期的谐波频率，$f_1=\frac{1}{3}$年$^{-1}$。

随机项 Z_t，是将实测水文系列排除确定性成分 T_t、C_t、P_t 后所得的平稳性系列，系由相依成分和纯随机成分组成，可通过下面介绍的随机模型进行模拟。相依性成分表现为水文现象的前后期要素之间的相关性变化，可通过回归分析计算；纯随机性成分表现出纯偶然性的变化特点，可通过随机数生成。

三、径流随机模拟的一般步骤

由式（6-1）知，径流随机模拟的一般步骤大体为：

（1）收集有关水文样本资料，保证有足够的可靠性和代表性。

（2）根据实测径流时间序列，分析其趋势项、跳跃项，从实测径流序列排除趋势项、跳跃项。

（3）由排除趋势项、跳跃项的径流序列分析径流变化的周期项。

（4）由排除趋势项、跳跃项和周期项的径流时间序列，即仅具随机成分的径流序列，建立径流随机模拟模型，称随机模型。

（5）由随机模型生成随机项 Z_t，与 T_t、C_t、P_t 叠加，得到模拟生成的长期径流时间序列，并检查成果的合理性和可靠性。

径流随机模拟，从序列的平稳性说，可分为平稳的和非平稳的；从空间上说，可分为单站的和多站的；从径流变化特点上说，可分为年月径流序列和洪水径流序列。作为基本的原理和方法，这里主要叙述单站的年月径流序列的随机模拟。对于更复杂的方法，可在此基础上，进一步查阅有关文献。

第二节　径流时间序列的随机模型

水文序列作为随机过程，在同时赋予平稳性和各态遍历性的前提下，如多年周期不显著的具有可靠性、一致性和代表性的年径流序列，其统计参数和分布函数可由实测样本系列来估算，进而建立随机模型。下面简要介绍三种简单而常用的随机模型。

一、自回归模型（AR 模型）

随机过程分析中，广泛应用线性自回归模型（或称自回归马尔可夫模型），简称自回归模型（Autoregressive Modeling）。自回归模型的一般表达式为

$$\begin{aligned} x_t &= b_0 + b_1 x_{t-1} + b_2 x_{t-2} + \cdots + b_p x_{t-p} + z_t \\ &= b_0 + \sum_{t=1}^{p} b_t x_{t-1} + z_t \end{aligned} \tag{6-2}$$

式中　x_t——t 刻的水文变量值；

x_{t-1}、x_{t-2}、…——时间 $t-1$、$t-2$、…的变量值；

b_0、b_1、b_2、…、b_p——一组权重参数，表示 x_t 与 x_{t-1}、x_{t-2}、…的相关程度，称自回归系数，可根据实际资料利用多元回归分析的方法进行计算；

p——模型阶数；

z_t——t 时刻的纯随机变量值。

纯随机系列 z_t 的均值为 0，均方差为 σ_z^2。

方程式（6-2）的右端，z_t 为纯随机部分，其他项为相依性部分，当 $p=1$ 时，为一阶自回归模型，方程为

$$x_t = b_0 + b_1 x_{t-1} + z_t \tag{6-3}$$

通过自回归分析，可以计算参数 b_0 和 b_1

$$b_0 = \mu(1-\gamma_1),\ b_1 = \gamma_1$$

则式（6-3）变成

$$x_t = \mu + \gamma_1 (x_{t-1} - \mu) + z_t \tag{6-4}$$

式中　μ——x_t 序列的均值；

γ_1——一阶序列自相关系数，即序列相邻时段变量 x_1 与 x_2，x_2 与 x_3，…，x_{n-1} 与 x_n 间的相关系数，由样本资料计算。

由于是序列本身前后时段的变量相关，故称一阶自相关系数。

当 $p=2$ 时，为二阶自回归模型，方程为

$$x_t = b_0 + b_1 x_{t-1} + b_2 x_{t-2} + z_t \tag{6-5}$$

通过多元回归分析，可算出参数 b_0、b_1、b_2

$$b_0 = \mu(1-b_1-b_2),\ b_1 = \frac{\gamma_1(1-\gamma_2)}{1-\gamma_1^2},\ b_2 = \frac{\gamma_2-\gamma_1^2}{1-\gamma_1^2}$$

则式（6-5）可变成

$$x_t = \mu + \frac{\gamma_1(1-\gamma_2)}{1-\gamma_1^2}(x_{t-1}-\mu) + \frac{\gamma_2-\gamma_1^2}{1-\gamma_1^2}(x_{t-2}-\mu) + z_t \tag{6-6}$$

式中　γ_2——二阶序列自相关系数，即 x_1 与 x_3，x_2 与 x_4，…，x_{n-2} 与 x_n 的相关系数；

其他符号意义同前。

显然，阶数 $p=i$ 越高，系数 b_i 将越小；再者，由于观测资料一般较短，系数 b_i 大多数难以精确计算，所以常使用一阶或二阶自回归模型。

二、滑动平均模型（MA 模型）

滑动平均模型（Moving—average Modeling）是把时间系列 x_t 与均值 μ 的离差表示成 x 外的独立随机变量 z 的加权和，即

$$x_t-\mu=z_t+a_1z_{t-1}+a_2z_{t-2}+\cdots+a_qz_{t-q} \tag{6-7}$$

式中 a_1、a_2、…a_q 为待定系数，称权重参数，可用多元线性回归分析计算，也可用样本序列的 k 阶自相关系数 γ_k 推求

$$\gamma_k=\frac{\sum_{j=0}^{q}a_ja_{j+k}}{\sum_{j=0}^{q}a_j^2} \tag{6-8}$$

式中 q 为模型的阶数；当 $j=0$ 时，$a_0=1$；当 $j+k>q$ 时，$a_{j+k}=0$。

若取 $q=1$，式（6-7）则为一阶滑动平均模型。即

$$x_t-\mu=z_t+a_1z_{t-1} \tag{6-9(a)}$$

由式（6-8）可得出下式，从而由 γ_1 求得 a_1

$$\gamma_1=\frac{a_1}{1+a_1^2} \tag{6-9(b)}$$

上式 γ_1 为一阶自相关系数。

三、自回归滑动平均模型（ARMA 模型）

通常单独使用滑动平均模型的情况较少，一般将其与自回归模型结合使用，将一个 p 阶自回归模型与一个 q 阶滑动平均模型结合起来，就可以构成一个（$p+q$）阶的自回归滑动平均模型。

若使 $y_t=x_t-\mu$，$y_{t-1}=x_{t-1}-\mu$，…，据自回归模型可以将 y_t 写成

$$y_t=b_1y_{t-1}+b_2y_{t-2}+\cdots+b_py_{t-p}+A_t \tag{6-10}$$

式中 A_t 为纯随机项，按滑动平均模型可以写成

$$A_t=z_t+a_1z_{t-1}+a_2z_{t-2}+\cdots+a_qz_{t-q} \tag{6-11}$$

将上两式结合起来即为自回归滑动平均模型

$$\begin{aligned}y_t&=b_1y_{t-1}+b_2y_{t-2}+\cdots+b_py_{t-p}+z_t+a_1z_{t-1}+a_2z_{t-2}+\cdots+a_qz_{t-q}\\&=\sum_{j=1}^{p}b_jy_{t-j}+z_t+\sum_{j=1}^{q}a_jz_{t-j}\end{aligned} \tag{6-12}$$

从上式知，当 $p=0$ 时，变成

$$y_t=z_t+\sum_{j=1}^{q}a_jz_{t-j} \tag{6-13}$$

即自回归滑动平均模型变成滑动平均模型。当 $q=0$ 时，变成

$$y_t=\sum_{j=1}^{p}b_jy_{t-j}+z_t \tag{6-14}$$

即自回归滑动平均模型变成自回归模型。因此，自回归模型和滑动平均模型可以看作是自回归滑动平均模型的特例。如果 $p=1$，$q=1$，称为二阶自回归滑动平均模型，其表达式为

$$y_t=b_1y_{t-1}+z_t+a_1z_{t-1} \tag{6-15}$$

式中的参数 b_1 和 a_1 可由样本资料估算。

第三节　年、月径流序列的随机模拟

用已知的径流观测资料，随机模拟径流序列，首先是选择一个随机模型，如 AR 模型；再是确定其中的参数，如一阶 AR 模型中的 μ、γ_1 和 z_t，两者一起构成进行径流模拟的随机模型；然后即可应用该模型模拟生成需要的径流时间序列。显然，模拟的径流系列必须保持实测径流系列的统计特征，即它们具有基本相同的均值、方差、离势系数、偏态系数、自相关系数和分布等。模拟生成的径流系列不会提高实测径流资料的精度，但使序列长度大大增长，能充分地反映各种不同径流量的交替和组合情况，有助于全面评价水利水电工程设计和运行方案。

一、纯随机变量随机数的生成

如上所述，随机模拟模型中很重要的一项就是纯随机变量 z_t，它是随机抽取的变量值，称随机数。随机数列具有各种各样的分布，例如均匀分布随机数、正态分布随机数、P－Ⅲ型分布随机数等。不过，其他分布的随机数可在 [0，1] 区间上的均匀分布随机数基础上，通过适当的变换方法转换而成。

1. [0，1] 均匀分布随机数生成

[0，1] 区间上的均匀分布随机数生成的方法很多，有随机数表、随机数发生器和数学方法等。例如随机数表，是从 0，1，2，…，9 十个数字中，以等概率独立地抽取一个数字叫做随机数字，随机数字组成的序列叫做随机数，将一系列的随机数（称随机数列）整理成表，就叫做随机数表。比如，随机数字组成的序列 86515907956615566434…，根据一定规则将它整理成表，如取 3 个随机数字组成一个随机数，则可得到 865、159、079、566、155、664、…一系列的随机数，将这些数值前加小数点，就构成了 [0，1] 上均匀分布的随机数列。随机数表简单、直观，但有严重缺陷，实际上常用数学方法生成，其中应用最广的是乘同余法。乘同余法生成随机数的递推公式为

$$x_{n+1}=MOD(\lambda x_n,M)\quad n=1,2,K \tag{6-16(a)}$$

$$u_{n+1}=x_{n+1}/M \tag{6-16(b)}$$

式中　x_n、x_{n+1}——第 n 次和第 $n+1$ 次生成的随机数，x_n 为初值时，x_{n+1} 则为第 1 次生成的随机数；

λ——乘子，M 为模，它们均为非负整数，而且 $\lambda<M$，x_{n+1} 是 λx_n 被 M 整除后的余数，故 u_{n+1} 即为生成的 [0，1] 上的均匀分布随机数。

有 [0，1] 上的均匀随机数后，一般可利用直接抽样法或舍选抽样法将它转换成其他分布的随机数。

2. 标准正态分布随机数的生成

由 [0，1] 均匀分布随机数生成标准正态分布 $N[0, 1]$ 随机数 T_t，通常用 Box - Muller 变换生成。即

$$T_1=\sqrt{-2\ln u_1}\cos(2\pi u_2) \qquad [6-17(a)]$$

$$T_2=\sqrt{-2\ln u_1}\sin(2\pi u_2) \qquad [6-17(b)]$$

式中　T_1、T_2——相互独立的标准正态随机数；

u_1、u_2—— [0，1] 区间上均匀分布随机数。

3. 标准化皮尔逊Ⅲ型分布随机数的生成

标准化皮尔逊Ⅲ型分布随机数 φ_t 可用下式变换生成

$$\varphi_t=\frac{2}{C_S}\left(1+\frac{C_S T_t}{6}-\frac{C_S^2}{36}\right)^3-\frac{2}{C_S} \qquad [6-18(a)]$$

$$T_t=\sqrt{-2\ln u_t}\cos(2\pi u_{t+1}) \qquad [6-18(b)]$$

式中　φ_t——标准化皮尔逊Ⅲ型分布随机数（即离均系数）；

u_t、u_{t+1}—— [0，1] 均匀分布的 2 个随机数；

T_t——标准正态分布 $N[0, 1]$ 随机数。

二、年径流序列的随机模拟

年径流序列是以年为单位的时间序列，有些情况下可被视为一个平稳随机过程。由平稳随机过程的各态遍历性可知，用来描述该过程的统计特征可由实测的样本系列来估计，然后可通过径流随机模型，模拟出长期的年径流序列。

1. 年径流序列的参数估算

年径流序列的统计参数（特征值），主要有均值、方差（或离势系数）、偏态系数和序列间的自相关系数等。为使模拟序列的特征值与实测序列的特征值相一致，首先要从实测样本资料中估算总体的相应特征值，以建立径流随机模型和对模拟效果进行检验。

设实测径流序列为 x_1，x_2，…，x_n，则特征值可按第四章的有关公式估，现将它们简列于下

均值 $\overline{x}$

$$\overline{x}=\frac{1}{n}\sum_{i=1}^{n}x_i \qquad (6-19)$$

方差 σ^2

$$\sigma^2=\frac{1}{n-1}\sum_{i=1}^{n}(x_i-\overline{x})^2 \qquad (6-20)$$

均方差 σ

$$\sigma=\sqrt{\frac{\sum_{i=1}^{n}x_i^2-n\overline{x}^2}{n-1}} \qquad (6-21)$$

离势系数 C_V

$$C_V=\sigma/\overline{x} \qquad (6-22)$$

偏态系数 C_S

$$C_S = \frac{\sum_{i=1}^{n}(x_i - \overline{x})^3}{\sigma^3} \times \frac{n^2}{n(n-1)(n-2)} \tag{6-23}$$

式中　n——样本容量；

x_i——观测值，$i=1$，2，…，n。

由于流量资料一般较短，多不超过几十年，因此，用上面的公式计算的参数仅作为初估值，在分布函数选定的情况下，最后用配线法来确定。

相隔 k 时段的自相关系数 γ_k 的估算式为

$$r_k = \frac{\sum_{i-1}^{n}(x_i - \overline{x})(x_{i+k} - \overline{x})}{(n-1)\sigma^2} \tag{6-24}$$

当 $k=1$ 时，表示相邻时段间的径流自相关系数，计算式为

$$r_1 = \frac{\sum_{i-1}^{n}(x_i - \overline{x})(x_{i+1} - \overline{x})}{(n-1)\sigma^2} \tag{6-25}$$

实际计算中径流序列的自相关系数是随着相隔时距的加大而迅速减小，一般考虑相邻和相隔一个时段的相关性即可满足。

2. 年径流序列分布函数的选择

年径流序列的分布函数，我国习惯上使用皮尔逊Ⅲ型分布，但在径流模拟生成中，也有采用正态分布或对数正态分布的，在选择何种分布时，不妨从实用的观点出发，选择既能与实测径流系列配合较好，又能使计算尽量简便的分布。因此，在具体选择时，可以首先检验实测径流系列是否具有正态分布。为此，可把径流系列的值和相应的经验频率点绘在几率格纸上，视这些点子的分布是否趋于直线。若是，可以考虑使用正态分布；若不是，可取其对数和相应的频率点绘在几率格纸上，视其是否呈直线分布；是，就可用对数正态分布；不是，再考虑皮尔逊Ⅲ型分布或其他分布等。

3. 年径流序列随机模拟

当由实测样本系列估算出参数和确定了分布后，就可选择相应的径流随机模型来模拟年径流序列。作为一例，下面简述自回归模型模拟年径流序列的方法。

当只考虑相邻年径流量之间的相关关系时，可采用一阶自回归模型，如式（6-4）得

$$x_t = \overline{x} + \gamma_1(x_{t-1} - \overline{x}) + z_t \tag{6-26}$$

式中，实测系列均值$\overline{x}$和相邻年径流序列自相关系数 γ_1，均可由实测流量系列求得，z_t 是由均值为 0、方差为 σ_z^2、具有某种分布的独立随机序列中抽取的随机数。σ_z^2 可根据 z_t 和 x_t 相互独立而求得

$$\sigma_z^2 = \sigma^2(1 - \gamma_1^2) \tag{6-27}$$

式中　σ^2——实测径流序列的方差。

随机模型的具体算式，随所选取的 z_t 分布函数而定。当年径流量分布函数取用正态分布时，随机变量 z_t 也属正态分布，设 T_t 为标准正态分布 $N[0, 1]$ 的抽样值，则 z_t 的正态分布抽样公式可表示为

$$z_t = \sigma_z T_t = \sigma\sqrt{1-\gamma_1^2}\,T_t \tag{6-28}$$

即 z_t 是均值为 0，标准差为 $\sigma\sqrt{1-\gamma_1}$ 的正态分布随机变量，这时的年径流模拟公式为

$$x_t = \overline{x} + \gamma_1(x_{t-1} - \overline{x}) + \sigma\sqrt{1-\gamma_1^2}\,T_t \tag{6-29}$$

此式简单，模拟的径流序列能保持实测序列的均值、方差和一阶序列自相关系数。但由于正态分布对负值也给以非零的概率，在均值较小、方差较大的情况下，模拟的径流会出现负值。若模拟的整个序列仅出现少数的负值，将负值取 0 即可，对整个序列模拟影响不大，但负值多了，就会对模拟序列的特征有影响。在这种情况下，应考虑其他分布函数。现举一例，说明年径流序列为正态分布时如何应用一阶自回归模型进行径流随机模拟。

4. 年径流序列模拟算例

设某流域出口站有年径流观测资料 20 年，其值如表 6－1 所示，现在要求对该站模拟出足够长的年径流序列。

(1) 资料审查。对 20 年系列进行审查，得知该项资料具有可靠性、代表性和一致性。

(2) 统计参数计算。用该项资料估算其统计参数和一阶序列自相关系数。由表 6－1 的计算，可得：均值$\overline{x}=588.8\text{m}^3/\text{s}$，方差 $\sigma^2=29813.8(\text{m}^3/\text{s})^2$，均方差 $\sigma=172.67\text{m}^3/\text{s}$，一阶自相关系数 $\gamma_1=0.369$。

(3) 选择分布函数。为了比较，可选配不同的分布曲线，从中选择一种与经验频率点配合比较好的分布进行径流模拟计算。本算例为正态分布。

(4) 模拟计算年径流随机过程。径流分布函数选用正态分布时，将上面计算的参数代入式 (6－29)，整理得年径流随机过程模拟计算式

$$\begin{aligned} x_t &= \overline{x} + \gamma_1(x_{t-1} - \overline{x}) + \sigma\sqrt{1-\gamma_1^2}\,T_t \\ &= 588.8 + 0.369\,(x_{t-1} - 588.8) + 172.67\sqrt{1-0.369^2}\,T_t \\ &= 371.5 + 0.369x_{t-1} + 160.48T_t \end{aligned}$$

假设年径流的初值 $x_0=\overline{x}=588.8\text{m}^3/\text{s}$，由上式可求得 x_1；继而由 x_1 又可按上式求得 x_2，如此连续进行下去，即可模拟出所需要的长期年径流序列。

当年径流量分布函数取用皮尔逊Ⅲ型分布时，亦可用相应的随机模型进行。此时应将式 (6－29) 中的 T_t 换为 φ_t，得模拟皮尔逊Ⅲ型分布随机序列的公式

$$x_t = \overline{x} + \gamma_1(x_{t-1} - \overline{x}) + \sigma\sqrt{1-\gamma_1^2}\,\varphi_t \tag{6-30}$$

式中：φ_t 为标准化皮尔逊Ⅲ型分布随机数（即离均系数），由式 (6－18) 生成。利用式 (6－30) 就可模拟出皮尔逊Ⅲ型分布的随机序列 x_t。

以上方法模拟出足够长的径流序列后，还须将它作为样本估算其参数（主要是均值、方差、偏态系数），并与实测序列的参数相对照，看其是否相等或相近，如果相差较大，需要从分布函教、随机模型等方面进行分析，查出原因，加以修正、改进，直到模拟序列的主要参数与实际序列的相应参数之间的误差小于允许误差为止。

表 6-1　　　　年径流参数计算表

t	x_t	x_t^2	$x_t-\overline{x}$	$(x_t-\overline{x})(x_{t-1}-\overline{x})$
1	429	184041	−159.8	34005
2	376	141376	−212.8	15705
3	515	265225	−73.8	16885
4	360	129600	−228.8	1098
5	584	341058	−4.8	661
6	451	203401	−137.8	21194
7	435	189225	−153.8	16272
8	483	233289	−105.8	−15785
9	738	544644	149.2	33749
10	815	664225	226.2	−32075
11	447	199809	−141.8	2723
12	569	323761	−19.8	768
13	550	302500	−38.8	−4470
14	704	495616	115.2	54858
15	1065	1134225	476.2	45334
16	684	467856	95.2	16774
17	765	585225	176.2	3559
18	609	370881	20.2	1458
19	601	436921	72.2	−3812
20	536	287296	−52.8	
Σ	11776	7500172		208901

三、月径流序列随机模拟

上述年径流序列一般可视为平稳随机序列，即其均值，方差，偏差系数及序列自相关系数均与时间无关，因此，可以直接选用仅有随机成分的径流随机模型来模拟年径流序列。然而，对于月径流来说，由于以年为周期的周期性使年内各月径流均值、方差等都存在显著的差异，直接选用上述径流随机模型无法反映这一重要特性。为此，一种方法是将年径流样本序列改为月径流样本序列，排除趋势项、跳跃项和周期项后，按上面类似的方法模拟月径流变化的随机项序列，再加上周期项序列，即得模拟的月径流序列；另一种，在上述模型的基础上考虑年内各月的径流模拟方法，如直接抽样法、二次抽样法，分别求解法等。下面介绍直接抽样法（Thomas—Fiering 模型）。

直接抽样法也称具有周期性的马尔可夫模型。首先根据实测样本序列求得各月径流量的统计参数（模型用两个脚标，以 i 代表年的序号，j 代表年内月的序号）：

第 j 月的径流均值

$$\overline{q}_j=\frac{1}{n}\sum_{i=1}^{n}q_{i,j},\quad j=1,2,\cdots,12 \tag{6-31}$$

第 j 月的均方差

$$S_j = \sqrt{\frac{\sum_{i=1}^{n}(q_{i,j}-\bar{q}_j)^2}{n-1}} \tag{6-32}$$

第 j 月的相邻月径流自相关系数

$$\gamma_{j,j-i} = \frac{\sum_{i=1}^{n}(q_{i,j}-\bar{q}_j)(q_{i,j-1}-\bar{q}_{j-1})}{\sqrt{\sum_{i=1}^{n}(q_{i,j}-\bar{q}_j)^2\sum_{i=1}^{n}(q_{i,j-1}-\bar{q}_{j-1})^2}} \tag{6-33}$$

第 j 月的自回归系数

$$b_j = \frac{\gamma_{j,j-1}S_j}{S_{j-1}} \tag{6-34}$$

以某河实测资料为例，参数计算如表 6-2 所示。

表 6-2　　参数计算成果表

月份	平均径流 (10^4m^3)	均方差 S_j	相邻月相关系数 $\gamma_{j,j-1}$	回归系数 b_j
1	15.70	4.14	$r_{1,12}=0.637$	0.520
2	13.62	4.15	$r_{2,1}=0.864$	0.865
3	26.21	24.32	$r_{3,2}=0.302$	1.769
4	22.25	11.52	$r_{4,3}=0.854$	0.405
5	23.03	10.09	$r_{5,4}=0.460$	0.403
6	37.54	23.94	$r_{6,5}=0.009$	−0.022
7	206.09	57.71	$r_{7,6}=0.316$	0.763
8	619.60	118.56	$r_{8,7}=0.486$	0.999
9	371.62	192.37	$r_{9,8}=0.449$	0.729
10	92.45	69.33	$r_{10,9}=0.258$	0.093
11	20.84	5.34	$r_{11,10}=0.682$	0.053
12	18.01	5.08	$r_{12,11}=0.716$	0.681

参数计算后，再根据分布函数，得出相应的模拟计算式，当月径流量分布函数为正态分布时，其月径流序列模拟方程为

$$q_{i,j}=\bar{q}_j+b_j(q_{i,j-1}-\bar{q}_{j-1})+S_j\sqrt{1-\gamma_{j,j-1}^2}T_{i,j} \tag{6-35}$$

式中　$T_{i,j}$——标准正态分布 $N[0,1]$ 的随机数。

上式的形式与年径流正态分布的模拟公式相似，不同的是年径流模拟公式只有一个，可以反复迭代计算，求得足够长的年径流序列，而月径流模拟公式包括 12 个，即每一个月有自己的模拟公式，用上述的参数值代入式（6-35）就可得

$$q_{i,1}=15.70+0.520(q_{i-1,12}-18.01)+3.192T_{i,1}$$

$$q_{i,2}=13.62+0.865(q_{i,1}-15.70)+2.089T_{i,2}$$

$$q_{i,3}=26.21+1.769(q_{i,2}-13.62)+23.184T_{i,3}$$

$$q_{i,4}=22.25+0.405(q_{i,3}-26.21)+5.994T_{i,4}$$

$$\vdots$$

$$q_{i,12}=18.01+0.681(q_{i,11}-20.84)+3.546T_{i,12}$$

如果生成的标准正态分布随机系列 $T_{i,j}$ 开始的前几项值为 {2.289，-0.445，-1.238，-0.841，…}，又假设序列开始的 $q_{0,12}=18.01$，那么，模拟的月径流序列的头几项为 $q_{1,1}=23.0$，$q_{1,2}=19.0$，$q_{1,3}=7.0$，$q_{1,4}=9.4$，…

进行模拟生成时要依次地循环运用这一组公式，才能求得历年月径流序列。此法在各月的径流模拟公式中，反映了各月径流的统计特征值及相邻月径流之间的联系，也便于在计算机上进行模拟。但是，模拟序列中可能生成负值，此时先将模拟序列全部完成后，然后将所有的负值以零代替。如果负值较多，也可考虑其他分布函数。

复习思考题

6-1　什么是随机数？标准皮尔逊Ⅲ型分布随机数列是如何生成的？

6-2　年径流量序列随机模拟的步骤如何？

6-3　当年径流量分布函数用正态分布和皮尔逊Ⅲ型分布时，模拟方法有什么差别？

6-4　如何模拟月径流序列？

6-5　如何选择径流序列的分布函数？

习　　题

6-1　已知某水文站观测的年平均流量资料如表6-3所示，计算年径流量统计参数，并选用正态分布或皮尔逊Ⅲ型分布模拟生成出100年的年径流系列。

表6-3　　年平均流量表　　单位：m^3/s

年份	1954	1955	1956	1957	1958	1959	1960	1961	1962	1963	1964	1965
年平均流量	203	105	104	103	158	97.5	211	513	208	133	42.3	121
年份	1966	1967	1968	1969	1970	1971	1972	1973	1974	1975	1976	
年平均流量	86.8	128	99.5	157.5	75.2	124	67.2	99.7	212	149	224	

第七章　由流量资料推求设计洪水

第一节　概　　述

一、问题的提出

在河流上修建水利水电工程，目的在于兴利除害。为了兴利，例如灌溉、发电、供水、航运等，常需要在适当的地点建设水库，设置一定的兴利库容，调节年、月径流，使之符合人们的需要。那么仅有兴利库容是否就可以？显然不行。原因有：为了满足兴利需要，兴利库容应尽可能地处于蓄满状态，如果只有兴利库容，此时若来一场大洪水，必然会引起漫坝而造成水库失事，非但不能兴利，反而给下游人民造成巨大的危害。为保证水库本身的安全，将要求水库除有兴利库容外，还必须设置一定的调洪库容和泄洪建筑物；再是下游地区的城镇、矿山、农田等，为免受洪水灾害，也要求比较大的水库设置一定的防洪库容，以解决下游的防洪问题。这样也就很自然地提出了两个问题：其一，是用什么样的洪水来设计调洪库容和泄洪建筑物，以保证水库大坝安全和兴利工作的正常进行。对于枢纽规划设计所依据的这些洪水称为水工建筑物的设计洪水。其二，是以什么样的洪水来确定防洪库容，以保证下游地区的安全。对于后一种洪水称为防护对象的设计洪水。两者都是设计洪水，只是对象和标准不同而已，一般前者标准高，后者标准低。标准的高低一般用频率来衡量，例如 $p=1\%$ 的设计洪水，标准为百年一遇。因此，设计洪水可定义为：为解决各类防洪问题，所提供的作为规划设计依据的洪水。从服务的对象说，除上面提到的两类设计洪水之外，还有施工设计洪水，堤防设计洪水，梯级枢纽设计洪水等。如果撇开研究对象，仅就标准的意义来说，设计洪水还可以被定义为是符合设计标准的洪水。例如设计标准为 $p=1\%$ 的洪水，称作百年一遇的设计洪水；标准为可能最大的洪水，则称为可能最大洪水（PMF）。

无论何类设计洪水，一般都包括设计洪峰、设计洪量和设计洪水过程，常称为设计洪水三要素。设计洪水过程线把能够进行定量计算的设计洪峰、设计洪量联系了起来。

二、设计洪水的防洪标准

设计洪水就是符合设计标准要求的洪水。标准应如何确定，是一个关系到政治、经济、技术、风险和安全的极其复杂的问题。例如，设计防洪建筑物，如果设计洪水定得过大，就会使工程造价大为增加，但水库安全上所承担的风险就比较小；反之，如果设计洪水定得过小，虽然工程造价降低了，但水库遭受破坏的风险却增大了。对上述因素调查研究和权衡利弊的基础上，原水电部 1978 年颁布了《水利水电枢纽工程等级划分及设计标准山区、丘陵区部分 SDJ 12—78（试行）》，通过十余年的实践经验，水利部又会同有关部门于 1994 年制定了 GB 50201—94《防洪标准》，作为水利水电工程规划设计时选择洪水设计标准的依据。另外，国家和有关部门还颁布了有关上下游不同保护对象的防洪标准，供设计洪水计算时选用。作为一例，以下仅就前者的应用简要介绍。GB 50201—94根据工程规模、效益和重要性，将水利水电枢纽工程分为5等，见表7-1；分等基础上，再根据枢纽各建筑物的时效性和重要性将水工建筑物划分为5级，见表7-2；最后，按照水工建筑物等级，考虑工程所处地类、坝型等条件，确定各级建筑物的防洪标准，见表7-3。其中的防洪标准为两种情况：一是正常运用情况的标准，称设计标准，这种标准的洪水称设计洪水，用它来决定水库的设计洪水位、设计泄洪流量等，不超过这种标准的洪水来临时，水库枢纽一切工作维持正常状态；二是非常运用情况的标准，称为校核标准，比前者高，这种标准的洪水称校核洪水，用它来确定水库的校核洪水位等。这种标准的洪水来临时，水库枢纽的某些正常工作可以暂时破坏和次要建筑物允许损毁，但主要建筑物（如大坝、溢洪道）必须确保安全。校核洪水大于设计洪水，但工程设计时，对于两种情况采用不同的安全系数和坝顶超高，有时设计洪水反而控制工程的某些尺寸，所以水文计算要求提供两种标准的设计洪水。

表7-1　　水利水电枢纽工程的等级

工程等级	水库		防洪		治涝	灌溉	供水	水电站
	工程规模	总库容（$\times 10^8 m^3$）	城镇及工矿企业的重要性	保护农田（万亩）	治涝面积（万亩）	灌溉面积（万亩）	城镇及工矿企业的重要性	装机容量（$\times 10^4 kW$）
一	大（1）型	>10	特别重要	>500	>200	>150	特别重要	>120
二	大（2）型	10～1.0	重要	500～100	200～60	150～50	重要	120～30
三	中型	1.0～0.10	中等	100～30	60～15	50～5	中等	30～5
四	小（1）型	0.10～0.01	一般	30～5	15～3	5～0.5	一般	5～1
五	小（2）型	0.01～0.001		<5	<3	<0.5		<1

表7-2　　水工建筑物的级别

工程等级	永久性水工建筑物级别		临时性水工建筑物级别
	主要建筑物	次要建筑物	
1	1	3	4
2	2	3	4
3	3	4	5
4	4	5	5
5	5	5	

表7-3　　水库工程水工建筑物的防洪标准

水工建筑物级别	防洪标准［重现期（年）］				
	山区、丘陵区			平原区、滨海区	
	设计	校核		设计	校核
		混凝土坝、浆砌石坝及其他水工建筑物	土坝、堆石坝		
一	1000～500	5000～2000	可能最大洪水（PMF）或10000～5000	300～100	2000～1000
二	500～100	2000～1000	5000～2000	100～50	1000～300
三	100～50	1000～500	2000～1000	50～20	300～100
四	50～30	500～200	1000～300	20～10	100～50
五	30～20	200～100	300～200	10	50～20

三、由流量资料推求设计洪水的基本程序

设计洪水可分为许多种，例如单库洪水和库群洪水，坝址洪水和入库洪水，全年期洪水和分期洪水等。其中，最常遇到的是单库、全年期洪水。坝址设计洪水计算，是其他比较复杂的洪水计算的基础，本章讲述的主要是这种情况。在研究下游的防洪时，如果上游干支流已有一系列的水利工程，需分析下游的设计洪水在地区上是如何组成的，以便考虑上游水库对下游防洪的作用，称这类计算为设计洪水地区组成分析。入库洪水，是指建库情况下，进入以水库库体为边界的洪水，它由入库断面、水库区间和库面的洪水组成；坝址洪水，则是指未建库情况下拟建水坝坝址处的洪水。水库洪水调节计算理应采用入库洪水，但两者常常相差不大，简便起见，规划设计时，一般都近似地把坝址洪水作为入库洪水。分期设计洪水，就是把一年的汛期按洪水特性再细分为若干个分期，如前汛期、主汛期、后汛期，从而推求各个分期的设计洪水。这些问题比较复杂，也是洪水计算需要考虑的内容。

由流量资料推求设计洪水的计算程序与推求设计年径流相比，在大的思路和步骤上是很类似的．其计算程序大体是：①洪水资料审查，以取得具有可靠性、一致性和代表性的系列洪水资料；②选样，从每年洪水中选取符合要求的洪峰流量和洪量，以组成各种统计系列；③频率计算，主要考虑特大洪水加入统计系列后造成系列不连序的问题，称特大洪水处理，以求得设计洪峰和设计洪量；④选择典型洪水过程线，根据设计洪峰和设计洪量放大，得设计洪水过程线。

四、设计洪水的计算途径

根据推求设计洪水时依据的实测流量资料情况的不同，计算途径基本上分为两类：

（1）由流量资料推求设计洪水。当设计断面有足够的流量资料时，可采用本法推求设计洪水。

（2）由暴雨资料推求设计洪水。当设计断面的流量资料不足时，或需要用可能最大暴雨推求可能最大洪水时，则用该法推求设计洪水。这部分内容将在第八、第九章论述。

必须指出：为了保证设计洪水计算的可靠性，对于重要工程的设计洪水，应采用多种途径计算，相互比较，分析论证，最后合理采用。

第二节　设计洪峰、洪量的推求

一、洪水资料审查

洪水资料包括实测洪水和调查的历史洪水。对洪水资料的审查也和对年径流资料的审查类似，要作资料可靠性、一致性和代表性的审查。在审查中，当发现不满足“三性”要求时。应设法予以改进，使之满足“三性”要求；否则，则需采取其他途径计算。

1．资料可靠性的审查与改正

对实测洪水资料的测验与整编方法要进行检查。检查的重点应放在观测与整编质量较差的年份，特别是建国以前和政治动乱时期以及对设计洪水计算成果影响较大的特大洪水年份。审查时要注意了解水尺位置、零点高程、水准基面的变动情况、测流断面冲淤变化情况，和浮标系数的选用、水位流量关系曲线的高水延长是否合理等。除此之外，还应通

过历年水位流量关系曲线的对比、上下游干支流的水量平衡及洪水过程线的对照、暴雨资料及降雨径流关系的分析等方面进行检查。如发现问题，应会同原资料整编单位研究和修正。例如，水利部松辽水利委员会水文局在应用哈尔滨站的资料时，采用上下游站水量平衡的方法进行检验，发现整编刊布的1966～1980年的流量明显偏大，致使下游的下通站测得的年水量比哈尔滨站还小12.6%。经认真调查，得知这是由于航运部门在测站下游附近疏浚河道，引起测流断面的流向发生比较大的改变所致。后来征得整编部门的同意，将实测流速作了流向改正，这样算出的流量就没有上述矛盾。

历史洪水资料的审查，一是调查计算的洪峰流量与洪量；二是审查洪水发生的年份。对于前者，主要审查历史洪水痕迹是否可靠、上下游是否一致以及流量计算采用的方法、参数等是否合理；对于后者，主要了解确定历史洪水发生年份的依据是否充分，与上下游和邻近流域是否一致，有无当时的气象资料旁证等。

2. 资料一致性的审查与还原

所谓洪水资料的一致性，就是在调查观测期中各年洪水形成的条件要基本一致，使洪水系列中的各项洪水服从于同一种分布，如PⅢ型分布，并符合抽样的自然随机性。否则，若洪水形成条件前后发生了较大变化，例如上游建了比较大的水库，则应把建库后的资料通过水库调洪计算，还原成为未建库条件下的洪水；又如实际上溃堤决口的洪水资料，应按不允许决口的情况给予还原修正；流域上的水土保持工作属于面上的措施，主要对产流和坡面汇流有影响，可通过自然状态下暴雨径流关系予以还原。资料还原是一项很复杂的工作，将用到比较多的水文概念和原理，具体方法可参阅水文规范和有关文献进行。

3. 资料代表性的审查与插补延长

洪水资料代表性的概念与年径流资料代表性的概念是一致的。当洪水资料的频率分布能近似反映洪水的总体分布时，则认为具有代表性；否则，则认为缺乏代表性。实际工作中，只能从长期洪水变化认识总体特征，如系列比较长、其中包括有各种量级的洪水时，其统计参数趋于稳定，比较接近于总体。因此，为保证洪水系列具有一定的代表性，常要求连续实测的（包括插补延长的）洪水年数一般不少于30年，并有若干个可靠的历史特大洪水。除此之外，也采用与年径流资料代表性审查类似的方法进行检查。

当实测洪水资料缺乏代表性时，应插补延长和补充历史特大洪水，使之满足代表性的要求。插补延长资料系列问题，在年径流分析计算中曾经讨论过，采用的方法主要还是相关分析法，如在上下游站、干支流站或邻近河流站之间进行洪峰流量或洪量相关，但要注意，一定是各次相应的洪水。另外，还可采用由暴雨资料推求洪水的方法（见第八、第九章）插补延长。历史洪水调查，除了可以通过目击者指认和说明，或通过查阅历史文献确定历史洪水的大小和发生时间外，还可通过古洪水研究的途径确定数千年来发生的特大洪水。例如美国J、E. Costa确认1976年8月31在Big Thompson河上的特大洪水是5000年以来的最大洪水。又如詹道江等通过洪峰沉积物高程的调查和利用^{14}C测定发生的年代，分析确定了淮河响洪甸3000年以来两次最大洪水的流量及其出现日期，从而有效地延长了洪水系列。

二、选样

用同频率放大法推求的设计洪水过程线，其洪峰流量等于设计的洪峰流量，各不同时段的洪量等于各相应时段的设计洪量。例如某站 $p=1\%$ 的设计洪水过程线，它的洪峰等于 $p=1\%$ 的洪峰流量，其中连续一、三、七、…日的最大洪量也等于 $p=1\%$ 的连续一、三、七、…日的最大洪量。因此，在推求设计洪水过程线之前，必须先求出设计洪峰流量和各种不同统计时段的设计洪量。统计时段一般取一日、三日、七日、…，其最长的统计时段，视工程规模和流域大小，按调洪要求而定。

为推求设计洪峰流量和各统计时段的洪量，就必须从收集审查的洪水资料中，选出许多洪峰流量，组成洪峰流量的样本系列；选出许多一日洪量，组成一日洪量的样本系列等。由于一年有多次洪水，必有多个洪峰流量和洪量，那么应选哪些洪峰、洪量分别组成洪峰流量的、一日洪量的、三日洪量的……样本系列，这就是所说的洪水选样问题。目前规范规定采用“年最大值法”选样。年最大值法是，对于某一特征值每年只选一个最大的，若有 n 年资料，就选 n 个年最大值，由它们组成一个 n 年系列。例如，对于洪峰流量，每年只选一个最大的洪峰流量值，n 年资料选 n 个年最大值，组成 n 年的洪峰流量系列。其他一日洪量的、三日洪量的……，依此类推。

各年的最大洪峰流量可在水文年鉴上直接查取，而各年的最大洪量，则要利用水文年鉴上的洪水要素摘录表计算。计算之前，首先要决定需要计算几日的最大洪量。例如需要计算一日的，就从某年的洪水要素摘录表中寻找连续 24h 的最大洪量发生时间，并用计算洪量的方法（如梯形面积法）把这 24h 的洪量计算出来。又如需要计算三日的洪量。则寻找最大的连续三日洪量的发生时间，将其洪量计算出来。连续一日、三日、七日洪量的计算如图 7-1所示。选样时，各统计时段的洪量，应分别独立地选取其年最大值，它们可发生在年内同次或不同次洪水中。例如图 7-1 所示中，洪峰流量和一日洪量在同次洪水中，三日、七日洪量则在另一次洪水中。

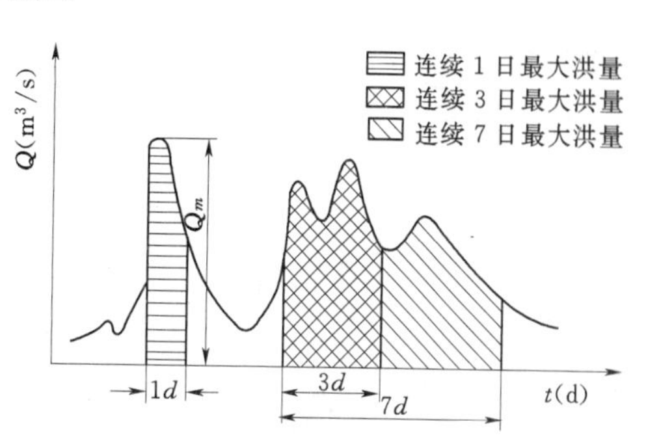

图 7-1　年最大洪峰、洪量选样示意

三、特大洪水处理

1. 特大洪水处理的基本概念

特大洪水，作为洪水计算系列的一部分，这里是指比一般洪水大的非常多的很稀遇的洪水，由于其量级很大和特别稀遇，其大小和重现期能够通过历史洪水调查考证相当可靠的确定。对于达不到这种要求的大洪水，则不是特大洪水。特大洪水可能发生在实测流量（包括插补延长的）n 年期间，也可能发生在实测流量 n 年以外，前者称系列内特大洪水，后者称系列外特大洪水。

进行频率计算时，是否考虑特大洪水的处理，其结果有很大的不同。例如某河某站在 1955 年进行规划时，未采用历史调查洪水，而是根据 18 年流量系列算得千年一遇的洪峰流量 $Q_{0.1\%}=12600\text{m}^3/\text{s}$。其后 1956 年发生一次特大洪水，实测洪峰流量 $Q=13100\text{m}^3/\text{s}$，

如把这年洪水作特大值处理，但不加入调查的历史特大洪水，则算得 $Q_{0.1\%}=19709\text{m}^3/\text{s}$，比原计算大 56%；若再加入历史特大洪水（1794 年、1853 年、1917 年和 1939 年）进行计算，得千年一遇洪峰流量 $Q_{0.1\%}=22600\text{m}^3/\text{s}$，比原计算大 80%。1963 年该河又发生了一次特大洪水，本站的洪峰流量为 $Q=12000\text{m}^3/\text{s}$。若把历史调查洪水、1956 年洪水和 1963 年洪水一起都作特大洪水处理，计算得千年一遇洪峰流量 $Q_{0.1\%}=23300\text{m}^3/\text{s}$，与 $22630\text{m}^3/\text{s}$ 相比只差 4%。这说明考虑历史洪水资料作特大值处理后，所得计算结果比较稳定、合理。1980 年水利水电科学研究院水资源所对 20 世纪 60 年代中期我国设计的 44 座大型水库设计洪水统计，结果更清楚地表明，由于过去在洪水频率计算中普遍使用历史洪水资料，使成果比较可靠。如表 7－4 所示，原设计成果与近期复核成果相比，设计洪峰流量相差不超过±10%的占 65%，不超过±20%的占 84.1%，不超过±30%的达 95.5%。显见，当洪水调查成果可靠的情况下，历史洪水调查的年代越久，设计洪水计算的成果就越可靠。不过，年代越久，由于河流演变等原因，可能使推算的洪水流量存在较大的误差。对此，必须给予充分的注意，尽可能从多方面考察、论证。

表 7－4　　44 项工程设计洪水成果与近期复核成果比较表

项目 \ 较差(%) / 占工程总数(%)	<±5	±（5～10）	±（11～15）	±（16～20）	±（21～25）	±（26～30）	>±30
洪峰	38.6	27.3	11.4	6.8	9.1	2.3	4.5
洪量	46.3	9.8	17.1	4.9	9.8	7.3	4.9

注　1. 洪峰以工程的设计标准值作比较；
2. 洪量均以 3～7 日洪量作比较。

所谓特大洪水处理，就是在频率计算中，考虑特大洪水的作用有别于一般洪水，在经验频率计算、统计参数估计等方面采取的一套比较特殊的处理方法。

2. 洪水经验频率的估算

为了便于说明不同情况下洪水经验频率计算的方法，先介绍一下连序样本和不连序样本的概念。

观测、插补延长和历史洪水调查的资料组成的系列，可看成是从总体分布中独立随机选样得到的样本。如果所取的样本中各个数值都已知，没有缺漏项，各个数值自大至小排列，一个接着一个，之间没有空位，如图 7－2(a) 所示，这样的系列被称为连序样本，例如连续的年径流计算的系列那样；反之，样本中有缺漏项，各个数值自大至小排列中次序上存在一些空位，即不连序，如图 7－2(b) 所示，这样的系列被称为不连序样本。例如，包含历史特大洪水的系列，样本容量（调查考证期的年数）为 N 年，而其中具有流量数值的仅为实测年份 n 和调查的历史特大洪水年份 a'，还有 $(N-n-a')$ 个空位，所以是不连序样本。所谓“连序”与“不连序”，不是指时间上连续与否，只是说所构成的样本系列中间有无空位项。

对于连序样本，其经验频率计算方法与年径流的相同。不连序样本系列中各项经验

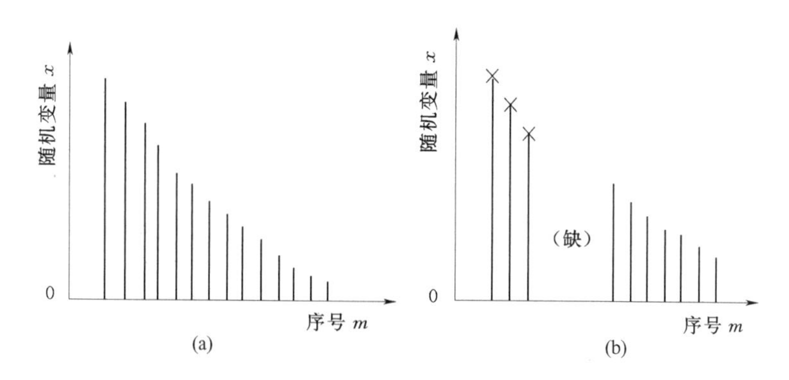

图 7-2 连序样本和不连序样本示意

(a) 连序样本；(b) 不连序样本

频率的估算，目前我国规范中规定可用下述两种方法：

(1) 独立样本法（方法一）。它把 n 年实测系列与包括 n 年实测系列的整个调查考证期 N 年系列都看成是从总体中独立抽出的两个随机连序样本，这样对各项洪水可在各自的样本系列中分别独立地进行排位，按照能够连序的原则分别计算它们的经验频率。

对于实测系列构成的样本，n 个观测值是连序的，故各项的经验频率为

$$P_m=\frac{m}{n+1} \tag{7-1}$$

式中 m——实测洪水自大至小的排列序号，$m=1，2，\cdots，n$；

n——实测洪水的年数；

P_m——第 m 位洪水的经验频率。

n 年系列样本内的特大值仅参加实测系列的排位，其经验频率则按下面讲的特大洪水经验频率公式确定。

对于整个调查考证期 N 年系列，可看作是由 a 个特大洪水和（$N-a$）项一般洪水构成的一个容量为 N 的独立的样本，其中一般洪水年份（$N-a$）中有缺项，不连序，但 a 个特大值在 N 中排位 $M=1，2，\cdots，a$ 是连序的，其间没有空位，于是特大值可用 N 年系列计算它们的经验频率 P_M，公式为

$$P_M=\frac{M}{N+1} \tag{7-2}$$

以上计算中，若因年代久远，在 N 年中除 a 项特大洪水外，还可能有遗漏时，则可根据对特大洪水的调查考证情况，分别在不同的调查期中排位，估算其经验频率。也就是说，对于不同的特大洪水可以选定不同的调查期 N 进行排位。譬如例 7-1 中 1867 年、1852 年、1832 年及 1921 年的洪水在调查期 N_2 中排位，而 1921 年、1949 年及 1903 年的洪水则在调查期 N_1 中排位，分别依式（7-2）计算它们的经验频率。

当某项洪水可以同时在几个调查期中排位时（如例 7-1 中的 1921 年和 1949 年），将会求得几个经验频率。因为资料可靠的条件下，样本容量越大，所估算的经验频率的抽样误差越小，所以取调查期 N 比较大的样本计算的经验频率为采用值。

(2) 统一样本法（方法二）。它将实测系列与特大值系列共同组成的不连序系列，作

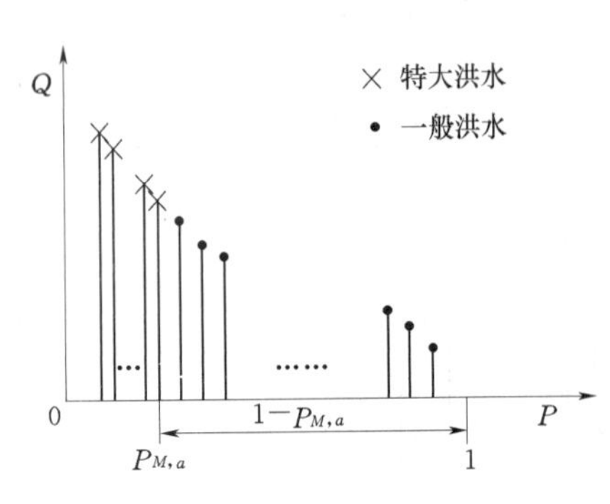

图 7-3　统一样本法频率计算示意图

为代表总体的一个统一的样本，各项洪水均在调查期 N 年内统一排位。

假设在 N 年中有 a 项特大洪水，其中有 l 项发生在 n 年实测系列之内，N 年中的 a 项特大洪水在 N 年的排位为 $M=1,2,\cdots,a$，是连序的，显然其经验频率计算与式（7-2）相同，仍为

$$P_M=\frac{M}{N+1}$$

假定实测系列中其余的 $(n-l)$ 项一般洪水均匀分布在第 a 项频率 $P_{M,a}$ 以外的范围 $(1-P_{M,a})$ 中，如图 7-3 所示，因此，它们的经验频率为

$$P_m=P_{M,a}+(1-P_{M,a})\frac{m-l}{n-l+1} \tag{7-3}$$

式中　P_m——n 年一般洪水中第 m 位洪水的经验频率；

N——自最远的调查考证期年份至今的年数；

a——N 年中能够连序排位的特大洪水项数；

n——实测洪水系列的项数；

l——n 年中的特大洪水项数；

m——实测洪水在 n 中的序位，$m=l+1,\ l+2,\ \cdots,\ n$。

如果在 N 年之外，有更远的 N' 年内的调查洪水，有些可以在 N' 中连序排位，有些可以在 N 中连序排位，则同样可以把 N 年与 $(N'-N)$ 年组成一个不连序系列，按上述公式估算各项洪水的经验频率。现举一例，进一步说明上述两种算法。

【例 7-1】　某站自 1935～1972 年的 38 年中，有 5 年因战乱缺测，故实有洪水资料 33 年。其中 1949 年为最大，经考证应作为特大洪水。另外，查明自 1903 年以来的 70 年间，为首的三次大洪水，按大小排位依次为 1921 年、1949 年、1903 年，并能判定在这 70 年间不会遗漏掉比 1903 年更大的洪水。同时，还调查到 1903 年以前，还有 3 次大于 1921 年的特大洪水，其序位为 1867 年的、1852 年的、1832 年的，但因年代久远，小于 1921 年的洪水则无法查清。现按上述两种方法估算各项的经验频率。

根据上述情况，实测洪水 $n=33$ 年；调查期分作两个：其一是 1832～1972 年，记为 $N_2=141$ 年，在此期间能够进行排位的有 1832 年、1852 年、1867 年和 1921 年洪水，顺序为 1867 年、1852 年、1832 年、1921 年，而 1949 年、1903 年则不能在这一调查期中排位。其二是 1903～1972 年，记为 $N_1=70$ 年，其中仅有 1903 年、1921 年、1949 年的洪水能在 N_1 中排位，它们的大小排位为 1921 年，1949 年、1903 年。现将计算列于表 7-5，由该表可以看出，最远调查期 N_2 中的各项频率，两种方法的计算结果是相同的；n 年中末项两种方法的结果也可以说是相同的；中间部分有所差异，但对频率计算成果影响也不大。

上述两种方法，我国目前都在使用。方法一比较简便，但它把调查考证期系列与实测系列视为相互独立的样本，这在理论上有些不妥；再是，该法点绘的经验频率点，有些情

况下，在水平方向会出现重叠，如表 7－5 所示中的 1921 年和 1949 年洪水经验频率都是 0.0282。从这方面考虑，方法二则更好一些，但计算稍为复杂。

表 7－5　　洪水系列经验频率计算表

调查或实测期	系列年数		洪水序位		洪水年份	经验频率 P	
	n（实测）	N（调查）	m（实测）	M（调查）		独立样本法	统一样本法
调查期 N_2		141（1832～1972 年）		1	1867	$P_{M_2-1}=\frac{1}{141+1}=0.0071$	同左
				2	1852	$P_{M_2-2}=\frac{2}{142}=0.0141$	
				3	1832	$P_{M_2-3}=\frac{3}{142}=0.0211$	
				4	1921	$P_{M_2-4}=\frac{4}{142}=0.0282$	
调查期 N_1		70（1903～1972 年）		1	1921	已抽到上栏一起排位	
				2	1949	$P_{M,1-2}=\frac{2}{70+1}=0.0282$	$P_{M,1-2}=0.0282+(1-0.0282)\times\frac{2-1}{70-1+1}=0.042$
				3	1903	$P_{M,1-3}=\frac{3}{71}=0.0423$	$P_{M,1-3}=0.0282+(1-0.0282)\times\frac{2}{70}=0.0559$
实测期 n	33（1935～1972 年，内缺测 5 年）		1		1949	已抽到上栏一起排位	
			2		1940	$P_{M,2}=\frac{2}{33+1}=0.0588$	$P_{M,2}=0.0559+(1-0.0559)\times\frac{2-1}{33-1+1}=0.0845$
			⋮		⋮	⋮	⋮
			33		1968	$P_{M,33}=\frac{33}{34}=0.969$	$P_{M,33}=0.0559+0.9441\times\frac{32}{33}=0.970$

3. 洪水频率曲线线型的选择

根据我国许多长期洪水系列分析结果和多年来设计工作的实际经验，自 20 世纪 60 年代以来，我国水文频率计算中一直采用皮尔逊Ⅲ型曲线。大量资料表明这样做是行之有效的，于是现在的规范规定“频率曲线线型一般应采用皮尔逊Ⅲ型曲线。特殊情况，经分析论证后也可采用其他线型”。即推求洪水理论频率曲线时，可首选皮尔逊Ⅲ型曲线作为适线法的初选线型，然后结合统计参数的优选，使待求的频率曲线与经验频率点拟合最佳，以确定推求的理论频率曲线线型和统计参数。如果初选线型无法使配线达到拟合最佳的要求，则改选其他的线型，通过反复配线和分析论证，最终选出适合的线型。

4. 洪水统计参数的初步估算

我国历次的水利水电工程设计洪水计算规范都规定用适线法推求理论频率曲线，即确定的线型和统计参数，要能使推求的理论频率曲线与经验频率点群拟合良好。为此，需要尽量采取比较好的方法计算初试参数，如矩法、概率权重矩法、三点法等，矩法就是一种广泛使用的方法，下面将重点介绍。

对于包括特大洪水的不连序样本，应在合理的假定下使之转换为连序样本，从而导出适合于不连续样本的矩法统计参数计算公式。对于 N 年中有 a 项特大洪水，其中有 l 个发生在 n 年实测系列内，$n-l$ 年系列和 $N-a$ 年系列均属“一般洪水”，于是近似假设 $n-l$ 年系列的变量均值 $\overline{x}_{n-l}$、均方差 σ_{n-l} 与除去特大洪水后的 $N-a$ 年系列的均值 $\overline{x}_{N-a}$、均方差 σ_{N-a} 相等，即 $\overline{x}_{N-a}=\overline{x}_{n-l}$、$\sigma_{N-a}=\sigma_{n-l}$，则导出 N 年系列的洪水均值 $\overline{x}$ 和离势系数 C_V 的计算公式

$$\overline{x}=\frac{1}{N}\left(\sum_{1}^{a}x_j+\frac{N-a}{n-l}\sum_{l+1}^{n}x_i\right) \tag{7-4}$$

$$C_V=\frac{1}{\overline{x}}\sqrt{\frac{1}{N-1}\left[\sum_{1}^{a}(x_j-\overline{x})^2+\frac{N-a}{n-l}\sum_{l+1}^{n}(x_i-\overline{x})\right]^2} \tag{7-5}$$

式中：x_j 为第 j 个特大洪水变量值（$j=1$，…，a）；x_i 为第 i 个实测洪水变量值（$i=l+1$，…，n）。C_S 则根据与 C_V 的倍比关系（C_S/C_V）按经验初步估算，例如对于洪峰流量可取 3～4，对于洪量可取 2.5～3 。或 $C_V\leqslant0.5$ 的地区取 3～4，$0.5<C_V\leqslant1.0$ 的地区取 2.5～3.5，$C_V>1.0$ 的地区取 2～3。

四、推求设计洪峰、洪量

根据上述方法计算的洪水经验频率和初估参数及初选线型，用适线法求出洪峰流量和各统计时段洪量的理论频率曲线，即可按设计频率求得设计洪峰和各统计时段的设计洪量。

洪水频率计算，我国规范规定采用适线法。适线法有两种：一种是经验适线法，（或称目估适线法），即分析人员凭经验在几率格纸上判断调整参数，使理论频率曲线与经验频率点群配合得最好；另一种是优化适线法，即按某种优化准则，如残差平方和最小准则、残差绝对值和最小准则等配线。后者可以避免配线结果因人而异，但没有考虑到专家的经验，从水文原理上看并非最好。因此，总的说目前还是采用经验适线法，但在应用该法的同时，也把后者的结果作为重要的参考。经验适线法考虑的原则有：①尽量照顾点群的趋势，使曲线通过点群中央，如实在有困难，可侧重考虑上部和中部的点据；②分析各点据计算在数值上和经验频率上的精度，配线时应区别对待，使曲线尽量靠近精度较高的点据；③历史洪水，特别是为首的几次特大洪水，一般情况，因年代愈久远，资料本身的误差可能较大，故在配线时不可机械地通过这些特大洪水点据，应考虑它们可能存在的误差范围进行协调；④考虑统计参数在地区上的变化规律，使配线结果能与地区上的变化相协调。

以上计算的设计洪峰、洪量，经综合分析检验后，如有偏小的可能，为安全计，对于十分重要的水工建筑物，还应在校核标准的洪峰、洪量上加一相应的安全修正值（该值一般不宜超过校核值的 20%）作为最终确定的校核洪水值。

【例 7-2】 某水库坝址处有一水文站，有实测洪峰流量资料 30 年，历史特大洪水 2 年，见表 7-6 第（3）栏，洪水调查考证期 $N=102$ 年，试用矩法初估参数和用经验适线法配线，推求 100 年一遇设计洪水和 1000 年一遇校核洪水的洪峰流量。

（1）按统一样本法（方法二）计算经验频率，如表 7-6 所示中第（4）、（5）栏，分别为特大洪水的和一般洪水的经验频率，依此在图 7-4 中描绘经验频率点。

（2）根据表 7-6 第（3）栏洪峰流量系列，按式（7-4）计算年最大洪峰流量均值 $\overline{Q}$，

式中 $N=102$、$n=30$、$a=2$、$l=0$，得$\overline{Q}=587\text{m}^3/\text{s}$；进一步按式（7-5）计算年最大洪峰流量的变差系数 C_V，得 $C_V=0.68$。

（3）根据上步初估参数成果，取$\overline{Q}=587\text{m}^3/\text{s}$、$C_V=0.70$、$C_S/C_V=3$，查附表1各频率 P 的 φ_p 值，由 $Q_p=\overline{Q}(\varphi_p C_V+1)$ 计算各 p 的洪峰流量 Q_p，在图7-4上进行第一次配线，如图中的虚线，可见中下段配合较好，上段则比特大洪水经验频率点偏低很多。因此，需调整参数，适当加大 C_V 和 C_S/C_V 再次配线。取$\overline{Q}=587\text{m}^3/\text{s}$、$C_V=0.80$、$C_S/C_V=3.5$，在图7-4上进行第二次配线，如图中的实线，总体上配合良好，可以作为推求的该处年最大洪峰流量理论频率曲线。

表7-6 某水文站洪峰流量经验频率计算表

序号		洪峰流量 Q (m^3/s)	P_M (%)	P_m (%)	序号		洪峰流量 Q (m^3/s)	P_M (%)	P_m (%)
M	m				M	m			
(1)	(2)	(3)	(4)	(5)	(1)	(2)	(3)	(4)	(5)
Ⅰ		2520	1.0			15	480		49.4
Ⅱ		2100	1.9			16	470		52.5
	1	1400		5.0		17	462		55.7
	2	1210		8.3		18	440		58.9
	3	960		11.4		19	386		62.0
	4	920		14.6		20	368		65.2
	5	890		17.7		21	340		68.3
	6	880		20.9		22	322		71.6
	7	790		24.1		23	300		74.7
	8	784		27.2		24	288		77.8
	9	670		30.3		25	262		81.0
	10	650		33.6		26	240		84.2
	11	638		36.7		27	220		87.3
	12	590		39.9		28	200		90.5
	13	520		43.0		29	186		93.6
	14	510		46.2		30	160		96.9

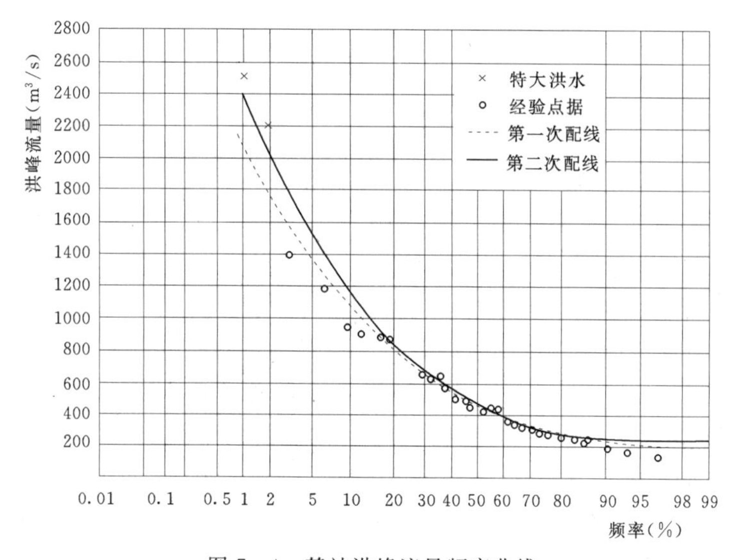

图7-4 某站洪峰流量频率曲线

(4) 由上步推求的理论频率曲线（皮尔逊Ⅲ型、$\overline{Q}=587m^3/s$、$C_V=0.80$、$C_S/C_V=3.5$）计算设计洪水和校核洪水

100 年一遇设计洪峰　　$Q_{1\%}=\overline{Q}(\varphi_{1\%}C_V+1)=587(3.97\times0.8+1)=2451m^3/s$

1000 年一遇校核洪峰　$Q_{0.1\%}=\overline{Q}(\varphi_{0.1\%}C_V+1)=587(6.91\times0.8+1)=3832m^3/s$

五、计算成果的合理性分析

实测资料有误差、样本与总体有差异、计算方法不完善等，不可避免地使计算成果存在误差，甚至错误。为了防止比较大的误差和错误发生，在上述计算之后，还必须对计算成果做合理性方面的检查和分析论证。检查主要根据水量平衡、洪水形成规律、水文要素随时间和地区的变化规律以及各种因素对洪水的影响等进行。

1. 本站洪峰、洪量及其统计参数随时间变化的分析

绘制各种时段洪量的统计参数和设计值与统计时段长 T 的关系，如图 7－5 所示。为便于与洪峰流量对照，图中各统计时段的洪量均以时段平均流量$\overline{Q}_T$ 表示。检查各关系线的变化规律性。一般说，随着 T 的加长，均值（以时段平均流量表示）、C_V、C_S/C_V 将减小。但这种关系并非绝对的，某些情况下也可能出现反常的情况。例如，新安江芦茨埠站，因河槽调蓄能力大，流域连续暴雨机会多，其 7 日洪量的 C_V 反大于洪峰的 C_V，这样也是合理的。

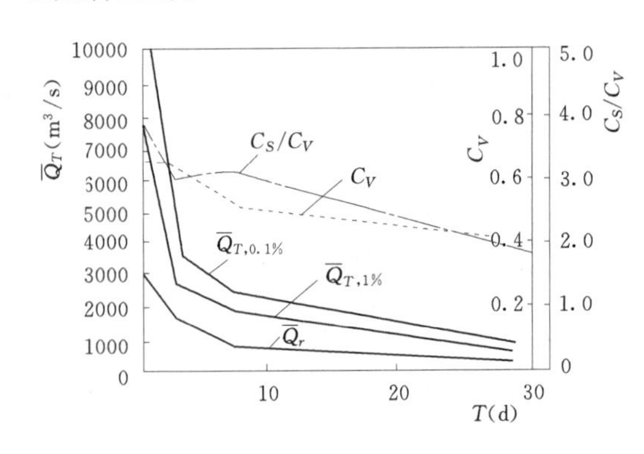

图 7－5　某水文站洪水设计值及设计参数随时段长度的变化

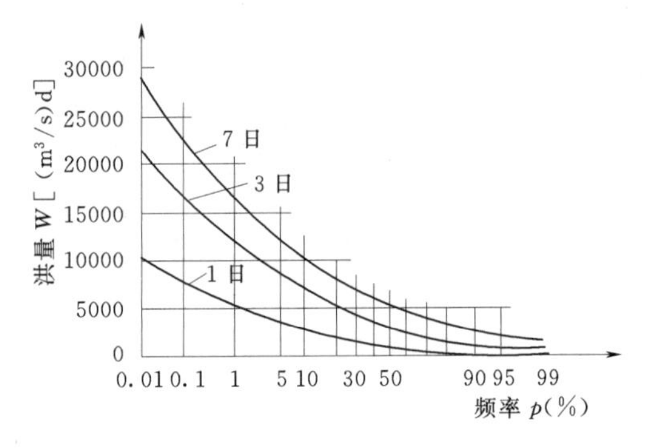

图 7－6　某站不同时段洪量频率曲线

将各种统计时段洪量的频率曲线点绘在一张图上，如图 7－6 所示，在实用范围内不能相交。因为如果相交，就不能保证同一频率下长时段的洪量大于短时段的洪量。如发现相交时，应检查原因和修正，对成果进行协调。

2. 从洪峰、洪量及其统计参数随地区的变化规律分析

一般情况，自然地理条件相似的地区内，随着流域面积 F 的增大，洪峰和各统计时段洪量的均值及设计值（以 x 代表）将增大，且两者之间常有比较密切的相关关系，如 $x=CF^n$（称地区经验公式，C、n 为经验参数，一定地区为常数）；C_V 则略有减小，但特殊情况下也有反常的现象；C_S/C_V 基本保持不变。还可以将上、下游站的洪量频率曲线与本站的一起绘在一张图上分析比较，一般洪峰流量或某时段的洪量，频率相同时，本站的应大于上游站的和小于下游站的。

3. 从形成洪水的暴雨方面分析

根据暴雨形成洪水的原理，洪水的径流深应小于相应的暴雨深，洪水的 C_V 值一般都大于相应暴雨 C_V 值。另外，还可以由暴雨资料推求流域的设计洪水，将两种不同途径求得的成果进行对比。

4. 从设计洪峰流量与国内外极大洪水记录对比上分析

图 7-7 是国内外实测的最大洪峰流量与流域面积关系。当计算的非常稀遇的洪水（如万年一遇）比图中相应面积的最大洪水记录还大时，则有可能是设计值偏大了。

成果合理性分析是一项非常重要而复杂的工作，上面列举的只是一些常见的主要分析方法。在实际工作中，应尽量利用一切可能利用的资料和水文变化规律，对成果进行检查分析，确保计算的设计洪水合理可靠。

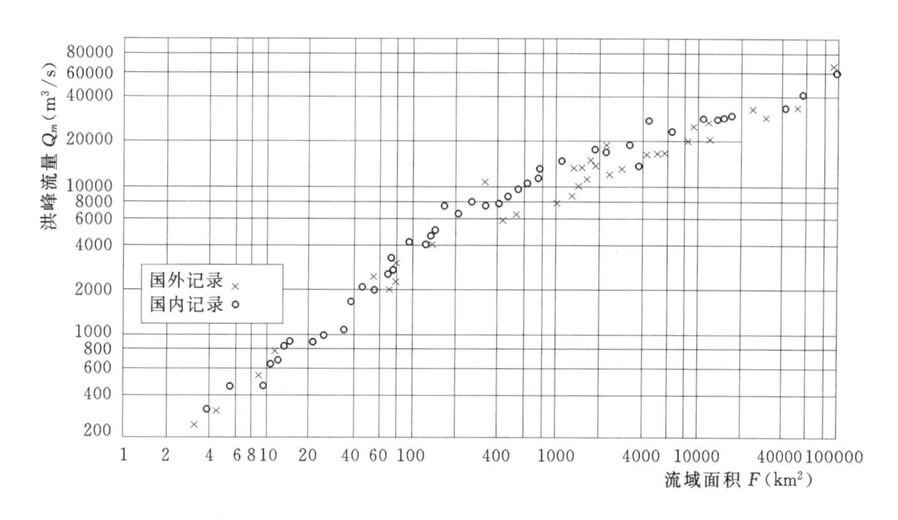

图 7-7 国内外实测最大流量与流域面积关系图

第三节 设计洪水过程线的推求

在设计洪峰、洪量确定后，按照规划设计要求，尚需推求设计洪水过程线，进行调洪演算，以确定防洪建筑物的规模、尺寸等。

目前，如何由流量资料推求一定频率的洪水过程线尚无完善的方法。一般是类似推求设计年径流的年内分配那样，先从实测资料中选取典型洪水，然后按设计洪峰、洪量进行放大，即得设计洪水过程线。

一、典型洪水过程线的选择

选择典型洪水过程线时，应对设计流域内的洪水，尤其是特大洪水的形成规律和天气条件、洪水过程特征，如大洪水出现的时间、季节，峰型（单峰、双峰或连续峰）、主峰位置，洪水上涨历时、洪量集中程度等进行分析。然后，参照这些规律和特点，选出符合设计要求的典型洪水过程。根据工程实践经验，典型洪水的选择可考虑以下几项原则：

（1）选择资料完整、精度较高、峰高量大、尽可能接近设计值的实测大洪水过程。

（2）要求典型洪水过程线具有较好的代表性，即它的发生季节、地区组成，峰型、主峰位置、洪水历时及峰量关系等能代表流域上大洪水的一般特性。

（3）从工程防洪安全着眼，选对安全不利的典型。如峰形集中，主峰靠后的洪水过程。

（4）如果水库下游有防洪要求，应考虑与下游洪水遭遇不利的典型。

按上述原则选出的典型过程线，如果不仅一个，也可以选出几个典型，分别推求设计洪水过程线，供调洪计算时分析比较。例如丹江口水库设计时，就曾选择了1935年洪水和1964年洪水两个典型，前者为夏季洪水的典型，后者为秋季洪水的典型。

二、典型洪水过程线的放大

放大典型洪水过程线，目前常用的有同倍比放大法和同频率放大法。

1. 同倍比放大法

用同一个放大倍比放大典型洪水，从而求得设计洪水过程线的方法，称同倍比放大法。由于规划设计防洪建筑物的尺寸时，有些是洪峰流量起控制作用，有些是洪量起控制作用，因此放大的倍比亦有两种取法，从而又形成两种倍比放大法。

（1）按峰控制的同倍比放大法 其放大倍比为

$$K_Q=\frac{Q_{mp}}{Q_{m典}} \tag{7-6}$$

式中 Q_{mp}、$Q_{m典}$——设计频率为P的洪峰流量和典型洪水的洪峰流量。

（2）按量控制的同倍比放大法 其放大倍比为

$$K_W=\frac{W_{TP}}{W_{T典}} \tag{7-7}$$

式中 W_{TP}——设计频率为P、设计时段为T的设计洪量；

$W_{T典}$——典型洪水过程线上T时段的最大洪量；

T——对决定防洪库容等起控制作用的时段长，大体等于从蓄洪开始到蓄至最高洪水位的调洪历时。

有了放大倍比后，以放大倍比乘典型洪水过程线的各纵坐标值，即得设计洪水过程线。该法简便易行，但此法常使设计洪水过程线的洪峰或洪量偏离设计值。如按峰控制来放大，设计洪水过程线的洪峰与设计洪峰流量一致，而洪量则不一定等于设计洪量；如按量控制来放大，则设计洪水过程线控制时段的洪量等于设计的同时段洪量，而洪峰则不一定等于设计洪峰流量。为克服这一矛盾，以适应设计洪峰和洪量调洪中均起重要作用的情况，可用下述的同频率放大法。

2. 同频率放大法

在放大典型洪水过程线时，按洪峰和不同时段的洪量分别采用不同的倍比，使放大后的过程线洪峰流量和各时段洪量分别等于设计洪峰流量和设计洪量，即放大后的过程线，其洪峰流量和各时段的洪量都符合于同一设计频率，这种放大法称同频率放大法。洪峰和各时段放大倍比如下

洪峰放大倍比
$$K_Q=\frac{Q_{mp}}{Q_{m典}} \tag{7-8}$$

一天洪量放大倍比
$$K_W=\frac{W_{1P}}{W_{1典}} \tag{7-9}$$

式中 Q_{mp}、$Q_{m典}$——设计洪峰流量和典型洪水过程线的洪峰流量；

W_{1P}、$W_{1典}$——设计一日洪量和典型洪水过程线最大一日洪量。

对于一日以外各时段过程线的放大问题，由于三日之中包括一日，即三日的设计洪量W_{3P}包括一日的设计洪量W_{1P}，三日典型洪量$W_{3典}$也包括了一日的典型洪量$W_{1典}$，而典型洪水过程线中，最大一日已经按K_{W1}放大，因此，要放大三日的洪量时，只需把一日以外的其余两日放大就可以了。其余两日的典型洪量为$W_{3典}-W_{1典}$。相应这两日的设计洪量为$W_{3P}-W_{1P}$，故三日内除去最大一日外的洪量放大倍比为

$$K_{W3\sim1}=\frac{W_{3P}-W_{1P}}{W_{3典}-W_{1典}} \tag{7-10}$$

同理，对七日洪量只需放大三日以外的其余四日，如此类推，3～7日和7～15日洪量的放大倍比为

$$K_{W7\sim3}=\frac{W_{7P}-W_{3P}}{W_{7典}-W_{3典}} \tag{7-11}$$

$$K_{W15\sim7}=\frac{W_{15P}-W_{7P}}{W_{15典}-W_{7典}} \tag{7-12}$$

用上面求得的放大倍比乘各相应时间的典型洪水过程线的纵标值，得放大后的洪水过程线，如图7-8所示中锯齿形的实线。因为放大时，各时段的放大倍比不同（见标在该图下面的倍比），因而在放大后的交界处产生不连续的突变现象，使过程线呈锯齿形。对此，可采用徒手修匀的方法，使成为光滑曲线，但要保持设计洪峰和各种时段的设计洪量不变。该修匀后的过程线，即推求的设计洪水过程线。具体步骤，下面将进一步举例说明。

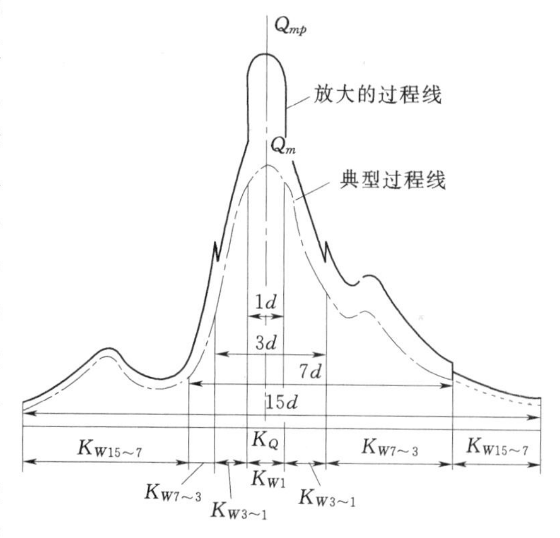

图7-8　典型洪水各段放大倍比及放大的过程线

此法优点是求出来的洪水过程线符合设计标准，缺点是可能与原来的典型相差较远，甚至形状有时违背了河流洪水形成规律。为改善这种状况，应尽量减少放大的层次。例如，除洪峰和最长历时的洪量外，再是只取一种对调洪计算起控制作用的历时，称为控制历时，并依次按峰、控制历时和最长历时的洪量进行放大。如丹江口水库推求设计洪水过程线时，就只采用洪峰、7日洪量和15日洪量进行放大。其中，7日为控制历时，15日为最长时段。控制历时与水库泄洪建筑物的泄流能力和调洪方式等因素有关，应具体分析确定。

【例7-3】　通过频率计算，已求得某水库坝址处$p=1\%$的洪峰流量及各时段的设计洪量，如表7-7中第（2）栏。另外，根据选择典型洪水过程线的原则，选坝址处1963年8月16日7时至23日7时的洪水为典型［列于表7-8中第（2）栏］，其洪峰流量为1620 m³/s，并算出了不同时段的最大洪量，连同其相应起讫时刻一起列入表7-7第（3）、（4）栏中，试用同频率放大法推求$p=1\%$的设计洪水过程线。

表 7-7　　某水库坝址的洪峰、洪量

项　目	(1)	洪峰 (m^3/s)	洪　量 [(m^3/s)h]		
			一日	三日	七日
$p=1\%$的设计洪峰、洪量	(2)	3530	42600	72400	11800
典型洪水过程线的洪峰、洪量	(3)	1620	20290	31250	57620
起讫时间	(4)	21 日 9 时 40 分	21 日 8 时～22 日 8 时	19 日 21 时～22 日 21 时	16 日 7 时～23 日 7 时

(1) 计算各对段的放大倍比；$K_Q=3530/1620=2.18$，$K_{W1}=42609/20290=2.10$，$K_{W3\sim1}=(72400—42600)/(31250—20290)=2.72$，$K_{W7\sim3}=(118000-72400)/(57620-31250)=1.71$。

(2) 把放大倍比按其控制时间相应地填入表 7-8 第 (3) 栏，与对应的典型洪水流量相乘，得放大流量，填入第 (4) 栏。要注意的是，在两种放大倍比的衔接处有两个放大倍比，因此也就有两个放大流量。

表 7-8　　某水库坝址 $p=1\%$设计洪水过程线计算表　　单位：m^3/s

时　间	典型流量	放大倍比	放大流量	修匀流量	时间	典型流量	放大倍比	放大流量	修匀流量
(1)	(2)	(3)	(4)	(5)	(1)	(2)	(3)	(4)	(5)
16 日 7 时	200	1.71	342	343	21	250	1.71/2.72	428/680	580
13	383	1.71	655	656	22	337	2.72	916	950
14：30	370	1.71	633	634	24	331	2.72	900	930
18	260	1.71	445	446	20 日 8 时	200	2.72	544	580
20	205	1.71	351	351	17	142	2.72	386	386
17 日 6 时	480	1.71	822	823	23	125	2.72	340	340
8	765	1.71	1310	1310	21 日 5 时	152	2.72	413	413
9	810	1.71	1390	1390	8	420	2.72/2.10	1140/882	882
10	801	1.71	1370	1370	9	1380	2.10	2900	2900
12	727	1.71	1240	1240	9：40	1620	2.10/2.18	3400/3530	3530
20	334	1.71	572	572	10	1590	2.10	3340	3340
18 日 8 时	197	1.71	337	338	24	473	2.10	993	970
11	173	1.71	296	297	22 日 4 时	444	2.10	932	910
14	144	1.71	246	247	8	334	2.10/2.72	702/908	890
20	127	1.71	217	218	12	328	2.72	892	870
19 日 2 时	123	1.71	211	211	18	276	2.72	750	750
14	111	1.71	190	190	21	250	2.72/1.71	680/428	570
17	127	1.71	217	218	24	236	1.71	404	404
19	171	1.71	293	293	23 日 2 时	215	1.71	368	368
20	180	1.71	308	309	7 时	190	1.71	325	325

(3) 把放大流量点绘在方格纸上，如图 7-9 所示中的实线，在两种放大倍比衔接处呈锯齿形，图中 22 日 8 时处尤为明显。

(4) 在保持各个时段洪量不变的原则下对放大流量过程线修匀，使其形状尽可能与典

型相似，如图7－9中的虚线所示，此即同频率法推求的设计洪水过程线。摘录过程线的流量于表中第（5）栏，其最大一日、三日、七日、十五日洪量与相应的设计值相比，误差都小于1%。

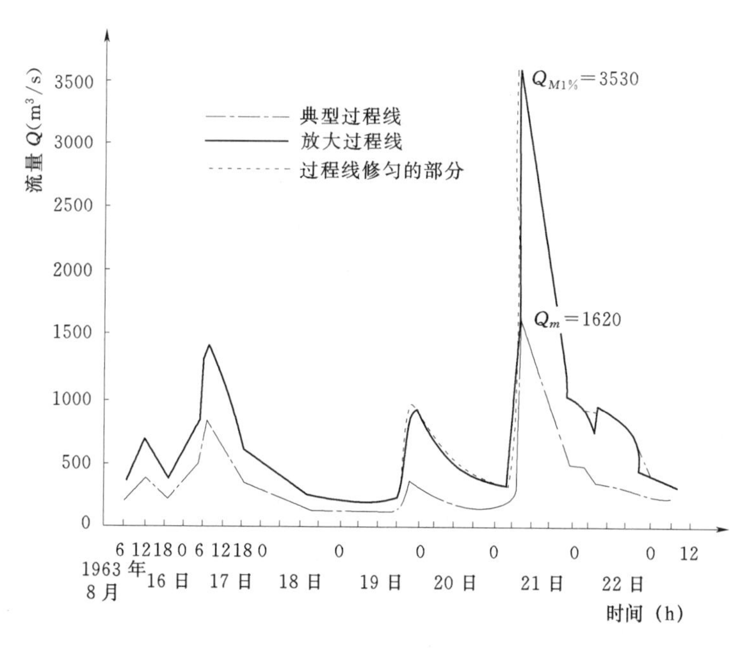

图7－9　某水库 $p=1\%$ 设计洪水过程线与典型洪水过程线

第四节　分期设计洪水

上一节叙述将全年作为一个完整的时期，按年最大值法对洪水进行选样，以推求某一设计频率的洪水，水利水电工程的规划设计都以此为准。例如，某水库 $p=0.1\%$ 的设计洪水，是指将来平均每1000年才可能遇到一次这样大的洪水，该洪水可以出现在全年的整个汛期。但由于洪水的季性变化规律，同样的设计洪水在汛期的各个时段出现的机会是不同的，年最大洪水大都发生在主汛期，汛初期、汛末期则是比较少的。同时，为了在保证工程安全的条件下，尽可能地发挥工程效益和施工期防洪需要，近些年来，越来越要求计算分期设计洪水。所谓分期设计洪水，是指一年中某个分期符合洪水标准的洪水。计算分期设计洪水的方法通常是，分析洪水季节性变化规律基础上，把整个汛期划分为若干个相互基本独立的分期；然后在分期时段内按年最大值法选样，进行频率计算，推求各分期设计洪水。全汛期洪水为各分汛期洪水所组成，因此各分期设计洪水相组合，原则上说应不低于年最大值法选样推求的设计洪水，即不要因为分期而降低了设计洪水标准。

一、　洪水季节性变化规律与分期

划分洪水分期，除了考虑水库运用调度管理和施工需要外，主要是分析洪水季节变化的自然规律，使确定的洪水分期能客观地反映洪水的季节性变化特点和比较明显的差异，彼此相对独立。分析内容一般包括：洪水成因（如洪水形成的天气条件、降水类型及过程特点、流域产汇流条件等）的差异，年内不同时期洪峰、洪量值及统计特征值（如均值、C_v 等）的差异，年最大洪水（包括历史特大洪水）在不同时期出现频次、过程线形状有无明显差异等。为便于分析，在具体作法上，常将历年各次洪水以洪峰发生日期或某一历时最大洪量的中间日期为横坐标，以相应洪水峰量值为纵坐标，点绘洪水特征值年内分布散点图。如图 7-10 所示为清江隔河岩水库年最大日平均流量分布散点图，由此可初步看出：5 月初至 6 月上旬可划分为前汛期，6 月中旬月至 7 月下旬为主汛期，8 月上旬至 9 月末为后汛期。该结论还从洪水形成的天气系统、暴雨类型及其时间分布的差异以及与邻近地区的洪水分期比较分析，表明如此分期是基本合理的。分期不宜太短，一般不短于 1 个月为宜。分期过短，常使分期之间的洪水特征差异不明显和被此独立性较差。

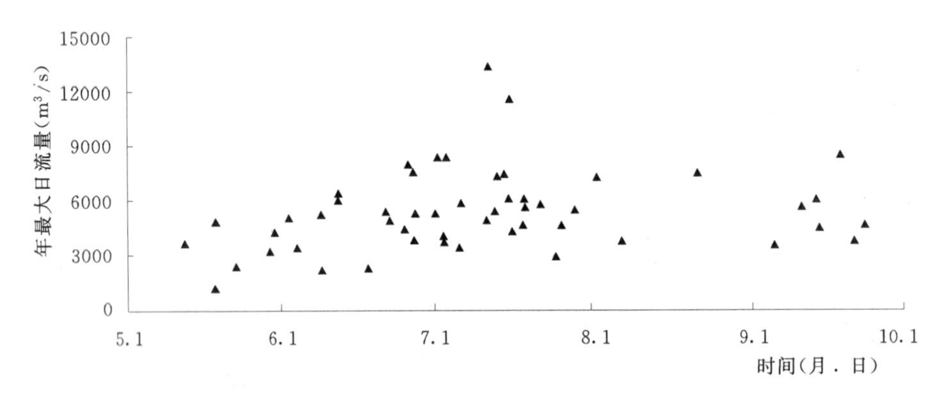

图 7-10　清江隔河岩水库年最大日平均流量分布散点图

二、分期设计洪水计算方法

（1）选样。在规定的分期时段内，按年分期最大值法选样，组成该分期的洪峰或洪量系列样本。有时会遇到一次洪水跨于两个分期，此时可视其洪峰或洪量的主要部分在那个分期，一般就作为那个分期的样本值，称其为不跨期选样。

（2）经验频率计算。对于某个分期的洪水系列，包括特大洪水，则如同全汛期那样，采用独立样本法或统一样本法计算分期洪水系列的经验频率。进一步运用适线法推求分期洪水的设计洪峰、洪量。

分期洪水的年际变化比年最大值法洪水的大，但特大洪水次数要少，甚至缺乏。因此，其频率计算成果的误差往往更大。为此，更要注意成果的合理性分析与协调：①将各分期洪水的各类统计参数、设计值点绘成各自随季节变化的分布图，分析其变化趋势是否合理；②将各分期洪水的理论频率曲线和年最大洪水的理论频率曲线绘在一张图上，检查在应用范围内是否发生交叉。从理论上讲，年最大洪水的理论频率曲线应高于主汛期的，主汛期的又高于次汛期的；③为保证满足年最大值法选样条件的防洪标准，应使分期洪水频率曲线组合的理论频率曲线与年最大值法选样的理论频率曲线基本相同，或略高一些。否则，应考虑各成果的可靠程度，相互协调和调整。分期洪水频率曲线组合，可认为分期洪水彼此是相互独立的情况进行。例如，全汛期 T 分为前汛期 T_1 和后汛期 T_2，某洪水 W 在前汛期出现的频率为 P_{T1}，在后汛期出现的频率为 P_{T2}，那么全汛期出现洪水 W 的频

率则为

$$P = P_{T1} + P_{T2} - P_{T1} P_{T2} \tag{7-13}$$

还可写出分为三期的频率组合公式。对于分期洪水计算与全汛期洪水计算如何协调的问题，现在还没有统一的法定的方法。为安全计，防汛部门曾建议，使主汛期的频率曲线不低于年最大值法选样的理论频率曲线。

(3) 分期设计洪水过程线。也如同上一节那样，采用同倍比法或同频率法对分期典型洪水放大，即得分期设计洪水过程线。

第五节　入库设计洪水计算

一、入库洪水的基本概念

在我国已建成的水库中，大多数都是以建库前的坝址断面的设计洪水（称坝址洪水）作为水库规划设计的依据，以此进行调洪计算，求得有关防洪参数。但水库建成后，库区变成宽广的水面，洪水实际上是从水库周围的边界汇入水库的，称其为入库洪水，而不是在坝址处才入库的。入库洪水与坝址洪水有所不同，调洪计算结果有些情况下可能出现比较大的差别。因此，在水库规划设计和管理运用中，目前一般都要求研究和估计入库洪水。

1. 入库洪水的含义及组成

坝址洪水是指未建水库条件下，在坝址处形成的洪水；入库洪水则是指建库后，通过水库界面以各种途径入库的洪水。入库洪水由三部分组成（如图 7-11 所示）：①水库回水末端附近干支流水文站或某些计算断面（图中的 A、B 断面）以上流域形成的洪水，称入库断面洪水；②入库断面以下到水库周边之间的陆面区间（图中打点的面积）上降雨形成的洪水，称区间陆面洪水；③水库库面（图中阴影面积）上的降雨形成的洪水，称库面洪水。

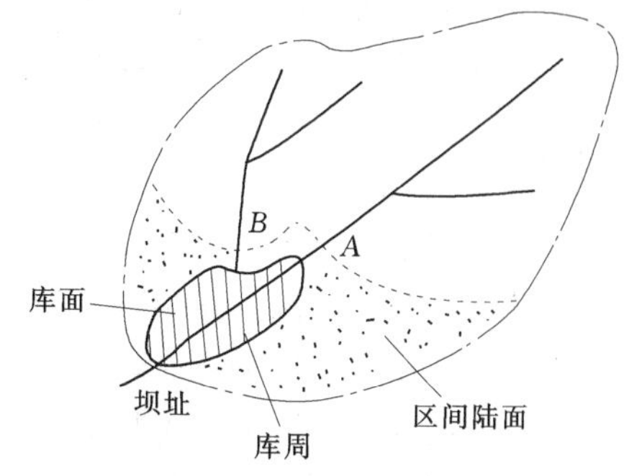

图 7-11　入库洪水组成示意图

2. 入库洪水与坝址洪水的差异

入库洪水和坝址洪水的含义和形成条件均有所不同，从而导致它们之间的差异。为了更好地了解入库洪水的变化规律，下面讨论两者的主要差异：

(1) 产流条件的变化和影响。建库后，库区由原来的陆面变成了水面，水面上的降雨直接变成径流，这使得入库洪水的峰和量都有所增加，但由于库面与流域面积之比甚小，且水面蒸发比原来陆面时的蒸发要大，所以这项影响一般不大。

(2) 调蓄作用的变化和影响。建库后，库内原来的河槽变成水库容积的一部分，对于以水库周界为入库断面的入库洪水来说，它的调蓄作用已不存在。显见，库区内原河槽的调蓄作用愈大，就会使入库洪水的峰比坝址洪水的峰增加得越多。

(3) 汇流时间的变化和影响。建库后，入库洪水是向水库周界汇流，比原来向坝址断

面汇流的流域汇流时间缩短。汇流路程的缩短，将使干、支流以及区间的洪水相互错开的机会减少，从而增加了各处洪水在水库周界遭遇的机会，这种变化一般使洪峰流量增大，峰现时间提前。

(4) 库区洪水波的变化和影响。建库后，库区水面拓宽，水深加大，水面比降变缓，洪水波入库后波型发生急剧变化，库区的波速大大加快，坝址处的峰现时间大大提前。如丰满水库，从入库断面到坝址156km，天然河道洪水的传播时间为20h，建库后只需2～3h。

3. 入库洪水与水库特征的关系

由入库洪水的形成情况可知，它与坝址洪水差别的大小，与水库特征密切相关：①如库区处于深山峡谷，原河道水面比降大，调蓄能力差，建库后形成河道型水库，其洪水形成条件与建库前差别不大，则入库洪水与坝址洪水差别也不大。计算表明，洪峰流量增加的比值较小，约1.05～1.20，我国西南地区一般在1.05左右。此时，可近似由坝址洪水代表入库洪水。②如库区处于丘陵山区，原河道两岸有宽阔的滩地、台地，调蓄能力强，建库后形成湖泊型水库，则入库洪水与坝址洪水差别较大，洪峰流量增加的比值较大，一般约1.20左右，有的甚至达1.54。这种情况则宜采用入库设计洪水作为工程设计的依据。③入库洪水与坝址洪水的差别主要是洪峰流量和短时间的洪量，因此，当水库的防洪库容大、长时段的洪量起控制作用时，亦可采用坝址设计洪水作为工程设计的依据。

二、入库洪水计算方法

从入库洪水的组成知，其入库是高度分散的，无法直接测到，通常只能根据水库特点和资料条件，采用适当的方法间接推求。根据资料不同，可分为由流量资料推求和由暴雨资料推求。前者有入库径流合成法、马斯京根演算法（在第十一章论述）、水量平衡法等；后者是根据产汇流原理由降雨推算径流的，如降雨径流相关图法、单位线法等（在第八章论述）。下面介绍两种比较基本的方法。

1. 入库径流合成法

基于入库洪水由入库断面洪水、区间陆面洪水和库面洪水组成，因此当干支流水文站控制流域面积很大、区间面积相对很小时，宜应用该法计算入库洪水。其方法是：将干支流水文站实测洪水演进至入库断面，与估算的区间陆面洪水、库面洪水叠加，即得合成的入库洪水。区间陆面洪水视资料情况，可用降雨产汇流方法、区间支流洪水的面积比放大法等进行估算。库面洪水即直接落在库面上的降雨，等于降雨过程乘以库面面积。该法概念明确，当干支流水文站控制的流域面积比例很大时，都能获得比较满意的成果。

2. 水库水量平衡法

水量平衡法是根据实测的水库水位和出库流量资料，利用水库水量平衡方程反推入库洪水过程线的方法。建库后的入库洪水，一般都采用该法推求。

水库水量平衡方程可表示为

$$\overline{Q}_{入}=\overline{Q}_{出}+\frac{V_{末}-V_{初}}{\Delta t}+\overline{Q}_{损} \tag{7-14}$$

式中　Δt——计算时段，根据实际观测时段和洪水涨落的快慢等因素选定；

$\overline{Q}_{入}$——Δt内平均入库流量；

$\overline{Q}_{出}$——Δt内实测的平均出库流量，包括溢洪道的泄洪流量及灌溉、发电、工业用

水等的放水流量；

$V_{初}$，$V_{末}$——时段始、末的水库蓄水量，由记录的库水位查库容曲线而得（当动库容影响较大时，应使用动库容曲线）；

$\overline{Q}_{损}$——Δt 内由于蒸发、渗漏而损失的平均流量。

在一次洪水过程中，$\overline{Q}_{损}$ 所占的比重甚小，一般可忽略不计。这时水量平衡方程式变为

$$\overline{Q}_{入}=\overline{Q}_{出}+\frac{V_{末}-V_{初}}{\Delta t} \tag{7-15}$$

该式右端由水库观测资料得到，因此，不难求得入库洪水的时段平均流量过程，具体计算如表 7-9 所示。

表 7-9　　某水库一次洪水入库流量推算表

时间 日	时间 时	库水位 Z (m)	库容 V ($\times10^6 m^3$)	库容增值 $V_{末}-V_{初}$ ($\times10^6 m^3$)	时段 Δt (s)	$\frac{V_{末}-V_{初}}{\Delta t}$ (m^3/s)	出库流量 $Q_{出}$ (m^3/s)	平均出库流量 $\overline{Q}_{出}$ (m^3/s)	平均入库流量 $\overline{Q}_{入}$ (m^3/s)
(1)		(2)	(3)	(4)	(5)	(6)	(7)	(8)	(9)
11	8	103.12	740.68				79.1		
				−1.92	43200	−44		79	35
	20	103.09	738.76				78.2		
				−2.56	43200	−59		78	19
12	8	103.05	736.20				77.3		
				7.04	43200	163		75	238
	20	103.16	743.24				73.3		
				10.94	21600	506		76	582
13	2	103.33	754.18				78.4		
				64.86	21600	3000		78	3078
	8	104.28	819.04				78.4		
				32.64	21600	1520		78	1598
	14	104.76	851.68				78.4		
				12.24	21600	567		78	645
	20	104.94	863.92				78.4		
				8.91	21600	413		79	492
14	2	105.07	872.83				79.2		
				3.45	21600	160		79	239
	8	105.12	876.28				79.2		
				4.14	21600	192		242	434
	14	105.18	880.42				404.2		
				−4.83	21600	−224		432	208
	20	105.11	875.59				459.2		
				−6.90	21600	−319		449	130
15	2	105.01	868.69				437.6		
				−4.77	21600	−221		533	312
	8	104.94	863.92				627.6		
				−12.24	21600	−567		536	−31
	14	104.76	851.68				443.6		
				−6.12	21600	−283		418	135
	20	104.67	845.56				392.0		

将表 7-9 中第（1）栏、第（9）栏点绘成时段平均入库流量过程线$\overline{Q}_{入}\sim t$，如图 7-12 所示中的阶梯线。由于库水位的观测值以及出库流量的观测值都会有误差，所以计算时段平均入库流量也会有误差，但此误差是在真值上下摆动的，前时段偏大时，后时段则会偏小。入库流量较大时，误差相对较小；入库流量较小时，误差相对较大，有时出现上下跳动，甚至使某些流量为负值的不合理现象。误差的大小还与计算时段是否适当有关。一般地说，计算时段取得过短时，相对误差会比较大。对点绘出的$\overline{Q}_{入}\sim t$ 过程线如果有跳

动现象，一般都要进行修匀。修匀的原则是保持修匀前后的总水量不变。亦可参照此原则及参考降雨过程，把时段平均入库流量过程修改为瞬时入库过程线，如图 7－12 所示中的实线 $Q_{入} \sim t$。

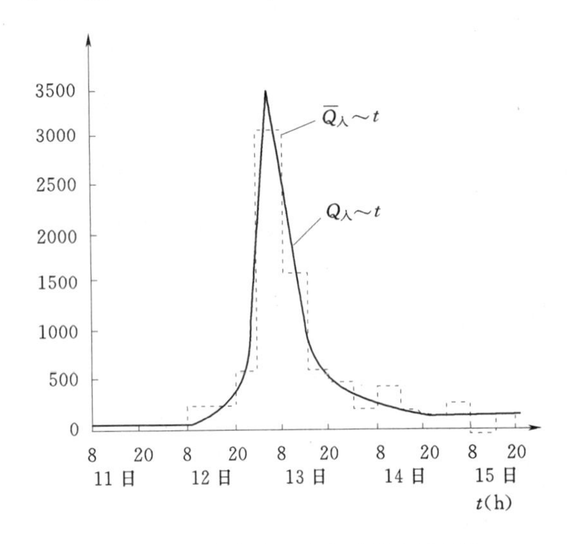

图 7－12　某水库一次入库洪水过程线

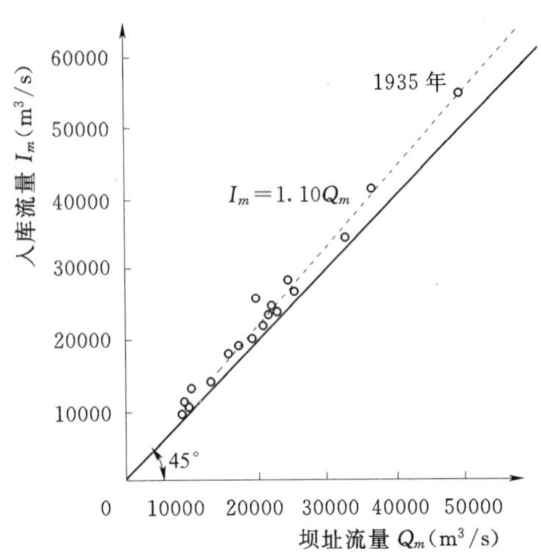

图 7－13　丹江口水库入库洪峰流量与坝址洪峰流量关系

三、入库洪水与坝址洪水的关系

坝址洪水可由坝址水文站实测资料计算，相应的入库洪水可由入库径流合成法、马斯京根演算法等计算，从而可建立入库洪水与坝址洪水的关系，如图 7－13 所示，为丹江口水库入库洪峰流量与坝址洪峰流量关系。除此之外，还有不同时段的洪量关系。根据这些关系，则可很容易地将坝址洪水转化为入库洪水，或将入库洪水转化为坝址洪水，以插补延长入库洪水或坝址洪水系列；或将坝址设计洪水转化为入库设计洪水。

四、入库设计洪水的计算

我国规范规定，水利水电工程设计一般采用坝址设计洪水，但对于水库工程，若建库后可能使入库洪水显著不同于坝址洪水，则应以入库设计洪水作为设计依据。此时，可采用下述方法进行计算。

1. 频率计算法

作为推求入库设计洪水来说，该法的关键，就是采取一切可能的办法，如上面所说的入库径流合成法、马斯京根演算法、入库洪水与坝址洪水关系法等，获取一个包括历史特大洪水资料的长期的有代表性的入库洪水系列，如年最大入库洪峰流量系列、年最大入库洪水一日洪量系列等，然后采用类似第二节的频率计算方法，推求各种标准的入库设计洪峰、洪量；再应用类似第三节的典型洪水放大法推求入库设计洪水过程线。

2. 根据坝址设计洪水推求入库设计洪水

由于资料条件的限制，难以推算长期入库洪水系列时，可先计算坝址各设计标准的设计洪水，再用马斯京根演算法等将坝址设计洪水反演算为入库设计洪水；或通过入库洪水

与坝址洪水关系，将坝址的设计洪峰、洪量转化为入库洪水的设计洪峰、洪量，再把入库典型洪水放大，求得入库设计洪水过程线。

第六节　设计洪水地区组成分析

某设计断面的设计洪水，系由断面以上流域各个地区流来的洪水所组成，分析和确定组成设计洪水的各地区洪水的大小和过程，称设计洪水地区组成分析。例如图 7-14 所示，某水库 A 下游 B 处有一城市为该水库的保护对象，要求 B 处发生防洪标准 p 的洪水时，通过 A 库对其入库洪水的调节作用，使 B 处的洪峰流量不超过那里的安全流量。为此，必须分析 B 断面设计洪水中有多少来自 A 库以上地区、有多少来自区间 AB。由于暴雨在地区分布上具有随机性，使设计洪水的地区组成也有相当大的不确定性。即同一设计洪水可由各地区不同的洪水所组成。组成情况不同，水库的防洪效果将不同。因此，水利工程设计中，常常需要研究设计洪水的地区组成。

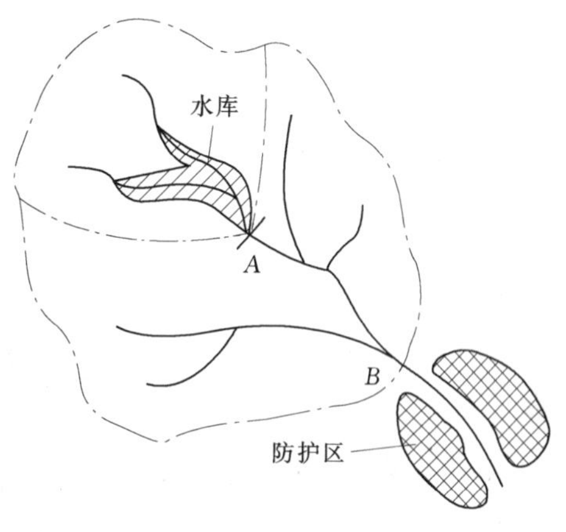

图 7-14　设计洪水地区组成分析示意图

设计洪水地区组成具有随机性，如何使确定的设计洪水组成既符合洪水组合规律，又能满足防洪标准的要求，是一个非常复杂的问题。下面介绍三种现在常用的方法，可结合流域洪水组成特征和工程特点选用。

1. 典型洪水地区分配法

该法是从设计断面实测洪水资料中选一次或几次在地区组成上有代表性的和对防洪不利的大洪水作典型，以设计断面的设计洪量为控制，按典型洪水各区洪量占设计断面洪量的比例，由设计洪量计算各区相应的洪量和洪水过程。

该法简单、直观，比较适用于分区较多、组成较为复杂的情况。但如何使选择的典型洪水地区组成上有代表性，是一个比较复杂的问题，必须根据实测资料，并结合历史洪水调查资料，对流域内洪水地区组成的规律性进行综合分析。分析时，应着重流域的大暴雨、大洪水地区分布规律、设计断面洪水与上游各断面相应洪水的峰量关系等。综合分析基础上，拟定几个不同地区来水为主的计算方案，并经调洪计算，从中选定可能发生而又能满足工程设计要求的设计洪水地区分配成果。

2. 同频率控制地区组成法

同频率控制地区组成法是根据防洪要求，指定某一分区出现与下游设计断面同频率的洪量，其余各分区为按水量平衡原理计算的相应洪量，该洪量再按实际典型的组成比例分配于各个地区。该法一般概括为下述两种组合方式：

(1) 当下游断面发生设计频率为 p 的洪水 $W_{下p}$ 时，上游断面也发生频率 p 的洪水 $W_{上p}$，而区间为相应洪水 $W_{区}$，即

$$W_{区}=W_{下p}-W_{上p} \qquad [7-16\ (a)]$$

（2）当下游断面发生设计频率为 p 的洪水 $W_{下p}$时，区间也发生频率 p 的洪水 $W_{区p}$，而上游断面为相应洪水 $W_{上}$，即

$$W_{上}=W_{下p}-W_{区p} \tag{7-16 (b)}$$

该法比较适合于某分区的洪水与下游设计断面的洪水相关关系较好的情况。上游断面的洪水到下游设计断面有一个河段传播时间，计算时必须给以考虑。

3. 相关法

统计下游设计断面各次较大洪水与相应的上游各分区洪水各种历时的洪量，点绘设计断面与上游断面、设计断面与区间某种历时洪量的相关关系。若关系良好，可通过点群中心以最小二乘原理绘制相关线，也可同时绘出上下外包线，借以推求对防洪偏于不利的组合情况。然后根据设计断面的设计洪量，由相关线上查得上游断面（或区间）的相应洪量，区间（或上游断面）洪量则由水量平衡原理推求，作为设计断面设计洪水的地区组成。

复习思考题

7-1　某水库位于某山区，初步规划库容为7亿～9亿m^3，坝型为土坝，下游有重要的工业区，试确定大坝等主要永久性建筑物的洪水设计标准和校核标准。

7-2　什么是“年最大值法”选样？年径流频率计算中为什么不存在如何选样的问题？

7-3　洪水频率计算与年径流频率计算相比，有何相似之处和特点？

7-4　某站有1950～1987年的连续实测资料，其中有一特大洪水，发生在1954年，洪峰流量为3700m^3/s，其余洪水均小于3000m^3/s。经调查，1870年还有一次更大的洪水，洪峰流量为4500m^3/s。1870～1950年的其他洪水均小于3500m^3/s。试用独立样本法和统一样本法计算1870年、1954年和实测系列中第二、第三位洪水的经验频率。

7-5　洪水频率计算中，为什么必须考虑特大洪水和对特大洪水进行处理？如何处理？

7-6　对设计洪水计算成果，为什么还要进行合理性检验？一般从哪些方面进行检验？

7-7　什么是分期设计洪水？如何计算？

7-8　什么是入库设计洪水？有哪些方法进行计算？

7-9　什么是设计洪水的地区组成？有哪些方法进行计算？

习　　题

7-1　某水文站实测的及延长后的年最大流量资料如表7-10所示，又调查1888年历史洪水的洪峰流量为6100m^3/s，是1888年至规划时（1958年）期间的首大洪水，1935年实测流量4900m^3/s为次大洪水。试推求 $p=0.1\%$的设计洪峰流量（按统一样本法计算经验频率，按矩法初估统计参数）。

表 7-10　　某水文站实测及插补延长的历年最大洪峰流量

年　份	年最大流量 (m^3/s)	年　份	年最大流量 (m^3/s)	年　份	年最大流量 (m^3/s)
1931	860	1941	400	1950	900
1932	553	1942	2880	1951	2200
1933	670	1943	91	1952	380
1934	1400	1944	600	1953	3400
1935	4900	1945	105	1954	1930
1936	2100	1946	1230	1955	1210
1937	920	1947	1340	1956	255
1938	1560	1948	360	1957	500
1939	1650	1949	322	1958	280
1940	512				

7-2　已经求得某水文站 $p=1\%$ 的洪峰流量、一日洪量及七日洪量分别为：$Q_{m,1\%}=2790m^3/s$，$W_{1d,1\%}=1.20$ 亿 m^3，$W_{3d,1\%}=1.97$ 亿 m^3 及 $W_{7d,1\%}=2.55$ 亿 m^3，并根据选择典型洪水的原则，选该站 1969 年 7 月一次洪水为典型，如表 7-11 所示。试按同频率放大法求该站 $p=1\%$ 的设计洪水过程线。

表 7-11　　某站 1969 年 7 月一次典型洪水过程　　单位：m^3/s

时间（日·时·分）	Q	时间（日·时·分）	Q	时间（日·时·分）	Q
4·0·00	80	6·4·0	470	8·0·0	270
4·12·00	70	6·8·0	334	8·4·0	330
5·0·00	120	6·11·0	278	8·11·0	249
5·4·00	260	6·20·0	214	9·0·0	140
5·12·00	1788	7·0·0	230	9·5·0	110
5·14·30	2150	7·5·0	250	9·13·0	99.3
5·15·30	2180	7·16·0	163	10·0·0	83.0
5·16·30	2080	7·19·0	159	10·10·0	88.1
5·21·0	1050	7·20·0	163	11·0·0	62.0
6·0·0	700				

第八章　流域产汇流计算

河川径流的形成过程在第二章已作过定性的描述，本章将进一步从定量上阐述降雨形成径流的计算原理和方法，它是以后学习由暴雨资料推求设计洪水，降雨径流预报等内容的基础。

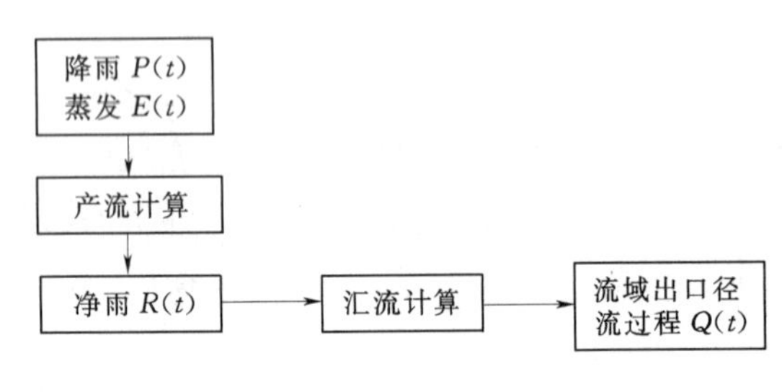

图 8-1　由降雨过程推求径流过程流程图

流域降雨形成流域出口的河川径流，大体分为两个过程：一是降雨经过截留、填洼、下渗等损失的过程。降雨扣除这些损失之后，剩下的部分称为净雨，这些分布在流域上的净雨，将形成流域出口的流量过程，因此，它在数量上等于它形成的径流深。在我国常称净雨量为产流量，降雨转化为净雨的过程为产流过程，净雨的计算称为产流计算；二是净雨沿地面和地下汇入河网，并经河网汇集成流域出口径流。这个过程称为流域汇流过程，与之相应的计算称汇流计算。两者结合起来，就是本章的名称——流域产汇流计算。它们之间的关系可简明地概括为如图 8-1 所示的流程图。该图指明，产流过程主要是雨水的垂向运动，其结果是分布在流域上的净雨过程；汇流则主要是净雨在水平方向的运动，其结果是出口断面的径流过程。净雨量与其产生的径流量相等，因此以后计算中，常用一个相同的符号 R 来表示，但讲净雨随时间的变化过程时，称为净雨过程，而不是出口的径流过程。这点读者必须注意，不可混淆。

第一节　产汇流计算基本资料的整理分析

产汇流计算工作开始时，一般需要先对实测暴雨、径流和蒸发资料等分别做一定的整理分析，以便更好地在定量上研究它们间的因果关系和规律。

一、降雨资料的整理

产流计算中，需要计算与洪水对应的流域或区域平均雨量、各时段雨量和降雨强度等。在第二章都已叙述，但必须注意，降雨场次的划分一定要与洪水场次的划分相对应。如图 8-2 所示，当把洪水划分为两次时，暴雨也要相应地划分为两次，两两对应，即暴雨Ⅰ对应洪水Ⅰ，暴雨Ⅱ对应洪水Ⅱ。

二、径流资料的整理

1. 洪水场次划分及次洪水总径流深计算

对所挑选的洪水，可利用水文年鉴的洪水水文要素摘录表中的流量资料点绘出流量过

程线，如图 8-2 所示。在多数情况下，与本次降雨所对应的径流过程不仅包括本次降雨形成的地面、地下径流，而且还包括前期降雨的地下径流，如图中的虚线 ag 以下的水量，它表示如果没有这次降雨 I 时，河中仍有持续的径流，称为基流；另外，当本次洪水尚未退完又遇降雨时，还会有后期洪水混入，如图中的第二场洪水 Ⅱ。在计算一次降雨洪水时，应把这些非本次降雨产生的径流都划分出去，称洪水场次划分。由图可知，如果能求得退水曲线 ag 和 $ca'df$，便能求得降雨 I 所形成的洪水总量 W_r，即 $abca'df$ 线与 agf 线所包的面积。但实际上 f 和 g 两点会滞后很长很长的时间，故 W_r 不宜按退水曲线直接求得。比较实用的方法，是利用地下径流退水曲线相当稳定的性质来推求。近似认为前期降雨所形成的在 a 点以后的地下径流过程线 ag 与 a' 点（与 a 点同流量）以后的 $a'df$ 线趋势一致，即 ag 线向后平移至 t_a' 的一段时间便可与 $a'df$ 线相重合。由此不难从图上看出 W_r 可改用以下方法计算：过起涨点 a 作水平线，交本次洪水的退水过程线 a' 点上，则 $t_aabca't_a't_a$ 包围面积所代表的水量就等于 W_r，将 W_r 除以流域面积 F，即得这次降雨形成的总径流深 R，它包括地面径流深和地下径流深，即

$$R=\frac{W_r}{F} \tag{8-1}$$

在上述计算中，一定要注意起涨点 a 应比较低，才能保证 a 点的流量全为地下径流，这样才可能保持在同样的流量下有相同的退水过程，使 $t_aagt_a't_a$ 所包围面积与 $t_a'a'dfgt_a'$ 所包围面积相等。否则，若 a 点过高，其流量可能包含有地面径流成分，使 a 点和 a' 点以后的退水过程线不一致，于是上面所说的那两块面积就可能不相等。若遇这种情况，如图 8-2 所示中的第三个峰，则不宜单独作为一场洪水，应与前面的第二个峰一起作为第二场洪水Ⅱ。

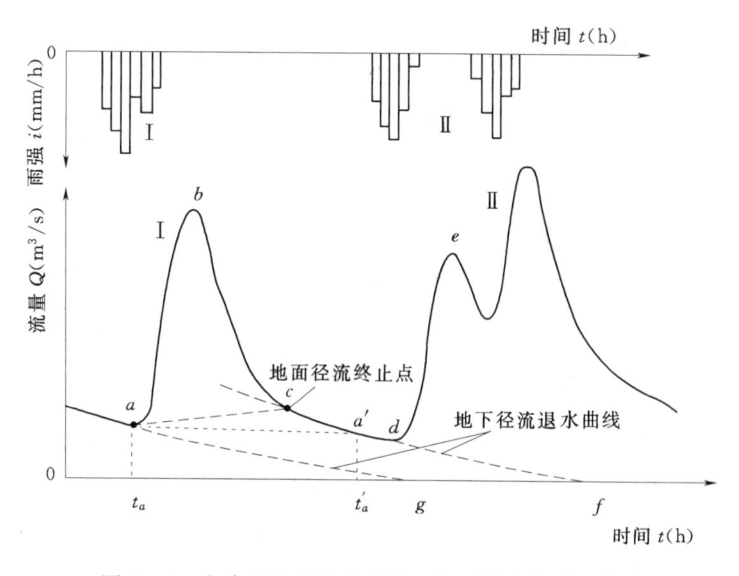

图 8-2　次降雨径流划分及地面地下径流分割示意图

2. 地面地下径流分割及计算

上面得到的总径流还要进一步分割为地面径流和地下径流，以便分别研究它们的产汇流规律。径流分割的方法有多种，如水平分割法、斜线分割法等，但都不够成熟，此处仅

介绍一种应用广泛的斜线分割法。

斜线分割法，如图 8-2 所示，就是从实测流量过程线的起涨点 a 到地面径流终止点 c 连一斜线 ac，近似作为洪水期间实际的地下径流上涨过程，该线即地面地下径流分割线，它的上面部分为地面径流，下面部分为地下径流。c 点常用流域地下径流标准退水曲线（如图 8-3 所示中的下包线 $Q_g \sim t$）来确定。即将绘在透明纸上的标准退水曲线蒙在被分割洪水的退水段上（注意两图的比例尺要一致），使横坐标重合，然后左右移动，当透明纸上的退水曲线与洪水退水段的尾部吻合后，则两线前方的分叉点就是地面径流终止点，如图 8-2 所示中的 c 点。

洪水的退水流量来自流域蓄水的消退。在天然状况下，地面蓄水（如湖泊、河网等）消退较快，地下蓄水消退缓慢。如图 8-3 所示，是对许多次洪水消退过程综合的流域退水曲线，上面的曲线簇主要反映地面蓄水的消退，因降雨等因素的影响，各场洪水都不一致。下包线 $Q_g \sim t$ 反映地下蓄水消退，甚为稳定，称地下径流标准退水曲线。其绘制方法是：首先以相同的比例尺，在方格纸上绘出各场洪水的退水流量过程线；其次用一张透明纸先描绘出那一条最低的退水过程线，然后移到另一场洪水的次低的退水段，在保持时间坐标重合条件下左右移动透明纸，使方格纸上的退水过程线在后部与透明纸上的相重合，并把它也描绘在透明纸上，如此逐一描绘，就构成了图 8-3 的地下径流标准退水曲线 $Q_g \sim t$。

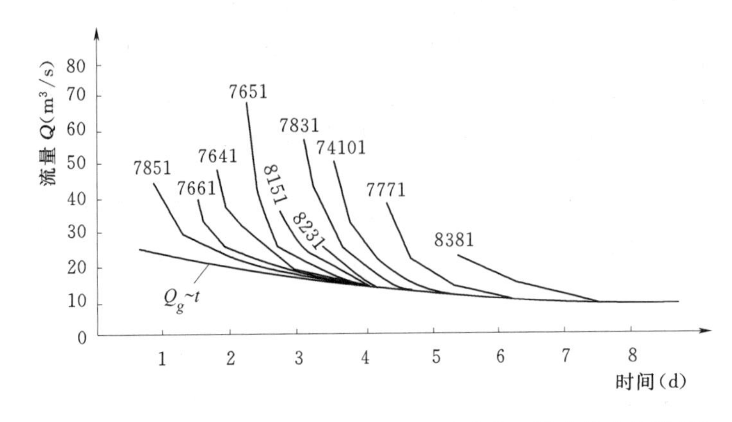

图 8-3　古田溪达才站地下径流标准退水曲线（图中数字为洪号）

地面、地下径流分割后，如图 8-2 所示，ac 线以上 $abca$ 所包围面积代表的水量即那次洪水的地面径流量 W_s，除以流域面积 F，得地面径流深 R_s

$$R_s = \frac{W_s}{F} \tag{8-2}$$

从前述方法式（8-1）计算的总径流深 R 中减去 R_s，即得相应洪水的地下径流深 R_g

$$R_g = R - R_s \tag{8-3}$$

三、蒸发资料的整理

流域蒸散发将直接影响流域土壤蓄水量的大小，从而又影响径流量的大小，所以，计算流域蒸散发是很重要的，一般由实测的水面蒸发资料估算。

实验表明，流域蒸散发规律与第二章讲的土壤蒸发规律很相似。在一定气象条件下，流域日蒸散发量 E_t 基本上与土壤蓄水量 W_t 成正比，即

$$E_t=\frac{W_t}{W_m}E_{m,t} \tag{8-4}$$

式中　E_t——第 t 日的流域蒸散发量，mm；

W_t——第 t 日开始时的流域蓄水量，mm；

W_m——流域蓄水容量，mm，等于流域平均最大缺水量，由实测雨洪资料按后面式（8－7）估算，或用优选法确定；

$E_{m,t}$——第 t 日的流域日蒸散发能力，mm，即土壤充分湿润（$W=W_m$）时的流域日蒸散发量。

$E_{m,t}$决定于第 t 日的气象条件，实验表明与当日的水面蒸发器实测蒸发量 $k_{w,t}$有密切关系，可由下式计算

$$E_{m,t}=E'_{m,t}k_{w,t} \tag{8-5}$$

式中　$E'_{m,t}$——第 t 日的水面蒸发器蒸发量，mm，一般取 E_{601}型或 80cm 套盆式水面蒸发器的观测值；

$k_{w,t}$——$E'_{m,t}$折算成流域蒸散发能力的系数，对于一定的蒸发器和一定的流域，将随季节而变，可参考附近地区的数值或通过优选求得。

将式（8－5）代入式（8－4）得

$$E_t=\frac{W_t}{W_m}k_{w,t}E'_{m,t} \tag{8-6}$$

在实际产流计算中，便可依该式由实测水面蒸发资料计算各日的流域蒸散发量。

影响流域蒸发的因素甚多，这里学习的是一种最基本的流域蒸散发计算模式，或称单层蒸发模式。此外，在流域降雨径流预报中，还常常应用更为复杂的三层蒸发模式，更好地模拟流域蒸发，以提高预报精度。

第二节　前期流域蓄水量及前期影响雨量的计算

降雨开始时流域是干旱还是湿润，对此次降雨产生径流的多少影响极大。因此，在产流计算中一般都要考虑这一因素。流域的干湿程度常用流域蓄水量 W 或其象征性指标——前期影响雨量 P_a 表示，本节介绍它们的常用算法。

一、前期流域蓄水量 W 的计算

流域蓄水量，这里主要是指流域中降雨能够影响的土层内土壤含蓄的吸着水、薄膜水和悬着毛管水，不包括重力水，是土壤能够保持而不在重力作用下流走的水分。它在雨后由于流域蒸散发而消耗，不能形成径流，但它对产流却有重要影响。降雨一定时，雨前流域蓄水量大，损失小，则净雨多，径流大；反之，则净雨少，径流也小。

流域中某一地点，在天然状态下，影响土层的蓄水量 W'将有两种极限情况：一是长期无雨，土壤十分干燥，蓄水量降至最小值。这时的含水量本不为零，但为计算方便，类似假定高程基准面，规定这种情况的蓄水量为零。再是充分湿润时，蓄水量（不包括重力水）达最大值，按照上面规定的零点，其值将等于田间持水量与最小蓄水量之差，是该点土壤蓄水的上限，称作该点的蓄水容量 W'_m。该点的实际蓄水量 W'将变化在 $0\sim W'_m$之间。

流域上各点的蓄水容量 W'_m 是不同的，可从零变化到点最大蓄水容量 W'_{mm}，其平均值以 W_m 表示，称流域蓄水容量。显然，当流域蓄水量 $W=0$ 时，一次降雨可能发生的最大损失量就是把它蓄满。所以，也称它为最大损失，过去常称最大初损，人们常常利用这一概念来确定 W_m。其作法是：从以往的长期记录中选择久旱无雨，流域极为干旱（$W\approx0$）时，又遇大雨，雨后能使影响土层蓄满（$0\longrightarrow W_m$）的降雨径流资料来推求 W_m，其计算式为

$$W_m=P-E-R \tag{8-7}$$

式中　W_m——流域蓄水容量，mm；

P——流域平均降雨量，mm；

R——P 产生的总径流深，mm；

E——雨期蒸发，mm，如降雨历时短可以忽略不计。

一个流域的蓄水容量是反映该流域蓄水能力的基本特征，比较稳定。我国大部分地区的经验证明，W_m 一般约为 80～120mm。例如，广东省取 95～100mm，湖北省取 70～110mm，陕西省取 55～100mm，黑龙江省取 140mm 等。流域的实际蓄水量将变化在 $0\sim W_m$ 之间。

实际上，几乎都没有实测的流域土壤含水量资料，而是通过间接计算来推求前期流域蓄水量 W。根据流域影响土层的水量平衡方程可得

$$W_{t+1}=W_t+P_t-R_{P,t}-E_t=W_t+P_t-R_{P,t}-\frac{W_t}{W_m}k_{w,t}E_{w,t} \tag{8-8}$$

式中　W_t、W_{t+1}——第 t 天和第 $t+1$ 天开始时的流域蓄水量，mm；

P_t——第 t 天的降雨量，mm；

$R_{P,t}$——P_t 产生的总径流深，mm，或由实测径流资料计算，或由后面讲的降雨径流相关图法推求；

其他符号的意义和单位同前。

按式（8-8）由 P、R、E_w 资料逐日连续计算，便可求得各日的流域蓄水量 W。作为一例，见表 8-1。该表中 $W_m=120$mm，$k_{w,t}=1.0$（5 月份取为常数），$R_{P,t}$ 按实测的降雨 P_t 和计算的 W_t 由下节讲的降雨径流相关图法求得。

表 8-1　前期流域蓄水量 W 计算示例　　单位：mm

月·日	P_t	$E_{w,t}$	E_t	$R_{P,t}$	W_t	备　注
(1)	(2)	(3)	(4)	(5)	(6)	(7)
5·14	0	9.8	1.55	0	18.9	①$W_m=120$mm； ②$k_{w,t}=1.0$； ③5 月 14 日开始时刻的 W_t 为 18.9mm，是由前面资料计算得到的
5·15	0	9.1	1.32	0	17.4	
5·16	3	8.9	1.19	0.07	16.1	
5·17	4.2	8.2	1.12	0.13	17.8	
5·18	10.3	7.7	1.33	0.51	20.7	
5·19	15.1	7.2	1.75	1.10	29.1	
5·20	0	7.4	2.55	0	41.4	
5·21	63.2	3.6	1.16	11.15	38.8	
5·22	56.8	3.2	2.39	26.73	89.7	
⋮	⋮	⋮	⋮	⋮		

按式（8－8）计算流域蓄水量，概念明确，精度比较高，但计算工作量大，多用于水文预报。对于设计情况，简便起见，常用前期影响雨量 P_a 作为衡量流域干湿程度的指标，以反映流域蓄水量的大小。

二、前期影响雨量 P_a 的计算

P_a 的计算公式有多种，这里介绍的是目前我国比较常用的一种，其算式为

$$P_{a,t+1}=k_a(P_{a,t}+P_t) \tag{8-9(a)}$$

且控制

$$P_{a,t+1}\leqslant W_m \tag{8-9(b)}$$

式中　$P_{a,t}$、$P_{a,t+1}$——第 t 天、$t+1$ 天开始时的前期影响雨量，mm；

P_t——第 t 天的流域降雨量，mm；

k_a——流域蓄水的日消退系数，各月可近似取一个平均值，由下式估算

$$k_a=(1-\overline{E}_m/W_m) \tag{8-9(c)}$$

式中　$\overline{E}_m$——流域月平均日蒸散发能力。

用式（8－9）计算 P_a 是很容易的，取连续大暴雨后的 P_a 等于 W_m，由此向后逐日推算，便可求得逐日的 P_a。现举一例，如表 8－2 所示。某流域经分析求得 W_m=100mm，5 月多年平均的流域日蒸散发能力为 5.0mm，6 月为 6.2mm，由此算得

5 月　　$k_{a,5月}=1-\overline{E}/W_m=1-5/100=0.950$

6 月　　$k_{a,6月}=1-6.2/100=0.938$

表 8－2　　**P_t 计算示例**

月·日	P_t (mm)	K_a	P_a (mm)	备　注
(1)	(2)	(3)	(4)	(5)
5·18	78.2	0.950		
5·19	35.6			
5·20	10.1		100	
5·21	1.2		100	
5·22			96.3	
5·23			91.5	
5·24			87.0	
5·25			82.6	
5·26			78.5	①W_m=100mm；
5·27			74.5	②$K_{a,5}$=0.950；
5·28			70.7	$K_{a,6}$=0.938；
5·29	11.3		67.1	经过 5·18、19 日大雨后，
5·30	0.5		74.5	20 日 P_a 达 W_m
5·31			71.2	
6·1		0.938	67.6	
6·2	7.6		63.4	
6·3	32.6		66.5	
6·4	16.0		93.0	
6·5			100	
⋮	⋮		⋮	

5 月 18～19 日这两天雨量很大，并从流量资料看出产生了洪水，可以认为 P_a 已达到 W_m，故取 20 日开始时的 P_a 为 100mm，其后逐日的 P_a 按式（8－9）计算。例如 5 月 21 日 P_a＝ 0.950(100＋10.1）＞100mm，故取 P_a＝100mm；5 月 22 日 P_a＝0.950（100＋1.2）＝96.3mm，以后依次类推，结果列于表 8－2 第（4）栏。

第三节　降雨径流相关图法计算净雨

将影响径流深 R 或 R_s 的因素，如降雨量、流域蓄水量 W 或前期影响雨量 P_a、降雨历时 T 或降雨强度 i 等，按相关分析法，可根据以往的资料建立它们与 R 之间的关系图，如图 8－4、图 8－5 所示等，是不同流域的相关图。这些相关图反映了这些流域的产流规律，因此，当已知 P、W（或 P_a）等因素时，就可由该图计算出相应的产流量 R 或 R_s。这种图按作法的不同可分为两类：一类是按 R 或 R_s 与其影响因素的关系，直接点绘的相关图，它没有固定的数学模型，一般称为经验的降雨径流相关图；再是根据蓄满产流数学模型建立的总径流深 R 的相关图及相应的地面地下净雨计算方法，称蓄满产流模型法。

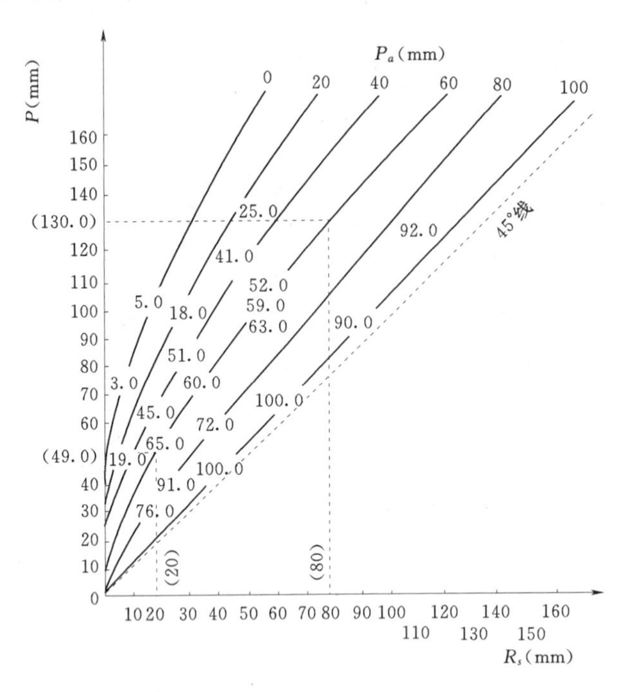

图 8－4　某流域三变量降雨径流相关图

一、降雨径流经验相关图法

随着各流域的条件不同，相关图中考虑的影响因素的多少亦有很大差别。其中，比较简单的是三变量相关图，比较复杂的则有四变量、五变量等相关图。

1. P～P_a～R_s 三变量相关图法

图 8－4 是某流域的 P～P_a～R_s 相关图。该图的绘制方法很简单，以次降雨量 P 为纵坐标，以相应的地面径流深 R_s 为横坐标，有一场洪水，便可按对应的 P、R_s 在图上描绘

一个点（图中的小数点），并把它的 P_a 值标注在点旁，如图中各点所注的数字，然后按点群分布趋势，遵循下述规律，照顾多数点子，绘出以 P_a 为参数的等值线，这就是该流域以 P_a 为参数的降雨地面径流相关图。从降雨径流成因分析，该图应符合下列规律：①P 相同时，P_a 越大，损失愈小，R_s 愈大，故 P_a 等值线的数值是自左至右逐渐增大的；②P_a 相同时，P 愈大，损失相对于 P 愈小，dR_s/dP 愈大，$P\sim R_s$ 线的坡度随 P 增大而减缓，但也不应小于 45°，这是因为降雨总有下渗等损失，dR_s 总要小于 dP。相关图作好后，应从总体上进行评定，看其精度是否达到了设计或预报的要求。如果达到了，则该图即可用于以后的净雨计算或预报；否则，应检查原因采取措施，使之达到要求的精度。

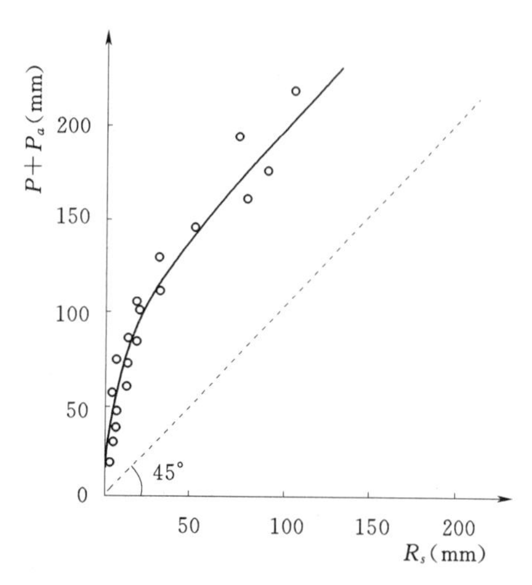

图 8-5　简化的降雨径流相关图 $P+P_a\sim R_s$

$P\sim P_a\sim R_s$ 相关图作好后，就可根据降雨过程及降雨开始时的 P_a 在图上查出要预计的净雨过程。假设在图 8-4 的流域上有一次降雨，降雨开始时的 $P_a=60$mm，第一时段降雨 49.0mm，第二时段降雨 81.0mm，则可在 $P_a=60$mm 的线上，查得 $P=49.0$mm 的 $R_{s1}=20.0$mm，$P=$（49.0+81.0）mm 的 R_s 为 80.0mm，由此进一步算出第二时段的净雨为 80.0 −20.0=60.0mm。如为多时段降雨，各时段净雨的查算方法可依此类推。若降雨开始时的 P_a 不在某一条等值线上，则用内插法查算。

有时会遇到降雨径流资料不多，相关点较少，按上法定线发生困难，此时可绘制简化的降雨径流相关图 $P+P_a\sim R_s$，如图 8-5 所示。因只绘一条曲线，就不觉得点子少了。

以 W 或 P_a 为参数的三变量相关图，一般只适用于我国湿润地区，对于干旱半干旱地区，除考虑 P_a 外，还要考虑降雨强度等因素建立更多变量的相关图。

2. 多变量降雨径流相关图

在干旱、半干旱地区，降雨强度也是影响产流的重要因素，此时应在以 P_a 为参数的降雨径流相关图基础上，再增加降雨历时、降雨发生月份等有关参数，制成更多变量的相关图。

二、蓄满产流模型法

从 20 世纪 60 年代开始，赵人俊等经过长期对湿润地区暴雨径流关系的研究，提出了蓄满产流模型以建立 $P\sim P_a\sim R_s$ 关系，计算总净雨过程以及确定稳渗率 f_c，划分地面、地下净雨，并不断加以改进。该法现已成为我国湿润地区产流计算的一个重要方法。

（一）蓄满产流模型的基本概念和计算原理

蓄满产流是指这样特定的产流模式，降雨使含气层（地表至潜水面间的土层）土壤达到田间持水量之前不产流，这时称“未蓄满”，此前的降雨全部用以补充土层的缺水量，不产生净雨；蓄满（土层水分达田间持水量）后开始产流，随后的降雨（除去雨期蒸发）全部变为净雨，其中下渗至潜水层的部分成为地下径流，超渗的部分成为地面径流。而且，因只有蓄满的地方才产流，故产流期的下渗为稳渗率 f_c。按这种模式产流的现象称

蓄满产流。在逻辑上与之对应的是不蓄满产流，即土层未达田间持水量之前，因降雨强度超过入渗强度而产流，它不以蓄满与否作为产流的控制条件，称这种产流方式为超渗产流。另外，还有两种产流并存的情况，将在后面讲述。

蓄满产流以满足含气层缺水量为产流的控制条件。就流域中某点而言，蓄满前的降雨不产流，净雨量为零；蓄满后才产流，产流量（总净雨量）可以很简单地用下面的水量平衡方程计算

$$R'=P-E-(W'_m-W') \tag{8-10}$$

式中 P、E——流域某点的降雨量和雨期蒸散发量，mm；

R'——该点有效降雨（$P-E$）产生的总净雨深，mm；

W'_m——该点的蓄水容量，mm；

W'——该点降雨开始时的实际蓄水量，mm。

上式是针对流域某一点的净雨计算方程。对于整个流域，因各点蓄满有早有晚，产流也有先有后，故流域产流计算时，还要考虑降雨开始时的流域蓄水分布情况（用流域蓄水容量分布曲线表示），求得各点缺水量在流域上的分布，与式（8－10）合解，得流域净雨深 R。

（二）流域蓄水容量曲线及降雨总径流相关图

流域各点（微面积）都有自己的蓄水容量 W'_m，如果将全流域各点的 W'_m 自小至大排列，计算出不大于某 W'_m 的面积 F_R，并以流域面积 F 的相对值 F_R/F 表示，则可绘出如图 8－6(a) 所示的 $W'_m \sim F_R/F$ 曲线，这就是上面所说的流域蓄水容量分布曲线，简称流域蓄水容量曲线。图中，W'_{mm} 为流域中最大的点蓄水容量，F_R/F 为不大于 W'_m 的面积占流域面积的比值。多数地区的经验表明，蓄水容量曲线的线型采用 b 次抛物线比较合适（也有采用幂函数形式的），即

$$\frac{F_R}{F}=1-\left(1-\frac{W'_m}{W'_{mm}}\right)^b \tag{8-11}$$

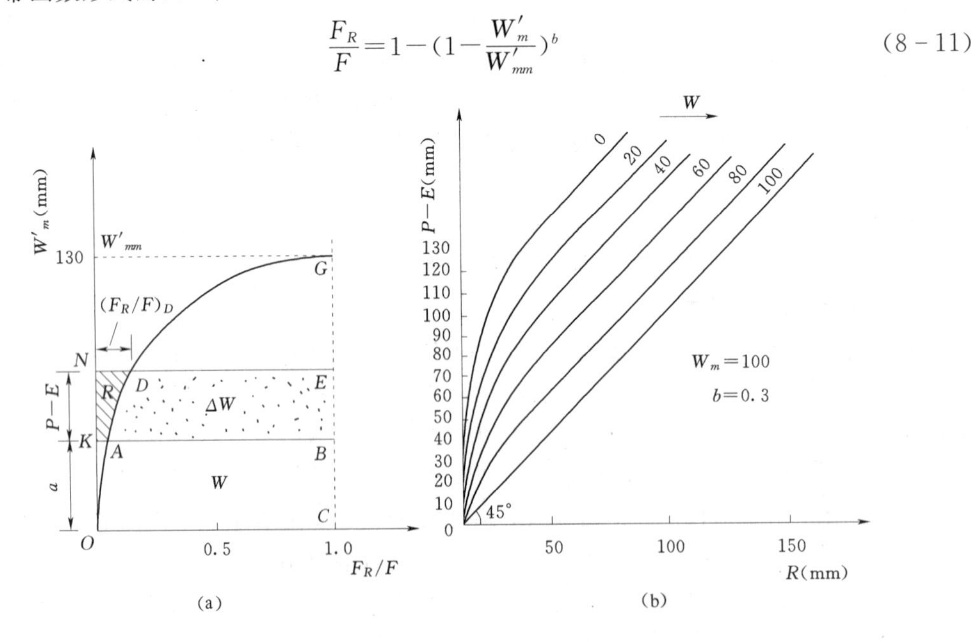

图 8－6 某流域蓄水容量曲线及降雨总径流相关图

(a) 蓄水容量曲线；(b) 降雨总径流相关图

根据流域蓄水容量 W_m 的定义，由式（8－11）可得

$$W_m = \frac{1}{F}\int_0^1 W'_m \mathrm{d}F_R = \int_0^1 W'_m \mathrm{d}\left(\frac{F_R}{F}\right) = \frac{W'_{mm}}{1+b} \tag{8-12}$$

而流域蓄水量 W，如图 8－6(a) 所示，应为

$$W = \int_0^a \left(1 - \frac{W'_m}{W'_{mm}}\right)^b \mathrm{d}W'_m \tag{8-13}$$

积分后，得与 W 相应的纵坐标 a 为

$$a = W'_{mm}\left[1 - \left(1 - \frac{W}{W_m}\right)^{\frac{1}{1+b}}\right] \tag{8-14}$$

有了蓄水容量曲线，配合点蓄满产流方程式（8－10）便可求得流域的降雨总径流相关图。现以图 8－6 为例说明如下：假设降雨开始的流域蓄水量为 W，反映在流域蓄水容量曲线图 8－6（a）上就是面积 OABCO。可以看出，A 点左边是蓄满的面积，各点蓄水量 W' 正好等于蓄水容量 W'_m；右边是未蓄满的面积，各点还缺（W'_m-W'）的水量未蓄满。此时，若全流域上降有效雨深（$P-E$），图中矩形面积 KNEBK 即为其总水量的体积。因为，在这里用 1.0 表示流域总面积，故此体积亦等于（$P-E$）。其中，在蓄水容量曲线 AD 段的右边为仍未蓄满的部分，打点的面积 ADEBA 代表这次降雨流域增加的蓄水量 ΔW，即这次降雨的下渗等损失。AD 线的左边为降雨过程中蓄满的部分，由于超蓄形成了净雨深 R，即图上阴影面积 KNDAK，等于点蓄满产流方程沿产流面积 $(F_R/F)_D$ 的积分，即

$$R = \int_0^{(F_R/F)_D} [P - E - (W'_m - W')]\mathrm{d}\left(\frac{F_R}{F}\right) \tag{8-15}$$

式中：$[P-E-(W'_m-W')]$ 为微面积 $d(F_R/F)$ 上的净雨深，在 KA 之间 $W'=W'_m$，故它等于 $P-E$；在 AD 之间，各点起始的蓄水量相同，皆为 $W'=a$，各点尚缺水量 W'_m-W'，故 $P-E$ 补充 W'_m-W' 后剩余的才是净雨，两者即图中的面积 KNDAK 代表的总净雨量 R。依此原理，设不同的（$P-E$），可求得各自的 R，于是可点绘出该 W 的（$P-E$）～R 关系曲线。仿此，每设一个 W，就有一条与之相应的（$P-E$）～R 线，将它们绘在一起，就成了如图 8－6(b) 所示的降雨总径流相关图（$P-E$）～W～R。实际工作中，为快速准确，则用式（8－15）导出的下述公式计算净雨和绘制（$P-E$）～W～R 相关图

当 $P-E+a \leqslant W'_{mm}$ 时

$$R = P - E - W_m + W + W_m\left(1 - \frac{P-E+a}{W'_{mm}}\right)^{1+b} \tag{8-16(a)}$$

当 $P-E+a > W'_{mm}$ 时

$$R = P - E - (W_m - W) \tag{8-16(b)}$$

式中：W、b 一定时，取不同的 W、（$P-E$）值，代入上式即可求得相应的 R，从而点绘出（$P-E$）～W～R 相关图。

从以上分析可知，影响相关图的参数有 W_m、b 和水面蒸发折算为流域蒸散发能力的系数 $k_{w,t}$。前两个显而易见；后者，由式（8－8）知，则是隐含在 W 中对 R 间接起作用。

当这些都确定之后，相关图（$P-E$）～W～R 也就确定了。通常用优选的方法确定这些参数。即使最后选定的参数所确定的相关图，用由实测降雨、蒸发资料推求的净雨深，与相应的实测径流深相比，模拟效果好，符合产流规律。例如，广东枫树坝流域，通过 47 场暴雨洪水资料优选得到的相关图参数为：$W_m=120$mm，$b=0.7$，1～6 月的 $k_{w,t}$ 为 1.1，7～9 月的为 0.9，10～12 月的为 0.8，合格（模拟的误差小于允许误差）的场数为 40 场，占总场数的 85.1%（称合格率）。

（三）应用降雨总径流相关图求总净雨过程

以上建立的降雨径流相关图反映了湿润地区产流的定量规律，既可用以由实测暴雨预报净雨过程，也可由设计暴雨推求设计净雨。其作法与应用经验降雨径流相关图求净雨类似：①按已定的 $k_{w,t}$，由式（8-8）计算 W_t；②计算各时段有效雨量（P_1-E_1）、（P_2-E_2）、（P_3-E_3）、…；③在参数为 $W=W_t$ 的（$P—E$）～R 线上查出（P_1-E_1）、（P_1-E_1）+（P_2-E_2）、（P_1-E_1）+（P_2-E_2）+（P_3-E_3），…的累积净雨深 R_1、（R_1+R_2）、（$R_1+R_2+R_3$）、…，如图 8-7 所示；④将时段末的 R 减时段初的，即得该时段的净雨深，例如 $R_1=R_1$、$R_2=$（R_1+R_2）$-R_1$、…，这就是所求的总净雨过程。

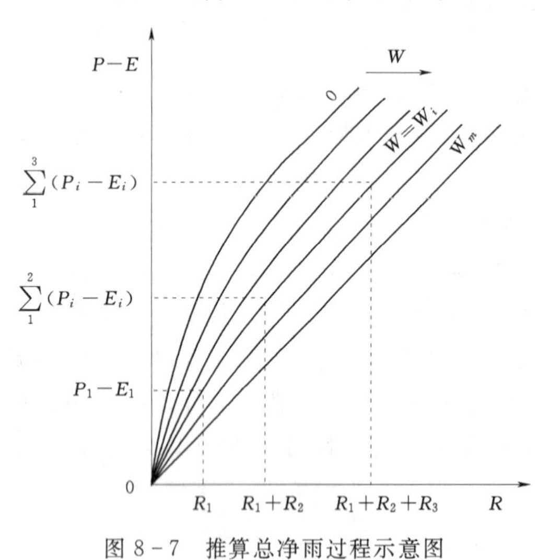

图 8-7　推算总净雨过程示意图

（四）稳定下渗率 f_c 的计算及地面、地下净雨划分

地面、地下径流的汇流特性不同，汇流计算要求把总净雨划分为地面净雨过程和地下净雨过程。根据蓄满产流的概念，只需求得稳渗率 f_c，便可将总净雨划分为地面，地下两部分。

1. 稳渗率 f_c 的计算

按照蓄满产流的概念，仅在蓄满的面积上才产生净雨，其中超渗的部分形成地面径流 R_s，稳渗的部分形成地下径流 R_g，这些都能由实测径流过程线分割求得。因此，可根据水量平衡原理，由实测的 P、R_s、R_g 反求 f_c。

设流域上有一场降雨，各时段雨量为 P_1、P_2、…、P_i、…、P_n，考虑雨期蒸发查降雨径流相关图得总净雨过程为 R_1、R_2、…、R_i、…、R_n，其中仅当（P_i-E_i）$>\Delta t_i f_c$ 时，才能产生地面净雨 $R_{s,i}$，其量显然为

$$R_{s,i}=R_i-\frac{F_{R,i}}{F}\Delta t_i f_c \tag{8-17}$$

将所有（P_i-E_i）$>\Delta t_i f_c$ 的那些时段（设为 m 个）的 $R_{s,i}$ 相加，其总和应等于这次降雨的地面径流深 R_s，即

$$R_s=\sum_1^m R_{s,i}=\sum_1^m R_i-\sum_1^m\frac{F_{R,i}}{F}\Delta t_i f_c \tag{8-18}$$

由蓄满产流概念知，第 i 时段产流面积 $F_{R,i}$ 上的降雨（P_i-E_i）全为径流，剩余面积（$F-F_{R,i}$）上的全为损失，故该时段的流域产流量为

$$R_i=(P_i-E_i)F_{R,i}/F \tag{8-19}$$

把式（8-19）代入式（8-18），整理后即得 f_c 的计算公式

$$f_c=\frac{\sum_1^m R_i-R_s}{\sum_1^m \frac{R_i}{P_i-E_i}\Delta t_i} \tag{8-20}$$

式中仅 f_c 和 m 为未知数，结合暴雨过程试算便可确定。方法是：参照降雨过程试设超渗雨时段数 m，计算这些时段的 $\sum_1^m R_i$ 和 $\sum_1^m [R_i/(P_i-E_i)]\Delta t_i$，代入式（8-20），便可计算出一个 f_c。依此检查超渗雨时段和非超渗雨时段，若与假设相符，f_c 即为所求；否则重新试算，现进一步举例说明。

【例 8-1】 某流域有一次降雨，如表 8-3 第（1）、第（2）、第（3）栏所列，并由其流量过程线求得总径流深 $R=120.5$mm，地面径流深 $R_s=95.7$mm，地下径流深 $R_g=24.8$mm，试求 f_c。

表 8-3　　计算 f_c 及划分地面地下净雨举例

时段序号	时段长度 Δt_i (h)	(P_i-E_i) (mm)	R_i (mm)	$\frac{R_i}{P_i-E_i}$	$\frac{R_i}{P_i-E_i}\times\Delta t_i$	按 $f_c=2.3$mm/h 划分地面地下净雨 (mm)		
						$\Delta t_i f_c$	$R_{g,i}$	$R_{s,i}$
(1)	(2)	(3)	(4)	(5)	(6)	(7)	(8)	(9)
1	5	14.5	9.6	0.662	3.3	11.5	7.6	2.0
2	1	4.6	3.7	0.805	0.81	2.3	1.9	1.8
3	3	44.4	44.4	1	3	6.9	6.9	37.5
4	1	46.5	46.5	1	1	2.3	2.3	44.2
5	2	14.8	14.8	1	2	4.6	4.6	10.2
			$\Sigma=119$		$\Sigma=10.11$			
6	2	0	0	0	0	4.6	0	0
7	4	1.1	1.1	1	4	9.2	1.1	0
8	6	0.4	0.4	1	6	13.8	0.4	0
合计		126.3	120.5				24.8	95.7

（1）从降雨径流相关图上求得各时段净雨深 R_i，如表中第（4）栏，其总和应与实测的总径流深相等。如果不等，则应以实测值为准予以修正。

（2）根据降雨强度的大小变化情况，假设超渗雨时段为 1～5 时段，即 $m=5$，将表中有关数值代入式（8-20），得

$$f_c=\frac{\sum_1^m R_i-R_s}{\sum_1^m \frac{R_i}{P_i-E_i}\Delta t_i}=\frac{119.0-95.7}{10.11}=2.3\text{ mm/h}$$

按该 f_c 计算各时段的 $\Delta t_i f_c$，与（$P_i - E_i$）对比，可见超渗雨时段正好是1～5时段，非超渗雨时段为6～8时段，与假设相符，故 $f_c = 2.3$mm/h 即为所求。

对各场洪水计算 f_c，综合分析后便可确定流域的 f_c 值。实际工作中，会遇到各场洪水的 f_c 变化较大，这主要是流域降雨很不均匀和各地降雨过程不一致所造成，若能考虑这一点，则可使流域的 f_c 比较稳定。例如，广东省枫树坝水库，集水面积5150km^2，f_c 的变化范围为1.0～1.9mm/h，取多数情况，可将 f_c 定为1.2mm/h。

2. 地面地下净雨的划分

f_c 确定之后，可按下述方法划分地面、地下净雨：

（1）计算各时段的 $\Delta t_i f_c$，与时段有效降雨（$P_i - E_i$）对照，判定哪些属超渗雨时段，哪些属非超渗雨时段。

（2）对非超渗雨时段，（$P_i - E_i$）$\leqslant \Delta t_i f_c$，净雨全为地下净雨，故

地下净雨 $$R_{g,i} = R_i \qquad [8-21(a)]$$

地面净雨 $$R_{s,i} = 0 \qquad [8-21(b)]$$

（3）对于超渗雨时段，（$P_i - E_i$）$> \Delta t_i f_c$，产流面积上的下渗按 f_c 进行，故

地下净雨 $$R_{g,i} = \frac{F_{R,i}}{F} \Delta t_i f_c = \frac{R_i}{P_i - E_i} \Delta t_i f_c \qquad [8-22(a)]$$

地面净雨 $$R_{s,i} = R_i - R_{g,i} \qquad [8-22(b)]$$

现继续上例（表8-3），按 $f_c = 2.3$mm/h 求地面、地下净雨过程，结果见表中第（8）、第（9）栏。

为了简化，设计时也有把 f_c 作为全流域平均的稳渗率进行计算的。即将 R_i 与 $\Delta t_i f_c$ 相比较，当 $R_i \leqslant \Delta t_i f_c$ 时，R_i 全为地下净雨，$R_{g,i} = R_i$，$R_{s,i} = 0$；当 $R_i > \Delta t_i f_c$ 时，全流域按 f_c 下渗，$R_{g,i} = \Delta t_i f_c$，$R_{s,i} = R_i - R_{g,i}$。

上述蓄满产流模型，在总净雨 R 划分上，还设想通过自由水和张力水水库调节，把它划分为地面径流、壤中流和深层地下径流三种成分，可使计算精度得到进一步提高。

第四节　初损后损法计算地面净雨

一、基本原理

如图8-8所示，图中 $i \sim t$ 为降雨过程线，$f \sim t$ 为下渗曲线，可见降雨时，无论土层是否蓄满，只要 $i > f$ 就形成产流。但产流量在这里只是超渗雨量（i 超过 f 的部分），即地面净雨，等于地面径流量。至于地下产流，还应另行处理。这里的 $f \sim t$ 中还包括一些其他损失，如植物截留、填洼等，但数量不大，故将其一起并入 f 考虑。

初损后损法将下渗损失过程简化为初损、后损两个阶段，如图8-8所示。降雨开始到出现超渗产流，这一段称作初损阶段，历时记为 t_0。这阶段的降雨全部损失，用 I_0 表示，称为初损。产流以后的降雨期为后损阶段，损失能力比初损阶段有所下降，并趋向稳定，该阶段的损失用超渗历时 t_s 内的平均下渗能力 $\overline{f}$（图中 t_s 内的水平虚线）来计算。当时段内 $i > \overline{f}$ 时，按 $\overline{f}$ 入渗，净雨量为 $P_i - \overline{f} \Delta t$；反之，$i \leqslant \overline{f}$ 时，按 i 入渗，如图中的 P'，全损失了，净雨等于零。依水量平衡原理，一场降雨所形成的净雨深可用下式计算

$$R_s = P - I_0 - \overline{f} t_s - P' \tag{8-23}$$

式中　P——次降雨深，mm；

R_s——P 形成的地面净雨深，mm，等于地面径流深；

I_0——初损，mm，包括初期下渗，植物截留，填洼等；

t_s——后损阶段的超渗历时，h；

$\overline{f}$——t_s 内的平均下渗能力，mm/h，称平均后损率；

P'——后损阶段非超渗历时 t' 内的雨量，mm。

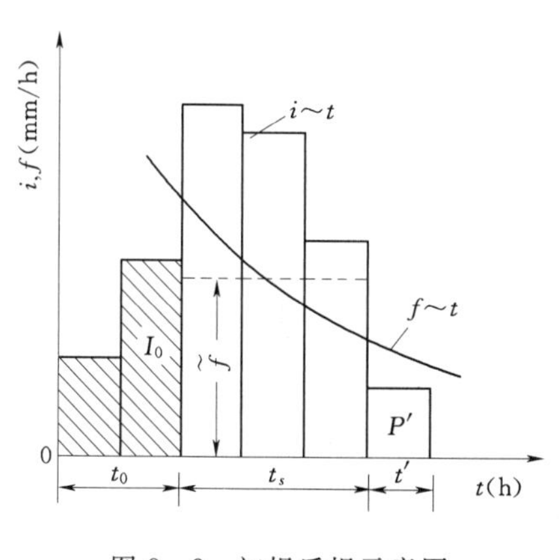

图 8-8　初损后损示意图

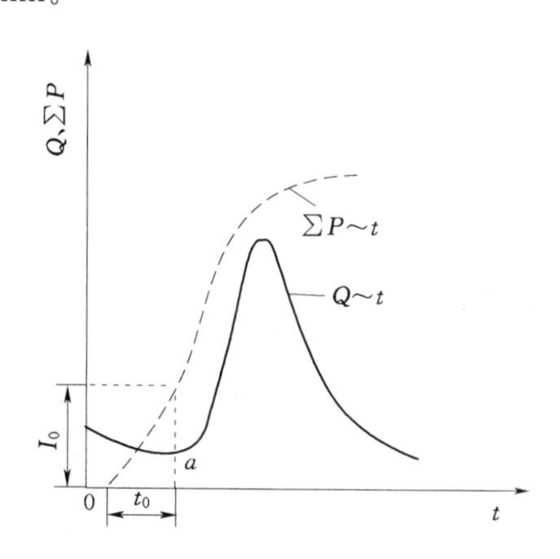

图 8-9　确定初损 I_0 示意图

各场暴雨的 I_0 及 $\overline{f}$ 并不相同，对于洪水预报及设计洪水计算，应通过实测暴雨洪水资料分析它们的变化规律，然后再依预报及设计的具体情况，应用这些规律，确定相应的 I_0 及 $\overline{f}$，进一步由降雨过程推算净雨过程。应注意，本节所说的净雨，都指地面净雨。

二、初损 I_0 的确定

1. 由实测资料分析各场洪水的初损 I_0

流域较小时，降雨各处基本一致，出口断面洪水过程线 $Q \sim t$ 的起涨点大体反映了产流开始的时刻。因此，如图 8-9 所示，在累积降雨过程线 $\sum P \sim t$ 上，起涨点 a 前的累积雨量就是初损 I_0。对于较大的流域，可在其中找小流域水文站，按上述方法确定 I_0。

2. 综合分析 I_0 的变化规律及应用

初损 I_0 主要受以下因素影响：首先是前期流域蓄水量 W_0（或前期影响雨量 P_a），雨前 W_0 大，流域湿润，I_0 就小；反之，流域干燥，I_0 就大。再是降雨初期的平均雨强 i_0 大，容易超渗，I_0 小；反之，I_0 大。还有季节变化的影响，月份 M 不同，土地利用情况和植被情况都不同，从而引起 I_0 的不同。因此，要根据流域的具体情况，选择适当的因素，建立它们与 I_0 的关系。例如图 8-10 所示就是湖南省沩水宁乡站流域的 $W_0 \sim M \sim I_0$ 关系曲线。利用此图于一次具体的降雨，W_0、M 等为已知，因此可在 I_0 的关系图上直接查出该次降雨的初损值 I_0。图 8-11 是青海省湟水部分流域 $W_0 \sim i_0 \sim I_0$ 关系曲线，对于一次具体的降雨，W_0 是已知的，i_0 因为与初损 I_0 的历时有关，需要结合降雨情况试算确定。试算方法是：首先假定一个初损 I_0，以实测的降雨过程求出初损历时 t_0，算出初损阶段平均雨强 i_0，然后由此 i_0 与已知的 W_0 查 $W_0 \sim i_0 \sim I_0$ 关系曲线，若查得的 I_0 与假定的

I_0 一致，则 I_0 即为所求的初损值，否则重新试算。

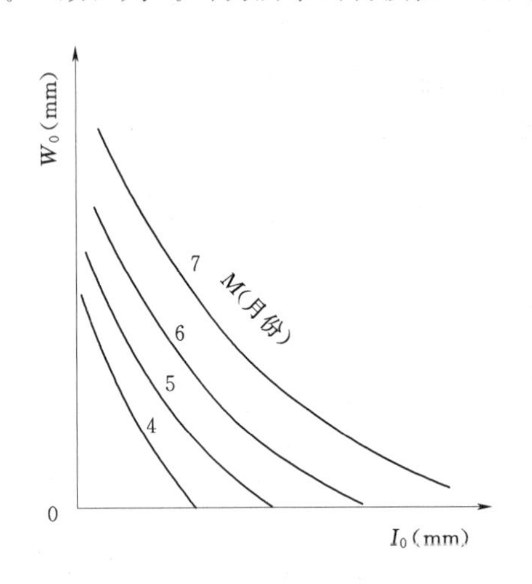

图 8-10 宁乡站流域初损曲线

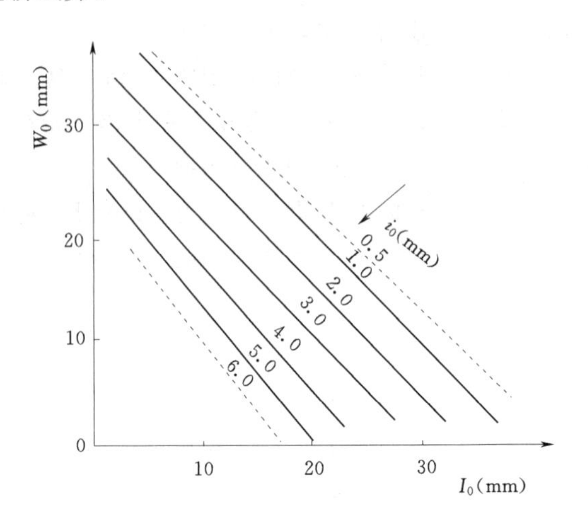

图 8-11 湟水部分流域初损曲线

三、平均后损率 $\overline{f}$ 的确定

1. 由实测资料分析各场洪水的 $\overline{f}$

由式（8-23）可导出平均后损率的计算式为

$$\overline{f}=\frac{P-R_s-I_0-P'}{t_s} \tag{8-24}$$

对于实测暴雨洪水，P、R_s、I_0 为已知，P'、t_s、$\overline{f}$ 均与降雨过程有关，可类似上节求稳渗率 f_c，按试算法求定。

2. 综合分析 $\overline{f}$ 的变化规律及应用

影响后损率 $\overline{f}$ 的因素主要有：前期流域蓄水量 W_0（或 P_a）、超渗历时 t_s、超渗期的雨量 P_{ts} 等。W_0 大，代表降雨开始时流域相当湿润，下渗已接近稳渗，故后期下渗能力比较小；反之，则大。后期超渗历时 t_s 愈长，入渗水量增多，入渗能力下降，$\overline{f}$ 降低；反之，$\overline{f}$ 会比较高。超渗期雨量 P_{ts} 大，对于一定的 t_s，反映雨强大，地面积水多，从而导致 $\overline{f}$ 增大；反之，$\overline{f}$ 减小。因此，可在分析每场洪水的 $\overline{f}$、W_0、t_s、P_{ts} 等因素的基础上，建立反映 $\overline{f}$ 变化规律的关系图或公式，例如图 8-12 就是湟水部分流域 $\overline{f}\sim P_{ts}\sim t_s$ 关系曲线。

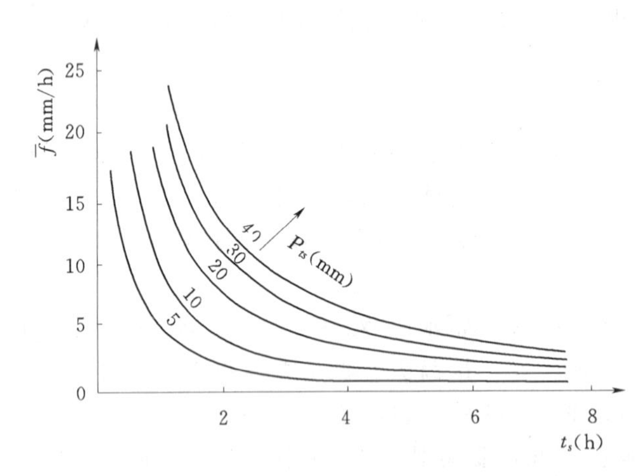

图 8-12 湟水部分流域 $\overline{f}\sim P_{ts}\sim t_s$ 关系图

对某一具体的暴雨求 $\overline{f}$ 时，W_0、I_0、降雨过程为已知，通过试算即可确定 $\overline{f}$。例如，使用 $\overline{f}\sim P_{ts}\sim t_s$ 关系图确定 $\overline{f}$，可按下面的步骤：①按上面介绍的方法确定该场暴雨的 I_0；②对 I_0 后的降雨，如图 8-8 所示，设 $\overline{f}$，可在降雨过程线上求得 P_{ts} 及 t_s，由 t_s、P_{ts} 再在

$\overline{f} \sim P_{ts} \sim t_s$ 图上查得一个$\overline{f}$，若与假设的相等，所设的$\overline{f}$即为所求。否则，重新试算。

四、推求地面净雨过程

有了初损 I_0、平均后损率$\overline{f}$的关系图之后，便可对已知的降雨过程采用初损后损法求地面净雨过程，例见表 8-4。由降雨开始时的 W_0 及降雨过程，结合 $W_0 \sim i_0 \sim I_0$ 关系图试算得 I_0=14.8mm，由所得的 I_0 再结合$\overline{f} \sim P_{ts} \sim t_s$ 关系图试算，得$\overline{f}$=3.5mm/h，从降雨开始累计至 10 时，降雨 14.8mm 为初损，列于第（3）栏。以后，如降雨强度大于 3.5mm/h，就按该值计算损失；如 $i \leqslant 3.5$mm/h 时，则按降雨多少损失多少计算，结果列于第（4）栏。将第（2）栏降雨减第（3）、第（4）栏损失值，得第（5）栏所示的地面净雨过程。

表 8-4　　初损后损法求地面净雨过程计算表　　单位：mm

日·时	P_i	I_0	$\overline{f}\Delta t_i$	$R_{s,i}$	备　注
(1)	(2)	(3)	(4)	(5)	(6)
1·7					
1·8	3.6	3.6			
1·9	4.7	4.7			
1·10	6.5	6.5			W_0=7.3mm；
1·11	10.3		3.5	6.8	i_0=4.9mm/h；
1·12	7.1		3.5	3.6	I_0=14.8mm；
1·13	4.2		3.5	0.7	P_{ts}=29mm
1·14	3.8		3.5	0.3	
1·15	3.6		3.5	0.1	
1·16	1.9		1.9	0	
合　计	45.7	14.8	19.4	11.5	

第五节　流域蓄满—超渗兼容产流模型法计算净雨

针对某一流域，其产流方式往往是既有蓄满产流也有超渗产流，如湿润地区中流域土层较厚的地方，久旱后遇暴雨时，一般会未蓄满就产流；干旱、半干旱地区流域中土层薄的地方或河流附近，较大的降雨也会出现蓄满产流，尤其半干旱、半湿润地区的流域，往往是两种产流方式兼而有之。针对这种事实，雒文生等（1992）提出蓄满—超渗兼容产流模型法计算净雨。该法经在河北、河南、内蒙古、陕西、湖北等省区应用，取得了很好效果。

一、基本概念与原理

针对流域（或单元区），尤其半干旱半湿润流域，蓄满、超渗产流并存的情况，考虑用流域下渗能力曲线与时段下渗容量分布曲线计算由于超渗产生的时段地面净雨量，用流域蓄水容量分布曲线计算下渗雨水中因超过蓄满状态而产生的时段地下净雨量，两者耦合在一起，如图 8-13 所示，就是所说的流域蓄满—超渗兼容产流模型。图中 $W' \sim \alpha$ 为流域蓄水容量曲线（α 表示不大于点蓄水容量 W'的面积与流域面积比），$F'_{\Delta t} \sim \beta$ 为时段下渗

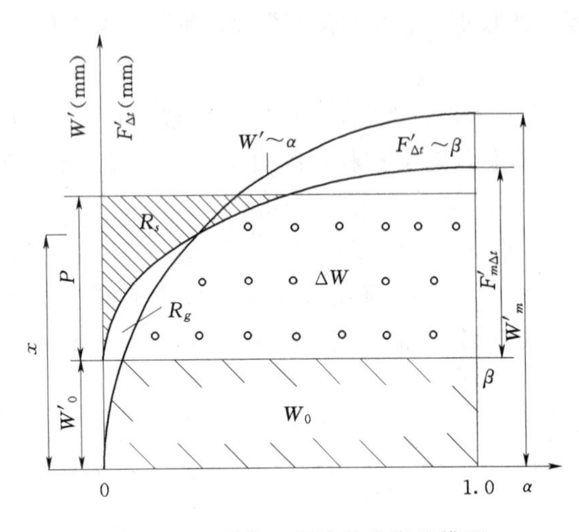

图 8-13　蓄满—超渗兼容产流模型净雨计算示意图

容量分布曲线（β表示不大于点时段下渗容量$F'_{\Delta t}$的面积与流域面积之比），P为时段有效雨量（即扣除蒸发后的雨量），W_0为P开始时的流域蓄水量，W'_0为相应W_0的点最大蓄水量，x为置于W_0上的$F'_{\Delta t}\sim\beta$线与$W'\sim\alpha$线的交点至α坐标的距离。由图可见：流域在Δt时段降有效雨量P时，超过$F'_{\Delta t}\sim\beta$的部分形成该时段的地面净雨深R_s（图中P间的阴影面积），下渗雨水中的超蓄部分形成地下净雨深R_g（图中P间的空白面积），剩余部分变为流域增蓄水量ΔW（图中P间打圈的面积），三者之和正好等于P。根据初始流域蓄水量W_0和降雨过程、蒸发过程，从降雨开始逐时段连续演算，即可求得该次降雨的流域地面、地下净雨过程和蓄水过程。

二、流域下渗能力曲线与时段下渗容量曲线

1. 流域下渗能力曲线

这部分内容在第二章学习过，这里选用 R. E. Horton 下渗公式表达

$$f=f_c+(f_0-f_c)\exp(-kt) \tag{8-25}$$

式中　f——t时刻的下渗能力；

f_c——稳渗率；

f_0——初始（$t=0$）下渗能力；

k——与土壤特性有关的指数。

参数f_c、f_0、k可由流域实测降雨径流资料确定。

2. 流域时段下渗容量

流域在$t\sim t+\Delta t$时段的下渗容量$F_{m\Delta t}$，等于式（8-25）在$t\sim t+\Delta t$间的积分值。某点的下渗容量以$F'_{\Delta t}$表示（其最大值为$F'_{m\Delta t}$），各地不同，$F_{m\Delta t}$在流域上的分布如图 8-13所示中的$F'_{\Delta t}\sim\beta$线，可以m次抛物线方程表示

$$\beta=1-(1-F'_{\Delta t}/F'_{m\Delta t})^m \tag{8-26}$$

由于Δt间流域平均的下渗容量$F_{m\Delta t}=\int_0^1 F'_{\Delta t}\mathrm{d}\beta$，可得流域相应的点最大时段下渗容量为

$$F'_{m\Delta t}=(m+1)F_{m\Delta t} \tag{8-27}$$

三、流域蓄水容量分布曲线

流域蓄水容量分布曲线如图 8-13 中的$W'\sim\alpha$线，表示流域各点蓄水容量W'（其最大值为W'_m）在流域上的分布情况，同式（8-11），这里表示为n次抛物线方程

$$\alpha=1-(1-W'/W'_m)^n \tag{8-28}$$

$$W'_m=(1+n)W_m \tag{8-29}$$

式中 α——流域中不大于 W' 的面积占流域面积的比例；

W_m——流域平均蓄水容量。

相应于初始流域平均蓄水量 W_0 的点最大蓄水量 W'_0，由图 8-13 可得

$$W'_0=W'_m[1-(1-W_0/W_m)^{\frac{1}{n+1}}] \tag{8-30}$$

四、流域蓄满—超渗兼容产流模型

该产流模型的基本结构如图 8-13 所示。由于各时段的有效雨深 P、相应的 W_0、$F'_{\Delta t}\sim\beta$ 不同，其地面净雨 R_s、地下净雨 R_g 及流域蓄水增量 ΔW 的计算，将依 $W'_0+F'_{m\Delta t}$ 与 W'_m、W'_0+P 与 x、W'_0+P 与 $W'_0+F'_{m\Delta t}$ 的关系不同而有不同的计算公式，依上述原理导出如下。

1. 当 $W'_0+F'_{m\Delta t}\leqslant W'_m$ 时

如图 8-13 所示，两条分布曲线有交点，它到 α 坐标的距离 x，由交点处的 $\alpha=\beta$、$x=W'=F'_{\Delta t}+W'_0$，可从式（8-26）、式（8-28）解得

$$x=W'_0+F'_{m\Delta t}(1-x/W'_m)^{\frac{n}{m}} \tag{8-31}$$

此时，产流计算又分为以下 3 种情况：

（1）$W'_0+P\leqslant x$ 时

$$R_s=\int_0^P\beta \mathrm{d}F'_{\Delta t}=P-F_{m\Delta t}[1-(1-P/F'_{m\Delta t})^{m+1}] \tag{8-32(a)}$$

$$\begin{aligned}R_g&=\int_{W'_0}^{W'_0+P}\alpha \mathrm{d}W'-\int_0^P\beta \mathrm{d}F'_{\Delta t}\\&=F_{m\Delta t}\ [1-\ (1-P/F'_{m\Delta t})^{m+1}]\ -\ (W_m-W_0)\ +W_m\left(1-\frac{W'_0+P}{W'_m}\right)^{n+1}\end{aligned} \tag{8-32(b)}$$

（2）$x\leqslant W'_0+P\leqslant W'_0+F'_{m\Delta t}$ 时

R_s 的计算同式［8-32(a)］

$$\begin{aligned}R_g&=\int_{W'_0}^{x}\alpha \mathrm{d}W'-\int_0^{x-W'_0}\beta \mathrm{d}F'_{\Delta t}\\&=F_{m\Delta t}\left[1-\left(1-\frac{x-W'_0}{F'_{m\Delta t}}\right)^{m+1}\right]-(W_m-W_0)+W_m\left(1-\frac{x}{W'_m}\right)^{n+1}\end{aligned} \tag{8-33}$$

（3）$W'_0+P\geqslant W'_0+F'_{m\Delta t}$ 时

$$R_s=P-\int_0^{F'_{m\Delta t}}(1-\beta)\mathrm{d}F'_{\Delta t}=P-F_{m\Delta t} \tag{8-34(a)}$$

R_g 计算同式［8-33(b)］ ［8-34(b)］

2. 当 $W'_0+F'_{m\Delta t}>W'_m$ 时（两条分布曲线没有交点）

（1）$W'_0+P\leqslant W'_m$ （8-35）

R_s、R_g 的计算同式［8-32(a)］、式［8-32(b)］

（2）$W'_m\leqslant W'_0+P\leqslant W'_0+F'_{m\Delta t}$

R_s 计算同式［8-32(a)］

$$R_g=P-R_s-(W_m-W_0) \tag{8-36}$$

（3）$W'_0+P\geqslant W'_0+F'_{m\Delta t}$

R_s 计算同［8-34(a)］

$$R_g = \int_0^{F'_{m\Delta t}} (1-\beta)\mathrm{d}F'_{\Delta t} - \Delta W = F'_{m\Delta t} - (W_m - W_0) \tag{8-37}$$

求得 R_s、R_g 之后，由水量平衡原理可进一步计算总净雨深 R 及该时段的蓄水增量 ΔW

$$R = R_s + R_g \tag{8-38}$$

$$\Delta W = P - R_s - R_g \tag{8-39}$$

该模型共有 7 类参数：f_c、f_0、k、m、W_m、n 和隐含在 W_0 中的流域蒸发能力折算系数 $k_{w,t}$。当这些参数率定之后，已知时段有效降雨 P 和 P 开始时的流域蓄水量 W_0，即可依该模型推求 R_s、R_g、ΔW 和时段末的流域蓄水量 W。其计算程序如下：①计算 W_0；②由式（8-30）计算 W'_0，同时由式（8-25）及 W_0 计算流域的时段下渗容量 $F_{m\Delta t}$，进而按式（8-27）算出 $F'_{m\Delta t}$，按式（8-31）算出 x；③根据 $W'_0+F'_{m\Delta t}$ 与 W'_m、W'_0+P 与 x 及 $W'_0+F'_{m\Delta t}$ 与 W'_m 的关系，选择相应的产流计算式（8-32）～式（8-39），即可求得该时段的 R_s、R_g、R 和 ΔW；④将 W_0 加上 ΔW，得下时段的 W_0，又可按上述步骤求得下时段的 R_s、R_g、R 和 ΔW。如此连续计算，得各时段的地面、地下净雨深及总净雨深。

第六节　流域汇流分析

流域降水在各点产生的净雨，经过坡地和河网汇集到流域出口断面，形成流域出口的径流过程，这个包括坡地和河网汇流的全过程称流域汇流。按净雨流至出口的途径和特性不同，如第二章分析，在汇流计算时，一般将它分为地面汇流和地下汇流。由地面净雨进行地面汇流计算，得流域出口的地面径流过程；由地下净雨作地下汇流计算，得出口的地下径流过程。两者叠加，得计算的流域出口的径流过程。

地面径流是洪水的主要成分，将是汇流计算的重点，第七、第八节都是讲地面汇流计算的。地下径流是洪水的次要成分，仅在本节作扼要介绍。

一、等流时线及其在地面汇流分析中的应用

流域各点的地面净雨流达出口断面所经历的时间 τ 称为汇流时间。流域上汇流时间的最大值，即最远点的净雨流到出口的历时，称流域汇流时间 τ_m。将流域上汇流时间 τ 相等的点连成一条曲线，就是这里所说的等流时线，如图 8-14 所示中标有 $1\Delta\tau$、$2\Delta\tau$、…的虚线（$\Delta\tau$ 为单位汇流时段长）。例如，$1\Delta\tau$ 线上 t 时刻的地面净雨，将在 $t+\Delta\tau$ 时刻同时流到出口。两条相邻等流时线间的面积称等流时面积，如图中依次标注的 F_1、F_2、F_3。等流时线是对地面汇流现象进行概化的一种设想，与实际情况有一定出入，但对于理解流域汇流的本质和原理都是非常有用的，有利于分析和处理许多汇流问题。另外，如果在此基础上进行某些修正，那么也还是一种很有用的汇流计算方法，例如美国至今还广

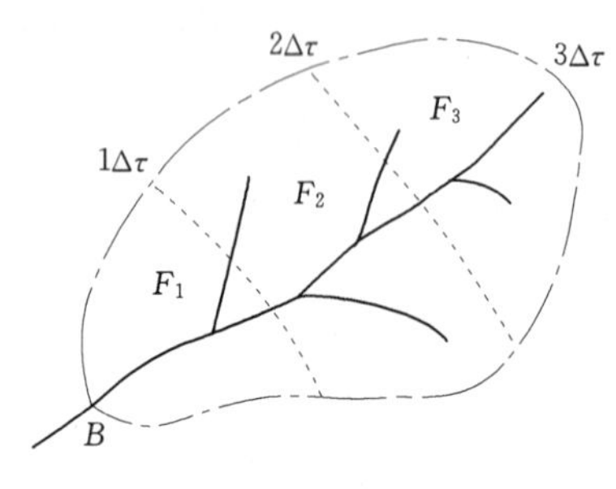

图 8-14　某流域等流时线示意图

泛应用的C.O.克拉克法就属此类。

下面只利用等流时线的概念，在不考虑流域调蓄作用下，分析图8-14流域上不同净雨情况下所形成的出口断面地面径流过程。根据地面净雨历时T_s的长短，分两种情况讨论。为计算上的方便，以下均取计算时段Δt等于汇流时段$\Delta\tau$。

1. 地面净雨历时等于一个汇流时段$T_s=\Delta\tau=\Delta t$

假设在图8-14所示的流域上有一次均匀的净雨，历时$T_s=\Delta t$，净雨深为R_s，净雨强度$i_s=R_s/\Delta t$，它在流域出口形成的地面径流过程，依等流时线原理可计算如下：

净雨开始$t=0$时，雨水尚未汇集到出口，故此时断面B的地面径流流量Q_0为零，即

$$Q_0=0$$

第一时段末$t=1\Delta\tau$时，最初降落在$1\Delta\tau$线上的净雨一面向下流动，一面沿途不断地汇集F_1上持续着的净雨，当它到达出口时（$t=1\Delta\tau$），正好汇集了F_1上沿途产生的地面净雨。因此，第一时段末出口B的地面径流流量Q_1为

$$Q_1=(R_s/\Delta t)F_1=i_sF_1$$

第二时段末$t=2\Delta\tau$时，最初降落在$2\Delta\tau$线上的净雨，一面向下流动，一面沿途不断地汇集F_2上持续着的净雨，当它到达$1\Delta\tau$线的位置时，净雨停止，这时它所汇集的地面径流流量为$(R_s/\Delta t)F_2$，以后因整个流域净雨停止，所以再向下运动时，将不继续汇集雨水，该流量再经过Δt后，即$t=2\Delta t$的时刻到达出口，故第二时段末B断面的地面径流流量Q_2为

$$Q_2=(R_s/\Delta t)F_2=i_sF_2$$

第三时段末$t=3\Delta t$时，与上面同样的道理，可知B断面的地面径流流量Q_3为

$$Q_3=(R_s/\Delta t)F_3=i_sF_3$$

第四时段末$t=4\Delta t$时，净雨最末时刻（$t=\Delta t$）降落在流域最远点的净雨，正好经过$3\Delta t$，即在$t=4\Delta t$时刻流过出口，故此时断面B的地面径流流量Q_4为零，R_s在流域出口形成的地面径流过程结束，即

$$Q_4=0$$

将上述计算结果绘成地面径流过程线$Q\sim t$，如图8-15(a)所示。Q_2为洪峰流量，它是由部分流域面积F_2上的净雨汇集而成，称部分汇流造峰。

2. 地面净雨历时多于一个汇流时段（$T_s\geqq 2\Delta t$）

假设如图8-14所示的流域上有另外一次净雨，历时等于3个时段，即$T_s=3\Delta t$，各时段地面净雨深依次为$R_{s,1}$、$R_{s,2}$、$R_{s,3}$，相应的净雨强度为$i_{s,1}=R_{s,1}/\Delta t$、$i_{s,2}=R_{s,2}/\Delta t$、$i_{s,3}=R_{s,3}/\Delta t$，它们各自在流域出口形成的地面径流过程，可用与上面完全相同的方法求得，如表8-5所示中第（4）、第（5）、第（6）栏所列。因$R_{s,1}$、$R_{s,2}$、$R_{s,3}$相继错后一个Δt，故各自的径流过程也依次推后一个时段。将同时出现在出口的流量叠加，得整个净雨（$R_{s,1}+R_{s,2}+R_{s,3}$）在出口形成的地面径流过程，列于表中第（7）栏。

表8-5中第三时段末的流量Q_3，是全流域$F_1+F_2+F_3$上不同时刻的净雨同时汇集到出口所形成，故称此为全面汇流造峰。依上述计算结果绘成过程线见图8-15(b)。

表 8-5　　按等流时线原理计算地面径流过程示例 ($T_s=\tau_m$)

时间 t (Δt)	净雨 $R_{s,i}$	净雨强度 $i_{s,i}$	各时段净雨的地面径流过程			整个净雨在流域出口的地面径流过程 Qt
			$R_{s,1}$	$R_{s,2}$	$R_{s,3}$	
(1)	(2)	(3)	(4)	(5)	(6)	(7)
0			0			$Q=0$
1	$R_{s,1}$	$i_{s,1}$	$i_{s,1}F_1$	0		$Q_1=i_{s,1}F_1$
2	$R_{s,2}$	$i_{s,2}$	$i_{s,1}F_2$	$i_{s,2}F_1$	0	$Q_2=i_{s,1}F_2+i_{s,2}F_1$
3	$R_{s,3}$	$i_{s,3}$	$i_{s,1}F_3$	$i_{s,2}F_2$	$i_{s,3}F_1$	$Q_3=i_{s,1}F_3+i_{s,2}F_2+i_{s,3}F_1$
4			0	$i_{s,2}F_3$	$i_{s,3}F_2$	$Q_4=i_{s,2}F_3+i_{s,3}F_2$
5				8	$i_{s,3}F_3$	$Q_5=i_{s,3}F_3$
6					0	$Q_6=0$

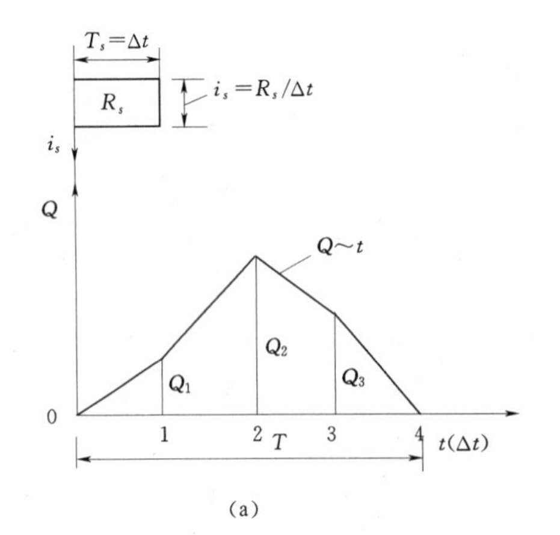

(a)

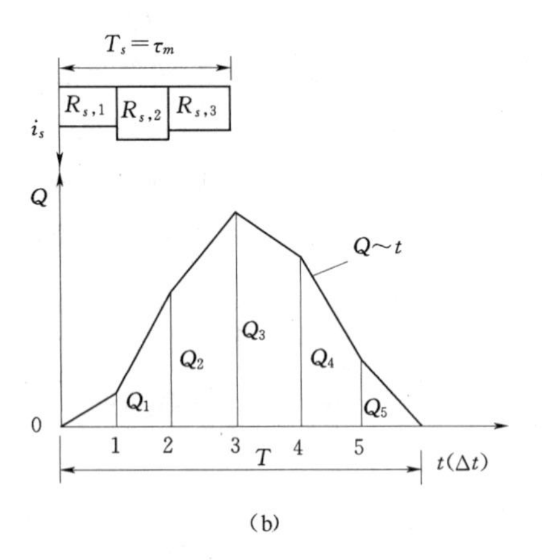

(b)

图 8-15　不同净雨在流域出口的地面径流过程线

(a) $T_s=\Delta t<\tau_m$；(b) $T_s=3\Delta t=\tau_m$

从以上分析中，可以归纳出以下几个重要概念：

(1) 一个时段的净雨在流域出口断面形成的地面径流过程，就等于该净雨强度 i_s 与各块等流时面积依次相乘，即 $Q_i=i_sF_i$。

(2) 多时段净雨在流域出口形成的地面径流过程，等于它们各自在出口形成的地面径流过程叠加。

(3) 地面径流总历时 T 应等于净雨历时 T_s 与流域汇流时间 τ_m 之和，即

$$T=T_s+\tau_m \tag{8-40}$$

二、地下净雨汇流计算

下渗的雨水有一部分将渗透到地下潜水面，沿着水力坡度最大的方向流入河网，汇至出口，形成地下径流过程。多处资料表明，可以把这种汇流概化为地下水库的调蓄作用，即把地下净雨作为地下水库的入流，调节后的水库出流就是流域出口的地下径流过程。地下水在饱和土层中的流动，一般为层流，可以认为地下水库的蓄量 W_g 与其出流 Q_g 的关系为线性函数，如式 (8-42)，于是与地下水库的水量平衡方程 (8-41) 联解，即可求

得地下径流过程。

对某一时段 Δt，该方程组为

$$100R_sF-[(Q_{g1}+Q_{g2})/2]3600\Delta t=W_{g2}-W_{g1} \tag{8-41}$$

$$W_g=3600k_gQ_g \tag{8-42}$$

联解得

$$Q_{g2}=\frac{0.278F}{k_g+0.5\Delta t}R_g+\frac{k_g-0.5\Delta t}{k_g+0.5\Delta t}Q_{g1} \tag{8-43}$$

式中　Q_{g1}、Q_{g2}——时段 Δt 初、末地下径流流量，m^3/s；

R_g——Δt 内的地下净雨深，mm，它与流域面积 F 的乘积 R_gF 代表 Δt 内的地下水库入流水量，m^3；

k_g——地下水库的蓄泄系数，近似代表地下水汇流时间，h；

W_g——地下水库蓄水量，m^3。

如为单峰洪水，洪水开始时的起涨流量就是地下径流流量 $Q_{g,1}$，然后根据地下净雨过程 $R_g\sim t$，便可由式（8-43）逐时段演算出整个地下径流过程，具体作法见表 8-6 示例。该流域面积 $F=5290km^2$，由多次退水过程分析得 $k_g=228h$。1965 年 4 月该流域发生一次暴雨洪水，起涨流量为 $50m^3/s$，并通过产流计算求得该次暴雨产生的地下净雨过程 $R_{g,i}$，列于表中第（2）栏。取 $\Delta t=6h$，同 k_g 一起代入式（8-43）得该流域的地下径流演算方程为

$$Q_{g2}=\frac{0.278\times5290}{228+0.5\times6}R_g+\frac{228-0.5\times6}{228+0.5\times6}Q_{g1}=6.366R_g+0.974Q_{g,1}$$

由起始流量 $Q_{g,1}=50m^3/s$ 和 $R_{g,i}$，从开始向后逐时段连续演算，即得第（5）栏所示的整个地下径流过程。

当产流计算不能给出地下净雨过程时，如前面讲的初损后损法，此时一般只能采用简化的方法推求流域出口的地下径流过程。常用的方法是根据斜线分割基流或水平线分割基流的概念，以洪水的起涨流量为起点，把地下径流过程概化为一条上斜的直线或一条水平线，这种办法在由暴雨资料推求设计洪水时常常采用。

表 8-6　某流域一次雨洪的地下径流过程计算

月·日·时	地下净雨 $R_{g,i}$ (mm)	$6.366R_{g,i}$ (m^3/s)	$0.974Q_{g,i}$ (m^3/s)	$Q_g=Q_{g,i}$ (m^3/s)
(1)	(2)	(3)	(4)	(5)
4·16·14	3.3			50
4·16·20	8.1	21	49	70
4·17·2	8.1	52	68	120
4·17·8	8.2	52	117	169
4·17·14		20	164	184
4·17·20			179	179
4·18·2			174	174
4·18·8			169	169
⋮			⋮	⋮

第七节　单位线法计算流域出口洪水过程

单位线法有多种，本节讲的实际上是指 L. K. 谢尔曼提出的单位线法。为与下节讲的瞬时单位线法区别，或称本节所讲的为时段单位线法，也常称单位线法。该法简明易用，效果好，在具有一定实测降雨径流资料的流域，无论做水文预报还是求设计洪水，都得到了广泛的应用。以下分别介绍单位线的基本概念与原理、单位线的推求、单位线的时段转换、单位线法的问题及对策、单位线的应用等内容。

一、单位线的定义与基本假定

在同一个流域上，单位时段 Δt 内均匀降落单位深度（一般取 10mm）的地面净雨，在流域出口断面形成的地面径流过程线，定义为单位线 $q\sim t$，如图 8-16 所示。单位线时段 Δt 取时间的长短，将依流域洪水特性而定。流域大，洪水涨落比较缓慢，则取得长一些；反之，取得短一些。Δt 一般取为单位线涨洪历时 t_r 的 1/2～1/3，即 $\Delta t=(1/2\sim1/3)\ t_r$，以保证涨洪段有 3～4 个点控制过程线的变化。另外，习惯上还常按 1h、3h、6h 及 12h 等选取 Δt。

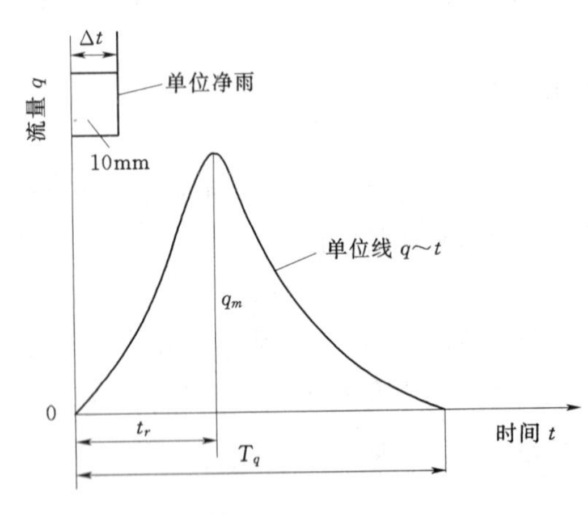

图 8-16　单位线示意

实际净雨几乎都不正好是一个时段和一个单位深度，因此无论是由实测资料求单位线，还是用单位线推求洪水过程，都必须寻求暴雨洪水与单位线间的联系以及相互转化的原理和方法。根据大量的资料分析，近似地把这种关系概括为下面两项基本原理，也常称两项基本假定。

1. 倍比假定

如果一个流域上有两次降雨，它们的净雨历时相同，例如都是一个 Δt，但地面净雨深不同，分别为 $R_{s,1}$、$R_{s,2}$，则它们各自在流域出口形成的地面径流过程线 $[Q\sim t]_1$，$[Q\sim t]_2$（如图 8-17 所示）的洪水历时相等，即

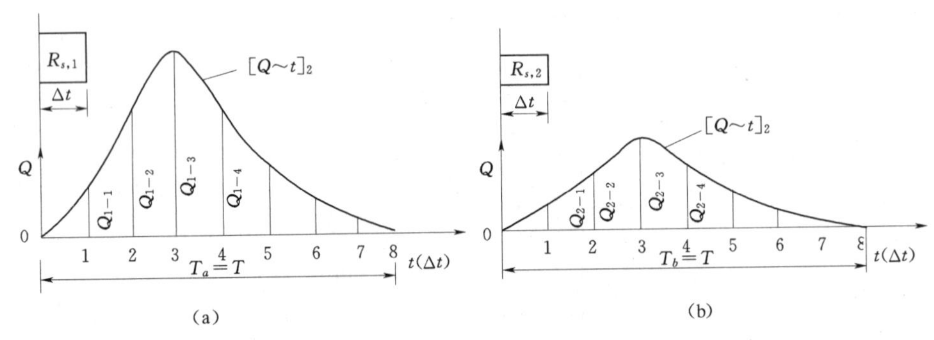

图 8-17　净雨历时相同、净雨深不同的地面径流过程线

(a) 净雨历时 Δt 净雨深 $R_{s,1}$；(b) 净雨历时 Δt、净雨深 $R_{s,2}$

$$T_a = T_b = T \tag{8-44}$$

并且相应流量成比例，皆等于 $R_{s,1}/R_{s,2}$，即

$$\frac{Q_{1-1}}{Q_{2-1}} = \frac{Q_{1-2}}{Q_{2-2}} \cdots = \frac{r_{s,1}}{R_{s,2}} \tag{8-45}$$

根据这个假定，显然，当流域实测资料中有单位时段净雨的地面径流过程时，假若就是图 8-17 中的 $[Q\sim t]_2$。那么会很容易地求得 Δt 内净雨 10mm 的单位线。即将该过程线的纵坐标统统乘以净雨深之比 $10/R_{s,2}$，这就是所要推求的单位线；反之，若拟求单位时段 Δt 内净雨深 R_s 的地面径流过程线，那么将单位线的纵坐标统统乘以 $R_s/10$ 便可得到。

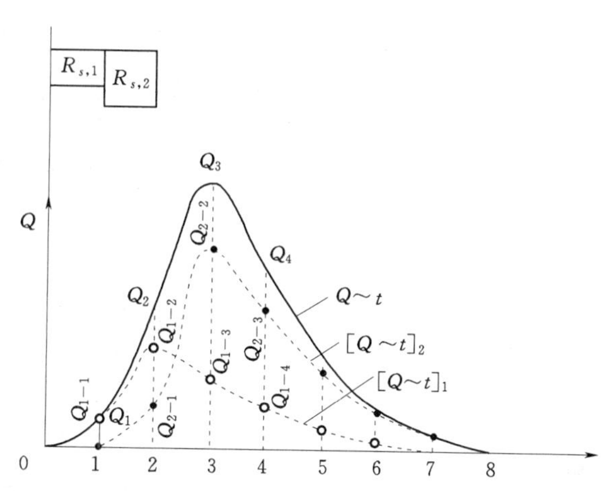

图 8-18 地面径流过程线叠加示意图

2. 叠加假定

若流域上有一次降雨，净雨历时不止一个单位时段，例如有两个时段，各时段的净雨深为 $R_{s,1}$、$R_{s,2}$，则该次降雨在出口形成的地面径流过程线 $Q\sim t$，如图 8-18 所示，应等于 $R_{s,1}$、$R_{s,2}$ 各自在流域出口形成的地面径流过程线 $[Q\sim t]_1$、$[Q\sim t]_2$ 按时程叠加，即

$$\begin{aligned} Q_0 &= 0 \\ Q_1 &= Q_{1-1} \\ Q_2 &= Q_{1-2} + Q_{2-1} \\ Q_3 &= Q_{1-3} + Q_{2-2} \\ &\vdots \end{aligned} \tag{8-46}$$

式中：Q_0、Q_1、Q_2、…代表流域出口断面第 0、1、2、…时段末的总的地面径流流量，Q_{1-0}、Q_{1-1}、Q_{1-2}、…代表第一时段净雨 $R_{s,1}$ 产生的地面径流过程 $[Q\sim t]_1$ 在从该净雨时段开始起算的第 1、2、…时段末的流量，即前一个脚标代表净雨发生时段序号，后一个脚标代表流量发生的相对时间序号，其他依此类推。例如 Q_{2-3} 是指第二时段净雨在从它开始起算的第 3 个时段末产生的流量。

以上两项假定，也可以从等流时线原理得到说明。

二、单位线的推求

推求单位线是根据实测的流域降雨和相应的出口断面流量过程，运用单位线的两项基本假定来反求。一般用缩放法、分解法和试错优选法等。

1. 缩放法

如果流域上恰有一个单位时段且分布均匀的净雨 R_s 所形成的一个孤立洪峰，只要从这次洪水的流量过程线上割去地下径流，即可得到这一时段降雨所对应的地面径流过程线 $Q\sim t$ 和地面净雨 R_s（等于地面径流深），由单位线的倍比假定，对 $Q\sim t$ 按倍比 $10/R_s$ 进

行缩放，便可得到所推求的单位线 $q \sim t$。

2. 分解法

如流域上的某次洪水系由几个时段的净雨所形成，则需用分解法求单位线。此法是利用前述的两项基本假定，先把实测的总的地面径流过程分解为各时段净雨的地面径流过程，再由缩放法求得单位线。下面以表 8－7 为例说明其方法步骤。

表 8－7　　某河某站 1965 年 7 月一次洪水的单位线计算

时间		实测流量 (m³/s)	地下径流 (m³/s)	地面径流 (m³/s)	流域降雨 (mm)	地面净雨 $R_{s,i}$ (mm)	各时段净雨的地面径流 (m³/s)		计算的单位线 $q_{计}$ (m³/s)	修正后的单位线 q (m³/s)	还原的地面径流 (m³/s)
月·日·时	时段 (Δt)						12.4mm	5.9mm			
(1)	(2)	(3)	(4)	(5)	(6)	(7)	(8)	(9)	(10)	(11)	(12)
7·21·6	0	80	80	0	32.2	12.4	0		0	0	0
7·21·12	1	110	81	29	15.7	5.9	29	0	23	23	29
7·21·18	2	1860	82	1778			1764	14	1423	1423	1779
7·22·0	3	1120	83	1037			198	839	160	338	1259
7·22·6	4	682	84	598			504	94	407	215	466
7·22·12	5	464	85	379			139	240	112	157	322
7·22·18	6	335	86	249			183	66	148	110	229
7·23·0	7	258	87	171			84	87	68	78	162
7·23·6	8	194	88	106			66	40	53	50	100
7·23·12	9	148	89	59			28	31	23	25	61
7·23·18	10	122	90	32			19	13	15	13	37
7·24·0	11	105	91	14			5	9	4	0	8
7·24·6	12	92	92	0				2			0
合计				4452（合 18.3mm）	47.9	18.3			2436（合 10.0mm）	2432（合 10.0mm）	4460（合 18.3mm）

表 8－7 第（6）栏为某水文站以上流域（流域面积 $F=5253\text{km}^2$）1965 年 7 月 21 日的一次降雨过程，第（3）栏是实测的该次降雨的流量过程，现依此分析 6h10mm 净雨的单位线。

第一步，分割地下径流，求地面径流过程及地面径流深。用该流域的地下径流标准退水曲线求得该次洪水的地面径流终止点在 24 日 6 时，按斜线分割法求得地下径流过程列于表中第（4）栏。第（3）栏减去第（4）栏，得第（5）栏的地面径流过程 $Q \sim t$，于是可求得总的地面径流深 R_s 为

$$R_s=\frac{\Delta t \sum Q_i}{F}=\frac{6\times 3600\times 4452}{5253\times 1000^2}\times 1000=18.3\text{mm}$$

第二步，求地面净雨过程。7月21日的流域前期影响雨量 P_a 为59.2mm，应用该流域的降雨地面径流相关图，由第（6）栏的降雨查得各时段的地面净雨深分别为12.7mm和6.1mm，其总和为18.8mm，比实测的18.3mm略有偏大，故应进行修正。即用18.3/18.8的比值乘12.7mm和6.1mm，得修正后的地面净雨，列于表中第（7）栏，总和正好等于 R_s。

第三步，推求单位线。首先，联合使用假定一和假定二，将总的地面径流过程分解为12.4mm（$R_{s,1}$）产生的和5.9mm（$R_{s,2}$）产生的地面径流过程。总的地面径流过程从21日6时开始，依次记为 Q_0、Q_1、Q_2、…；$R_{s,1}$ 的记为 Q_{1-0}、Q_{1-1}、Q_{1-2}、…；$R_{s,2}$ 的则是从21日12时开始（错后一个时段），依次记为 Q_{2-0}、Q_{2-1}、Q_{2-2}、…由假定二，$Q_{1-0}=0$，再根据假定一判知 $Q_{2-0}=(R_{s,2}/R_{s,1})Q_{1-0}=0$。重复使用假定二，$Q_1=29=Q_{1-1}+Q_{2-0}=Q_{1-1}+0$，即得 $Q_{1-1}=29\text{m}^3/\text{s}$；再由假定一，$Q_{2-1}=(R_{s,2}/R_{s,1})Q_{1-1}=(5.9/12.4)\times29=14\text{m}^3/\text{s}$。如此反复使用单位线的两项基本假定，便可求得第（8）栏、第（9）栏所列的12.4mm及5.9mm净雨分别产生的地面径流过程。然后，运用假定一，对第（8）栏乘以（10/12.4），便可计算出单位线 $q_{计}$，列于第（10）栏。该栏数值也可由第（9）栏乘（10/5.9）而得。

第四步，对上步计算的单位线 $q_{计}$ 检查和修正。由于单位线的两项假定并不完全符合实际等原因，使上步计算的单位线有时出现不合理的现象，例如计算的单位线径流深不正好等于10mm，或单位线的纵标出现上下跳动（表8-7第（10）栏便是如此）或单位线历时不能满足下式的要求

$$T_q=T-t_s+1 \tag{8-47}$$

式中　T_q——单位线历时（时段数）；

T——洪水的地面径流历时（时段数）；

t_s——地面净雨历时（时段数）。

若出现上述不合理情况，则需修正，使最后确定的单位线径流深正好等于10mm，底宽等于（$T-t_s+1$），形状为光滑的铃形曲线，并且使用这样的单位线作还原计算，即用该单位线由地面净雨推算地面径流过程，如表中第（12）栏，与实测的地面径流过程相比，误差最小。根据这些要求对第（10）栏计算的单位线进行检验和修正，得第（11）栏最后确定的单位线 $q\sim t$。它的地面径流深正好等于10mm，底宽等于11个时段，其形状如图8-19所示。

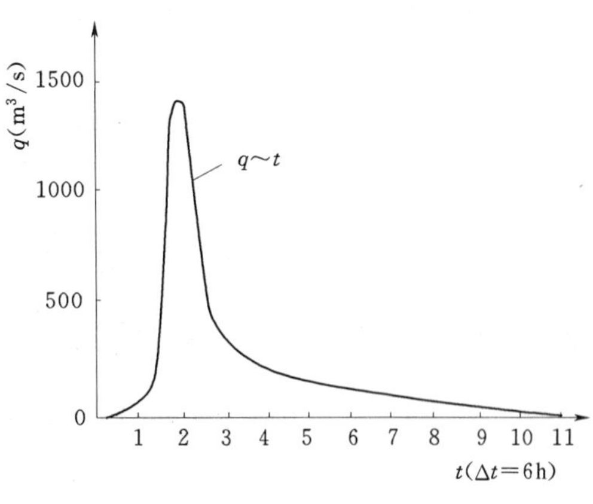

图8-19　某水文站1965年7月一次洪水的单位线

3. 试错优选法

当地面净雨有3个或3个以上时段时，用分解法推求单位线常因计算过程中误差累积太快，使解算工作难以进行到底，在这种情况下比较有效的办法是改用试错优选法。

试错优选法，就是首先试设一条单位线，求出最大时段净雨量以外其他时段净雨产生的地面径流过程，与总的地面径流过程相减，其差值即为最大时段净雨产生的地面径流过程，于是，可按假定一由该最大时段净雨的地面径流过程求得一条新的单位线。是否与原假设单位线相近，若差别较大，可取该两条单位线平均，作为第二次假设的单位线，重复上述步骤，再次由最大时段净雨的地面径流过程推求单位线，直至与最后假设单位线相近为止，这时的单位线就是要推求的单位线。

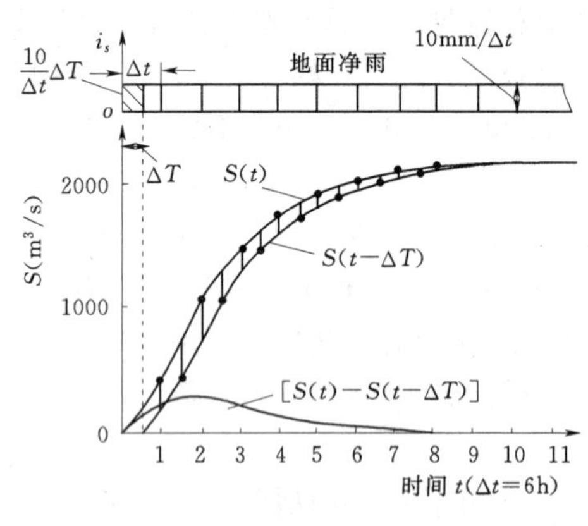

图 8-20 单位线时段转换

三、单位线的时段转换

将单位时段为 Δt 的单位线转换为另一单位时段为 ΔT 的单位线，例如将原 6h10mm 单位线转换为 3h10mm 的单位线，就是单位线的时段转换问题。单位线时段转换的方法有多种，视情况不同而采用不同的方法，其中最常用的是 S 曲线法。

所谓 S 曲线，就是流域上保持一个强度恒为 $10mm/\Delta t$ 的净雨，在流域出口形成的地面径流过程线 $S(t)$，如图 8-20 所示，其形状像英文字母 S，故称 S 曲线。

由单位线原理不难证明，$S(t)$ 曲线就是单位线纵标沿时程的累积曲线，即

$$S(t) = \sum_{0}^{m} q_j(\Delta t, t) \tag{8-48}$$

式中：$S(t)$ 为第 m 个时段末（$t=m\Delta t$）的 $S(t)$ 曲线纵标值；$q_j(\Delta t,\ t)$ 为 Δt 内净雨 10mm 单位线 $q(\Delta t,\ t)$ 在第 j 时段末（$t=j\Delta t$）的纵标值。显然，将 $S(t)$ 线向右平移时段 ΔT，即得图 8-20 中另一条 S 曲线 $S(t-\Delta T)$，它代表错后 ΔT 开始的持续强度为 $10mm/\Delta t$ 的净雨在出口形成的地面径流过程线。由此自然会想到$[S(t)-S(t-\Delta T)]=q'(t)$ 必为时段 ΔT 内净雨$[(10mm/\Delta t)\Delta T]$所形成的地面径流过程，因此，由单位线假定一则有

$$\frac{q(\Delta T,t)}{q'(t)} = \frac{q(\Delta T,t)}{S(t)-S(t-\Delta T)} = \frac{10}{(10/\Delta t)\Delta T} \tag{8-49}$$

依次便可得到时段为 ΔT 的单位线 $q(\Delta T,\ t)$ 的计算式

$$q(\Delta T,t) = \frac{\Delta t}{\Delta T}[S(t)-S(t-\Delta T)] \tag{8-50}$$

这样，即可将时段为 Δt 的单位线转换为时段为 ΔT 的单位线了。现以表 8-8 为例，进一步说明于下。表中第（1）栏、第（2）栏为 $\Delta t=6h$ 的单位线 $q(\Delta t,\ t)$，第（3）栏为原单位线的 $S(t)$ 曲线，其中的数值为每隔 $\Delta T=3h$ 从 $S(t)$ 曲线（图 8-20）上读取的数值。为推求 $\Delta T=3h$ 的单位线 $q(\Delta T,\ t)$，现将 $S(t)$ 曲线向后平移 3h，得第（4）栏的 $S(t-3)$，$S(t)-S(t-3)$ 得第（5）栏，即 3h 净雨 5mm 形成的地面径流过程，故乘

$\Delta t/\Delta T=2$，即得第（6）栏推求的 3h 单位线。

表 8-8　　单位线时段转换计算示例

时段 (Δt=6h)	原 6h 单位线 $q(\Delta t, t)$ (m³/s)	$S(t)$ (m³/s)	$S(t-3)$ (m³/s)	$S(t)-S(t-3)$ (m³/s)	3h 单位线 $q(3, t)$ (m³/s)
(1)	(2)	(3)	(4)	(5)	(6)
0	0	0		0	0
		185	0	185	370
1	430	430	185	245	490
		765	430	335	670
2	630	1060	765	295	590
		1280	1060	220	440
3	400	1460	1280	180	360
		1600	1460	140	280
4	270	1730	1600	130	260
		1830	1730	100	200
5	180	1910	1830	80	160
		1980	1910	70	140
6	118	2028	1980	48	96
		2070	2028	42	84
7	70	2098	2070	28	56
		2120	2098	22	44
8	40	2138	2120	18	36
		2147	2138	9	18
9	16	2154	2147	7	14
		2154	2154	0	0
10	0	2154	2154		
		2154	2154		

四、单位线法存在的问题及处理方法

单位线的两个假定是近似的，并不完全符合实际。因此，一个流域上各次洪水分析的单位线常常有些不同，有时差别还比较大。那么，在做洪水预报或推求设计洪水时，到底该选用哪条单位线呢？为解决这一问题，必须分析差别的原因，并采取妥善的处理办法。

1. 净雨强度对单位线的影响及处理方法

理论和实践都表明，其他条件相同时，净雨强度越大，流域汇流速度越快，用这样的洪水分析出来的单位线的洪峰较高，峰现时间提前；反之，由净雨强度小的中小洪分析的单位线，洪峰较低，峰现时间滞后，如图 8-21（a）所示。针对这一问题，目前的处理方法是：分析出不同净雨强度的单位线，并研究单位线与净雨强度的关系。进行预报或推求设计洪水时，可根据具体的净雨强度选用相应的单位线。

2. 净雨地区分布不均匀的影响及处理方法

同一流域，净雨在流域上的平均强度相同，但当暴雨中心靠近下游时，汇流途径短，河网对洪水的调蓄作用减少，从而使单位线的峰偏高，出现时间提前；相反，暴雨中心在上游时，大多数的雨水要经过各级河道调蓄才流到出口，这样使单位线的峰较低，出现时间推迟，如图 8-21（b）所示。针对这种情况，应当分析不同暴雨中心位置的单位线，

以便洪水预报和推求设计洪水时，根据暴雨中心的位置选用相应的单位线。

当一个流域的净雨强度和暴雨中心位置对单位线都有明显影响时，则要对每一暴雨中心位置分析出不同净雨强度的单位线，以便使用时能同时考虑这两方面的影响。

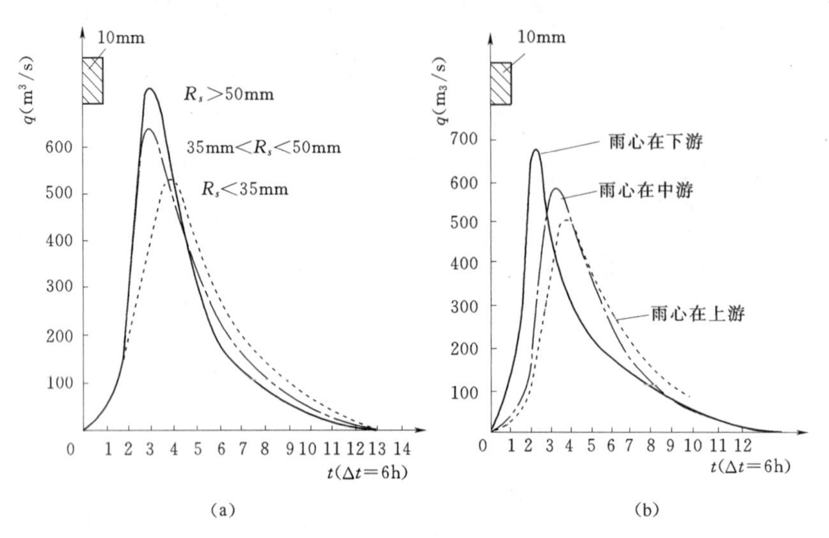

图 8-21　单位线受地面净雨强度及暴雨中心位置影响（衢县站）

(a) 净雨强度影响（R_s 为净雨深）；(b) 暴雨中心位置影响

以上是单位线法的两个主要问题及处理方法。除此之外，也可能还会遇到其他问题，例如暴雨移动路线的影响，则应分析其影响程度，采取相应的对策。

五、应用单位线推求洪水过程

应用单位线推求洪水过程的原理，仍然是单位线的基本概念和两项基本假定，现结合表 8-9 的示例，对其计算步骤说明如下：①根据第（2）栏流域降雨用初损后损法推算地

表 8-9　某河某站用单位线法由降雨推求洪水过程（$F=5253km^2$）

时　间（日·时）	降雨 P（mm）	地面净雨 R_s（mm）	单位线 q（m^3/s）	各时段净雨的地面径流过程（m^3/s）		总的地面径流过程 Q_s（m^3/s）	地下径流过程 Q_g（m^3/s）	预报的洪水流量过程 Q m^3/s）
				37.0mm 的	10.3mm 的			
(1)	(2)	(3)	(4)	(5)	(6)	(7)	(8)	(9)
23·7			0	0		0	70	70
23·13	43.6	37.0	23	85	0	85	70	155
23·19	13.3	10.3	1423	5265	24	5289	70	5359
24·1	2.8	0	338	1251	1466	2717	70	2787
24·7			215	796	348	1144	70	1214
24·13			157	581	221	802	70	872
24·19			110	407	162	569	70	639
25·1			78	289	113	402	70	472
25·7			50	185	80	265	70	335
25·13			25	93	52	145	70	215
25·19			13	48	26	74	70	144
26·1			0	0	13	13	70	83
26·7					0	0	70	70
合计	59.7	47.3	2432	9000	2505	11505	910	12415

面净雨过程，列于该表第（3）栏；②根据该次降雨情况选择相应的单位线，列于表中第（4）栏；③按照假定一，用单位线求各时段净雨的地面径流过程，列于表中第（5）、第（6）栏；④按假定二将第（5）、第（6）栏的同时刻流量叠加，得总的地面径流过程，列于第（7）栏；⑤该站的地下径流比较稳定，且量不大，故近似取起涨流量 $70m^3/s$ 作为本次洪水期间的地下径流，列于表中第（8）栏；⑥将第（7）、第（8）栏的地面、地下径流过程叠加，得第（9）栏要预报的洪水流量过程。

第八节　瞬时单位线法计算流域出口洪水过程

1945 年 C. O. 克拉克提出瞬时单位线的概念之后，1957 年及 1960 年 J. E. 纳希进一步推导出瞬时单位线的数学方程，用矩法确定其中的参数，并提出时段转换等一整套方法，从而发展了 L. K. 谢尔曼所提出的单位线法。纳希瞬时单位线法在我国已得到比较广泛的应用和改进，下面介绍的就是这种瞬时单位线法。

所谓瞬时单位线，就是在瞬时（无限小的时段）内，流域上降一个单位的地面净雨（水量）在出口断面形成的地面径流过程线，常以 $u(0,t)$ 或 $u(t)$ 表示。由于瞬时单位线是时段单位线的时段 Δt 趋近于零的单位线，故上节讲的单位线的基本假定也都适用。

将瞬时单位线转换为任一时段的单位线，是借助 S 曲线来实现的。有了时段单位线，便可用与上节相同的方法由净雨推求洪水。故本节要进一步介绍的内容主要是：瞬时单位线的基本概念、瞬时单位线转换为时段单位线以及由实测资料确定瞬时单位线参数 n、K 等。

一、瞬时单位线的基本概念

J. E. 纳希设想流域的汇流作用可由串联的 n 个相同的线性水库的调蓄作用来代替，如图 8-22 所示，流域出口断面的流量过程便是流域净雨经过这些水库调蓄后的出流。根据这个设想，导出瞬时单位线（图 8-23）的数学方程为

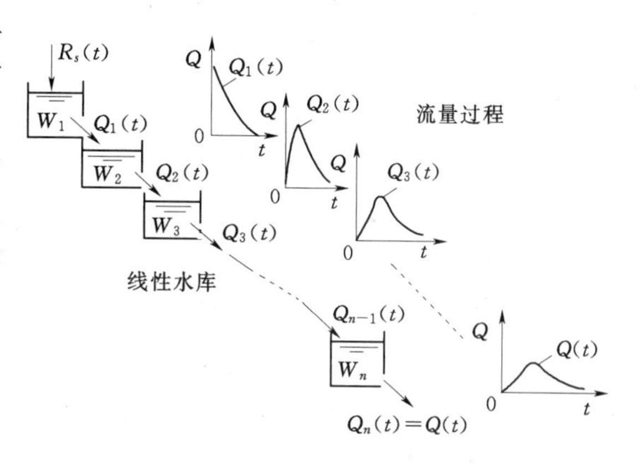

图 8-22　纳希的流域汇流模型示意

$$u(0,t)=\frac{1}{K\Gamma(n)}\left(\frac{t}{K}\right)^{n-1}e^{-\frac{t}{K}} \tag{8-51}$$

式中　n——线性水库的个数；

$\Gamma(n)$——n 的伽玛函数；

K——线性水库的调蓄系数，具有时间因次；

e——自然对数的底。

式（8-51）中仅有两个参数 n、K，当 n、K 一定时，便可由该式绘出瞬时单位线 $u(0,t)$，如图 8-23 所示，它表示流域上在瞬时（$\Delta t\longrightarrow 0$）降 1 个水量的净雨于出口断面形成的流量过程线。其横标代表时间 t，具有时间的因次，例如 h；纵标代表流量，具

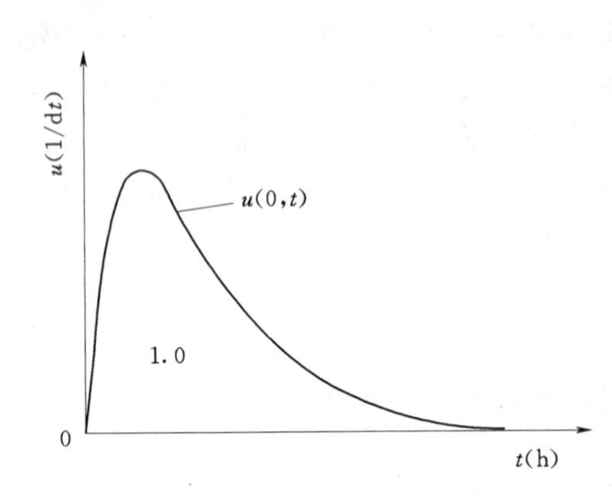

图 8-23　瞬时单位线示意

有抽象的单位 1/dt。$u(0,t)$ 下的面积，按水量平衡原理自然应等于 1 个水量，即

$$\int_0^\infty u(0,t)\mathrm{d}t = 1.0 \qquad (8-52)$$

分析方程式（8-51）可以看出，纳希瞬时单位线两个参数 n 和 K 对 $u(0,t)$ 形状的影响是很相似的，它们减小时，$u(0,t)$ 的洪峰增高，峰现时间提前；反之，它们增大时，$u(0,t)$ 的峰减低，峰现时间推后。掌握这一规律，对推求和使用瞬时单位线都是很有意义的。n、K 一经确定，就会很容易地求得 $u(0,t)$ 及其相应的时段单位线。另外，也便于对单位线（即 n、K）进行单站和地区综合，故在缺乏资料的小流域设计洪水计算中应用较为普遍。

二、由瞬时单位线转换为时段单位线

汇流计算和由实测暴雨洪水资料优选 n、K，都要求把瞬时单位线转换为时段单位线。实现这种转换，一般采用 S 曲线法。

类似时段单位线求 S 曲线，将瞬时单位线积分即得如图 8-24(a) 所示中的 $S(t)$ 线，即

$$S(t) = \int_0^t u(0,t)\mathrm{d}t = \frac{1}{\Gamma(n)}\int_0^{t/K}\left(\frac{t}{K}\right)^{n-1}\mathrm{e}^{-t/K}\mathrm{d}\left(\frac{t}{K}\right) \qquad (8-53)$$

且由式（8-52）知 $S(t)$ 的最大值 $S(t)_{\max}$ 为

$$S(t)_{\max} = \int_0^\infty u(0,t)\mathrm{d}t = 1 \qquad (8-54)$$

当 n，K 已知时，瞬时单位线的 S 线可用积分的方法求出。但为实用上的方便，已根据式（8-53）制成了以 n、t/K 为参数的 S 曲线查用表（附表 2），根据 n、K 便能由该表迅速绘制出 S 曲线。

如图 8-24(a) 所示，如果把以 $t=0$ 为始点的 S 曲线 $S(t)$ 错后一个时段 Δt 向右平移，就可得到始点为 $t=1\Delta t$ 的另一条 S 曲线 $S(t-\Delta t)$，这两条 S 曲线间纵坐标的差值为

$$u(\Delta t,t) = S(t) - S(t-\Delta t) \qquad (8-55)$$

它代表 Δt 内流域上以净雨强度 $i_Q=1$ 落下的水量（$\Delta t i_Q = \Delta t\times 1$）在出口形成的流量过程线，如图 8-24 (b) 所示，称时段单元过程线 $u(\Delta t,t)$。于是很容易根据单位线的倍比假定由此求得时段单位线。要推求的时段单位线，是 Δt 内流域上降净雨 10mm 的水量（$10\times F$）在出口形成的地面径流过程线 $q(\Delta t,t)$，于是由倍比假定

$$\frac{q(\Delta t,t)}{u(\Delta t,t)} = \frac{10F}{\Delta t\times 1}$$

可得由瞬时单位线推求时段单位线的公式为

$$q(\Delta t,t) = \frac{10F}{\Delta t}u(\Delta t,t) \qquad (8-56)$$

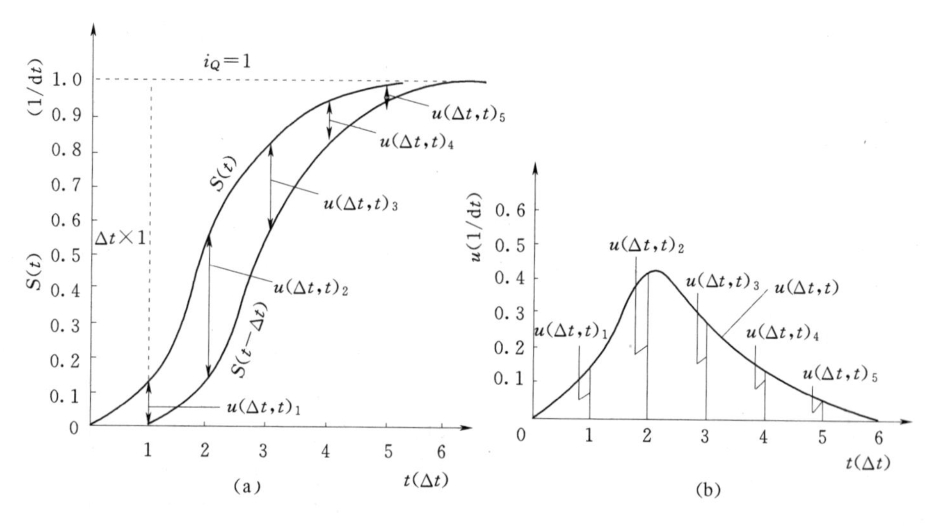

图 8-24　瞬时单位线的 S 曲线及时段单元过程线

(a) S 曲线；(b) 时段单元过程线 $u(\Delta t, t)$

当单位线的流量 $q(\Delta t, t)$ 以 m^3/s 计，净雨时段 Δt 以 h 计，流域面积 F 以 km^2 计时，式（8-56）变为

$$q(\Delta t,t)=\frac{10F}{3.6\Delta t}u(\Delta t,t)=\frac{10F}{3.6\Delta t}[S(t)-S(t-\Delta t)] \tag{8-57}$$

三、由实测雨洪资料确定参数 n、K

纳希利用统计数学中的矩法概念，推导出由实测的地面净雨过程 $R_s(t)$ 和对应的出口断面地面径流过程 $Q(t)$ 确定 n、K 的公式

$$K=\frac{M_Q^{(2)}-M_{R_s}^{(2)}}{M_Q^{(1)}-M_{R_s}^{(1)}}-(M_Q^{(1)}+M_{R_s}^{(1)}) \tag{8-58}$$

$$n=\frac{M_Q^{(1)}-M_{R_s}^{(1)}}{K} \tag{8-59}$$

式中　$M_Q^{(1)}$、$M_{R_s}^{(1)}$——$Q(t)$ 过程线及 $R_s(t)$ 过程线的一阶原点矩；

$M_Q^{(2)}$、$M_{R_s}^{(2)}$——$Q(t)$ 过程线及 $R_s(t)$ 过程线的二阶原点矩。

因为 $M_{R_s}^{(1)}$、$M_{R_s}^{(2)}$、$M_Q^{(1)}$、$M_Q^{(2)}$ 均可由实测地面净雨过程 $R_s(t)$ 及实测地面径流过程 $Q(t)$ 计算，故参数 n、K 可以求得。

由实测净雨过程 $R_s(t)$ 及地面径流过程 $Q(t)$ 计算它们的一阶和二阶原点矩（参见图 8-25），按各阶矩的定义，其计算公式如下

$$M_{R_s}^{(1)}=\frac{\sum R_{s,i}t_i}{\sum R_{s,i}} \tag{8-60}$$

$$M_{R_s}^{(2)}=\frac{\sum R_{s,i}t_i^2}{\sum R_{s,i}} \tag{8-61}$$

$$M_Q^{(1)}=\frac{\sum Q_i m_i}{\sum Q_i}\Delta t \tag{8-62}$$

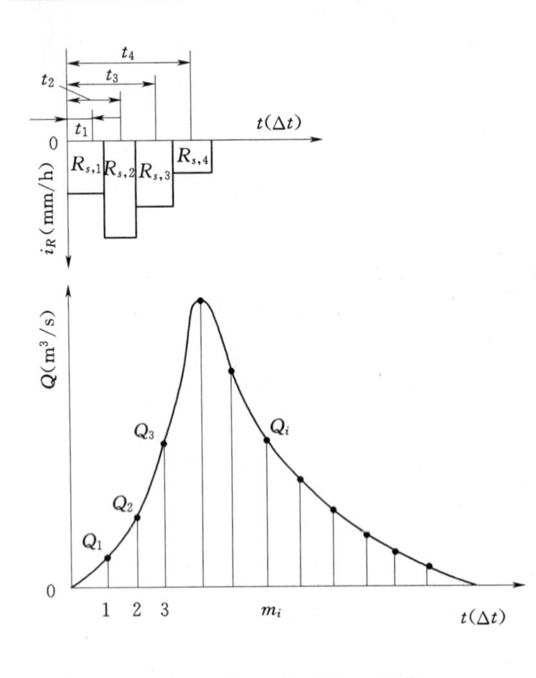

图 8-25　矩值计算示意图

$$M_Q^{(2)}=\frac{\sum Q_i m_i^2}{\sum Q_i}(\Delta t)^2 \qquad (8-63)$$

式中　t_i——自起点至第 m_i 个时段 Δt 中点的时间；

m_i——时段序号，$m_i=1,2,3,\cdots$，直到地面径流终止；

$R_{s,i}$——第 m_i 个时段的地面净雨深；

Q_i——第 m_i 时段末的流量。

上面用矩法算出的 n、K 往往不是最终的成果，因为这组 n、K 得到的时段单位线去还原洪水时，常常与实测地面径流过程线吻合的还不够理想，即还原洪水的峰、峰现时间等的误差大于允许误差，这时就要对 n、K 进行调整，按调整后的 n，K 重新作还原计算，直至满足要求为止。

【例 8-2】　用旬河向家坪站 1956 年 8 月下旬的一次暴雨洪水资料［表 8-10 中第（2）和第（8）栏］推求瞬时单位线参数 n、K 及 3h10mm 净雨单位线。

表 8-10　　旬河向家坪站 1956 年 8 月瞬时单位线参数计算表

时间			地面径流部分					
月	日	时	$Q_{实测}$ (m³/s)	Q_g (m³/s)	Q_i (m³/s)	m_i	$Q_i m_i$	$Q_i m_i^2$
(1)			(2)	(3)	(4)	(5)	(6)	(7)
8	21	17	183	183	0	0	0	0
8	21	20	227	183	44	1	44	44
8	21	23	563	183	380	2	760	1520
8	22	2	1850	183	1667	3	5001	15003
8	22	5	2990	200	2790	4	11160	44640
8	22	8	3240	240	3000	5	15000	75000
8	22	11	2700	280	2420	6	14520	87120
8	22	14	2120	310	1810	7	12670	88690
8	22	17	1680	325	1355	8	10840	86720
8	22	20	1390	320	1070	9	9630	86670
8	22	23	1170	310	860	10	8600	86000
8	23	2	1010	300	710	11	7810	85910
8	23	5	879	290	589	12	7068	84816
8	23	8	778	280	498	13	6474	84162
8	23	11	696	275	421	14	5894	82516
8	23	14	628	270	358	15	5370	80550
8	23	17	567	265	302	16	4832	77312
8	23	20	509	260	249	17	4233	71961
8	23	23	460	255	205	18	3690	66420
	⋮		⋮	⋮	⋮	⋮	⋮	⋮
合计					19540		151485	1605059

净雨部分			
$R_{s,i}$ (mm)	t_i (h)	$R_{s,i}t_i$ (mm·h)	$R_{s,i}t_i^2$ (mm·h²)
(8)	(9)	(10)	(11)
7.0	1.5	10.5	15.8
7.8	4.5	35.1	158.0
8.5	7.5	63.8	478.1
7.2	10.5	75.6	793.8
2.3	13.5	29.7	401.0
合计			
32.7		214.7	1846.7

$$M_{R_s}^{(1)}=\frac{\sum R_{s,i}t_i}{\sum R_{s,i}}=\frac{214.7}{32.7}=6.57\text{h}$$

$$M_{R_s}^{(2)}=\frac{\sum R_{s,i}t_i^2}{\sum R_{s,t}}=\frac{1846.7}{32.7}=56.47\text{h}^2$$

$$M_Q^{(1)}=\frac{\sum Q_i m_i}{\sum Q_i}\Delta t=\frac{151485}{19540}\times 3=23.26\text{h}$$

$$M_Q^{(2)}=\frac{\sum Q_i m_i^2}{\sum Q_i}\Delta t^2=\frac{1605659}{19540}\times 3^2=739.56\text{h}^2$$

$$K=\frac{M_Q^{(2)}-M_{R_s}^{(2)}}{M_Q^{(1)}-M_{R_s}^{(1)}}-(M_Q^{(1)}+M_{R_s}^{(1)})$$

$$=\frac{739.56-56.47}{23.26-6.57}-(23.26+6.57)=11.2\text{h}$$

$$n=\frac{M_Q^{(1)}-M_{R_s}^{(t)}}{K}=\frac{23.26-6.57}{11.2}=1.49$$

（1）计算流域出口的地面径流过程及流域的地面净雨过程。将表8－10中第（2）栏实测的洪水流量过程扣除第（3）栏的地下径流过程，得第（4）栏地面径流流量Q_i。对流域降雨进行产流计算，得第（8）栏的各时段地面净雨深$R_{s,i}$。

（2）用矩法计算参数n、K。由上步推求的Q_i、$R_{s,i}$按式（8－60）～式（8－63）计算它们的一阶及二阶原点矩$M_{R_s}^{(1)}$、$M_{R_s}^{(2)}$、$M_Q^{(1)}$、$M_Q^{(2)}$，然后代入式（8－58）及式（8－59）计算K、n，这一计算过程列于表8－10中。

（3）计算$S(t)$曲线及时段单位线。按上步（2）所得n，K值（n取1.5，K取11.2h），将t除以K，由n和t/K查附表2，得S曲线的$S(t)$值，列于表8－11第（3）栏。把它错后3h，得第（4）栏的$S(t-\Delta t)$。（3）栏、（4）栏相减，得第（5）栏的$u(\Delta t, t)$。根据式（8－57），将此栏各值乘以

$$\frac{10F}{3.6\Delta t}=\frac{10\times 6448}{3.6\times 3}=5970\text{m}^3/\text{s}$$

即得3h10mm净雨的时段单位线$q(t)$，列于表中第（6）栏。按瞬时单位线的特性，其尾部应延伸至无穷远，现只计算至78h，故计算的$\sum u(\Delta, t)$略小于1，为保持计算中的水量平衡，第（6）栏所列数值是作了微小修正以后的结果。

（4）洪水还原计算——瞬时单位线的检验。用上步推求的时段单位线对向家坪1956年8月下旬洪水做还原计算，得还原的地面径流过程。其洪峰与实测洪峰出现在同一时刻，但洪峰流量的数值却偏小24.8%，超出了允许误差，故必须调整上面计算的n、K值。

根据n、K对瞬时单位线的影响，改取$n=2.0$、$K=6.0$h，再一次计算时段单位线，并做还原计算。此次还原计算的洪峰流量误差为-0.5%，洪峰出现时间正好吻合，都在允许的误差范围之内，故$n=2.0$，$K=6.0$h就是所求的最终成果。

表8－11　　旬河向家坪站时段（$\Delta t=3$h）单位线计算表

（$n=1.5$，$K=11.2$h，$F=6448\text{km}^2$）

时　间t (h)	t/k	$S(t)$	$S(t-\Delta t)$	$u(\Delta t, t)$	3h 10mm净雨时段单位线$q(t)$ (m^3/s)
(1)	(2)	(3)	(4)	(5)	(6)
0	0	0		0	0
3	0.268	0.090	0	0.090	539
6	0.536	0.216	0.090	0.126	754
9	0.804	0.342	0.216	0.126	757
12	1.071	0.456	0.342	0.114	683
15	1.338	0.556	0.456	0.100	599
18	1.607	0.640	0.556	0.084	503
21	1.874	0.710	0.640	0.070	419
24	2.142	0.767	0.710	0.057	341
27	2.410	0.815	0.767	0.048	287
30	2.678	0.852	0.815	0.037	221
33	2.947	0.883	0.852	0.031	186
⋮	⋮	⋮	⋮	⋮	⋮
78	6.965	0.997	0.996	0.001	0
总计				0.997	5970（折合10.0mm）

四、瞬时单位缝线参数非线性改正

与谢尔曼单位线类似，由每次暴雨洪水分析的瞬时单位线（即参数 n、K）并不完全相同，而是随净雨强度的大小而变化，水文学上把这种现象叫作非线性。对此，无论是做洪水预报还是推求设计洪水，都必须考虑和处理。目前采取的处理办法，一般是在分析 n、K 的基础上，寻求它们随净雨强度的变化规律，以便在使用时按照具体的雨情选择相应的 n、K。

许多地区的经验表明，一个流域的 n 值比较稳定，可取为常数。瞬时单位线的一阶原点矩 m_1（$=nK$）则与平均净雨强度$\bar{i}_s$ 有较好的关系，一般为

$$m_1 = a(\bar{i}_s)^{-\lambda} \tag{8-64}$$

式中　m_1——瞬时单位线 $u(o, t)$ 的一阶原点矩，h；

$\bar{i}_s$——平均地面净雨强度，mm/h；

a、λ——反映流域特征的系数和非线性指数，对固定的流域均可取为常数。

一个流域有了具体的 m_1 随净雨强度变化的公式之后，便可在预报和设计时，根据实际的净雨强度算出 m_1，进而由下式

$$K = m_1/n \tag{8-65}$$

求得 K 值。但应注意式（8-64）中的$\bar{i}_s$ 超过某一临界值后，m_1 即趋于稳定，基本上不再随$\bar{i}_s$ 的增加而增加。

另外，流域降雨不均匀也能引起 n、K 的非线性，这时可采用与第六节类似的方法，即考虑暴雨中心位置的不同对 n，K 进行分类来处理。

第九节　综合单位线法计算流域出口洪水过程

对于一般的中、小流域而言，常常缺乏实测暴雨径流资料，无法直接求出它们的单位线。此时，将根据一个地区内其他中、小流域从实测暴雨径流资料分析的单位线建立决定单位线形状的一些要素（例如瞬时单位线的 n、K 值）与流域特征和暴雨特征的综合关系——称综合单位线。在没有资料的中、小流域上，只要知道它的流域特征和设计暴雨，便可通过这种地区综合关系得到它的单位线要素，从而求得它的单位线。这样的方法称为综合单位线法。

综合单位线分为综合时段单位线和综合瞬时单位线。前者，如 F. F. Snyder 综合单位线、淮上法综合单位线等，是对时段单位线的峰、历时等特征值建立地区综合公式，由于对单位线的整个过程控制不严，推广应用比较困难；后者，具有一定的数学模型，如纳希瞬时单位线，仅有两个参数就能控制单位线的全过程，综合和使用比较方便，近年来我国大部分省（区，市）都采用这种方法推求中、小流域设计洪水过程线。下面将以综合纳希瞬时单位线法为对象论述其地区综合和应用。

一、综合瞬时单位线法的基本概念

纳希瞬时单位线完全由参数 n、K 决定，因此，瞬时单位线的综合，实质上就是对参数 n、K 的综合。不过，在实际工作中并不直接去综合 n、K，而是综合与 n、K 有关的

参数 m_1 和 m_2 或综合 m_1 和 n。m_1 和 m_2 与 n、K 的关系为

$$m_1 = nK \tag{8-66}$$

$$m_2 = 1/n \tag{8-67}$$

式中　m_1、m_2——纳希瞬时单位线的一阶、二阶原点矩，前者习惯上称为单位线的滞时。

实际资料表明，一个地区的 m_1 和 m_2 值主要随两类因素变化：一是流域一定时，对于降雨分布比较均匀的中、小流域，它们主要受平均净雨强度 $\bar{i}_s$ 的影响；再是净雨强度一定时，例如各流域均取 $\bar{i}_s=10\text{mm/h}$ 的单位线，它们则随流域特征而变化。因此，对瞬时单位线的综合，一般分两步进行：首先，考虑净雨强度影响，在对 m_1 和 m_2 做地区综合之前，都根据上节讲的瞬时单位线非线性变化规律，求得统一标准净雨强度的 m_1 和 m_2（或 n）值，称标准化。这个标准一般定为净雨强度 $\bar{i}_s=10\text{mm/h}$，相应的 m_1 记为 $m_{1,10}$，称标准化的 m_1；m_2（或 n）比较稳定，一般不随净雨强度变化。同时还要对非线性影响指数 λ 做地区综合。其次，是对各流域统一标准的 m_1 和 m_2 进行地区综合，建立 $m_{1,10}$、m_2（或 n）与流域特征间的关系。当这些关系建立起来之后，便可用以推求无资料流域的单位线了。

二、m_1、m_2 的标准化与 λ 的地区综合

净雨强度对瞬时单位线的影响，见式（8-64），故取 $\bar{i}_s=10\text{mm/h}$ 时，$m_1=m_{1,10}$，得 $m_{1,10}=a10^{-\lambda}$，代入式（8-64），得

$$m_1 = m_{1,10}(10/\bar{i}_s)^{\lambda} \tag{8-68}$$

该式一方面可用来使 m_1 标准化，即由 m_1、$\bar{i}_s$ 求 $m_{1,10}$；另一方面，当已知 $m_{1,10}$ 时，可由 $\bar{i}_s$ 计算相应的 m_1，以便进一步推求净雨 $\bar{i}_s$ 形成的洪水过程。

实际资料表明，指数 λ 与流域面积 $F(\text{km}^2)$、干流河道坡度 J(千分率)、干流河道长度 $L(\text{km})$ 等流域特征有比较密切的关系，例如四川省第一水文区的关系式为

$$\lambda = 0.9813 - 0.2109\lg F \tag{8-69}$$

必须注意，净雨强度增加到一定程度后，由于河水漫滩等水力条件的限制，m_1 不会无限度地减小，因此，各省（市、区）都规定了使用式（8-68）的临界雨强 $\bar{i}_{s,\text{临}}$，即设计净雨强度超过 $\bar{i}_{s,\text{临}}$ 以后，m_1 维持在 $\bar{i}_{s,\text{临}}$ 时的水平，即

$$m_1 = m_{1,10}(10/\bar{i}_{s,\text{临}})^{\lambda} \tag{8-70}$$

不再随 $\bar{i}_s$ 增加而减小。例如四川省规定的 $\bar{i}_{s,\text{临}}=50\text{mm/h}$。

雨强对 m_2（或 n）的影响甚微，一般都不需要做非线性改正，而把 m_2（或 n）直接作为标准化的情况进行地区综合。

三、$m_{1,10}$ 及 n（或 m_2）的地区综合

瞬时单位线的标准化参数 $m_{1,10}$ 和 n 与流域特征之间存在着一定的关系，可以通过回归分析建立经验公式以定量地表达这种关系。例如四川省第一水文分区的公式为

$$m_{1,10} = 1.3456F^{0.228}J^{-0.1071}(F/L^2)^{-0.041} \tag{8-71}$$

$$n = 2.679(F/L^2)^{-0.1221}J^{-0.1134} \tag{8-72}$$

以上诸式中 $m_{1,10}$、F、L、J 的单位分别为 h、km^2、km，千分率。

综合单位线法，是无资料流域推求设计洪水的一个重要方法，我国各省（区、市）的

《暴雨洪水查算图表》等手册中都有详细介绍，供相关部门查用。不过限于各地条件不同，综合单位线的具体形式及方法也不尽相同，使用时应予以充分的注意。

四、综合瞬时单位线法推求设计洪水过程

对无实测资料的中、小流域，用综合瞬时单位线法推求设计洪水的步骤大体如下：

(1) 计算研究流域的设计暴雨，在下章讲述。

(2) 根据产流计算方法，例如降雨径流相关图法，由流域的设计暴雨推求设计净雨过程。

(3) 根据流域几何特征由瞬时单位线参数地区综合公式求 $m_{1,10}$ 及 n(或 m_2)。

(4) 按设计净雨强度由 $m_{1,10}$ 求出设计条件的 m_1，并由上一步的 n 求 $K(=m_1/n)$。

(5) 选择单位时段 Δt，由 n、K 表征的瞬时单位线求时段单位线。

(6) 由设计净雨过程及时段单位线求设计地面径流过程。

(7) 确定设计条件下的地下径流，与地面径流过程叠加，即得设计洪水过程。

复习思考题

8-1 什么是蓄满产流和超渗产流？如何定性上判断？

8-2 什么是蓄满—超渗兼容产流模型？它与蓄满产流模型和超渗产流模型相比有何特点？

8-3 根据次暴雨洪水资料建立的降雨径流相关图，为什么可以用来计算一次降雨的净雨过程？

8-4 某流域的等流时线如图 8-14 所示，$\Delta\tau=6$h，各等流时面积 F_1、F_2、F_3 分别为 30km²、50km²、40km²。其上有一次均匀的净雨过程。共两个时段（$\Delta t=\Delta\tau$），各时段 Δt 的地面净雨依次为 10mm、40mm，试计算该次降雨的最大洪峰流量 Q(m³/s) 及出现时间。

8-5 某流域流域面积为 1000km²，其上发生一次暴雨洪水，过程如表 8-12 所示。试用该次暴雨洪水资料分析 6h10mm 单位线（该次洪水的地面径流终止点在 7 日 24 时）。

表 8-12　　某站 1984 年 8 月一次暴雨洪水记录

日·时	实测流量 (m³/s)	降雨 (mm)	日·时	实测流量 (m³/s)	降雨 (mm)
6·6	130	12	7·12	250	
6·12	100	30	7·18	170	
6·18	230		7·24	130	
6·24	600		8·6	100	
7·6	400				

8-6 利用上题成果推求 3h10mm 单位线。

8-7 已知某流域纳希瞬时单位线的参数：$n=2$，$K=14$h，试求 3h10mm 的时段单位线。

8-8 什么是综合单位线？试述综合瞬时单位线法推求设计洪水的大致步骤。

习　　题

8－1　某河某站1979年7月12日至25日的逐日降雨 P 和该站所在流域的流域蓄水容量 W_m、7月平均流域蒸发能力 E_m 等资料如表8－13所示，试推求7月17～25日逐日的 P_a 值。

表8－13　　某站1979年7月 P、E_m、W_m 值

日期（月·日）	雨量 P（mm）	P_a（mm）	备　注	日期（月·日）	雨量 P（mm）	P_a（mm）	备　注
7·12	6.0		①7月 E_m=4.0mm/d ②W_m=80.0mm ③7月16日前连续降雨，已使该日开始时的流域蓄水量达 W_m	7·19			
7·13	12.0			7·20	0.3		
7·14	29.0			7·21			
7·15	35.6			7·22			
7·16		80.0		7·23			
7·17				7·24	48.0		
7·18	22.0			7·25			

8－2　已求得某流域44次暴雨洪水的流域平均降雨量 P、前期影响雨量 P_a、总径流深 R，如表8－14所示。要求：

（1）绘制降雨径流相关图 $P \sim P_a \sim R$ 及简化的（$P+P_a$）$\sim R$ 相关图；

（2）该流域6月11日及12日发生一次降雨，这两天的雨量分别为84.5mm及25.0mm，P_a 分别为65.0mm及80.0mm，试在相关图上查出这两天降雨分别产生的净雨深。

表8－14　　某流域各场降雨洪水的 P、P_a、R 值　　单位：mm

洪号	流域平均雨量 P	前期影响雨量 P_a	总径流量 R	$P+P_a$	洪号	流域平均雨量 P	前期影响雨量 P_a	总径流量 R	$P+P_a$
1	129.9	52.6	77.8	182.5	23	61.2	76.4	50.3	137.6
2	129.3	70.0	90.0	199.3	24	69.9	54.2	29.5	124.1
3	67.8	80.0	48.0	147.8	25	47.4	76.4	36.1	123.8
4	37.9	80.0	34.3	117.9	26	75.2	66.6	46.2	141.8
5	54.3	79.2	36.0	133.5	27	197.0	76.3	169.0	273.3
6	101.9	37.8	35.0	139.7	28	95.9	73.3	72.5	169.2
7	72.4	68.0	38.3	140.4	29	66.4	18.3	3.1	84.7
8	25.8	57.8	14.1	83.6	30	38.0	31.7	1.9	89.7
9	30.3	72.3	15.2	102.6	31	46.9	60.6	140.0	107.5
10	43.8	20.4	2.3	67.2	32	113.5	62.0	73.0	175.5
11	22.6	39.5	3.4	62.1	33	48.0	80.0	44.0	128.0
12	106.9	33.7	37.3	140.6	34	65.8	76.8	55.0	142.6
13	51.4	23.5	5.0	74.9	35	54.3	25.0	43.0	128.3
14	26.9	52.0	7.5	78.9	36	47.2	74.4	27.0	121.6
15	90.6	73.0	72.8	163.6	37	86.2	72.3	54.0	158.5
16	61.4	68.6	37.4	130.0	38	77.9	50.8	37.0	128.7
17	113.6	59.5	84.6	178.1	39	64.6	43.1	27.0	107.7
18	124.1	53.7	79.6	177.8	40	72.4	59.0	35.0	131.4
19	88.1	59.4	49.0	146.5	41	104.1	7.3	22.0	111.3
20	87.0	36.4	35.4	103.4	42	137.1	70.6	109.2	207.7
21	46.1	50.8	8.5	96.9	43	77.7	25.4	12.3	103.1
22	45.1	73.1	37.2	118.2	44	78.8	66.1	48.0	144.9

8－3 南河开峰峪站流域面积 $F=5253\text{km}^2$。1971 年 5 月 2 日和 3 日流域上发生一次暴雨，逐时段流域平均有效雨量列于表 8－15。结合降雨开始时的流域蓄水量 W 查本流域的降雨总径流相关图，得各时段的总净雨深也列于该表中，并分析得流域稳渗率 $f_c=0.4\text{mm/h}$。试把各时段的总净雨划分为地面、地下净雨。

表 8－15 开峰峪站以上流域一次降雨的有效雨量及总净雨过程

时间（日·时）	2·14～2·20	2·20～3·2	3·2～3·8	3·8～3·14	3·14～3·20
有效雨量（mm）	12.6	17.4	16.9	3.3	1.4
总净雨深（mm）	7.9	11.7	16.7	3.3	1.4

8－4 某水文站以上的流域面积为 441km^2，该流域 1962 年 6 月 23 日发生一次暴雨，测得降雨及洪水流量资料如表 8－16 所示。该次洪水的地面径流终止点在 27 日 1 时。试分析该次暴雨的初损 I_0 及平均后损率 $\overline{f}$，并以此来计算地面净雨过程。

表 8－16 某流域 1962 年 6 月一次实测降雨及洪水过程

时间（月·日·时）	流域平均雨量 P（mm）	实测流量 Q（m^3/s）	时间（月·日·时）	流域平均雨量 P（mm）	实测流量 Q（m^3/s）
6·23·1		10	6·25·19		28
6·23·7	5.3	9	6·26·1		23
6·23·13	38.3	30	6·26·7		20
6·23·19	13.1	106	6·26·13		17
6·24·1	2.8	324	6·26·19		15
6·24·7		190	6·27·1		13
6·24·13		117	6·27·7		12
6·24·19		80	6·27·13		11
6·25·1		56	6·27·19		10
6·25·7		41	6·28·1		9
6·25·13		34			

8－5 用题 8－4 求得的地面净雨过程和地面径流过程分析该流域 6h10mm 净雨的单位线。

8－6 用题 8－5 推求的单位线和题 8－4 推求的地面净雨过程以及题 8－4 分割基流后所得的地下径流过程还原计算本次洪水，并绘出过程线进行比较。

8－7 根据多次暴雨洪水资料分析，已求得湖北省某流域（$F=49\text{km}^2$）的瞬时单位线参数为：$n=1.8$，$m_1=8.3\ (\overline{i}_s)^{-0.629}$。式中，$\overline{i}_s$、$m_1$ 分别为平均地面净雨强度（mm/h）及瞬时单位线的一阶原点矩（h）。试求该流域 $\overline{i}_s=20\text{mm/h}$ 的瞬时单位线及其 1h10mm 单位线。

第九章　由暴雨资料推求设计洪水

第一节　概　　述

一、问题的提出

第七章叙述由流量资料推求设计洪水的方法，但在实际工作中，还常常会因为下述的一些原因，要由暴雨资料途径推求设计洪水。

（1）设计流域实测流量资料不足或缺乏，无法由流量资料直接推求设计洪水。

（2）设计流域虽有长期流量资料，但由于上游大量修建水利水电工程或其他人类活动措施，严重破坏了流量系列的随机性和一致性，并难以还原到天然状态，此时可用该法由暴雨推求设计洪水。

（3）论证由流量资料推求的设计洪水成果时，常常需要同时以这种途径推求设计洪水。

（4）重要工程设计需要的可能最大洪水，一般采用由可能最大暴雨推求可能最大洪水。

雨量资料的观测要比流量观测容易得多，且不易受下垫面条件变化的影响，因此雨量站在面上分布相对水文站而言是相当稠密的，观测年限也比较长，这不仅为直接利用降雨资料推求洪水，而且为研究暴雨的地区变化规律，以推求无资料流域的设计暴雨和洪水奠定了良好的基础。因此，这种方法得到了广泛的应用。

二、主要内容

由暴雨资料推求设计洪水，是以降雨形成洪水的原理为基础，按照暴雨洪水的形成过程计算的，因此，这项工作主要包括以下内容。

1. 推求设计暴雨

所谓设计暴雨，广义地说，就是形成设计洪水的暴雨。在我国，设计洪水可分为两类：一类是以指定频率为标准的洪水，如百年一遇洪水、千年一遇洪水等，习惯上就称设计洪水；另一类是以一定流域条件下洪水的可能最大情况为标准的洪水，称可能最大洪水，具有洪水上限的含义，目的是想绝对保证工程的安全。与之相对应，设计暴雨也可分为两类：一是指定频率为标准的暴雨，习惯上称设计暴雨。目前，均近似假定暴雨与其产生的洪水同频率，因此，推求设计暴雨，就是推求与设计洪水同频率的暴雨。例如，欲求千年一遇的洪水，千年一遇的暴雨就是其设计暴雨。再是可能最大暴雨，简称PMP（Probable Maximum Precipitation），它将形成可能最大洪水。两类设计暴雨的含义不同，计算方法差别很大，将分为两类系统论述。对于以指定频率为标准的设计暴雨，将用频率分析的方法推求，整个计算与由流量资料推求设计洪水的方法类似。即根据实测降雨资料，先用频率分析法求得符合设计频率的各统计时段雨量；再按典型暴雨过程进行缩放，得设计暴雨过程。其具体算法，依流域的资料情况，分为雨量资料充分、不足和缺乏三种类型进行推求。可能最大暴雨，目前主要采用水文气象法推求，计算方法颇多，但受水文气象科学发展水平的限制，目前都不够成熟。实用上，对于中、小流域，一般以应用全国和各省区编制的 PMP 图集为宜。该图集是经过多种方法计算，地区协调和各方面论证确定的，成果较为可靠，且计算简便，本章主要介绍这种方法。另外，与由流量资料推求设计洪水相适应，还在以前学习设计洪水地区组成和分期设计洪水基础上，讲述了设计暴雨地区地区组成和分期设计暴雨问题。

2. 推求设计净雨

设计暴雨扣除相应的损失，就是设计净雨。其推求方法（如降雨径流相关图法、初损后损法等），在第八章都已学习过，但用于设计情况，还有一些新的问题需要解决。如设计暴雨发生时，其前期流域蓄水量应为多大？由一般实测暴雨洪水分析的产流计算方案，用于数值很大的设计暴雨时如何外延？无资料流域如何移用有资料流域的分析成果等？

3. 推求设计洪水

对设计净雨进行流域汇流计算，即得流域出口断面的设计洪水。汇流计算可采用单位线法、瞬时单位线法、综合单位线法等。这里也有外延和移用的问题，需要进一步考虑。

第二节　暴雨资料充分时设计暴雨的推求

所谓暴雨资料充分，是指设计流域及附近雨量站较多，分布比较均匀，相当多的站有长期同步观测资料，可以得出一个长期的各历时的年最大流域平均雨量（简称面雨量）系列作为频率计算的样本。对于这种情况，可按以下方法计算设计暴雨。

一、设计面暴雨量的计算

设计面暴雨量的计算与设计洪量的计算相仿，先从实测降雨资料中计算和挑选出不同历时的年最大面雨量，分别组成长期的各种历时年最大面雨量系列，如年最大 1h 面雨量系列、年最大 12h 面雨量系列、年最大 1 日面雨量系列等。当面雨量系列不够长时，应采取相关分析等方法进行插补延长，并考虑特大暴雨进行频率计算，求出各种历时面暴雨量频率曲线，然后依设计频率查算各统计历时的设计雨量。目前我国暴雨量频率计算的方法、使用的线型、经验频率公式等与洪水频率计算相同。在这里还有三点应进一步说明。

1. 面雨量系列的插补延长

我国大多数地区的雨量站网是 1958 年前后建立的，所以多数站雨量系列还不够长，只有较少的站具有长期观测资料。针对这种情况，在流域内或附近取少数（但最好两个以上，并有控制性）具有同期观测的长系列雨量站为参证站，建立参证站平均雨量$\overline{P}_{参}$与多站计算的流域平均雨量$\overline{P}$的相关关系，然后由长期的$\overline{P}_{参}$插补延长$\overline{P}$系列，则是一条有效的途径。由于$\overline{P}_{参}$与$\overline{P}$都是面雨量，仅求平均雨量的站数多少不同，两者的影响因素相似，故相关关系一般较好。建立$\overline{P}_{参}$与$\overline{P}$的关系时，每年可取多次暴雨，以增添相关点据。

2. 特大暴雨问题

如同特大洪水的认证与处理那样，特大暴雨则是设计暴雨计算是否可靠的关键问题，

必须认真对待。特大暴雨的处理方法与特大洪水的处理方法基本相同，其关键在于做好特大暴雨的调查考证，正确定出它的数量和重现期。根据实测系列内是否有特大暴雨，分两种情况加以讨论：①系列内有特大暴雨时，其数量是实测的，重现期可通过流域历史洪水调查确定；②实测系列内没有特大值时，可在对本地区大暴雨形成的天气条件、自然地理条件等分析的基础上，考虑邻近地区发生的特大暴雨在本流域出现的可能性，尽可能移置一些特大暴雨。移置时，一般保持重现期不变，在那里是多少年一遇，移到本流域还是多少年一遇，但在数量上要作一定的调整，例如将移植流域的特大暴雨乘以设计流域汛期多年平均雨量与移植流域汛期多年平均雨量之比。

3. 成果合理性分析

由于各种原因，使频率计算的成果可能有较大的误差，例如资料不够长，特大暴雨考证难以准确等。因此，对上面计算的设计暴雨量的合理性必须进行分析论证。分析的原则与洪水计算的情况相似。例如，对本流域，要求各种统计历时的面雨量频率曲线在实用范围内不得相交；与邻近流域相比，要求同一历时的暴雨统计参数和相同频率的设计雨量在地区上的变化，应与地形条件、自然地理特性等因素的变化相协调。若遇有不合理现象，应查找原因，予以修正。

二、设计暴雨过程的拟定

拟定设计暴雨过程的方法也与设计洪水过程线的确定类似，首先选定一次典型暴雨过程，然后以各历时的设计雨量为控制进行缩放，得设计暴雨过程。选择典型暴雨时，原则上应在各年的面雨量过程中选取。典型暴雨的选取原则：首先，要考虑所选典型暴雨的分配过程应是设计条件下比较容易发生的；其次，还要考虑所选的典型暴雨是对工程不利的。所谓比较容易发生，首先是从量上来考虑，即应使典型暴雨的雨量接近设计暴雨的雨量；其次是要使所选典型的雨峰个数、主雨峰位置和实际降雨时数是大暴雨中常见的情况，即这种雨型在大暴雨中出现的次数较多。所谓对工程不利，主要指两个方面：一是指雨量比较集中，例如七天暴雨特别集中在三天，三天暴雨特别集中在一天等；二是指主雨峰比较靠后。这样的降雨分配过程所形成的洪峰较大且出现较迟，对水库安全将是不利的。例如淮河上游1975年8月在河南发生的一场著名的特大暴雨，简称“75・8暴雨”，历时5天，板桥站总雨量1451.0mm，其中三天1422.4mm，雨量大而集中，且主峰在后，曾引起两座大中型水库和不少小型水库失事。因此，该地区进行设计暴雨计算时，常选作暴雨典型。当难以选择某次合适的实际暴雨作典型时，最好选多次大暴雨进行综合，拟定一个能反映大多数暴雨特性和对工程偏于不利的概化的暴雨时程分配作典型。

典型暴雨过程的缩放方法与设计洪水的典型过程缩放计算基本相同，一般均采用同频率放大法。即先由各历时的设计雨量和典型暴雨过程计算各段放大倍比，然后与对应的各时段典型雨量相乘，得设计暴雨在各时段的雨量，此即推求的设计暴雨过程。

三、设计暴雨的地区分布与组成分析

以上讲的是全流域全汛期的设计暴雨计算，实际上，对于较大的流域，其中常有若干防洪地点和梯级水库，为考虑它们的防洪问题，还需要推求分区洪水。为此，将要求在全流域设计暴雨计算的基础上，进一步计算设计暴雨的地区分布与组成。例如图7-14所示，推求防洪断面B以上流域的设计暴雨后，为研究B断面的防洪问题，还需进一步分析流域的设计暴雨中，有多少来自水库 A 以上流域，有多少来自 AB 区间面积。其算法，与设计洪水的地区组成分析类似，常用的有典型暴雨分布图法和同频率控制地区组成法。

1. 典型暴雨分布图法

从研究流域的实际大暴雨资料中，选择对防洪断面防洪不利的暴雨分布等雨量线分布图为典型，将其乘以流域设计雨量与该流域典型暴雨雨量之比，即得设计暴雨的地区分布等雨量线图。依此可以求得研究流域各个分区的面雨量，如图 7-14 所示中 A 以上流域的和 AB 区间的平均雨量，它们的加权和显然等于研究流域的设计暴雨量。

2. 同频率控制地区组成法

与设计洪水地区组成分析的同频率控制法类似，也采取两种比较极端的组合方式计算，例如图 7-14，一是上游断面流域 F_A 与下游断面控制流域 F_B 发生同频率 p 的暴雨 P_{Ap}、P_{Bp}，区间 F_{AB} 发生相应暴雨 P_{AB}，由水量平衡原理，$P_{AB}=(P_{Bp}F_B-P_{Ap}F_A)/F_{AB}$；再是区间 F_{AB} 与下游断面控制流域 F_B 发生同频率暴雨 P_{ABp}、P_{Bp}，上游断面流域 F_A 发生相应暴雨 P_A，可得 $P_A=(P_{Bp}F_B-P_{ABp}F_{AB})/F_B$。

四、分期设计暴雨

为由暴雨资料推求分期设计洪水，将需要进行分期设计暴雨的计算。其计算思路与方法和分期设计洪水的计算类似，大体有如下几点：

（1）对全汛期分期。除为安排施工进度要求暴雨分期时段较短外，一般分期时段都比较长，一个分期内暴雨的水文气象条件、暴雨成因、暴雨特征比较一致，分期之间则有显著差别，彼此相互独立。分期数以 2～3 个为宜。因此，可采用成因分析与暴雨特征季节性变化统计相结合的方法，就一个比较大的地区分析和确定暴雨分期。

（2）分期暴雨频率分析。对某分期按年最大值法选样，考虑该分期的特大暴雨，采用适线法推求该分期的暴雨理论频率曲线和设计暴雨量，并类似分期设计洪水计算那样，从分期暴雨的时空变化规律、分期设计暴雨的组合应不小于年最大值法选样推求的设计暴雨等方面，对成果进行合理性分析，从而求得各个分期不同历时的设计暴雨量。

（3）分期设计暴雨过程。一般均采用同频率控制放大法，根据上步推求的某分期各时段设计雨量放大该分期暴雨典型，得该分期设计暴雨过程。

第三节　暴雨资料不足时设计暴雨的推求

所谓暴雨资料不足，是指流域上具有长期观测记录的雨量站太少，不能直接计算长期的面雨量系列，以组成各种历时的面雨量样本系列的情况。此时，前述的面雨量频率直接计算法不能应用，于是多改用间接方法推求设计面雨量。这种间接方法分两步进行：先求出流域中心处的设计点雨量；然后再通过点雨量和面雨量之间的关系（简称暴雨点面关系），求得指定频率的设计面雨量。

一、设计点暴雨量计算

如果在流域中心附近存在一个具有长期雨量资料的测站，那么可直接依据该站的资料进行频率计算，求得各种历时的设计点雨量。否则，应在流域中心周围选若干个具有长期雨量记录的站，分别计算各站的设计雨量，然后通过地理插值求得流域中心点的设计雨

量。点雨量频率计算中，也存在特大暴雨处理和成果合理性论证的问题，必须给予充分的注意和认真对待。特大暴雨处理与面雨量频率计算的解决方法相像，不再赘述。这里仅就后一个问题，针对点暴雨的特点进一步补充说明如下：对点暴雨频率计算成果的合理性分析，除应把各统计历时的暴雨频率曲线绘在一张图上检查，将统计参数、设计值与邻近地区站的成果协调外，还需借助水文手册中的点暴雨参数等值线图、邻近地区发生的特大暴雨记录以及世界点最大暴雨记录进行分析。小频率的设计暴雨属稀遇暴雨，一般应比当地和附近发生的特大暴雨记录大，否则，就有偏小的可能。图 9－1 是世界点最大暴雨记录值与历时的关系图，推求的设计值一般应小于这些极值，否则，就可能偏大。

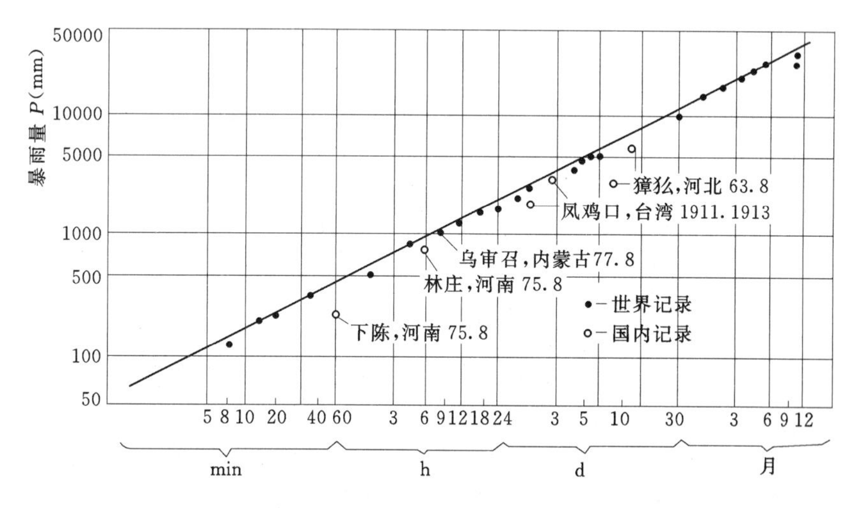

图 9－1　国内外实测最大点暴雨量与历时关系图

二、设计面暴雨量的推求

如图 9－2 所示的次暴雨流域中心点雨量与流域面雨量的关系，是根据国内部分地区雨量站密集的流域观测资料点绘的。这些研究表明：当流域面积不大时，流域中心点雨量 P_0 与流域面雨量 P 关系密切，呈 45°线，可以近似由流域中心点雨量代替流域面雨量；但当流域面积较大时，例如图 9－2（d）所示，P_0 将比 P 系统偏大，如果仍以流域中心设计点雨量作为设计的流域面雨量，则会使设计成果偏大。为此，将需研究点雨量与面雨量的关系——暴雨点面关系，把设计点雨量转化为设计面雨量。

目前我国水文计算中采用的暴雨点面关系有两种：一种如图 9－3 所示的流域中心点雨量与流域面雨量的关系，因点雨量位置（取流域中心）和暴雨面积（恒为流域面积）是固定的，故常称定点定面关系。为了将雨量站较密的流域获得的定点定面关系移用于雨量站稀少或缺乏的流域，通常将一个水文分区中各流域的点面关系综合为如图 9－3 所示的定点定面关系 $\alpha \sim T \sim F$。图中 α 为流域中心点雨量折算为流域面雨量的系数，称点面系数，随所取的暴雨历时 T 和流域面积 F 而变化，它等于历时 T 的流域面雨量 P 与相应的流域中心点雨量 P_0 的比值，即 $\alpha = P_0/P$。该图的作法是：①在一个水文分区中选许多雨量站较密的面积 F 大小不同的流域，分别计算每个流域各场暴雨不同历时 T 的点面系数 α；②对某一历时 T 点绘 $\alpha \sim F$ 相关图；③各种历时 T 的 $\alpha \sim F$ 关系综合在一张图上，即得如图 9－3 所示的定点定面关系 $\alpha \sim T \sim F$。广东、海南、广

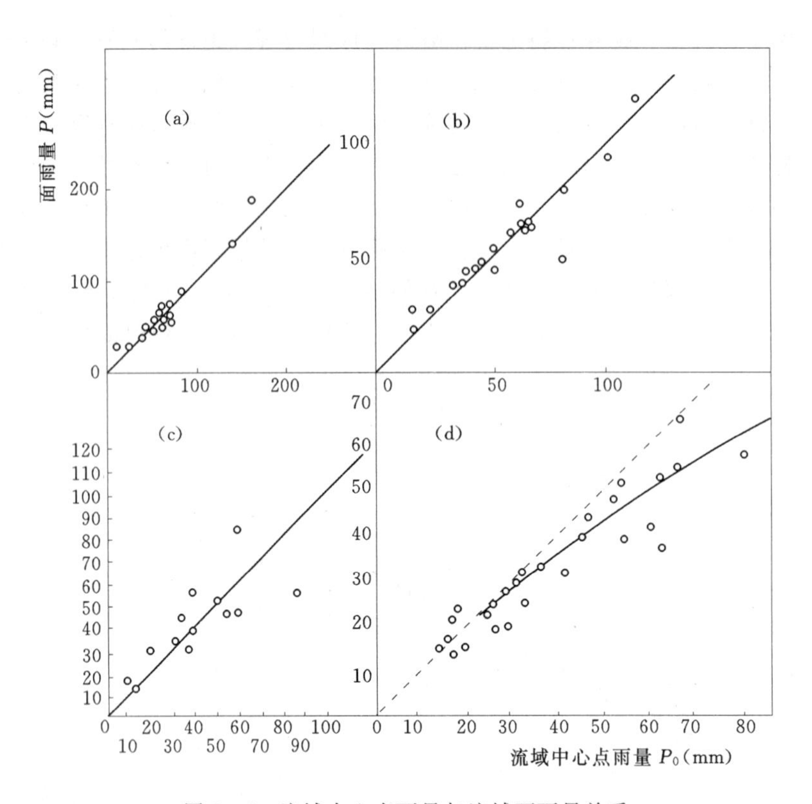

图 9-2　流域中心点雨量与流域面雨量关系

(a) 浙江黄土岭，17.8km²；(b) 浙江霞村，64km²；(c) 四川黄水河，115km²；
(d) 河南唐白河，3046km²

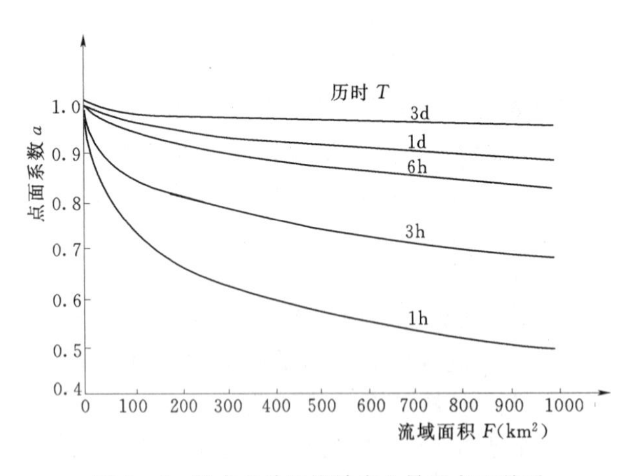

图 9-3　某水文分区流域中心暴雨点面关系

西、福建等省区大量资料分析表明：定点定面关系的地区变化很小，可以在相当大的地区内综合和使用。另一种是暴雨中心点面关系，即暴雨中心雨量与各等雨量线包围面积上的面雨量间的相关关系，由于点雨量的位置和面雨量的面积随各场暴雨变动，故又称动点动面关系。它在形式上与图 9-3 完全相同，但纵横坐标的意义却有实质性的差别。作为动点动面关系的 α，实际上代表的是某一历时暴雨的等雨量线包围面积 F 上的面雨量与相应的暴雨中心点雨量之比，但应用时，又作为定点定面关系的 α 使用。动点动面关系制作比较容易，以往应用的很普遍，大多数省区的水文手册中刊载的均为这种点面关系。以上分析可知，由设计流域中心点雨量推求设计流域面雨量时，理应采用定点定面关系，但鉴于目前许多省区尚未绘制这种关系，因此仍可借用

动点动面关系。不过，借用这种点面关系时，应分析几个与设计流域面积相近的邻近流域的 α 值作验证，如果差异较大，应作适当修正。

依据暴雨点面关系求设计面雨量是很容易的。例如，在图 9-3 所代表的水文分区中的某流域，流域面积为 $500km^2$，流域中心点百年一遇一日暴雨为 300mm，由图上查得点面系数 $\alpha=0.92$，故该流域百年一遇一日面雨量为：$P=0.92\times300=276mm$。

求出了各种历时的设计面雨量以后，即可在设计流域或邻近流域内选定一次实测暴雨过程为典型（或采用分区综合的暴雨时程分配过程，称分区概化雨型），以各历时设计面雨量为控制，分段进行同频率放大，得出设计暴雨过程。

第四节　暴雨资料缺乏时设计暴雨的推求

当流域比较小时，流域内或附近经常完全没有实测雨量资料，或只有短期雨量资料，称这种情况为暴雨资料缺乏。对此，一般采用以下的方法推求设计暴雨：①按省（区、市）水文手册（包括有关的水文图集）中绘制的暴雨参数等值线图查算出统计历时的流域中心点设计雨量；②将统计历时的设计雨量通过暴雨公式转化为任一历时的设计点雨量，并进一步转换成设计面雨量；③按分区概化雨型或移用的暴雨典型同频率控制放大，得设计暴雨过程。

一、统计历时设计点暴雨量的计算

过去长期的自记雨量记录很少，比较多的是日雨量资料，因此，以往大多数省（区、市）和部门对于短历时暴雨都只绘有 24h 暴雨参数的等值线图。后来，随着自记雨量计资料的增多以及调节性能好的中小型水库不断兴建，促使许多省（区，市）将统计历时由 24h 降为 6h、1h 等。他们通过对各雨量站资料的统计分析，求出各站各种统计历时暴雨的统计参数，并考虑地形、气候等因素的影响，经过区域上的综合平衡和合理性分析，对每种统计历时绘出点雨量均值和 C_V 的等值线图，并定出分区的 C_S/C_V 值。例如，湖北省 1986 年印发的《暴雨径流查算图表》中，就提供了 7d、3d、24h、6h、1h 及 10 min 的暴雨参数等值线图，C_S/C_V 值全省统一用 3.5。据此，便可由设计流域中心点位置查出那里的某统计历时暴雨的均值、C_V 及 C_S/C_V 值，进而求得该统计历时设计频率的点雨量。

二、任一历时的设计点雨量计算

上面推求的是一些固定统计历时的设计雨量，而设计洪水计算，如综合单位线法，还要求可以给出任一历时的设计雨量，为解决这一问题，则需根据自记雨量计记录研究暴雨强度（或雨量）随历时的变化规律。大量资料的统计成果表明：这种规律一般可用指数方程表达，它反映一定频率情况下所取历时的平均降雨强度 $\bar{i}_T$ 与历时 T 的关系，称为短历时暴雨公式，其中最常见的形式为

$$\bar{i}_T=S_p/T^n \tag{9-1}$$

式中　T——暴雨历时，h；

$\bar{i}_T$——历时为 T 的最大平均降雨强度，mm/h，参见图 9-4；

S_p——$T=1h$ 的最大平均降雨强度，mm/h，如图 9-4 所示，称雨力，与频率 p 有关；

n——暴雨衰减指数。

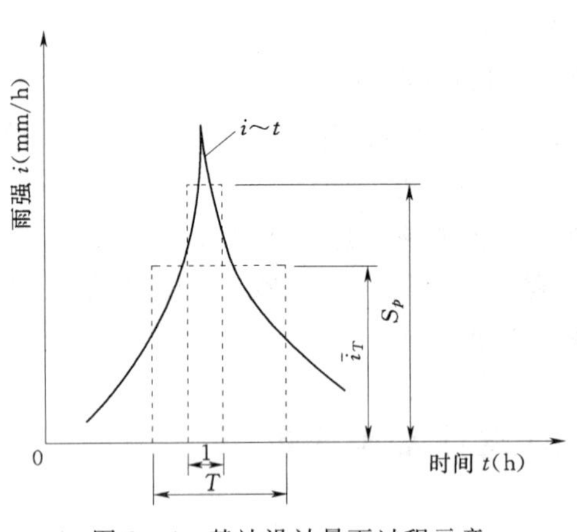

图 9-4　某站设计暴雨过程示意

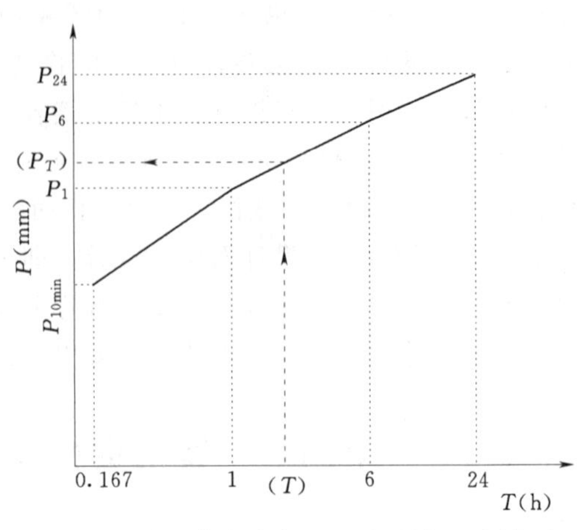

图 9-5　多段控制求任一历时雨量 P_T 图解法

暴雨衰减指数 n 与历时长短有关，随地区而变化。根据自记雨量计资料分析，大多数地区 n 在 $T=1$h 的前后发生变化，$T<1$h 为 n_0，1～24h 为 n_2。n_0、n_2 各地不同，各省（区、市）已根据每个站所分析的 n_0、n_2 绘成了等值线图或分区查算图，并载于水文手册中，供无资料流域查用。

雨力 S_p 与设计频率 p 有关，可由设计 24h 雨量 P_{24} 反求：任一历时 T 的设计雨量 P_T 为

$$P_T=\bar{i}_T T=S_p T^{1-n} \tag{9-2}$$

当 $T=24$h 时，$P_T=P_{24}$，$n=n_2$，代入式（9-2），得

$$S_p=P_{24}\times 24^{n_2-1} \tag{9-3}$$

有了 S_p 和 n（n_0 或 n_2），便可按式（9-1）及式（9-2）求得设计所需要的任一历时 T 的最大平均降雨强度 $\bar{i}_T$ 及设计点雨量 P_T。

近年来，有很多省区，如湖北省，将许多有自记雨量记录的站，以 $\lg P_T$ 为纵标、$\lg T$ 为横标点图，发现除在 1h 的地方有明显转折外，在 6h 附近也有明显转折，因此，该省采取逐段控制的方法求任一历时的设计暴雨，如图 9-5 所示。即对设计地点，按第一步所讲的方法求统计历时为 10min、1h、6h、24h 的设计雨量 $P_{10\min}$、P_1、P_6、P_{24}，对应地点绘在对数格纸上（图 9-5），连成一条连续的折线，从而查取任一历时 T 的设计雨量 P_T，若采用计算法，则需求得各段的 n 值，例如 1～6h 之间为

$$n_1=1-\frac{\lg P_6-\lg P_1}{\lg 6-\lg 1}=1+1.285\lg(P_1/P_6) \tag{9-4}$$

在 1～6h 之间任一历时 T 的设计雨量 P_T 为

$$P_T=P_1 T^{1-n_1} \tag{9-5}$$

依此类推，可得 10min～1h、1～6h、6～24h 之间任一历时的设计雨量 P_T 的计算式。

暴雨公式除式（9-1）的形式外，常见的还有

$$\bar{i}_T=\frac{S_d}{(T+d)n_d} \tag{9-6}$$

式中　S_d——$T+d=1$h 的最大平均降雨强度，mm/h，随频率 p 变化；

n_d——暴雨衰减指数；

d——经验常数，h。

式（9-6）的优点是，不会因 $T\to 0$ 时，使 $\bar{i}_T\to\infty$；再是 n_d 在 0～24h 间为常数，不随历时变化。

三、设计面雨量计算

按上述方法所求得的是设计流域中心点的各种历时的点暴雨量，需要把它们转换成流域平均暴雨量，即面暴雨量。各省（区、市）的水文手册中都刊有不同历时暴雨的点面关系图或点面关系表可供查用。

四、设计暴雨的时程分配

缺乏实测暴雨资料时，设计暴雨过程一般采用分区概化时程分配雨型来推求。分区概化时程分配雨型就是对一个水文分区的许多实测暴雨过程，按暴雨特性，如设计历时中的雨峰个数、主雨峰位置、各时段雨量占总雨量的比例等进行统计分析，所综合概括出的能反映该区暴雨时程分配主要特征和满足工程设计基本要求的一种设想的用相对值表示的降雨分配过程，如表 9-1 所示为某省第二水文分区的概化时程分配雨型。其表达方式有多种，表 9-1 是比较常见的一种形式，目前各省（区、市）的水文手册或水文图集中均载有诸如此类的概化雨型，供缺乏资料情况下推求设计暴雨过程时使用。

表 9-1　　某省第二水文分区 24h 暴雨概化时程分配雨型

时段（Δt=1h）		1	2	3	4	5	6	7	8	9	10	11	12	13	14	15	16	17	18	19	20	21	22	23	24	合计
各种历时位置及时段分配百分数	P_1									100																100
	P_3-P_1								38		62															100
	P_6-P_3											52	33	15												100
	$P_{24}-P_6$	0	0	0	4	5	5	7							12	17	9	12	5	5	9	5	5	0	0	100

【例 9-1】　鱼龙溪流域位于某省第二水文分区，拟在此建一水电站，需利用综合瞬时单位线法推求 $p=1\%$的设计洪水。为此，需要推求 $p=1\%$的设计暴雨过程。

1. 计算 1h、6h、24h 流域中心点设计雨量

根据该流域中心点位置查该省水文手册，得各种历时暴雨的统计参数 $\overline{P}_T$、C_v、C_s/C_v，列于表 9-2 中。由 C_v 及 C_s/C_v 及 P 查皮尔逊Ⅲ型曲线 Φ 值表，得各种历时暴雨的 Φ_p，代入式 $P_T=(\Phi_p C_v+1)\overline{P}_T$ 算得 1h、6h、24h 的设计点雨量分别为：95.6mm、176.8mm、291.0mm。

表 9-2　　鱼龙溪流域中心点各种历时暴雨的统计参数

历时 T (h)	$\overline{P}_T$ (mm)	C_v	C_s/C_v
1	40	0.42	3.5
6	68	0.47	3.5
24	100	0.54	3.5

该流域的流域面积为 451.4km²，查水文手册中的暴雨点面关系图，得各种历时的点面折减系数为；$\alpha_1=0.684$，$\alpha_6=0.754$，$\alpha_{24}=0.814$。折算后各种历时的设计暴面雨量为：

1h 设计面雨量　　$P_1=0.684\times95.6=65.4\text{mm}$

6h 设计面雨量　　$P_6=0.754\times176.8=133.3\text{mm}$

24h 设计面雨量　　$P_{24}=0.814\times291=236.9\text{mm}$

2. 计算 3h 设计面雨量

按式（9－4）计算 $T=1\sim6\text{h}$ 的暴雨衰减指数 n_1 为

$$n_1=1+1.285\lg(P_1/P_6)=1+1.285\lg(65.4/133.3)=0.603$$

代入式（9－5），得 3h 面暴雨量为

$$P_3=P_1T^{1-n_1}=65.4\times3^{1-0.603}=101.2\text{mm}$$

3. 计算设计暴雨过程

将上面求得的各种历时的设计面暴雨量 P_1、P_3、P_6、P_{24} 分别按表 9－1 中的概化雨型进行分配，得表 9－3 所示的设计暴雨过程。

表 9－3　　鱼龙溪 $p=1$ 的设计面暴雨过程

时间（h）	1	2	3	4	5	6	7	8	9	10	11	12	13
设计雨量（mm）	0	0	0	4.1	5.2	5.2	7.3	13.6	65.4	22.2	16.7	10.6	4.8

时间（h）	14	15	16	17	18	19	20	21	22	23	24	合计
设计雨量（mm）	12.4	17.6	9.3	12.4	5.2	5.2	9.3	5.2	5.2	0	0	236.9

第五节　可能最大暴雨的估算

一、可能最大暴雨及其估算途径

可能最大暴雨（PMP）具有暴雨上限的含意。水汽来源是降雨的原料，水汽上升冷却是降雨的动力条件，对于一定的时间、地点和条件，两者都是有限的，因而某种条件下一定地区一定历时的暴雨也应有上限。目前，一般把 PMP 定义为：现代气候条件下，一定地区一定历时的理论最大降水量。这种降水量对于特定的地理位置给定暴雨面积上，一年的某一时期内在物理上是可能发生的。

计算可能最大暴雨的途径，原则上可分为三类：一是气象学途径，主要从降雨成因上分析计算 PMP；再是数理统计法途径，主要从统计暴雨极值的角度求 PMP；三是水文气象法途径，采用半经验统计、半理论分析的方法估算 PMP。限于当前的气象学发展水平，还不能从理论上比较好地算出 PMP，故前者尚难以应用。后者吸收了前两者的优点，是目前计算 PMP 的主要途径。

水文气象法推求 PMP，一般按这样的步骤进行：①将设计流域所在气象一致区内发生的特大暴雨进行地形影响分割，求得纯由天气系统引起的暴雨量，然后在原地予以极大化，例如式（9－9）及式（9－10），得各场极大化了的暴雨。②考虑水汽和地形等影响，将极大化的暴雨移置到设计地区。③根据移置的极大化暴雨绘制外包的时面深曲线，例如历时为一天的外包时面深曲线，是移来的每场一天极大化暴雨的面雨量与相应雨面面积关

系的外包线。外包线上的雨量代表相应历时和雨面上纯由气象因素引起的 PMP。④考虑设计流域的具体形状和地形，用上步绘制的外包时面深曲线推求设计流域的可能最大暴雨。这一系列计算是相当复杂的，从资料到技术都有不少困难，要涉及许多气象知识和实际经验。因此，除了对很大的流域要集中专门人员完成外，对于中小流域，一般均采用我国已经制定的可能最大 24h 点暴雨图集估算。

二、形成暴雨的物理条件和降水量公式

（一）形成暴雨的物理条件

从第二章分析降雨成因中，可以清楚地看到形成特大暴雨必须具备两个基本条件：一是要有丰沛的水汽源源不断地输入雨区；再是雨区存在持续强烈的空气上升运动。

1. 水汽输送

大暴雨的产生，仅靠当地的水汽量是不够的，必须有充沛的水汽不断地从洋面输入雨区。暖湿气流向低压区的辐合，为水汽进入雨区创造了条件。在计算 PMP 时，常用雨区边缘暖湿气流一侧的可降水量 W 来表示输入雨区水汽量。所谓可降水量 W，是指垂直空气柱中的全部水汽凝结后在气柱底面上所形成的液态水深度。其计算方法有多种，例如用高空气象探测资料（气压、湿度等）分层计算，然后从地面到大气顶界累加起来求得。但绝大多数地方都没有这样的探测资料，因此，常用的方法是以地面露点推求可降水。此法假定：发生大暴雨时，雨区附近暖湿气流一侧的气柱自地面至高空整层饱和，大气的露点随高程的变化遵循假绝热减温率的变化规律，如图 2-1 所示。因此，气柱从地面至某高程的可降水量 W 只是地面露点的函数，其值可由专门作好的可降水量表（附表 3）查算。现举一例说明。

【例 9-2】　某测站高程 950m，测得露点为 18℃，试计算这里的可降水量 W。

（1）先把测站高程上的露点换算到 1000hPa 的地面（高程为零）处，以便利用附表 3 求可降水。据图 2-1，纵标上取 950m、横标上取 18℃，在图中交出一点，然后从该点平行假绝热线下降至横标（高程为零）处，读数为 22℃，这就是把 950m 高程上的露点 18℃换算到 1000hPa 海平面上的露点值。

（2）由 1000hPa 海平面露点 22℃查附表 3，得 1000hPa 海平面至大气顶界（约 10000m 高空）气柱内的可降水量 $W_0^{10000}=63\text{mm}$，1000hPa 海平面至 950m 高程间气柱内的可降水量 $W_0^{950}=16\text{mm}$。

（3）地面高程 950m 至大气顶界的可降水量为

$$W_0^{10000}-W_0^{950}=63-16=47\text{mm}$$

2. 空气上升运动

上升运动是水汽变雨量的加工机。它把低层水汽向上输送，产生动力冷却，是水汽转化为雨滴的主要机制。上升运动的快慢，反映了加工机的效率。水汽上升快，水汽转化为降雨的效率高，降雨强度大；反之，效率低，雨强小。引起空气上升运动的有天气系统（如气旋、锋面）产生的辐合上升、热力对流上升和地形抬升，一般用空气辐合因子 β、降雨效率 η 来反映空气上升运动对降水强度影响的指标。

（二）降水量公式

对一个地区或一个流域，当水汽输入量为 W，水汽入流端的平均风速为 v，空气上升

运动的强度用辐合因子 β 来表示，根据大气水分平衡原理及空气质量连续原理，得出一次降水过程在历时 T 内的降水量 P 的计算式为

$$P=\beta vWT=\eta WT \tag{9-7}$$

其中 $\eta=\beta v$，称降雨效率。

三、可能最大暴雨的估算——特大暴雨极大化

当降水量公式中的 β、v、η、W 都达到可能最大值 β_m、v_m、η_m、W_m（或它们的组合达最大值）时，降水量 P 就变为可能最大暴雨量 P_m，即

$$P_m=\beta_m v_m W_m T=\eta_m W_m T \tag{9-8}$$

联合式（9－7）和式（9－8），便可得到利用特大暴雨放大法准求 P_m 的极大化公式

$$P_m=\frac{\beta_m v_m W_m}{\beta v W}P=\frac{\eta_m W_m}{\eta W}P \tag{9-9}$$

若特大暴雨已属高效暴雨，可以认为 $\eta=\eta_m$，则式（9－10）成为

$$P_m=\frac{W_m}{W}P \tag{9-10}$$

式（9－10）称为水汽放大公式，应用最广。由以上两个公式可以看出，PMP 的推求主要在于合理地确定 W_m、η_m、v_m、β_m 等数值，然后按式（9－10）或式（9－9）对特大暴雨进行极大化，从而求得 PMP。

W_m、η_m 常常按下述方法确定：①W_m 一般用雨区边缘暖湿气流一侧的可能最大露点 $t_{d,m}$ 按例 9－2 的方法计算。通常认为 30～50 年记录中的持续 12h 最大露点已接近可能最大露点。因此，当实测露点资料较长时，可直接选取其中持续 12h 的最大值作为 $t_{d,m}$；否则，应分析露点的频率曲线，取 50 年一遇的露点为 $t_{d,m}$。②对一个地区的实测暴雨的可降水量 W 则按实际露点如例 9－2 那样求得，指定历时 T 和面积 F，可算得相应的面雨量 P，代入式（9－7），便求得一个相应的降雨效率 η，多次暴雨可求出多次 η，于是，对某一历时 T，能够点绘出许多条 η～F 线，取其上包线，就认为是历时为 T 的 η_m～F 线。如此可作出各个 T 的 η_m～F 线。推求 PMP 时，根据设计流域的 F，T，便可在这些图上查得需要的 η_m。我国以往广泛应用式（9－9）及式（9－10）来估算设计流域的 PMP，但由于确定 η_m、W_m 很难准确和极大化模式过于简化，故近年来提出了外包时面深曲线法推求可能最大暴雨。

四、应用可能最大暴雨图集推求 PMP

1. 可能最大点暴雨等值线图

可能最大点暴雨等值线图是根据很多站点的可能最大点暴雨量数据经过全面协调、分析和论证绘制而成，它能够较好地反映 PMP 在地区上的分布，是解决中小流域（$F\leqslant 1000km^2$）没有条件用上述水文气象法时计算 PMP 的有力工具。我国已编制了全国可能最大 24h 点雨量等值线图，如图 9－6 所示，各省（区、市）相应地也编制了此类图，同时还制定了配合使用该图的各种历时面雨量与可能最大 24h 点雨量的关系及可能最大暴雨的时程分配雨型，这些一起汇编刊印成册，称为可能最大暴雨图集。通过这些图集的查算即可求出中小流域的 PMP。

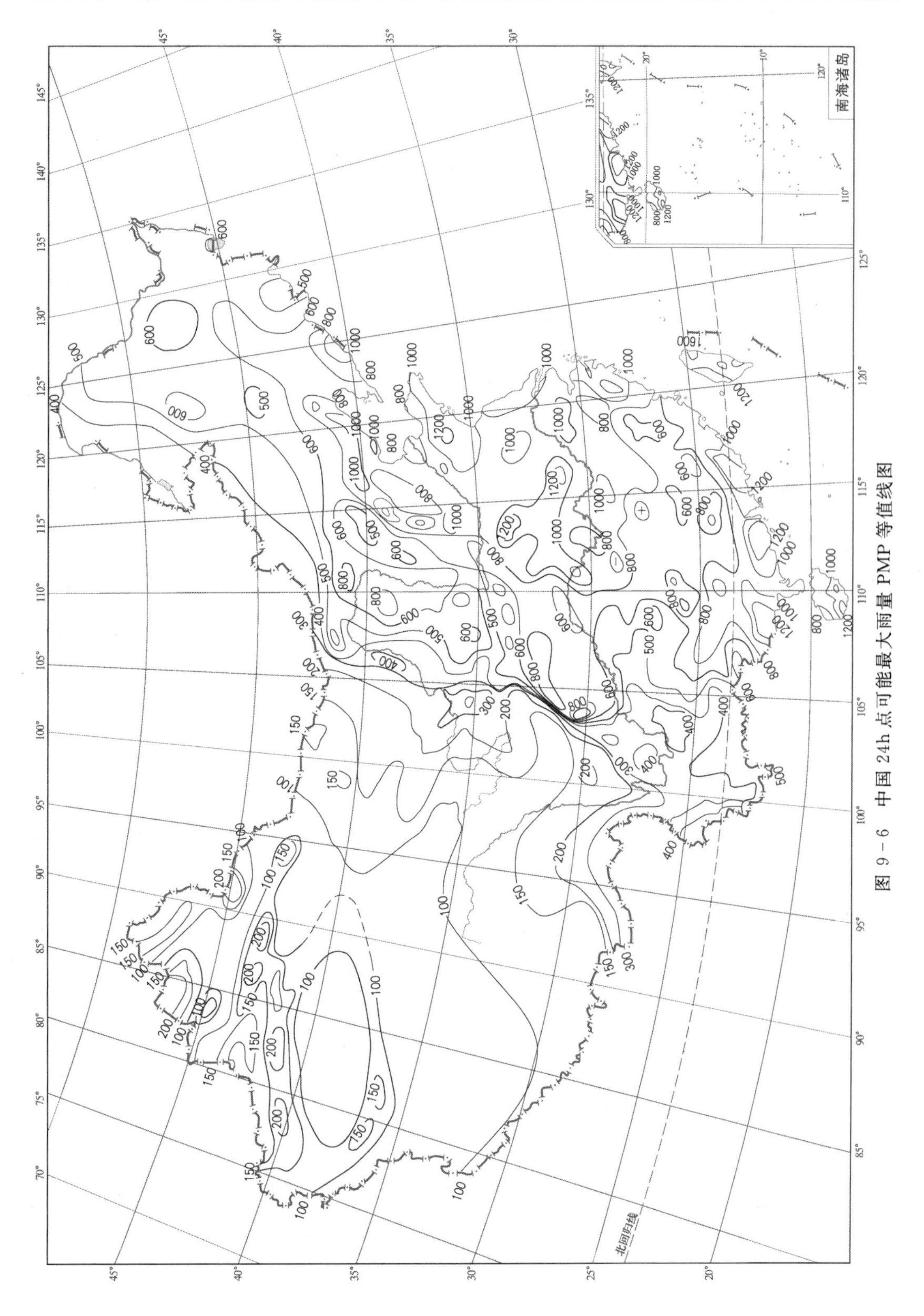

图 9－6　中国 24h 点可能最大雨量 PMP 等值线图

2. 可能最大暴雨图集的使用

首先在可能最大24h点雨量等值线图上查出流域中心点的24h PMP。各种历时的可能最大面雨量的推求，则可利用各地区制作的各种历时面雨量与可能最大24h点雨量关系$\alpha'\sim T\sim F$计算而得，这种关系常以表或图的形式给出，例见图9-7。图中纵坐标α'为折算系数，它是各种历时T流域面积F的可能最大面雨量与可能最天24h点雨量的比值，横坐标为流域面积F。例如某地区的$\alpha'\sim T\sim F$关系为图9-7，该区中某流域中心24h PMP点雨量为1000mm，该流域面积$F=600\text{km}^2$，从图9-7上查得3h可能最大面雨量相应的α'值为0.28，由此得到该流域3h可能最大面雨量：$P_{m,3}=1000\times0.28=280\text{mm}$。

至于PMP的时程分配，是以各省（区、市）综合得出的时程分配雨型为典型，利用分段控制放大法推求可能最大暴雨过程。

【例9-3】　某省友谊水库集水面积$F=120\text{km}^2$，试求24h可能最大暴雨的降雨过程。

（1）查该省可能最大24h点雨量等值线图，得友谊水库流域中心点的可能最大24h雨量为800mm。

（2）该省根据天气类型、下垫面特征等方面的差异，将全省分成4个水文气象分区，每个分区有自己的$\alpha'\sim T\sim F$关系图。友谊水库位于第三分区，该区的$\alpha'\sim T\sim F$关系如图9-7所示，按$F=120\text{km}^2$在图上查得各历时的折算系数α'，见表9-4，各历时最大面雨量等于各自的α'乘以可能最大24h点雨量。

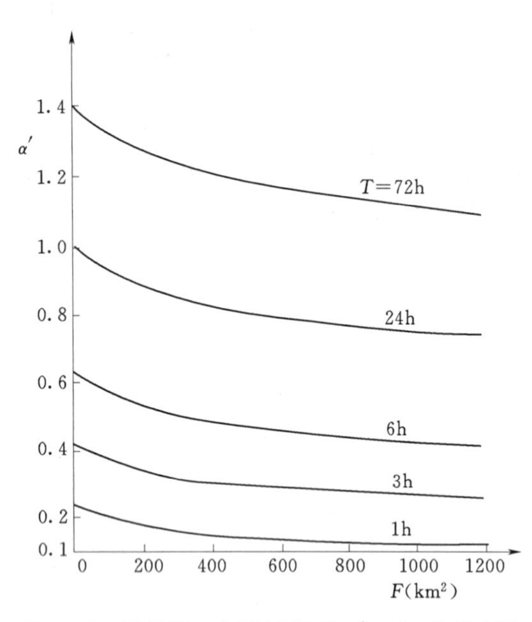

图9-7　某省第三分区PMP的$\alpha'\sim T\sim F$关系图

（3）该省可能最大24h暴雨时程分配雨型见表9～5（全省统一）。据此采用分段控制放大法求可能最大24h暴雨过程。最大1h雨量$P_{m,1}=152\text{mm}$放在第14时段，$P_{m,3}-P_{m,1}=288-152=136\text{mm}$，用136mm乘以第13和15时段的分配比，得66.9mm和69.1mm；其他历时仿此进行，得24h PMP的逐时雨量，依次为：0mm，0mm，0mm，0mm，9.4mm，9.4mm，18.6mm，18.6mm，23.2mm，17.2mm，29.0mm，29.0mm，66.9mm，152mm，69.1mm，60.5mm，47.3mm，44.2mm，45.0mm，21.1mm，10.7mm，27.9mm，23.1mm，13.8mm。

表9-4　友谊水库流域各种历时可能最大面雨量$P_{m,T}$计算

历时T (h)	1	3	6	12	24
折算系数α'	0.19	0.36	0.55	0.74	0.92
$P_{m,T}$ (mm)	152	288	440	592	736

表 9-5　　某省可能最大 24h 暴雨时程分配雨型

时段（Δt=1h）		1	2	3	4	5	6	7	8	9	10	11	12	13
各小时分配比（%）	P_1													
	P_2-P_1													49.2
	P_6-P_3													
	$P_{12}-P_6$										11.3	19.1	19.1	
	$P_{24}-P_{12}$	0	0	0	0	6.5	6.5	12.9	12.9	16.1				

时段（Δt=1h）		14	15	16	17	18	19	20	21	22	23	24	合计
各小时分配比（%）	P_1	100											100
	P_2-P_1		50.8										100
	P_6-P_3			39.8	31.1	29.1							100
	$P_{12}-P_6$							29.6	13.9	7.0			100
	$P_{24}-P_{12}$									19.4	16.1	9.6	100

第六节　由设计暴雨推求设计洪水

求得设计暴雨之后还要推求设计净雨，再由该净雨过程推求设计洪水过程。设计暴雨扣损和汇流计算与由实际暴雨推求洪水过程的计算基本上是相同的，这部分内容已在第八章论述过，本节只讨论在设计条件下由暴雨推求设计洪水的一些特殊问题和总的计算程序及方法。

一、由设计暴雨推求设计净雨

一般分为以下三个步骤进行。

（一）拟定设计流域的产流计算方案

具体到设计流域应选择什么样的产流计算方法，应根据本流域的特点、资料情况、过去的经验和设计上的要求等进行考虑。例如，对于南方湿润多雨地区，多采用以前期流域蓄水量为参数的降雨径流相关图法，并且为了容易向设计条件外延，又多采用蓄满产流原理制作相关图。但也有一些单位对应用初损后损法的经验比较丰富，则也常采用初损后损法。但不管采用何种产流计算方法，当流域有实测降雨径流资料时，都应通过实际资料的检验，论证所选用的方案是合理的，应用于设计条件是可行的，足以保证设计净雨计算的精度。

设计流域缺乏降雨径流观测资料时，一般可通过综合产流的地区变化规律来解决。许多省、区把综合分析的产流地区变化规律，以公式、图表的形式刊印在水文手册中，供无资料流域产流计算时查用。例如，山东省水文手册中就综合有适用于不同地区的 14 条暴雨径流相关线，供各个分区查用。

（二）确定设计暴雨的前期流域蓄水量 W 或前期影响雨量 P_a

根据产流计算方案推求净雨时必须知道该次降雨的前期流域蓄水量 W 或前期影响雨量 P_a（为讲述上的方便，以下均以 P_a 代表）。对于实际降雨可以根据实际的前期降雨情

况算出 P_a 值，对于设计暴雨来说，它可以与任一个 P_a（$0 \leqslant P_a \leqslant W_m$）相遇，那么如何选定设计的 P_a 才能保证求得的洪水符合设计标准呢？这一问题就成为设计净雨计算的一个重要环节。关于这个问题目前还缺乏统一的计算方法，下面介绍常用的三种。

1. W_m 折算法

如前所述，P_a 将变化在 $0 \sim W_m$ 之间，故有些地方常根据自己的经验，用折算系数 γ 按下式确定 P_a 的设计值 $P_{a,p}$，即

$$P_{a,p} = \gamma W_m \tag{9-11}$$

式中的 γ 随地区和设计标准的不同而取不同的数值。在湿润地区，汛期雨水充沛，土壤经常处于湿润状态，当设计标准较高时，如千年一遇洪水或可能最大洪水，为安全计，可取 $\gamma = 1.0$；在干旱半干旱地区或湿润地区标准不高的洪水，所取 γ 值应小于 1.0，可在统计分析 γ 与设计标准关系的基础上，依不同地区和设计标准的高低选取，一般为 0.5～0.8。例如，黑龙江省取 0.57～0.79，陕西省取 0.33～0.67，湖北、湖南、浙江省取 0.75。

2. 扩展设计暴雨过程法

在统计暴雨资料时，加长统计历时，使之包括前期降雨历时在内。例如，根据设计暴雨的需要只统计 3 天暴雨，但是由于要计算设计三天暴雨的 $P_{a,p}$，统计历时就得往前延长数十天，以便得出一个长达数十天的扩展了的暴雨系列。除对三天暴雨系列进行频率计算，以求得历时为三天的设计暴雨量外，还对此长历时的暴雨系列进行频率计算，得出长历时的设计暴雨量，选择典型，按同频率放大法分两段（三天设计暴雨段及前期降雨段）对此长历时设计暴雨量进行分配，以三天设计暴雨以前的逐日雨量计算其 $P_{a,p}$。

3. 同频率法

对于某统计历时，在从实测暴雨资料摘录年最大暴雨量 P 时，还同时计算 P 的前期影响雨量 P_a，并求出 $(P+P_a)$，于是有 P 和 $(P+P_a)$ 两个系列，通过频率计算，由前者求得设计暴雨量 P_p，由后者求得同频率的 $(P+P_a)_p$，则设计暴雨相应的 $P_{a,p}$ 为

$$P_{a,p} = (P+P_a)_p - P_p \tag{9-12}$$

例如已求得某流域的 $W_m = 120\text{mm}$，$p = 1\%$ 的三日暴雨量 $P_{1\%} = 400\text{mm}$、$(P+P_a)_{1\%} = 480\text{mm}$，则设计的 $P_{a,1\%} = 480 - 400 = 80\text{mm}$。当计算的 $P_{a,p}$ 大于 W_m 时，则取等于 W_m。

以上三种方法，若以计算的 $P_{a,p}$ 能否使推求的净雨量尽量符合洪水设计标准来衡量，则对以蓄满产流为主的湿润地区，同频率法和扩展设计暴雨法都比较好，但计算工作量都很大。W_m 折算法最简便，经验性强，有不少单位使用。

（三）推求设计净雨过程

根据设计的 $P_{a,p}$ 和拟定好的产流计算方案，便可同由实际暴雨推求净雨一样，将设计暴雨过程转化为设计净雨过程。但必须注意设计暴雨，尤其是可能最大暴雨，往往比实测的暴雨大得多，因此，应用降雨地面径流相关图法和初损后损法时，将有一个向设计条件外延的问题。例如，使用图 8-11 和图 8-12 时，当设计暴雨的 $\bar{i}_0 > 6\text{mm/h}$，$P_{ts} > 40\text{mm}$ 时如何查算？此时，应结合产流机制和本地区的实测特大暴雨洪水资料进行分析，将产流方案外延到设计暴雨或可能最大暴雨的情况，然后再求设计地面净雨或可能最大地面净雨。若应用蓄满产流计算方案则无此种问题，因为全流域蓄满后，降雨总径流相关图变成

一组45°的平行线，f_c 仍保持不变，可同一般情况，求得设计地面净雨过程和地下净雨过程。

二、由设计净雨推求设计洪水

将设计净雨转化为设计洪水的步骤大体是：

（1）拟定地面汇流计算方案。当流域有部分同期的暴雨和径流资料时，一般采用单位线法作汇流计算。因为这种方法简便灵活，效果比较好。但在选择单位线时，一定要考虑设计暴雨的大小及暴雨中心位置，选用相应的单位线。例如，对于可能最大暴雨，应选择用特大洪水分析的单位线，或作过非线性校正的单位线。当流域缺乏同期的暴雨、径流资料时，可采用综合单位线法，推理公式法等进行计算，具体算法在各省的水文手册中均有说明。

（2）按拟定的地面汇流计算方案，将地面净雨过程转化为地面径流过程。

（3）选定地下径流计算方案，确定设计洪水的地下径流过程。对于罕见的设计洪水，地下径流所占比重甚小，因此常采用非常简化的方法估算。例如，可以从过去发生的洪水基流中，选一个平均情况的或比平均情况偏大一些的基流作为设计洪水的地下径流。当地下径流较大时，可考虑用地下汇流的方法计算。

（4）将设计的地面径流过程与设计的地下径流过程叠加，即得设计洪水过程线。当设计暴雨为PMP时，计算的设计洪水便是可能大洪水（PMF）。

【例9-4】　某流域集水面积 $F=3360km^2$，为解决下游灌溉、防洪问题，拟在流域出口处建大型水库，为此，需要推求该处百年一遇设计洪水。

该流域具有2001～2005年5年实测流量资料和1960～2005年9个雨量站的连续降雨记录，其中并有特大暴雨。显然，不可能由流量资料直接推求设计洪水，现实可行的途径是采用由暴雨资料推求。

1. 设计暴雨的推求

该流域降雨资料充分，直接按面雨量系列计算一日和三日设计面雨量。然后按2003年暴雨典型同频率控制放大，得三日设计暴雨过程，如表9-6中第（2）栏。

2. 设计净雨的推求

（1）由5年同期观测的降雨径流资料分析，得出该流域降雨地面径流相关图 $(P+P_a)\sim R_s$，如图9-8所示。图中 P_a 按式（8-9）计算，分析的流域平均蓄水容量 $W_m=100mm$，流域蓄水量日消退系数 $k_a=0.95$。

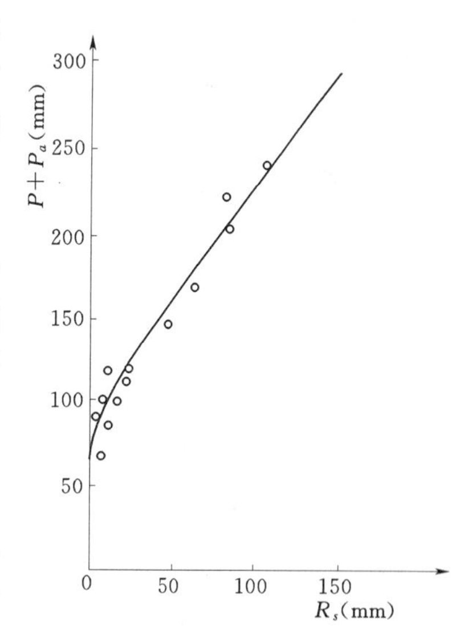

图9-8　某流域降雨地面径流相关图 $(P+P_a)\sim R_s$

（2）设计 P_a 按 W_m 折算法确定。根据当地的经验取 $\gamma=0.8$，故百年一遇设计暴雨的 $P_{a,1\%}=0.8\times100=80mm$。

（3）根据 $(P+P_a)\sim R_s$ 相关图及设计暴雨的 $P_{a,1\%}$，将表9-6中的设计暴雨过程转化为设计地面净雨过程，具体计算见表中第（3）～第（5）栏。

表 9-6　　某流域设计暴雨及地面净雨过程计算表

时段（Δt=12h）	(1)	1	2	3	4	5	6	合计
设计暴雨 P_i（mm）	(2)	10.0	15.0	55.0	0	80.0	40.0	200.0
$P+P_a$（mm）	(3)	90.0	105.0	160.0	160.0	240.0	280.0	
累积净雨（mm）	(4)	4.0	13.0	50.0	50.0	110.0	140.0	
设计净雨 $R_{s,i}$（mm）	(5)	4.0	9.0	37.0	0	60.0	30.0	140.0

3. 推求设计洪水过程线

具体计算列于表 9-7 中，现说明如下：

表 9-7　　某流域百年一遇设计洪水计算表

时间 t（日·时）	地面净雨深 $R_{s,i}$（mm）	单位线流量 q（m³/s）	各时段净雨的地面径流过程（m³/s）					总地面径流过程 Q_s（m³/s）	地下径流 Q_g（m³/s）	设计洪水过程 Q（m³/s）
			4.0mm	9.0mm	37.0mm	60.0mm	30.0mm			
(1)	(2)	(3)	(4)	(5)	(6)	(7)	(8)	(9)	(10)	(11)
1.0		0	0					0	80	80
12	4.0	50	20	0				20	80	100
2.0	9.0	200	80	45	0			125	80	205
12	37.0	154	62	180	185			427	80	507
3.0	0	121	48	139	740	0		927	80	1007
12	60.0	90	36	109	570	300	0	1015	80	1095
4.0	30.0	61	24	81	448	1200	150	1903	80	1983
12		40	16	55	333	924	600	1928	80	2008
5.0		25	10	36	226	726	462	1460	80	1540
12		16	6	23	148	540	363	1080	80	1160
6.0		9	4	14	93	366	270	747	80	827
12		6	2	8	69	240	183	492	80	572
7.0		4	2	5	33	150	120	310	80	390
12		2	1	3	22	96	75	197	80	277
8.0		0	0	2	15	54	48	119	80	199
12				0	7	36	27	70	80	150
9.0					0	24	18	42	80	122
12						12	12	24	80	104
10.0						0	6	6	80	86
12							0	0	80	80
11.0									80	80
合计	140.0	778（合10.0mm）						10892（合140.0mm）		

（1）选定地面汇流计算方案。根据 5 年同期的实测降雨径流资料，分析得到 9 次大暴雨的时段单位线。最后按照设计净雨的大小及暴雨中心位置，从中选定用以推求设计洪水

的 12h 10mm 单位线，列于表中第（3）栏。

（2）计算地面径流过程。根据选定的单位线，按倍比假定，求得各时段地面净雨产生的地面径流过程，列于表中第（4）～第（8）栏。把同时刻的流量相加，得总的地面径流过程，如表中第（9）栏。

（3）确定设计洪水的地下径流过程。根据过去实测洪水分析，基流所占比例不大。基流平均流量约 $80m^3/s$，以此作为设计洪水的地下径流过程，列于表中第（10）栏。

（4）计算设计洪水过程。将表中第（9）栏的总地面径流和第（10）栏的地下径流相加，得第（11）栏的百年一遇设计洪水过程，绘成设计洪水过程线如图 9-9 所示。

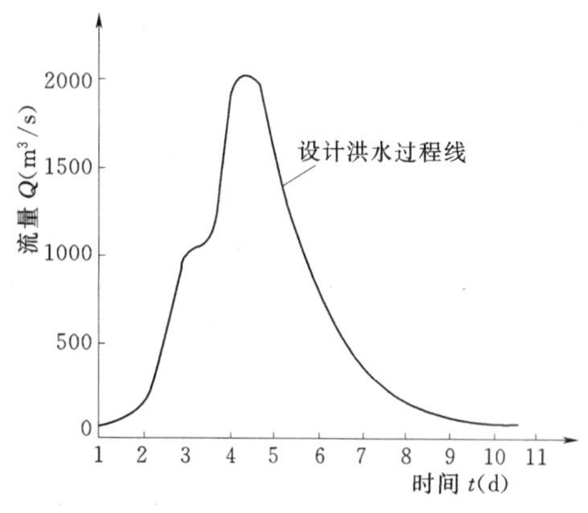

图 9-9　某站百年一遇设计洪水过程线

复习思考题

9-1　在什么情况下需要由暴雨资料推求设计洪水？其计算途径包括哪些基本环节？

9-2　什么是设计暴雨？它与设计洪水有何联系？

9-3　特大暴雨处理和特大洪水处理有何异同？

9-4　流域暴雨资料缺乏时，如何推求设计暴雨？

9-5　什么是可能最大暴雨（PMP）？水文气象法推求 PMP 的基本思路是什么？

9-6　由设计暴雨推求设计洪水时，应如何选择单位线？

习　题

9-1　根据某流域的降雨径流资料，经分析计算已求得：①设计频率 $p=1\%$ 的最大连续 12h、一天、三天设计面雨量为 130mm、176mm、240mm 和 $(P_{3d}+P_a)_{1\%}=279mm$（其中 P_{3d} 为年最大连续三天面雨量；P_a 为 P_{3d} 的前期影响雨量）；②流域蓄水容量 $W_m=50mm$；③三天典型暴雨过程如表 9-8 所示。要求：①按同频率放大法推求设计暴雨过程；②计算设计暴雨的前期影响雨量。

表 9-8　　　三天典型暴雨过程

时段序号（$\Delta t=12h$）	1	2	3	4	5	6	合计
雨量（mm）	0	5.8	16.2	20.7	84.0	2.2	128.9

9-2　某流域流域面积 $F=5600km^2$，求得其 $p=1\%$ 的设计净雨过程如表 9-9 所示；考虑到设计净雨比较稀遇，选用大暴雨分析的单位线计算设计洪水，该单位线列于表 9-10 中；设计洪水的地下径流为 $80m^3/s$。试求 $p=1\%$ 的设计洪水。

表 9－9　　$p=1\%$的设计净雨过程

时段序号（$\Delta t=12$h）	1	2	3	4	5	合计
设计净雨（mm）	5.2	30.0	39.9	111.8	5.0	191.9

表 9－10　　设计采用的 12h 10mm 单位线

时间（$\Delta t=12$h）	0	1	2	3	4	5	6	7	8	9	10	11
流量（m^3/s）	0	12.2	426.9	358.5	208.5	118.7	73.3	47.2	30.5	16.4	3.9	0

9－3　某中型水库集水面积为 341km^2，试根据下述资料推求 50 年一遇设计洪水过程线。

设计暴雨的最长统计历时采用一天，通过点暴雨频率计算，求得流域中心最大一天雨量的统计参数为：$\overline{P}_{24}=110$mm，$C_v=0.58$，$C_s/C_v=3.5$，线型为皮尔逊Ⅲ型。暴雨点面关系折算系数 $\alpha=0.92$；设计暴雨时程分配百分比见表 9－11；产流计算方案用初损后损法，设计前期流域蓄水量 $W=W_m=100$mm，初损为零，后损率$\overline{f}=1.5$mm/h；汇流方案采用纳希瞬时单位线法，其参数 $n=3.5$，$K=4.0$h；取平均情况的基流 30m^3/s 作为设计的地下径流，各时段不变。

表 9－11　　设计暴雨时程分配百分比

时段序号（$\Delta t=6$h）	1	2	3	4	合计
暴雨时段分配百分数	11	63	17	9	100

9－4　某省石门水库位于该省第五水文分区，流域面积为 200km^2，从该省可能最大暴雨图集中查得该流域中心可能最大 24h 点暴雨量为 1000mm，流域各历时面雨量折算系数 α'见表 9－12，可能最大 24h 暴雨时程分配雨型见表 9－13。试用分段控制放大法推求流域可能最大 24h 面暴雨过程。

表 9－12　　石门水库流域各历时面雨量折算系数 α'

历时 T(h)	1	3	6	12	24
折算系数 α'	0.17	0.34	0.52	0.70	0.87

表 9－13　　可能最大 24h 暴雨时程分配雨型

时段序号（$\Delta t=1$h）	各历时分配（%）				
	p_1	p_3-p_1	p_6-p_3	$p_{12}-p_6$	$p_{24}-p_{12}$
(1)	(2)	(3)	(4)	(5)	(6)
1					0
2					0
3					0
4					1.4
5					1.4
6					2.8

续表

时段序号 (Δt=1h)	各历时分配 (%)				
	p_1	p_3-p_1	p_6-p_3	$p_{12}-p_6$	$p_{24}-p_{12}$
(1)	(2)	(3)	(4)	(5)	(6)
7					2.8
8					4.2
9					8.5
10					16.9
11					26.7
12					35.3
13			23.9		
14			33.3		
15			43.4		
16		49.2			
17	100				
18		50.8			
19				31.4	
20				28.4	
21				17.2	
22				8.8	
23				7.4	
24				6.8	

9-5　试以某流域的下述资料，用综合瞬时单位线法推求该流域百年一遇设计洪水。

（1）流域面积 $F=500\text{km}^2$，河道干流平均坡降 $J=65‰$，流域面积坡度 $J_F=57.3\text{cm/km}^2$。

（2）流域百年一遇设计面暴雨及设计地面净雨见表 9-14。

表 9-14　　某流域设计暴雨及设计地面净雨过程

时段序号（Δt=3h）	1	2	3	4	5	6	7	8
雨量（mm）	15.5	19.6	32.2	172.8	41.2	26.7	19.5	15.5
净雨量（mm）	5.8	9.9	22.5	163.2	31.7	17.3	10.1	5.9

（3）该流域的基流流量，对于设计条件取 $10\text{m}^3/\text{s}$。

（4）该流域所在地区的综合瞬时单位线公式为

$$m_1=12F^{0.13}(J_LJ_F)^{-0.2265}(10/\bar{i}_s)^{0.3}$$

$$n=2.1[12F^{0.13}(J_LJ_F)^{-0.2265}]^{0.516}J_L^{-0.232}$$

式中　$\bar{i}_s$——产流期平均地面净雨强度，mm/h，其他符号的意义和单位同上。

第十章　河流泥沙计算

第一节　概　　述

河流挟带的固体颗粒叫河流泥沙，也称固体径流。河水挟运泥沙的能力称挟沙力，主要取决于流速的大小。当挟沙力大于水流实际的含沙量时，则河床发生冲刷；反之，则发生淤积。

天然河流汛期河水浑浊，挟带泥沙，而挟带泥沙的数量，不同的河流有明显的差异。黄河挟沙量之大是世界所罕见，例如陕县（三门峡）站，多年平均含沙量为 37.6kg/m^3，最大达 666kg/m^3，多年平均侵蚀模数（单位流域面积上的产沙量）为 2480t/（km^2·年）。而南方河流的含沙量则比较小，例如长江大通站，多年平均含沙量仅为 0.54kg/m^3，最大也只有 3.24kg/m^3，比黄河小 200 倍之多。我国主要河流的泥沙情况如表 10－1 所示。

表 10－1　　我国主要河流泥沙情况表

河流	测站	年径流量（亿 m^3）	年输沙量（亿 t）	平均含沙量（kg/m^3）	最大含沙量（kg/m^3）	侵蚀模数[t(km^2·年)]
黄河	三门峡	432	16.40	37.6	666	2480
长江	大通	9211	4.78	0.54	3.24	280
永定河	官厅	14	0.81	60.8	436	1944
辽河	铁岭	56	0.41	6.86	46.6	240
大凌河	大凌河	21	0.36	21.9	142	1490
淮河	蚌埠	261	0.14	0.46	11.0	153
西江	梧州	2526	0.69	0.35	4.08	260

水流挟带的泥沙，在流速变缓的地方，如河流的下游、湖泊、水库、河口、海洋等，便沉积下来，使河床淤高，湖泊水库的凋蓄容积减少，洪水灾害加剧。例如，黄河陕县站，年输沙量 16.0 亿 t，入海的约 12.0 亿 t，其差量被淤积在下游河床之中，久而久之，使黄河下游的河床比两岸地面还高，这不仅使黄河决口频繁（旧中国三四千年间就有 1593 次，严重的有 26 次），甚至造成河流改道，给两岸人民带来了惨重的灾难。泥沙淤积，还会影响到水库的寿命和效益、灌溉渠道的使用、河道通航以及港口的开发和使用。因此，河流泥沙是国民经济建设中一个很重要的问题。

研究河流泥沙运动的基本规律以解决工程建设中所遇到的河流泥沙问题，是河流泥沙工程学的内容。河流水文学中研究河流泥沙的任务，在于泥沙测验和分析流域产沙规律，估计和预测未来的泥沙数量以及在时间上的分配，为河流工程规划设计和有效地防治水土

流失提供泥沙方面的依据。

根据泥沙在河流中运动方式的不同，河流泥沙主要分为悬移质和推移质两大类，其测验方法已在第三章中论述，本章将进一步研究流域产沙规律和多年平均输沙量及其年际、年内变化。此外，在一些山区或半山区的河谷里，有时发生强烈、短暂的山洪急流，挟带大量的泥沙和石块，呈现泥石浆状态的流动，称为泥石流。它的性质与一般悬移质和推移质不同，是河流泥沙领域中的一个特殊问题。

第二节 流 域 产 沙

河流泥沙来源于流域坡地上被风、雨、径流侵蚀的土壤以及水流对河床的冲刷，两者之中前者是主要的，一起构成了流域的产沙。产沙量通过水流输送，形成流域出口的输沙过程。产沙输沙紧密相连，这里将它们一起称为流域产沙。

一、流域产沙过程

1. 坡地侵蚀过程

坡地的侵蚀过程就是水土从坡面的流失过程。表层土壤在雨水、风和重力作用下被剥离、冲刷、移动，使地表逐渐夷平。除极个别的地区风蚀起重要作用外，基本上都是雨水侵蚀。侵蚀可以看作是从土壤颗粒被雨点冲击而分离开始。雨点的动能可把土壤打碎，并把土粒击溅到空中，最高可达 1.5m 之多，如图 10－1 所示，在斜坡上土粒降下的分布是很不对称的。实验表明，当坡面的坡度为 19.3°时，溅起的泥沙有 80%落向下坡一方，溅向坡上的仅 20%，即雨滴击溅泥沙本身存在着向坡下的净输送。如果出现坡地漫流，降落的泥沙很容易被流水拖带，向坡下更远的地方搬移。雨点击溅和漫流造成的片蚀，即土壤表面比较均匀的侵蚀，因系成层的剥去，难以为人们觉察。正因为如此，其量很大，是江河泥沙的重要来源。据估计，在不同的坡度、雨强、土壤、植被等条件下，每年地面表土片蚀的损失的平均厚度约为 0.1～15mm。

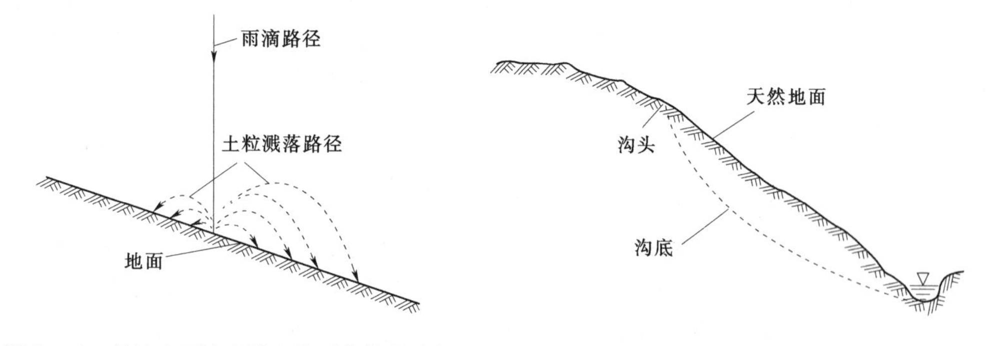

图 10－1 坡地上雨滴击溅土粒下落情况示意　　图 10－2 坡地沟蚀纵剖面图

在坡面上一些地方，坡面漫流将汇集成沟流。这时的水流为紊流，当紊动作用强到足以冲走沟底和两岸的土壤时，就可出现沟蚀，如图 10－2 所示，冲沟加深扩宽。冲沟的纵剖面在最上端最陡，使冲沟朝着源头不断发展。同时，沟壑两岸及沟头，因雨水渗入土体使粘结力降低，从而失去平衡，造成滑坡和塌陷。这些跌入冲沟中的大块土体，由洪水浸泡瓦解后被水流带走。

对于一定地区，可见侵蚀过程中降雨起着决定性的作用。雨点的直径 d 可从 0.5mm 变到 6mm，而降落速度 v 随直径而变，直径越大降得越快，约为 2～9m/s。因为动能与 d^2v^2 成正比，最大雨点的击溅侵蚀力可达较小雨点的上万倍，且漫流很容易在暴雨时产生，它一方面带走坡面上被溅落的泥沙，同时还加强了沟流和沟蚀，严重者，甚至形成泥石流，所以流域上产生的泥沙主要来自暴雨洪水。

2. 河槽冲刷过程

河川中的水流，当其含沙量小于当时的挟沙能力时，便会发生河底和河岸冲刷，增加了水流的含沙量。河底冲刷使河床下切，断面变深，减小了水面坡降和流速，从而降低挟沙能力，并趋于平衡。这种冲刷作用主要表现在河流的上、中游。河岸冲刷主要发生在下游，因下游的河床比降基本趋于平衡，水流只好由岸滩冲刷中补充自己尚能挟带的泥沙量。

河槽是一条流水线，河面相对于流域面积是很小的，且冲淤基本处于平衡状态，所以流域产沙，归根到底还是坡地侵蚀。因此，减少河流泥沙的根本途径是在上游种树植草，开展水土保持，这已为许多观测资料所证实。例如河北清水河流域，其中有两条相邻的除森林植被之外其他条件都很相似的支流——西沟和东沟，西沟集水面积 706km^2，植被很差，仅有 2.1%的林地和 2%的灌木林加草地；东沟集水面积 775km^2，有 12.9%的森林和 26.9%灌木林加草地。西沟 1959～1967 年平均侵蚀模数达 1730t/km^2，而东沟仅有 174t/km^2，两者相差 9 倍。1967 年为丰水年，西沟达 3970t/km^2，东沟仅 233t/km^2，相差 17 倍。理论分析和实测资料都证明流域产沙基本上是坡地侵蚀。森林之所以能够最有效地控制水土流失，是因为它既能保护地表不被雨滴击溅，又能改善土壤结构，使之有较强的固结力、抗蚀性和透水性，大大减少和滞缓地面径流，从而形成林区山清水秀的优美环境。

二、影响流域产沙的主要因素

流域产沙过程表明，其影响因素极其复杂，既有气象方面的，如降水、蒸发、温度、风、日照等；也有下垫面方面的，如地形地貌、土壤地质、土壤水分、植被、河网湖泊等；还有人为因素的作用。根据实验研究，这些当中主要的是流域降雨特性、土壤地质特性，地形、植被和人类活动措施的影响。

1. 流域土壤地质特征

土壤的种类、结构、组成不同，其抗蚀能力也会有很大差异。例如黄河中游黄土沟壑区，土质结构疏松，富含碳酸钙，垂直节理发育，植被稀少，抗蚀力极差，遇有暴雨，则发生强烈的片蚀和沟蚀。在这里，含粗砂的黄土区为强烈侵蚀区，年侵蚀模数高达 10000～15000t/km^2，约 7 万 km^2 的土地上年产沙就达 10.7 亿 t，其面积占全流域 9%，而输沙量却占全河 55%。

2. 降水特性

对于一定的流域，降雨强度和雨量对河流泥沙影响很大，尤其是高强度暴雨，这是因为强度高雨量大的降雨，除本身溅击力强外，产生大量的快速地面径流，强烈侵蚀地面及沟道所致。例如，陕西安塞县水土保持实验区，处于黄土丘陵沟壑地带，其中县南

沟径流小区，1980年的6月25日和7月5日有两次降雨，雨量相近，分别为24.5mm和23.2mm，但雨强后者（1.16mm/min）为前者（0.09mm/min）的13倍，从而使农田冲刷量后者为前者的9倍，牧荒地后者为前者的51倍。黄河实测资料表明，全年的流域输沙量80%～90%以上是来自一年中的几次暴雨，往往5～10天的输沙量可达全年的50%～90%，因此，流域产沙量与地面径流量的关系非常密切，如图10-3所示（也有一些是非线性的），黄土高原沟壑区许多流域都有如此之好的关系，相关系数γ多在0.95以上。

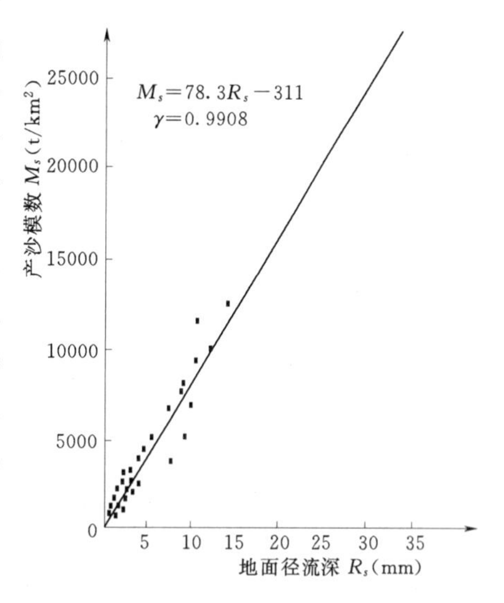

图10-3　陕北岔巴沟流域R_s-M_s关系（$F=187km^2$）

3. 地形特征

主要指地面及河沟坡度、坡面长度、地表破碎程度（可用沟道密度表示）等，显然，在其他条件相同下，暴雨时，陡坡流速高，易于冲刷，甚至引起沟岸坍塌；坡缓流速小，不易冲刷，甚至发生淤积。沟道坡度常是影响产沙的重要因素。

4. 植被特征

植被有森林、灌木丛、草地、农作物等。农耕地，一年四季不断地翻松，土壤结构受到破坏，且植被郁闭度很低，常为裸露、半裸露状态，经不起暴雨侵蚀。因此，陡坡地上毁林开荒，将使水土流失量成几倍、几十倍、甚至上百倍的增加。

5. 人类活动措施

为防止水土流失，一般采取的措施有修建塘堰水库、淤地坝、梯田等工程措施和造林、种草等生态措施。前者除梯田外，都分散在河沟上，拦截坡面上流来的泥沙，见效快，但随着淤积而很快失效；后者分布在广大面积上，通过改良土壤结构，减少减缓地面径流、保护地表，从根本上防止了水土流失。两类措施各有特点，将因地制宜，结合使用。几十年来，我国的水土保持工作已经发挥了巨大的效益。1960年后，黄河上中游来沙明显减少，使下游淤积大大减轻。黄河水利委员会一些研究表明，扣除这些年降雨偏少的影响外，主要是工程措施巨大的拦沙作用所致。1960～1980年间，水土保持措施平均每年拦沙量5.22亿t（其中水库拦沙占27.1%、淤地坝占54.0%、梯田占6.7%，引沙占12.2%），为黄河上中游多年平均产沙量20.08亿t的26.0%。

三、流域产沙量估算与预测

如上所述，控制流域产沙的因素很多，要考虑所有的因素进行计算，从目前所掌握的资料和科学发展水平还难以做到。当前采用的估算方法，多是考虑流域降雨径流、植被、土壤、地形等主要因素建立的经验公式法，也有从流域产沙过程建立水沙模型进行模拟的，但精度也不很高。这些方法程度不同地反映了主要因素对产沙的影响，因此可以用来估算缺乏泥沙观测资料的河流泥沙量，也可预测某些因素变化对产沙量的影响。下面介绍几种估算流域悬移质产沙量的经验公式，以示一斑。

弗莱明（G Fleming）利用来自世界各地250多个流域的资料，求得不同植被条件下年平均悬移质输沙量$W_s(t)$与年平均流量$Q(m^3/s)$的关系为

$$W_s = aQ^n \tag{10-1}$$

式中　a、n——经验性的系数和指数，与植被情况有关，如表10-2所示。据作者估计，该式的计算误差一般不超过±50%。

表10-2　弗莱明公式中的a、n值

植被情况	n	a	植被情况	n	a
阔叶、针叶混交林	1.02	4000	矮草地和灌木丛	0.65	177000
针叶林和高草地	0.82	59000	沙漠及灌木丛	0.72	446000

牟金泽等根据陕北岔巴沟流域6个断面的径流和输沙资料分析，提出次暴雨洪水产沙模数$M_s(t/km^2)$的计算公式为

$$M_s = 0.25(M+q)^{1.07} J^{0.2} L^{0.4} \tag{10-2}$$

式中　M——次洪水径流模数，m^3/km^2；

q——洪峰流量模数，$L/(s \cdot km^2)$；

J——主沟平均坡降；

L——流域长度，km。

该式通过q、M反映地面净雨强度和总量的影响，有较好的精度，可用于土壤地质条件和植被情况与之类似的地区。

为避免产生径流计算上的困难，有些经验公式直接采用反映暴雨特征的指标与流域产沙相关。例如周明衍引入年降水指标K，对晋西汾河上游和10条流入黄河的一级支流资料建立了天然情况下的年产沙量计算公式

$$W_s = AK^{2.8} \tag{10-3}$$

式中　W_s——流域年产沙量，万t；

K——反映年内雨量、雨强影响的降雨指标，计算式为

$$K = 0.45\frac{P_1}{\overline{P}_1} + 0.30\frac{P_{30}}{\overline{P}_{30}} + 0.25\frac{P_x}{\overline{P}_x} \tag{10-4}$$

其中　P_1、P_{30}、P_x——当年最大一日，最大连续30日和汛期的雨量；

$\overline{P}_1$、$\overline{P}_{30}$、$\overline{P}_x$——P_1、P_{30}、P_x的多年平均值。

A为反映流域产沙水平的综合系数，依下式计算：

$$A = cK'J^{0.75}F \tag{10-5}$$

其中c=0.12～0.20，残原沟壑区取0.12，黄土丘陵沟壑区及风沙缓坡区取0.20；K'为流域平均雨量与晋西地区平均雨量之比；F为流域面积，km^2；J为主河坡降，‰。经部分资料检验，式（10-3）用于该区计算流域年产沙量的误差为±3.6%。

对于坡地的土壤流失，美国农业部1961年研制了一个通用的土壤流失方程USLE

$$M_s = K \times RP \times LS \times C \times B \tag{10-6(a)}$$

式中 M_s——土壤侵蚀模数；

K——土壤可侵蚀性因子，与土壤种类、结构、有机质含量等有关；

RP——降雨能量因子，反映降雨能量对土壤侵蚀的作用；

LS——地形因子，反映坡面坡度和长度的影响；

C——作物经营管理因子，反映不同季节植被状况等的影响；

B——土壤侵蚀防治措施因子，表示各种水保措施对减少土壤流失的作用。

该式在美国广泛应用，但其中的降雨能量因子难以准确确定，1995 年 Williams 针对这一问题，以日地表径流量和洪峰流量反映降雨能量对土壤侵蚀的作用，提出一个修正的通用土壤流失方程 MUSLE

$$sed=11.8(Q_{surf}\times q_{peak}\times area_{hru})^{0.56}\times K_{USLE}\times C_{USLE}\times B_{USLE}\times LS_{USLE}\times CFRG \quad [10-6(b)]$$

式中 sed——日产沙量，t；

Q_{surf}——日地表径流量，mm/ha；

q_{peak}——洪峰流量，m^3/s；

$area_{hru}$——单元区面积，ha；

K_{USLE}——USLE 方程中的土壤可侵蚀性因子；

C_{USLE}——USLE 方程中的作物经营管理因子；

B_{USLE}——USLE 方程中的土壤侵蚀防治措施因子；

LS_{USLE}——USLE 方程中的地形因子；

$CFRG$——土壤的糙度因子。该模型在我国黑河流域应用，取得了良好效果。

曾茂林根据西峰水保站在南小河沟坡耕地径流小区的实验资料，分析得土壤流失方程的具体形式为

$$M_s=0.01P^{0.9}I_{30}^{1.3}K(L/20)^{1.8}(S/5)^3CB \quad [10-6(c)]$$

式中 $0.01P^{0.9}I_{30}^{1.3}$——相当于式［10－6(a)］中的 RP；

$(L/20)^{1.8}$ $(S/5)^3$——相当于式［10－6(a)］中的 LS；

P——次暴雨量，mm，应大于临界侵蚀雨量 10mm，否则，对产沙无效；

I_{30}——次降雨中最大连续 30min 的平均雨强，mm/h；

L——坡面长度，m；

S——坡度，%；

K——可侵蚀性因子，取 0 4；

C——作物经营管理因子，对休闲地取 1.0，对秋作物取 0.8；

B——土壤侵蚀防治措施因子，对梯田取 0.05，林地取 0.19，草地取 0.18。

该式计算值与实测值非常相近，相关系数为 0.98，可用于估算西北黄土高原沟壑区坡耕地的暴雨土壤流失量。

以上公式都只是从某些方面反映了对流域产沙的影响，因此，有相当大的局限性，应用时需结合本区域的情况予以验证和作必要的修正。

第三节　多年平均输沙量计算

表示河流输沙特性的指标有含沙量、输沙率、输沙量等。这些指标的多年平均值反映泥沙的数量，在河流冲淤计算和水利工程规划设计中广泛应用。

多年平均输沙量等于多年平均悬移质输沙量与多年平均推移质输沙量之和。前者实测资料较多，一般分为泥沙资料充分、不足和缺乏三种情况进行计算；后者实测资料甚少，且精度不高，常按它与悬移质输沙量的关系估算。

一、多年平均悬移质年输沙量的计算

（一）具有长期实测泥沙资料时

当设计断面具有长期实测流量及相应的悬移质含沙量资料时，可由这些资料算出各年的悬移质输沙量，然后由下式计算多年平均悬移质输沙量

$$\overline{W_s} = \frac{1}{n}\sum_{i=1}^{n} W_{s,i} \tag{10-7}$$

式中　$\overline{W_s}$——多年平均悬移质输沙量，t；

$W_{s,i}$——第 i 年的悬移质输沙量，t；

n——实测泥沙资料年数。

一般认为年径流系列为长系列时，其年输沙量系列也就基本上具备了长期观测资料的要求，这是因为年输沙量与年径流之间通常都有比较好的同步关系，因此，可以用检查年径流系列是否为长期系列的方法来分析实测泥沙系列是否为长系列。

（二）实测泥沙资料不足时

当设计断面的悬移质输沙量不够长时，可根据不同情况采用下面的一些方法进行计算。

若设计断面具有长期年径流量资料和短期的同步悬移质年输沙量资料，且两者关系密切，则可建立它们间的相关关系，由长期年径流量资料插补延长悬移质年输沙量系列，然后按式（10－7）求多年平均年输沙量$\overline{W_s}$；若当地汛期降雨侵蚀作用强烈，上述年径流相关关系不密切时，则可建立汛期径流量与悬移质年输沙量的相关关系，由各年汛期径流量插补延长悬移质年输沙量系列。

当设计断面上游或下游测站有长期输沙量资料，且设计断面有短期的平行观测资料时，可建立两者间的悬移质年输沙量相关关系，若关系好，即可用以插补延长设计断面的悬移质年输沙量系列。

如设计断面的悬移质资料系列很短，例如只有一年、二年或二年、三年，不足以作相关分析时，则可粗略地假定悬移质年输沙量与相应的年径流量（或汛期径流量）之比为常数，然后由多年平均年径流量（或多年平均汛期径流量）按下式推求

$$\overline{W_s} = \alpha_s \overline{W'} \tag{10-8}$$

式中　$\overline{W_s}$——多年平均悬移质年输沙量，t；

$\overline{W'}$——多年平均年径流量（或多年平均汛期径流量），m^3；

α_s——实测各年的悬移质年输沙量与年径流量（或汛期径流量）之比的平均值，t/m³。

（三）实测泥沙资料缺乏时

当实测泥沙资料缺乏时，多年平均悬移质年输沙量可采用下述的一些方法进行估算。

1. 悬移质多年平均侵蚀模数分区图法

悬移质多年平均侵蚀模数是多年平均情况下单位流域面积上每年产生的悬移质沙量，即

$$\overline{M_s}=\overline{W_s}/F \tag{10-9}$$

式中　$\overline{M_s}$——悬移质多年平均侵蚀模数，t/km²；

F——流域面积，km²；

$\overline{W_s}$的意义和单位同前。

我国各省的水文手册中，一般均有悬移质多年平均侵蚀模数分区图。该图是根据有实测泥沙资料的站计算的$\overline{M_s}$，并考虑降雨径流，土壤地质，地形地貌、植被等因素对产沙影响而绘制的。在每个分区中给出了它的$\overline{M_s}$值。因此，使用时便可根据设计流域所在的分区，查得它的$\overline{M_s}$值，将它乘以流域面积 F，即得要推求的多年平均悬移质年输沙量$\overline{W_s}$。

必须指出，由于下垫面因素对流域产沙影响很大，且侵蚀模数分区图多系按大、中流域的实测资料绘制的，故用于小流域所求的$\overline{W_s}$，必然比较粗略，对此，应尽量结合设计流域的实际情况，给以必要的修正。

2. 沙量平衡法

设$\overline{W}_{s,上}$及$\overline{W}_{s,下}$分别为某河干流上游站和下游站的多年平均年输沙量，$\overline{W}_{s,支}$及$\overline{W}_{s,区}$分别为上、下游两站间较大支流面积和除去较大支流以外的区间多年平均输沙量，ΔW_s 表示上、下游两站间河流的冲刷量（淤积时为负），则可写出该河段的沙量平衡方程式为

$$\overline{W}_{s,下}=\overline{W}_{s,上}+\overline{W}_{s,支}+\overline{W}_{s,区}+\Delta W_s \tag{10-10}$$

当上、下游和支流中的任一测站为缺乏实测资料的设计断面，而其他两站均具有较长期的观测资料时，即可应用上式推求设计断面的多年平均输沙量。对于河床基本稳定的河段，ΔW_s 很小，可以忽略。$\overline{W}_{s,区}$数量不大，可由经验公式等方法估算。

3. 经验公式法

第二节中所列的流域产沙量估算公式，都可用来推求缺乏泥沙观测资料流域的多年平均悬移质年输沙量。例如，应用式（10－2）进行计算，首先求得设计流域的某次洪水的径流模数 M 和洪峰流量模数 q，然后将 M、q、河流坡降 J，流域长度 L 代入式中，便可求得该次洪水的侵蚀模数 M_s，再乘以流域面积 F，就算出了该次洪水的 W_s。将一年中各次洪水的 W_s 相加，得年输沙量，进而可以求得多年平均值。

缺乏实测泥沙资料情况下，不管采用哪种估算方法，所得成果都没有很大把握，所以，在条件许可的时候，应尽可能采用多种方法计算，然后分析论证，从中选取合理、可靠的成果。

二、多年平均推移质年输沙量的计算

由于推移质的采样和测验工作尚存在许多问题，它的实测资料比悬移质更为缺乏，除极少数的情况下有长期或短期的推移质观测外，一般都没有这方面的资料。此外，即使作

了观测，也因测验方法难以反映实际泥沙运动情况，而使资料精度不高。因此，推移质输沙量的计算是比较粗略的。条件许可时，应采用多种方法估计，经综合分析后，确定合理的成果。

多年平均推移质年输沙量的计算，根据资料情况的不同，可采用下述的一些方法推求。

具有长期年推移质资料时，其算术平均值就是多年平均推移质年输沙量$\overline{W}_b$。资料较短时，可通过建立年推移质输沙量 W_b 与年悬移质输沙量 W_s 的关系 $W_b \sim W_s$，由多年平均年悬移质输沙量推求。在没有推移质资料情况下，可用以下方法估算。

1. 用多年平均悬移质输沙量估算

对于一定的自然地理条件，推移质输沙量与悬移质输沙量间存在近似的比例关系，因此，可按下式由多年平均悬移质年输沙量$\overline{W_s}$推求多年平均推移质年输沙量$\overline{W}_b$

$$\overline{W}_b = \beta \overline{W_s} \tag{10-11}$$

式中：β 为推移质占悬移质的比例系数，可根据邻近有实测泥沙资料的河流估计，或参考下列经验数值选取：平原地区河流 β=0.01～0.05；丘陵地区河流 β=0.05～0.15；山区河流 β=0.15～0.30。

2. 用早期修建的水库淤积资料估算

当设计流域附近有早期建成的水库时，可从其淤积量中，根据泥沙的颗粒级配，区分出推移质的数量。一般方法是把悬移质颗粒级配曲线上 p=97%的粒径作为推移质的粒径下限，在南方河流大致以 0.5mm 粒径为界限，由淤积泥沙的颗粒级配曲线中确定推移质占悬移质的比例，于是可算出推移质总量和悬移质总量，除以淤积年限，得多年平均入库的推移质输沙量和悬移质输沙量。将它们转换为侵蚀模数，便可移用于设计流域，估算那里的多年平均年输沙量。

3. 用经验公式估算

武汉水利电力学院等单位，根据国内 12 座水库、14 条河流的实测推移质输沙量资料，建立了推移质输沙量与河道水流条件及流域产沙条件间的关系，经验公式为

$$\overline{W}_b = 0.16(\overline{Q}J)^{0.97}\overline{M}_s^{1.46} \tag{10-12}$$

式中　$\overline{W}_b$——多年平均推移质年输沙量，万 t；

$\overline{Q}$——多年平均流量，m^3/s；

J——河床平均坡降；

$\overline{M_s}$——多年平均悬移质年输沙模数，t/km^2。

第四节　输沙量年际年内变化计算

对于一定的流域，如前所述，气候是河流输沙量变化的主要因素。因此，在不同的旱涝年份，年输沙量显著不同。例如黄河年输沙量最多达 39.1 亿 t（1933 年），最少只有 4.88 亿 t。由于季节变化，一年中输沙量在各月的分配极不均匀；在汛期的一次洪水过程中，因产沙和汇流的迅速变化，将引起一次相应的沙峰。为了水利工程规划设计和河道整治的需要，除了推求多年平均年输沙量外，还必须计算输沙量的年际变化、年内分配和一次洪水过程中的泥沙变化。由于推移质的观测资料很少，且精度不高，以下只论述悬移质

在这些方面的计算，至于推移质相应的变化，则可以此为基础，采用类似式（10-11）的方法估算。

一、悬移质输沙量的年际变化

研究悬移质输沙量的年际变化，同推求设计年径流量的年际变化类似，将采用频率计算的方法确定设计频率的悬移质年输沙量。

泥沙资料充分（包括插补延长后的）情况下，可按皮尔逊Ⅲ型曲线直接用适线法求得悬移质年输沙量的均值$\overline{W}_s$、离势系数$C_{v,s}$、偏态系数$C_{s,s}$和它的理论频率曲线，然后依设计频率确定设计的年悬移质输沙量。

泥沙资料缺乏时，可通过悬移质年输沙量离势系数$C_{v,s}$与年径流量离势系数$C_{v,Q}$的相关关系，由年径流量的离势系数来确定悬移质年输沙量的离势系数。它们之间的相关方程一般为

$$C_{v,s}=KC_{v,Q} \tag{10-13}$$

式中：K为经验系数，随河流特性而异，在有些省（区）的水文手册中列有此值，可根据设计流域位置查得，例如表10-3所示，可供参考。一般取$C_{s,s}=2C_{v,s}$。于是可按皮尔逊Ⅲ型曲线，由以上计算的$\overline{W}_s$、$C_{v,s}$、$C_{s,s}$绘制悬移质年输沙量理论频率曲线，并确定设计频率的悬移质年输沙量。

表10-3　我国北方多沙河流悬移质年输沙量统计参数表

流域	分　区	$C_{v,s}$		$C_{v,s}/C_{v,Q}$	
		变幅	平均	变幅	平均
黄河	陕北风沙区	0.9～2.2	1.55	0.6～7.34	6.67
	无定河以北黄丘区	0.9～1.0	0.95	1.5～2.5	2.00
	无定河黄丘区	0.55～0.65	0.62	1.2～3.2	2.10
	延安地区	0.8～0.9	0.84	1.8～2.3	2.05
	晋西北黄丘区	1.1～1.3	1.20	1.2～2.9	2.20
	泾河上中游地区	0.9～1.1	0.97	1.7～2.2	1.95
	渭河上游区	0.6～0.65	0.62	1.2～1.5	1.36
	关中地区	0.7～2.4	1.43	1.5～6.0	3.28
	汾河黄丘区	0.9～1.6	1.30	1.6～3.6	2.40
海河	滹沱河上游区	1.0～1.2	1.10	1.2～2.4	1.7
辽河	西北多沙地区	0.6～3.5	1.50	1.2～5.0	2.6

我国北方多沙河流悬移质观测资料统计结果表明，泥沙的年际变化远大于径流的年际变化。例如黄河中游地区$C_{v,s}=0.6\sim2.4$，$C_{s,s}/C_{v,s}=1.2\sim7.3$，滹沱河上游区$C_{v,s}=1.0\sim1.2$，$C_{s,s}/C_{v,s}=1.2\sim2.4$；辽河西北多沙地区$C_{v,s}=0.6\sim3.5$，$C_{s,s}/C_{v,s}=1.2\sim5.0$等，具体情况如表10-3所示。

二、悬移质输沙量的年内分配

汛期暴雨洪水集中，流域侵蚀强烈，水流挟沙能力强。因此，全年的输沙量绝大部分来自汛期，汛期输沙量常高达全年输沙量的70%～90%，与年径流的月分配相比，尽管在变化情势上大体相似，但显得更不均匀。

同一流域各年输沙量的大小不同，其年内分配也不相同。一般说，年输沙量越大，汛期输沙量占的比例越高，因此，年内分配越不均匀。在有长期泥沙资料的情况下，可通过对各年输沙量年内分配规律的分析，根据设计要求，选出有代表性的丰沙、平沙、枯沙年份的输沙量月分配过程，提供河流规划设计应用。在资料不足和缺乏时，则常用水文比拟法，移用参证流域代表年份各月输沙量占全年输沙量的分配比，由设计流域各代表年输沙量求得丰沙、平沙、枯沙三个代表年份的泥沙月分配过程。

三、洪水过程中的泥沙变化

天然河道中水流的含沙量与流量有一定程度的联系，但由于流域产沙和产流、流域输沙和汇流的关系不一定同步和呈非线性关系，使含沙量 ρ 与流量 Q 间的关系变得复杂。有些河流洪水上涨，含沙量也相应增加，洪峰与沙峰同时出现，洪水消退，含沙量也降低，两者变化基本一致。也有为数颇多的河流则不同，沙峰常迟于洪峰，洪水开始消退，含沙量却还在增加，直到沙峰出现之后才开始下降，如图 10－4 所示。究其原因，或因产流、产沙和汇流、输沙比较同步以及河流的流域面积较大，水沙通过沿程河槽调节作用，使洪峰与沙峰显得一致。或由于产流汇流的发展比产沙输沙的发展快，例如冲沟岸边的滑塌跌落，要待水流浸泡一段时间和沟流足够强大的时候才相继发生，从而使含沙量增加没有洪水上涨快，沙峰常常落后于洪峰。因此，在推求设计洪水的含沙量变化过程时，应对其变化规律认真分析和研究。

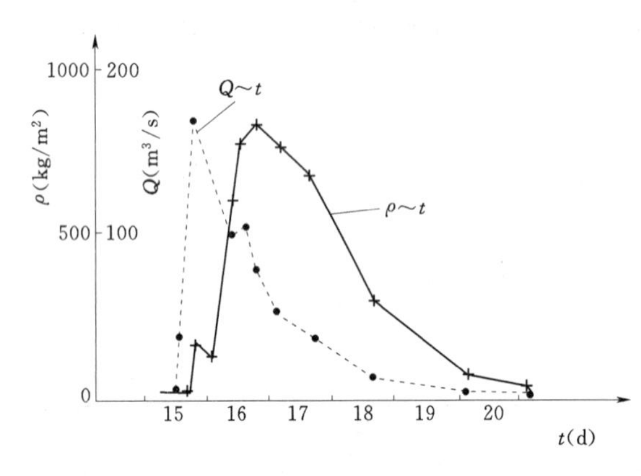

图 10－4　陕西北洛河洑头站 $Q\sim t$、$\rho\sim t$ 过程线比较

在多沙河流上修建水库时，由于洪水期含沙量很大，为了减少水库淤积，常需研究排沙措施，为此将要求洪水预报的同时，对输沙量和相应的输沙过程进行预报。此时，可采用第十一章介绍的输沙单位线法等推求。

复习思考题

10－1　河流泥沙有哪几种来源？何者是主要的？为什么？

10－2　影响流域产沙的主要因素有哪些？可以采用哪些措施有效减少河流泥沙？

10－3　如何描述河流泥沙的数量和年际、年内变化？

10－4　拟在某小流域上建一中型水库，需要计算多年平均入库的年输沙量，但该处缺乏实测泥沙资料，试问都可采取哪些方法推求？

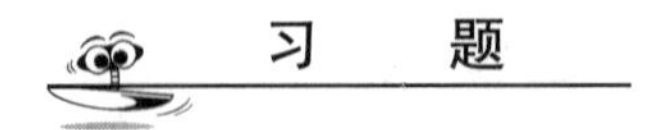

习　题

10－1　已由水文年鉴摘录某流域 1963～1982 年的汛期（6～9 月）平均流量和 1971～

1982年的年输沙量如表10-4所示。试用这些资料建立该流域汛期平均流量与年输沙量的相关关系，展延1963～1970年各年的输沙量，然后计算多年平均年输沙量。

表10-4　　某站汛期平均流量及对应的年输沙量

年份	汛期平均流量 (m^3/s)	年输沙量 (万 t)	年份	汛期平均流量 (m^3/s)	年输沙量 (万 t)
1963	16		1973	41	3100
1964	9		1974	5	460
1965	35		1975	8	700
1966	14		1976	18	1500
1967	22		1977	7	430
1968	23		1978	34	2880
1969	17		1979	12	920
1970	19		1980	26	2170
1971	11	500	1981	11	790
1972	15	700	1982	52	4000

第十一章　水　文　预　报

第一节　概　　述

一、水文预报及其重要作用

水文预报是根据水文现象的客观规律，利用实测的水文气象资料，对水文要素未来变化情况进行预报的一门科学与技术，是水文学的一个重要组成部分。它与水文计算不同之处在于，后者主要是根据水文变化的统计规律，预测未来工程长期运用期间水文现象的大小和出现的可能性（概率），不涉及具体发生的时间；而水文预报则主要是根据水文变化的确定性规律，由现时观测的资料，预报将要出现的水文现象的大小和发生的具体时间。

水文预报对防洪、抗旱、水利工程管理、调度等都具有非常重要的作用。例如，防汛工作中，水文预报能事先提供洪水的发生和发展变化信息，以便在洪水到来之前做好防汛抢险的准备工作，必要时有计划地启用分蓄洪措施，把洪水灾害控制到最低限度。在水库管理中，根据水文预报合理安排调度运用方式，就可以较好地解决防洪和兴利的矛盾，充分发挥工程效益。河流航运和城市供水需作枯水预报，以便估计通航和供水困难的程度和天数。沙情和冰情预报，对多沙河流和冰冻河流的工程管理和通航也很重要。因此，水文预报得到了迅速发展，受到越来越广泛的重视。

二、水文预报分类

水文预报按其预报的项目可分为径流预报、冰情预报、沙情预报和水质预报。径流预报又可分为洪水预报和枯水预报，预报的要素主要是水位和流量。冰情预报是利用影响河流冰情的前期气象情况，预报流凌开始、封冻和开冻日期与冰厚及凌汛最高水位等。沙情预报则是根据流域的产沙规律，预报河流输沙量和输沙过程。

水文预报按其预见期的长短，又可分为短期水文预报和中长期水文预报。预报的预见期是指从发布预报到预报要素出现所间隔的时间。例如，由流域降雨预报出口断面的洪水过程，流域的汇流时间是该法所能提供的预见期；又如由上游站洪峰预报下游站洪峰，可能的预见期则是洪峰从上游断面传播到下游断面的历时，称洪峰传播时间。可见水文预报预见期的长短，将受预报方法的限制。习惯上，把主要用水文要素作出的预报，预见期仅几小时至几天者，称为短期预报，而把包括气象预报性质在内的，预见期比较长的水文预报，称为中长期预报。

三、水文预报工作的基本程序

水文预报工作大体分为两大步骤。

（1）制定预报方案。根据预报的任务，收集降雨、蒸发、水位、流量等水文气象资料，分析预报要素的形成规律，建立由这些观测资料推算未来水文要素大小和出现时间的

一整套计算方法，即水文预报方案。例如，第八章介绍过的产汇流计算方法，对预报而言，就是降雨径流预报方案。又如图 11-4 所示，是由上游站的洪峰水位预报下游站洪峰水位和该水位出现时间的水位预报方案。对于制定的方案必须按规范要求的允许误差进行评定和检验。只有质量优良和合格的方案才能付诸应用，否则，应分析原因，加以改进。

（2）进行作业预报。将现时发生的水文气象信息，通过报汛设备迅速传送至预报中心（如水文站），随即经过预报方案计算出即将发生的水文要素大小和出现时间，及时发布出去，供有关的部门应用，这个过程称为作业预报。若现时水文气象信息是通过自动化采集、自动信息传输到预报中心的计算机内，由计算机直接按存储的水文预报模型程序计算出预报结果，这样的作业预报称联机作业实时水文预报。

第二节　短期洪水预报

短期洪水预报包括河段洪水预报和降雨径流预报。河段洪水预报方法是以河槽洪水波运动理论为基础，由河段上游断面的水位、流量过程预报下游断面的水位和流量过程。降雨径流预报方法则是以流域产汇流理论为基础，由流域的降雨预报出口断面的洪水过程。

一、河段中的洪水波运动

流域上大量降雨后，产生的净雨迅速汇集，注入河槽，引起流量剧增，水位猛涨，形成沿河道水面高低起伏的一种波动，称为洪水波。天然河道里的洪水波是一种主要受重力作用而惯性力较小的渐变不稳定流，属于扩散波。假定如图 11-1 所示河段为棱柱形河槽，则稳定流的水面比降与河道坡降相同，记为 i_0，而洪水波的水面坡降 i 与之不同，波前部分 $i>i_0$，波后部分 $i<i_0$。洪水波水面比降与同水位的稳定流水面比降之差，称为附加比降 i_Δ，即 $i_\Delta=i-i_0$。附加比降的存在是洪水波的重要特征，是引起洪水波在运动中发生变形的内在原因。当水流稳定时，$i_\Delta=0$；涨洪时 $i_\Delta>0$，落洪时 $i_\Delta<0$。

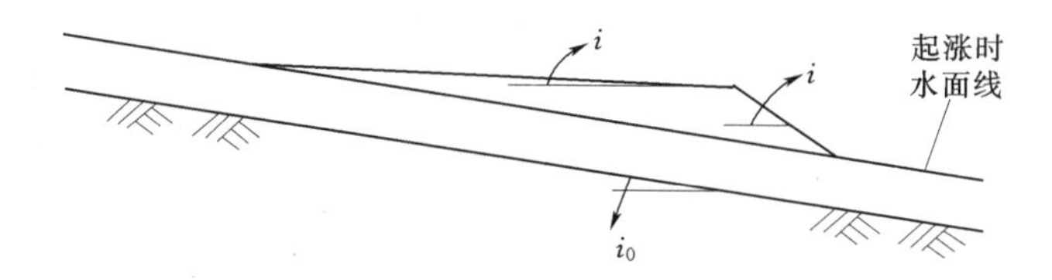

图 11-1　河道洪水波水面比降示意图

洪水波沿河道往下游传播过程中，不断发生变形，洪水波变形有展开与扭曲两种形态。在无支流汇入的棱柱体河道中，洪水波的变形如图 11-2 所示，在图中从 $t_1\sim t_2$ 时段，洪水波的位置自 $A_1S_1C_1$ 传播到 $A_2S_2C_2$，由于波前 SC 的附加比降大于波后 AS 的附加比降，波前的流速也就大于波后的流速，使洪水在传播过程中，波长不断加大，波高不断降低，即 $A_1C_1<A_2C_2$，$h_1>h_2$，这种现象称为洪水波的展开。同时，由于洪水波上的水深各处不同，也使其在运动过程中发生变形。波峰 S_1 处水深最大，流速亦最大；波的开始点 C_1 处水深最小，其流速亦最小。因此，随着洪水波向下游传播，波峰向它的始点逼近，波前长度不断减小，即 $S_2C_2<S_1C_1$，附加比降不断加大；而波后的长度不断增加，即 $A_2S_2>A_1S_1$，附加比降（绝对值）不断减少，波前的部分水量不断向波后转移，称这

种现象为洪水波的扭曲。这两种现象是同时并存与连续发生的，其原因正是因为附加比降的影响。

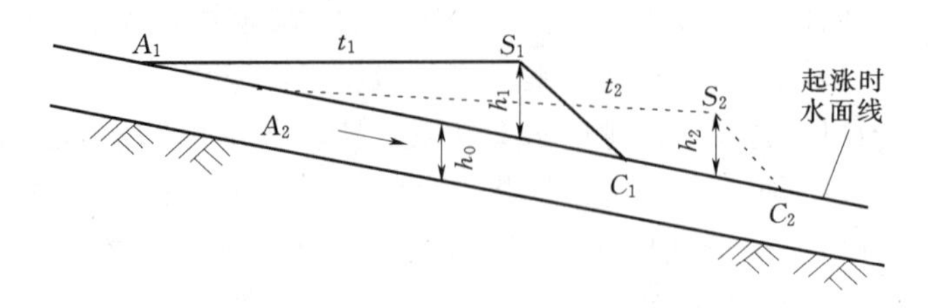

图 11－2　河道洪水波变形示意图

实际上，天然河道边界条件的变化，例如有的地方有滩地，调蓄能力很大；有的地方只有峡谷深槽，调蓄能力很小。有些情况区间支流来水很大；有些则很小等。这些外在因素有时影响很大，使得洪水波的变形更为复杂。因此，在作预报方案时，必须具体河段具体分析，针对洪水波因附加比降产生的展开、扭曲和外在因素引起的调蓄，汇入和分流等影响，采用适当的方法进行处理。

二、相应水位（流量）法

根据河段洪水波运动和变形规律，利用河段上游站实测水位（流量），预报下游站相应的未来水位（流量）的方法，称相应水位（流量）法。用相应水位（流量）法制作预报方案时，一般不直接研究洪水波的变形问题，而是用断面实测同次水位（流量）资料，建立上、下游站洪水水位（流量）间的相关关系和洪水传播时间关系，综合反映该河段洪水波变形的各项因素。

（一）基本原理

相应水位是指河段上、下游站同次洪水过程线上同位相的水位。如图 11－3 所示是某次洪水在上游站形成的水位过程线 $Z_{上}\sim t$ 及在下游站形成的过程线 $Z_{下}\sim t$，起涨点 1 和 $1'$、洪峰点 2 和 $2'$、峰谷点 3 和 $3'$等，都是同位相点。处于同一位相点的上、下游站水位即为相应水位，处于同一位相点的流量即为相应流量。相应水位之间的时距 τ，为该相应水位自上游站传播到下游站的传播时间。因此，相应水位可表示上游站的水位 $Z_{上,t}$，经过 τ 时段后传播到下游站，形成下游站相应的水位 $Z_{下,t+\tau}$。

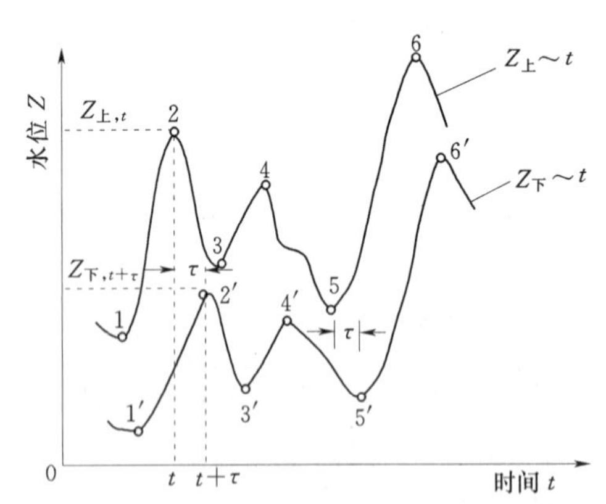

图 11－3　上、下游站相应水位过程线示意图

断面的水位变化总是由流经断面的流量变化引起的。在河道情况一定的情况下研究相应水位关系，实质上是研究形成该水位的流量在河段传播过程中的变化规律。由于流量容易从水量平衡的角度研究，所以，将在研究相应流量变化的基础上分析相应水位的变化。

设河段上、下游站间的距离为 L，t 时刻上游站流量为 $Q_{上,t}$，经过 τ 后，形成下游站的流量 $Q_{下,t+\tau}$，若无区间入流，则相应流量间的关系为

$$Q_{下,t+\tau}=Q_{上,t}-\Delta Q_L \tag{11-1}$$

式中 ΔQ_L 为河段洪水波展开量，与水位、流量和附加比降有关。

若河段有区间入流，并在 $t+\tau$ 时刻于下游站形成流量 q，则

$$Q_{下,t+\tau}=Q_{上,t}-\Delta Q_L+q \tag{11-2}$$

上式即为相应水位（流量）法的基本方程。显然，在建立相应水位（流量）预报方案时，应分析河段内洪水波由内因（主要是水位、流量和附加比降）所引起的展开量和外因（主要是区间面积上的降雨）引起的区间入流量对预报值的影响。

当河段没有大的支流和冲淤影响时，一定流量下的稳定流水面比降 i_0 近似为常量，洪水波展开量 ΔQ_L 将是流量 $Q_{上,t}$（水位 $Z_{上,t}$）和水面比降 i 的函数。因此，下游站的相应水位和流量可用下列关系式表示

$$Z_{下,t+\tau}=f(Z_{上,t},i) \tag{11-3}$$

$$Q_{下,t+\tau}=f(Q_{上,t},i) \tag{11-4}$$

洪水波的传播时间 τ 是洪水波运动的另一特征量，它是洪水以波速 c 由上游站传播到下游站的时间，即

$$\tau=\frac{L}{c} \tag{11-5}$$

式中　L——上、下游站间的距离；

　　　c——波速，即洪水波上某一位相点的传播速度，与断面平均流速 u 的关系如下式

$$c=\left(1+\frac{m}{n}\right)u \tag{11-6}$$

式中 m/n 约为 0.25～0 .5，与河道断面形状有关。因为 u 是流量（水位）和水面比降的函数，故

$$\tau=f(Z_{上,t},i)或\tau=f(Q_{上,t},i) \tag{11-7}$$

式（11-3）、式（11-4）及式（11-7）就是无支流河段进行相应水位法预报的基本关系式。对于多支流河段，则需采用合成流量的方法作为考虑区间入流流量 q 作用的方式。

在制定相应水位法的预报方案时，要从实测资料中找出各个相应水位及其传播时间是比较困难的。一般采取水位过程线上的特征点，如洪峰等，作出该特征点的相应水位关系曲线与传播时间曲线，代表该河段的相应水位关系。

（二）无支流河段的相应水位预报

1. 简单的相应水位法预报洪峰水位

在河道断面基本稳定冲淤变化不大，无回水顶托，且区间入流较小的无支流河段，洪水波在河段传播过程中主要受内在因素制约，上、下游站的洪水过程线相应性好，如图 11-3 所示。此时，可根据以往实测的上、下游站的水位过程线，摘录相应的洪峰水位 $Z_{上,t}$，$Z_{下,t+\tau}$及其出现时间（见表 11-1），并算出传播时间 τ，绘成如图 11-4 所示

的相应洪峰水位关系曲线及其传播时间相关曲线，即为预报方案。作业预报时，按 t 时上游出现的洪峰水位 $Z_{上,t}$，在 $Z_{上,t} \sim Z_{下,t+\tau}$ 线上查得 $Z_{下,t+\tau}$，在 $Z_{上,t} \sim \tau$ 线上查得 τ，从而预报出 $t+\tau$ 时下游站将要出现的洪峰水位 $Z_{下,t+\tau}$。例如，利用图 11-4 进行预报时，已知上游站在 9 月 9 日 5 时出现洪峰水位 $Z_{上,t}=132.24$m，查 $Z_{上,t} \sim Z_{下,t+\tau}$、$Z_{上,t} \sim \tau$ 曲线，分别得 $Z_{下,t+\tau}=68.30$m，$\tau=21$h，即可预报出下游站于 9 月 10 日 2 时将出现洪峰水位 68.30m。

表 11-1　　上下游站相应洪峰水位及传播时间摘录表

上游站洪峰水位			下游站洪峰水位			传播时间
日期（月·日）	时间（时）	水位（m）	日期（月·日）	时间（时）	水位（m）	τ（h）
6·13	2	112.40	6·14	8	54.08	30
6·22	14	116.74	6·23	17	57.20	27
7·31	10	123.78	8·1	17	62.76	31
8·12	15	137.21	8·13	22	71.43	17
…	…	…	…	…	…	…

这种简单的相应洪峰水位预报方法，通常对无支流汇入的山区性河段比较好。而在中、下游河道，由于附加比降相对影响较大，常使得绘制如图 11-4 所示的关系比较散乱，这种情况下应在预报关系中考虑附加比降的影响，例如绘制以下游同时水位 $Z_{下,t}$ 为参数的相关图。

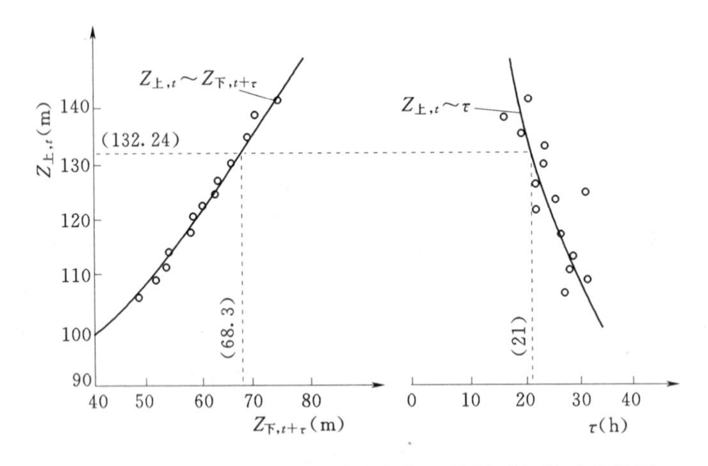

图 11-4　上、下游站相应洪峰水位及传播时间关系曲线图

2. 以下游站同时水位为参数的相应水位法预报洪峰水位

下游站同时水位 $Z_{下,t}$ 就是上游站水位 $Z_{上,t}$ 出现时刻的下游水位，它与 $Z_{上,t}$ 一起既反映 t 时刻水面比降的大小，同时还反映了河槽底水的高低和区间入流、回水顶托、断面冲淤等因素的影响。这种情况只需将式（11-3）和式（11-7）中的 i 换成 $Z_{下,t}$，即得以下游同时水位为参数的相应水位法关系式

$$Z_{下,t+\tau}=f(Z_{上,t},Z_{下,t}) \tag{11-8}$$

$$\tau=f(Z_{上,t},Z_{下,t}) \tag{11-9}$$

按上式制作预报方案的具体方法是：在点绘 $Z_{上,t}$ 与 $Z_{下,t+\tau}$ 的点据时，在点旁注明下游站的同时水位 $Z_{下,t}$ 值，然后如图 11－5 所示绘出以 $Z_{下,t}$ 为参数的等值线，即 $Z_{上,t}\sim Z_{下,t}\sim Z_{下,t+\tau}$ 相关线；同理，可以绘出 $Z_{上,t}\sim Z_{下,t}\sim\tau$ 相关线，两者一起组成图 11－5 所示的以下游同时水位为参数的相应水位法预报方案。预报时，t 时刻的 $Z_{上,t}$ 及 $Z_{下,t}$ 为已知，即可按图 11－5 上的箭头方向查得 $Z_{下,t+\tau}$ 和 τ。

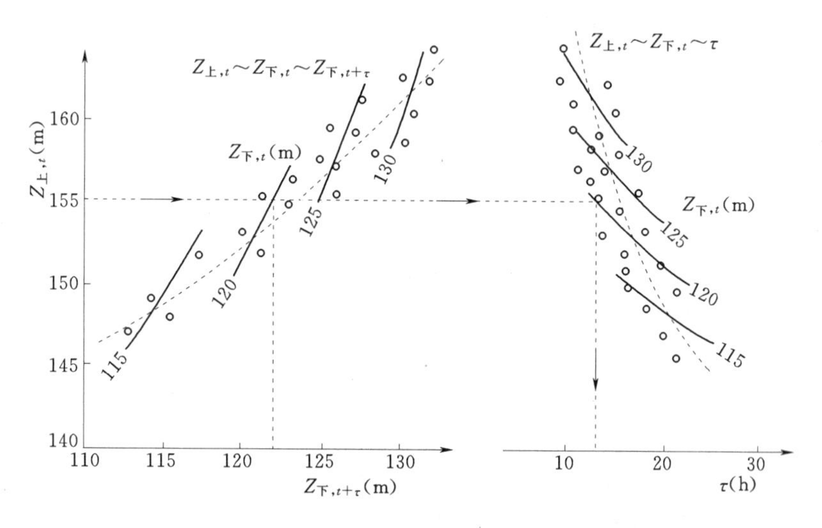

图 11－5　以下游站同时水位为参数的相应水位及传播时间关系曲线图

3. 以上游站涨差为参数的水位相关法预报洪水过程

上述各种洪峰水位预报方案，也可近似地用来预报下游站的洪水过程。但由于它们没有反映涨洪和落洪过程中附加比降的变化等因素，就会使预报的洪水过程常常有比较大的系统误差。为克服这种缺点，可用以上游站水位涨差为参数的水位相关法。

洪水波通过某一断面时，波前的附加比降为正，水面比降大，使涨水过程的涨率 $dZ_{上}/dt(dQ_{上}/dt)$ 为正；波后的附加比降为负，水面比降小，使落水过程的涨率 $dZ_{上}/dt$ ($dQ_{上}/dt$) 为负。水位（流量）过程线的这种涨（落）率在很大程度上反映了附加比降和水面比降的变化，因此用涨率代替式（11－3）和式（11－4）中的 i，更能反映附加比降 i_{Δ} 在洪水涨落过程中对洪水波变形的影响。从而可得到以上游洪水涨率为参数的相应水位关系

$$Z_{下,t+\tau}=f\left(Z_t,\ \frac{dZ_{上}}{dt}\right)\text{或}\ Z_{下,t+\tau}=f\left(Z_t,\ \frac{dQ_{上}}{dt}\right) \tag{11-10}$$

洪水涨率在实用上可取有限差形式 $\Delta Z_{上}/\Delta t$（或 $\Delta Q_{上}/\Delta t$），且取 Δt 为平均的河段洪水传播时间$\bar{\tau}$，则涨差 $\Delta Z_{上}$（或 $\Delta Q_{上}$）就反映了涨率的变化，于是可得以上游站洪水涨差为参数的水位预报关系为

$$Z_{下,t+\bar{\tau}}=f(Z_t,\ \Delta Z_{上})\text{或}\ Z_{下,t+\bar{\tau}}=f(Z_t,\ \Delta Q_{上}) \tag{11-11a}$$

$$\Delta Z_{上}=Z_{上,t}-Z_{上,t-\bar{\tau}} 或 \Delta Q_{上}=Q_{上,t}-Q_{上,t-\bar{\tau}} \tag{11-11b}$$

式中 Z_t 可以取 $Z_{上,t}$，也可以取 $Z_{下,t}$，都在一定程度上反映了涨水中的底水影响。应用过去的资料，先分析和确定河段平均传播时间$\bar{\tau}$；其次，在各次洪水的上、下游站实测过程上摘取 $Z_{上,t}$、$\Delta Z_{上}=Z_{上,t}-Z_{上,t-\bar{\tau}}$、（或 $\Delta Q_{上}=Q_{上,t}-Q_{上,t-\bar{\tau}}$）、$Z_{下,t}$、$Z_{下,t+\bar{\tau}}$；于是，便可点绘出以 $\Delta Z_{上}$（或 $\Delta Q_{上}$）为参数的水位预报方案，如图 11－6 所示是长江万县站～宜昌站河段以 $\Delta Q_{上}$ 为参数的水位预报方案。预报时，t 时刻的 $Z_{上,t}$（或 $Z_{下,t}$）、$\Delta Z_{上}$（或 $\Delta Q_{上}$）为已知，在图上查出预报的下游水位 $Z_{下,t+\bar{\tau}}$，预见期为$\bar{\tau}$。

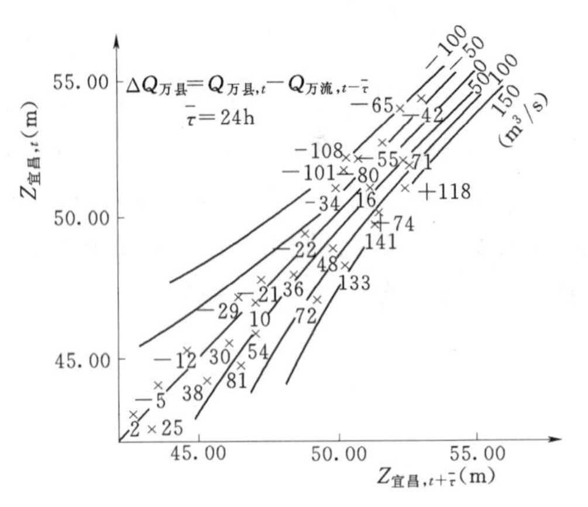

图 11－6　长江万县站～宜昌站以上游站涨差为参数的水位预报方案

（三）多支流河段相应水位（流量）预报——合成流量法

在有多条支流汇入的河段，下游站的洪水主要是上游站、支流站洪水合成的结果，可采用合成流量法制定预报方案。该法预报下游站流量的关系式为

$$Q_{下,t}=f\left(\sum_{i=1}^{n}Q_{上_i,t-\tau_i}\right) \tag{11-12}$$

式中　$Q_{下,t}$——预报的下游站 t 时刻流量；

$Q_{上_i,t-\tau_i}$——上游干、支流各站相应流量，$i=1，2，\cdots，n$；

τ_i——上游干、支流各站到下游站的洪水传播时间；

n——上游干、支流站的数目。

该法按照上游干、支流各站的传播时间 τ_i，把各站同时刻到达下游站的流量叠加起来得合成流量 $\sum_{i=1}^{n}Q_{上_i,t-\tau_i}$，然后建立合成流量与下游站相应流量的关系曲线。如图 11－7 是闽江南平站的合成流量法预报方案，其上游站分别为建瓯、洋口、沙县三站。该法的预见期取决于上游各站中传播时间最短的一个。在一般情况下，上游各站中以干流站流量最大，从预报精度的要求出发，常常采用它的传播时间 $\tau_{干}$ 作为方案的预见期 τ。预报时，假定当时的时间是 t'，要预报未来（$t=t'+\tau$）时的下游流量，则以上游干流站的 t'时实测流量，加上其余支流站错开传播时间后 $t-\tau_i$ 的流量得合成流量，即可预报 t 时刻下游站流量 $Q_{下,t}$。如果支游站的传播时间小于干流站的传播时间，在求合成流量时，还需对该支流站的相应流量作出预报。

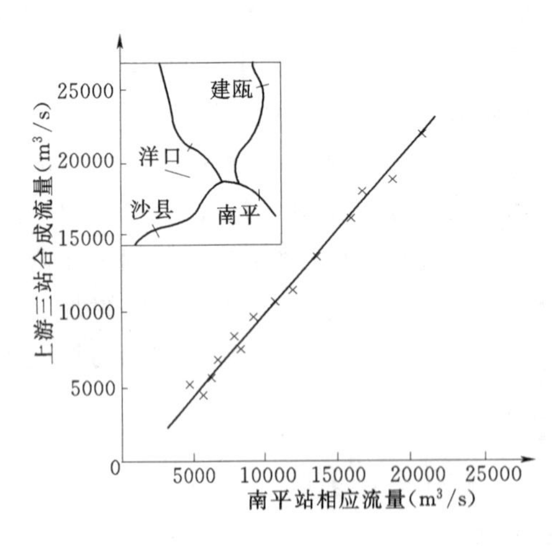

图 11－7　南平站合成流量法预报图

如果附加比降和底水影响较大，则在相关图中加入下游站同时水位 $Z_{下,t-\tau}$ 为参数建立预报方案。

三、流量演算法

天然河道里的洪水波运动属于不稳定流，洪水波的演进与变形可用圣维南（Saint - Venant）方程组描述，但是直接求解该方程组比较烦琐，而且需要详细的河道地形和糙率资料。因此，水文计算上常把其中的连续方程简化为河段水量平衡方程，把动力方程简化为河槽蓄泄方程，然后联立求解，把河段的入流过程演算为出流过程。

（一）基本原理

无区间入流情况下（图 11 - 8），河段某一时段的水量平衡方程为

$$\frac{1}{2}(Q_{上,1}+Q_{上,2})\Delta t-\frac{1}{2}(Q_{下,1}+Q_{下,2})\Delta t=S_2-S_1 \tag{11 - 13}$$

河段蓄水量与泄流量关系的蓄泄方程为

$$S=f(Q) \tag{11 - 14}$$

式中　$Q_{上,1}$、$Q_{上,2}$——时段始、末的上断面入流量；

$Q_{下,1}$、$Q_{下,2}$——时段始、末的下断面出流量；

Δt——计算时段；

S_1、S_2——时段始，末的河段蓄水量；

S——河段任一流量 Q 对应的槽蓄量。

图 11 - 8 反映在上、下断面流量过程线上的水量平衡情况，涨水时 $Q_上>Q_下$，河段蓄水，ΔS 为正；退水时，$Q_上<Q_下$，蓄量减少，ΔS 为负。

水量平衡方程（11 - 13）中，当河段有区间入流时，在式的左端应增加 Δt 内的区间入量 $(q_1+q_2)\Delta t/2$ 一项。其中，q_1、q_2 为时段始、末的区间入流量。

求解上述两式的关键，在于能否建立比较好的蓄泄方程。如果蓄泄方程已经建立，入流过程 $Q_上(t)$、初始条件 $Q_{下,1}$ 和 S_1 已知，就可通过逐时段连续联解式（11 - 13）和式（11 - 14），求得出流过程 $Q_下(t)$。

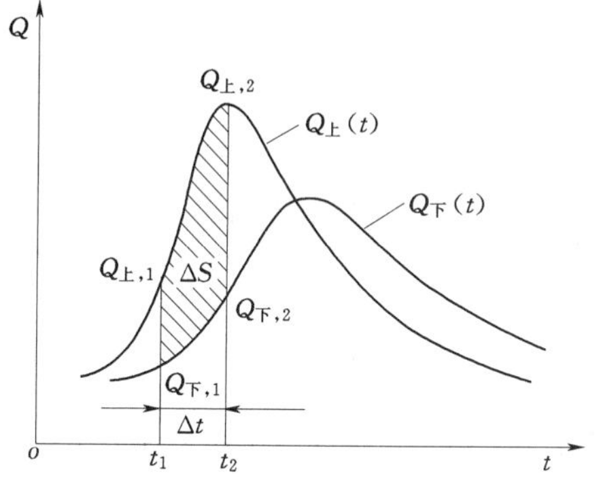

图 11 - 8　河段时段水量平衡示意图

根据建立蓄泄方程的方法不同，流量演算可分为马斯京根法、特征河长法等。限于篇幅，这里仅对得到广泛应用的马斯京根法进行介绍。

（二）马斯京根法

1. 马斯京根流量演算方程

G. T. 麦卡锡（G. T. Mccarthy）于 1938 年提出此流量演算法，该法最早在美国马斯京根河流域上使用，因而称为马斯京根法。该法的主要特点是马斯京根槽蓄曲线方程建立，并与水量平衡方程联立求解，进行河段洪水演算。

在洪水波经过河段时，由于存在附加比降，洪水涨落时的河槽蓄水量情况如图 11 - 9

所示。在马斯京根槽蓄曲线方程中，河段槽蓄量由两部分组成：①柱蓄，即同一下断面水位 $z_下$ 稳定流水面线以下的蓄量；②楔蓄，即稳定流水面线与实际水面线之间的蓄量，如图中的阴影部分。

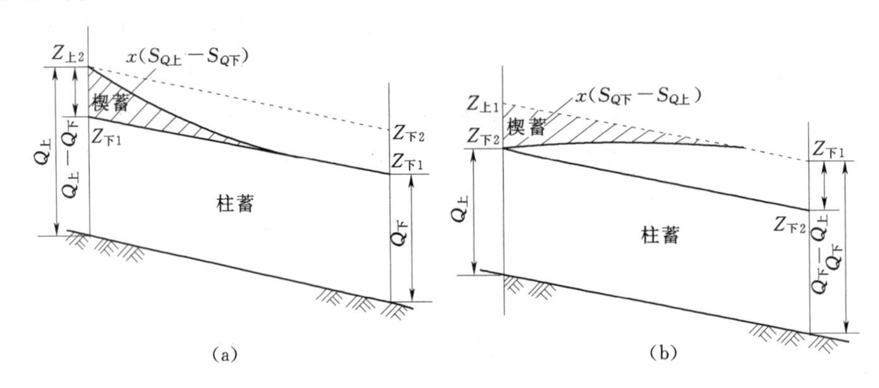

图 11-9 河段槽蓄量示意图

(a) 河段涨水情况；(b) 河段落水情况

令 x 为流量比重因素，$S_{Q_上}$、$S_{Q_下}$ 分别为上下断面在稳定流情况下的蓄量，S 为河段内的总蓄量。如图 11-9 所示，分别建立河段涨水、落水情况的蓄量关系

$$S=S_{Q_下}+x(S_{Q_上}-S_{Q_下}),\ S=S_{Q_下}-x(S_{Q_下}-S_{Q_上})$$

上述两式相同，均为

$$S=xS_{Q_上}+(1-x)S_{Q_下} \tag{11-15}$$

稳定流情况下，河段槽蓄量与流量存在如下的关系

$$S_{Q_上}=KQ_上,\ S_{Q_下}=KQ_下 \tag{11-16}$$

式中，K 为稳定流情况下的河段传播时间。将上式代入式（11-15），得马斯京根蓄泄方程为

$$S=K[xQ_上+(1-x)Q_下]=KQ' \tag{11-17}$$

$$Q'=xQ_上+(1-x)Q_下 \tag{11-18}$$

联解式（11-13）和式（11-17）得马斯京根法流量演算方程为

$$Q_{下,2}=c_0Q_{上,2}+c_1Q_{上,1}+c_2Q_{下,1} \tag{11-19}$$

其中

$$\begin{cases} c_0=\dfrac{0.5\Delta t-Kx}{K-Kx+0.5\Delta t} \\ c_1=\dfrac{0.5\Delta t+Kx}{K-Kx+0.5\Delta t} \\ c_2=\dfrac{K-Kx-0.5\Delta t}{K-Kx+0.5\Delta t} \end{cases} \tag{11-20}$$

$$c_0+c_1+c_2=1.0 \tag{11-21}$$

式中，c_0、c_1、c_2 都是 K、x、Δt 的函数。对于某一河段而言，只要确定了 K 和 x 值，c_0、c_1、c_2 便可求得，从而由入流 $Q_上(t)$ 和初始条件 $Q_{下,1}$，通过式（11-19）逐时段演算，求得出流过程 $Q_下(t)$。

2. K、x 的确定

马斯京根蓄泄方程的 S 和 Q' 呈线性关系，这表明 Q' 是 S 下的稳定流量，该流量可以通过调整 x，使由式（11-18）计算的 Q' 与 S 的关系为单一直线来求得。因此，由实测流量资料率定 K、x 的时候，常采用试算法。即对某一次洪水，一方面计算各个时刻的槽蓄量 S；另一方面设一 x 值，由式（11-18）计算各时刻的 Q'，点绘 $S \sim Q'$ 关系线，当成为单一直线时，该 x 即为所求的 x，而该直线的斜率即为所求的 K 值。取多次洪水作相同的计算，就可确定该河段的 K，x 值。

【例 11-1】 根据沅水沅陵站至王家河站 1968 年 9 月的一次实测洪水资料（表 11-2），计算 K、x 和作流量演算。

（1）根据河段和资料情况，取计算时段 $\Delta t=6\text{h}$。

（2）表 11-2 的第（1）～第（3）栏为实测值。由于有少量的区间入流，使上断面的入流总量 39380（m³/s）6h 比下断面出流总量 40590（m³/s）6h 小 1110（m³/s）6h，为保持水量平衡，近似按比例将此水量分配到入流过程中，得第（4）栏的入流 $Q_上+q$。

表 11-2　马斯京根法 S 与 Q' 值计算表

日·时	$Q_上$ (m³/s)	$Q_下$ (m³/s)	$Q_上+q$ (m³/s)	$Q_上+q-Q_下$ (m³/s)	Δs [(m³/s)6h]	S [(m³/s)6h]	Q' (m³/s) $x=0.40$	Q' (m³/s) $x=0.45$
(1)	(2)	(3)	(4)	(5)	(6)	(7)	(8)	(9)
20·8	2050		2110					
20·14	2860		2950					
20·20	4300	2100	4430	2330	2030	0	2980	3090
21·2	4820	3250	4970	1720	970	2030	3880	3960
21·8	4700	4620	4840	220	−100	3000	4650	4660
21·14	4350	4900	4480	−420	−620	2900	4680	4650
21·20	3750	4680	3860	−820	−890	2280	4310	4260
22·2	3200	4260	3300	−960	−940	1390	3840	3780
22·8	2700	3700	2780	−920	−870	450	3300	3250
22·14	2400	3300	2470	−830	−740	−420	2940	2890
22·20	2200	2920	2270	−650	−550	−1160	2630	2600
23·2	2050	2550	2110	−440		−1710	2350	2330
23·8		2210						
23·14		2100						
总计	39380	40590						

（3）按水量平衡方程

$$\Delta S=\frac{1}{2}[(Q_{上,1}+q_1-Q_{下,1})+(Q_{上,2}+q_2-Q_{下,2})]\Delta t$$

计算各时段的槽蓄增量，列于表中第（6）栏。将其累积，得第（7）栏所示的槽蓄量 S。

（4）假定 x 分别等于 0.40 和 0.45，按式（11-18）计算 Q'，列于表中第（8）、第（9）栏。

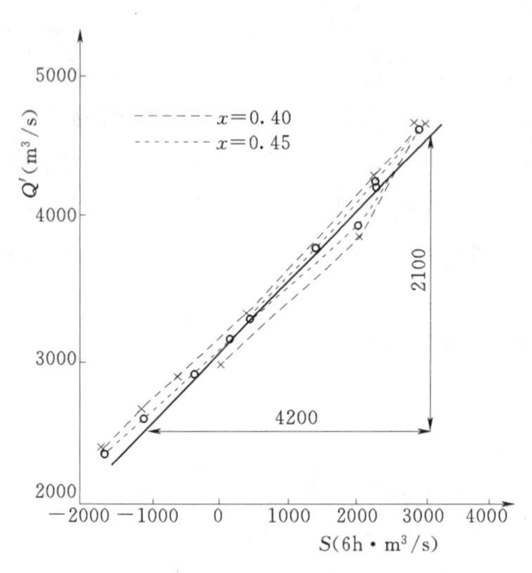

图 11-10　马斯京根法 $S\sim Q'$ 关系曲线

(5) 按第 (7)、第 (8) 栏对应数值点绘 $x=0.40$ 的 $S\sim Q'$ 线，如图 11-10 中的虚线，可见还有比较大的绳套，而点绘的 $x=0.45$ 的 $S\sim Q'$ 线（图中的点线），则基本合拢成单一直线，故 $x=0.45$ 即为所求，该直线的斜率 $K=\Delta S/\Delta Q'=4200(6h\cdot m^3/s)/2100(m^3/s)=12h$。按上述步骤分别求出各次洪水的 K、x 值。如果各次洪水的 K、x 值比较接近，则取平均的 K、x 作为本河段综合确定的成果；如变化较大，则需分析其变化规律，以便演算时依实际情况选用。

根据确定的 K、x 和 Δt 值，代入式 (11-20) 计算 c_0、c_1、c_2，再代入式 (12-19) 得具体的演算方程，即可逐时段由入流推算出流过程。作为一例，假定该河段综合确定的 $K=12h$、$x=0.45$、$\Delta t=6h$，由式 (11-20) 算得：$c_0=-0.251$，$c_1=0.876$，$c_2=0.375$。校核 $c_0+c_1+c_2=1.0$，计算无误。代入式 (11-19)，得该河段的流量演算方程为

$$Q_{下,2}=-0.251Q_{上,2}+0.876Q_{上,1}+0.375Q_{下,1}$$

上游站沅陵发生一次洪水，就取本例中这次洪水，其入流过程列于表 11-3 中第 (1)、第 (2) 栏，然后，如表中第 (3) ～第 (6) 栏所示，由上式可算出下游王家河站的这次洪水过程（第 6 栏）。与第 (7) 栏的实测过程相比，可见洪峰出现时间与实测的一致，流量值则偏小 5.3%。

表 11-3　马斯京根法推算出流过程 ($C_0=-0.251$，$c_1=0.876$，$c_2=0.375$)

日・时	$Q_{上}$ (m^3/s)	$C_0Q_{上,2}$ (m^3/s)	$C_1Q_{上,1}$ (m^3/s)	$C_2Q_{下,1}$ (m^3/s)	$Q_{下,2}$ (m^3/s)	$Q_{实测}$ (m^3/s)
(1)	(2)	(3)	(4)	(5)	(6)	(7)
20・8	2050				2050	2050
20・14	2860	−720	1800	770	1850	2000
20・20	4300	−1080	2500	690	2110	2100
21・2	4820	−1210	3760	790	3340	3250
21・8	4700	−1180	4220	1250	4290	4620
21・14	4350	−1090	4120	1610	4640	4900
21・20	3750	−940	3810	1740	4610	4680
22・2	3200	−800	3280	1730	4210	4260
22・8	2700	−680	2800	1580	3700	3700
⋮	⋮	⋮	⋮	⋮	⋮	⋮

3. 马斯京根法中几个问题的分析

(1) K 值的综合。从 $K=S/Q'$ 可知，K 具有时间的因次，基本上反映河道稳定流的传播时间。多处实测资料表明 K 随流量的增大而减小，因此，当各次洪水分析的 K 值变

化较大时，可建立 K 与流量的关系。应用时，根据不同的流量取不同的 K 值。

(2) x 值的综合。流量比重因素 x，主要反映楔蓄在河槽调蓄中的影响。对于一定的河段，x 在洪水涨落过程中基本稳定，但也有随流量增加而减小的趋势。天然河道的 x，一般从上游向下游逐渐减少，介于 0.2～0.45 之间，特殊情况下也有小于零的。实用中，当发现 x 随流量变化较大时，也可建立 $x \sim Q$ 关系线。对不同的流量取不同的 x。

(3) 计算时段 Δt 的选择。Δt 的选取涉及到马斯京根法演算的精度。为使摘录的洪水数值能比较真实地反映洪水的变化过程，首先 Δt 不能取得太长，以保证流量过程线在 Δt 内近于直线；其次为了计算中不漏掉洪峰，选取的 Δt 最好等于河段传播时间 τ。这样上游在时段初出现的洪峰，Δt 后就正好出现在下游站，而不会卡在河段中，使河段的水面线呈上凸曲线。但有时为了照顾前面的要求，也可取 Δt 等于 τ 的 1/2 或 1/3，这样计算洪峰的精度差了一些，但能保证不漏掉洪峰。若使两者都得到照顾，则可把河段划分为许多子河段，使 Δt 等于子河段的传播时间，然后自上而下进行多河段连续演算，推算出下游站的流量过程。

(4) 预见期问题。马斯京根法流量演算公式中，需要已知上游站时段末的流量 $Q_{上,2}$，才能推算 $Q_{下,2}$，因此，该方法用于流量计算一般没有预见期。如果取 $\Delta t = 2Kx$，则 $c_0 = 0$，$Q_{下,2} = c_1 Q_{上,1} + c_2 Q_{下,1}$，就可以有一个时段的预见期了。如果上断面的入流是由降雨径流预报等方法先预报出来，该法推算的下断面出流就可以得到一定的预见期。因此，该法在预报中仍得了广泛的应用。

四、降雨径流预报

对于中、小流域的洪水预报，降雨径流预报法是主要的途径。该法一般分为两部分：一是产流计算，即由实测的流域降雨推算净雨过程；二是汇流计算，即由净雨过程推求流域出口的洪水过程。这些方法已经在第八章作了详细介绍，这里只结合预报问题，补充说明三点：

(1) 编制降雨径流预报方案。应用第八章学习的产流汇流原理和方法，建立产、汇流计算方案，如降雨径流相关图、单位线等。并对方案的预报精度进行检查，只有合乎要求时才能在实际中应用。这要比由暴雨推求设计洪水要求的严格。

(2) 作业预报。为了快速、准确地进行预报，应将预报方案图表化和计算机化。并尽可能应用预报中反馈的信息，及时调整计算，使预报有良好的精度。在作业预报过程中，要对每次预报进行评定，及时发现问题和改进。

(3) 降雨径流预报的预见期。其预见期随降雨过程而变化。如图 11-11 所示，流域汇流时间 τ 是其上限，净雨终止后，可预报出其后 τ 时间内的整个洪水过程，但对洪峰来说。大体上只有单位线上涨历时的预见期，约 2～3 个时段。若能利用短期降雨预报，则可增长预见期。但由于天气预报精度不高，只能适当参考。

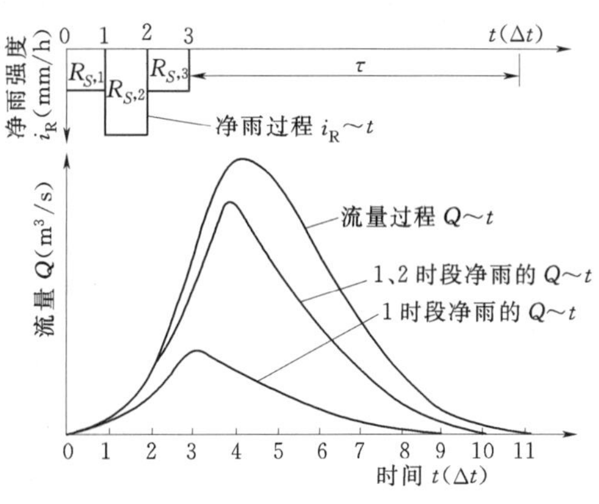

图 11-11　降雨径流法预报洪水过程

第三节　枯　水　预　报

汛期过后，河流进入枯水季。在枯水季，流域降水很少，河川流量逐渐减小，水位日益下降，对航运和供水都不利，作好枯水预报，将有利于提前作好准备，采取合理措施，解决径流不足带来的问题。同时枯水季河川流量小，流速慢给水利水电工程的截流施工创造了有利条件，作好枯水预报，预先掌握截流期河道流量的大小，采取相应措施使截流施工得以顺利进行。

枯水径流主要来源于流域蓄水的补给，流量过程一般具有较稳定的消退规律，可以利用这种规律作比较长期的枯水径流预报。具体做法一般有两种：退水曲线法和前后期径流相关法。

一、退水曲线法

流域在无雨或有小雨而不产流的情况下，流量过程线的退水段最初是以河网蓄水补给为主，以后主要是地下水补给。退水后期的流量过程线为地下水退水曲线，消退缓慢。在枯水期无雨水补充和不计蒸发时，时段 dt 内流域的水量平衡方程为

$$-Q\mathrm{d}t=\mathrm{d}s \qquad (11-22)$$

地下蓄水量 S 与出流量 Q 的关系近似为线性，即

$$S=KQ \qquad (11-23)$$

式中　S——地下蓄水量；

Q——枯水期退水流量。

K 具有时间因次，称地下径流汇流时间。联解以上两式，得地下水退水方程为

$$Q_t=Q_0\mathrm{e}^{-t/k}=Q_0K_r^t \qquad (11-24)$$

式中　Q_0、Q_t——时间 $t=0$ 和 t 时刻的退水流量，$\mathrm{m^3/s}$；

$K_r=\mathrm{e}^{-1/k}$——消退系数。

取 t 的单位为一个固定的时段 Δt，由式（11－24）可得到相邻时段末流量之比为

$$\frac{Q_{t+1}}{Q_t}=K_r \qquad (11-25)$$

利用这一关系，可以建立流域的 $Q_t\sim Q_{t+1}$ 相关图，如图 11－12 所示，用以进行枯水流量过程预报。图 11－12 中的曲线上端陡，下端缓，表明流量大时 K_r 小，消退快；流量小时 K_r 大，消退缓。这是因为枯水初期饱和含水层（包括表层和浅层）厚，排水快，加之浅层地下水受土壤毛管力上吸耗于陆面蒸发，故消退很快，K_r 小；枯水后期，饱和含水层变薄，且地下水埋层较深，难以蒸发，消退慢，K_r 逐渐增大。

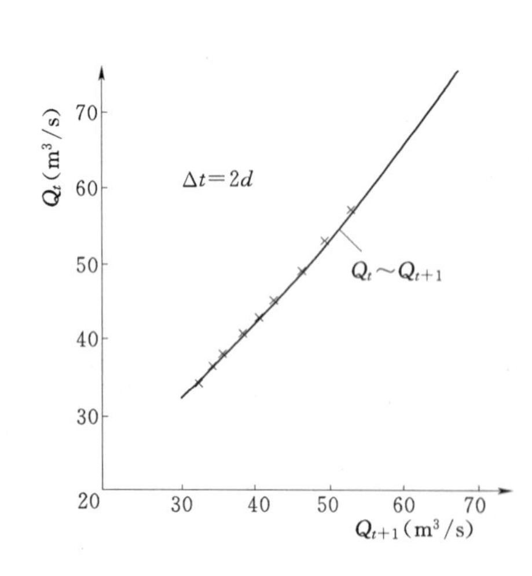

图 11－12　清江搬鱼咀站 $Q_t\sim Q_{t+1}$ 关系图

运用 $Q_t\sim Q_{t+1}$ 相关图进行退水过程预报时，没有考虑预见期内降雨的影响。若要考虑这种影响，则要对预报的降雨作产汇流计算，将它产生

的径流过程叠加在上面推算的退水过程上，从而得到考虑降雨影响的枯季径流过程预报。

二、前后期径流相关法

前后期径流相关法是建立一个流域的前、后期径流量相关图，用已知的前期径流量预报未来的后期径流量，其实质上是退水曲线法的另一种形式。由式（11－25）知，若 Δt 取一个月，Q_t，Q_{t+1} 分别为本月及下月平均流量，则 $\overline{Q}_{t+1} \sim \overline{Q}_t$ 就是前后期月径流相关图，其预见期为一个月。当枯水期降雨相对很少时，相关图会存在很好的关系，预见期可为整个枯水期。例如图 11－13 所示是滏阳河东武仕站当年 9 月的平均流量 $\overline{Q}_{9月}$ 与 10 月至次年 5 月的 8 个月的月平均流量累积值 $\sum_{10}^{5} \overline{Q}_{i月}$ 的相关图，预见期长达 8 个月，且关系很密切。如果需要考虑预见期内降雨的影响，则可建立以预见期降雨量为参数的相关图。例如图 11－14 所示，是官厅站 9 月平均基流流量 $\overline{Q}_{基,9月}$ 和以 10 月降雨量 $P_{10月}$ 为参数的 10 月平均流量 $\overline{Q}_{10月}$ 的相关图。图中 $P_{10月}=0$ 的相关线，实质上是由 $\overline{Q}_{基,9月}$ 预报 10 月地下径流流量的关系线，为预报的下限值，考虑预报的降雨在图上查出的值，则为比较可能的情况，使水库调度中能够作出最不利情况和一般情况的决策。

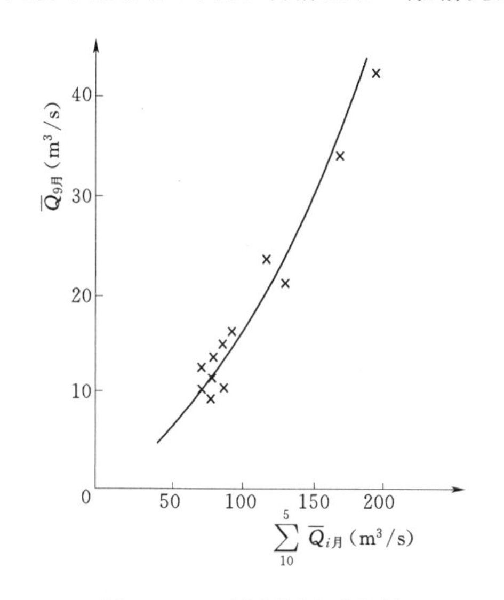

图 11－13 滏阳河东武仕站 $\overline{Q}_{9月} \sim \sum_{10}^{5} \overline{Q}_{i月}$ 相关图

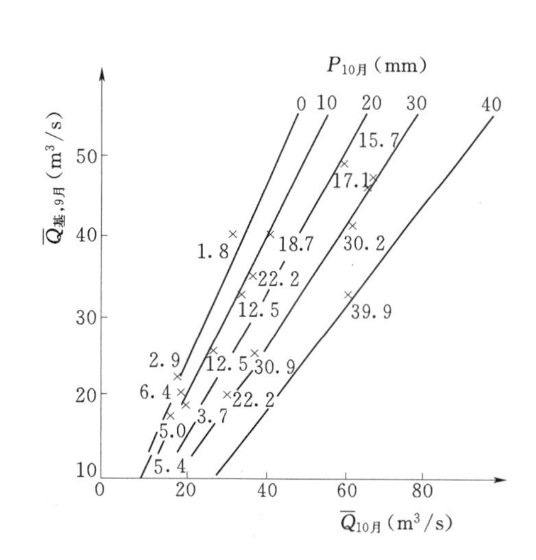

图 11－14 官厅站 $\overline{Q}_{基,9月} \sim P_{10月} \sim \overline{Q}_{10月}$ 相关图

第四节 冰 情 预 报

冰情预报主要是预报流凌、封冻及开河日期，对北方河流的航运及水利工程的施工、管理等都有重要意义。影响冰情的因素，从外部说，主要是气温。气温愈低，持续时间愈长，水体热量损失就愈快、愈多，流凌、封冻就愈快，冰的厚度就愈大；气温高，则开河早。从水流内部说，主要是水流的水位、流量、流速、水温、冰厚等。流量大、水温高，

则封冻慢；反之，则快。冰盖厚，水位低，水流对冰盖无挤压作用，则开冻慢，反之，则快，制定冰情预报方案时，应主要考虑这些因素的作用。

一、流凌开始日期预报

气温降至摄氏零度以下后，岸边、浅滩及流速小的地方，因散热快和缺乏深水热量的紊动交换，而首先结冰，冰块随水流而下，称为流凌。流凌在水流不畅的地方聚积，随之封冻，并不断扩展，形成全河段的封冻。图 11－15 是黄河石咀山站的流凌开始日期预报方案。图中日平均气温转负（低于 0℃）日期越早，说明天气冷的越早，流凌也越早。转负日热流量是指气温转负那天流量与水温的乘积，反映水体热储量的大小，它越大，水体降至 0℃以下所需的时间越长，开始流凌日期越晚，故等值线数值左小右大。

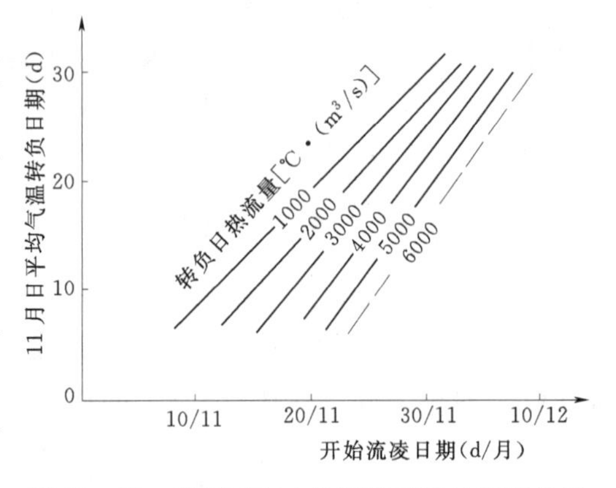

图 11－15 黄河石咀山站流凌开始日期预报图

二、封冻日期预报

图 11－16 为济南日平均气温稳定转负日期与利津河段封冻日期的关系曲线。所谓稳定转负日期，是指从该日起连续累积的日平均气温都低于 0℃，温度总的趋势是越来越低。应用该图进行利津河段的封冻日期预报，预见期大约有 7～10d。

三、开河日期预报

图 11－17 是嫩江江桥站开河日期预报方案，它考虑了气温和冰厚对解冻的影响。图中最高气温稳定转正是指从该日起日最高气温均在 0℃以上，不再转负。它反映将有持续的融冰热量供给，所以在同样冰厚条件下，转正得早，开河也早；转正得晚，开河亦晚。冰盖厚度反映融冰需要消耗的热量大小和抗破碎的能力。因此，同样的最高气温稳定转正日期下，冰盖越厚，开河越慢；反之，则快。

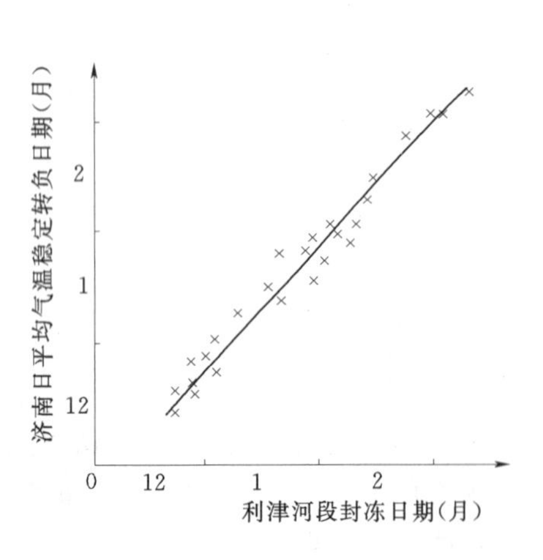

图 11－16 利津河段封冻日期预报图

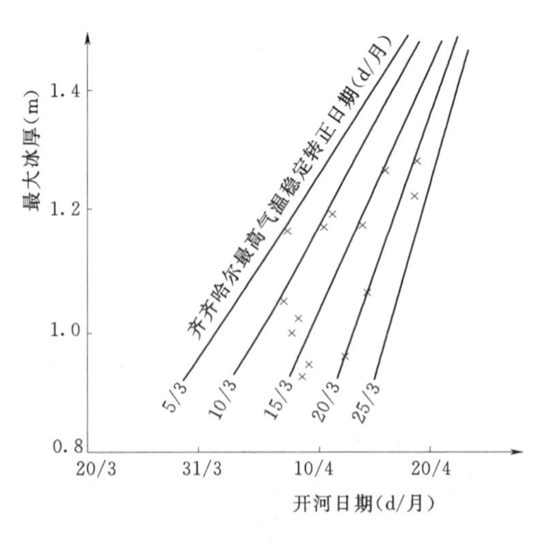

图 11－17 嫩江江桥站开河日期预报图

第五节　沙　情　预　报

为了估计水库、湖泊淤积和河道的冲淤变化，以采取及时、有效的措施控制泥沙，进行沙情预报是必要的，尤其是多沙河流。这对河流防洪、航运、水库调度、灌溉引水、引洪淤灌等都具有重要作用。

根据泥沙的形成过程，沙情预报方法可分为流域产沙预报和河段泥沙预报。前者类似于降雨径流预报，是结合流域产汇流研究产沙输沙的；后者类似于河段洪水预报，由上游站的泥沙过程预报下游站的泥沙过程。水流是河流泥沙的载体，所以沙情预报常同水情预报结合进行，并以前者为基础。因此，沙情预报要比水情预报更为困难，精度相对也低。

一、泥沙总量预报

洪水的泥沙来源与枯季的明显不同，宜分开制定预报方案。

1. 次洪水输沙量预报

图 11－18 是渭河华县站一次洪水输沙量的预报方案。该方案考虑到降雨在面上的分布不均匀对产沙量的影响，以产沙主要来源区为参数，制定次洪量与相应输沙总量的相关关系。其中 1 线代表洪水主要来自宝鸡华县地区，由于该区地表对暴雨的抗蚀能力较强，故同样的流域洪水量时，产沙量最少；相反地，4 线代表洪水主要来自张家山和南河川以上流域，由于这里土质疏松、植被差，地表抗蚀能力低，同样洪水量下，产沙量比前者大好几倍。该方案的特点，是既通过洪量考虑了雨强的作用，又通过洪水来源分区考虑了下垫面不同对产沙的影响。已知暴雨分布的主要地区，并由降雨径流关系预报得知即将出现的洪水总量时，便可由该图预报该次洪水泥沙总量。其预见期，与降雨径流预报基本相同，将不超过流域汇流时间。

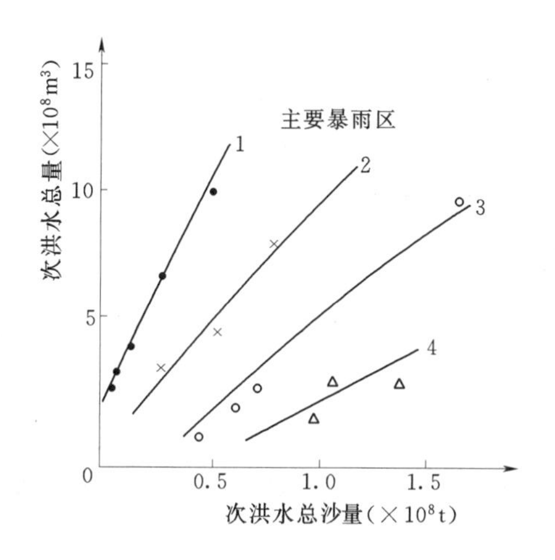

图 11－18　渭河华县站次洪水输沙量预报相关图

1—宝鸡—华县；2—宝鸡、华县及泾河张家山；

3—南河川以上；4—张家山以上和南河川以上

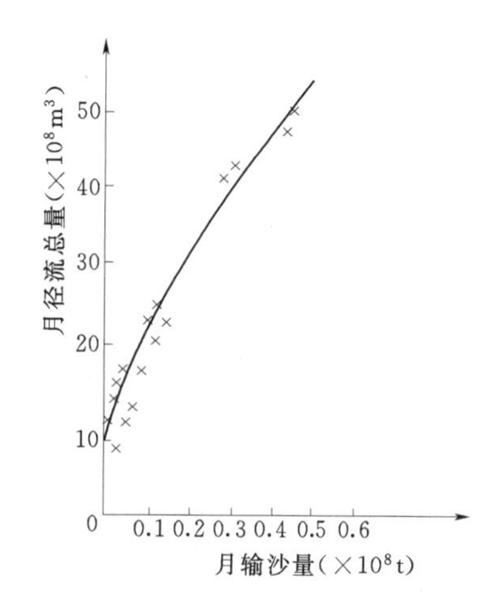

图 11－19　枯季月输沙量预报曲线

2. 枯水期输沙量预报

枯季河川径流主要来自地下水补给，水源较清，河流将通过对某些河段的冲刷而挟带泥沙。水量与沙量的关系较为单纯，月径流量与月输沙总量常有比较好的关系，如图 11-19 所示。根据该图，可由枯季径流预报的月径流量，预报出月输沙量。但降雨产生的地面径流较大时，则应考虑地面净雨对产沙的影响。

二、泥沙过程预报

以下就河段泥沙预报和流域产沙输沙预报分别举例介绍，以了解泥沙过程预报的基本思路和方法。

1. 泥沙相应涨差法

该法是根据上游站的泥沙过程预报下游站的泥沙过程的一种经验关系法。所谓泥沙涨差是指时段末的含沙量与时段初的含沙量之差。一般取时段长 Δt 等于河段的洪水传播时间 τ，则上游的含沙量涨差 $\Delta\rho_{上}=\rho_{上,t}-\rho_{上,t-\tau}$ 和下游站的 $\Delta\rho_{下}=\rho_{下,t+\tau}-\rho_{下,t}$ 正好相隔一个传播时间 τ，故称泥沙相应涨差。由于含沙量沿程分布不均匀和洪水波变形具有一定的规律性，使泥沙相应涨差之间存在较好的关系。如图 11-20 所示，是长江万县站与奉节站含沙量相应涨差相关图，由此得奉节站含沙量预报方程为

$$\rho_{下,t+\tau}=\rho_{下,t}+0.88(\rho_{上,t}-\rho_{上,t-\tau}) \tag{11-26}$$

式中上断面指万县站，下断面指奉节站。已知 t 时刻的 $\rho_{下,t}$ 和时段的（$\rho_{上,t}-\rho_{上,t-\tau}$），便可由式（11-26）预报得 $t+\tau$ 时刻下游站的含沙量 $\rho_{下,t+\tau}$。

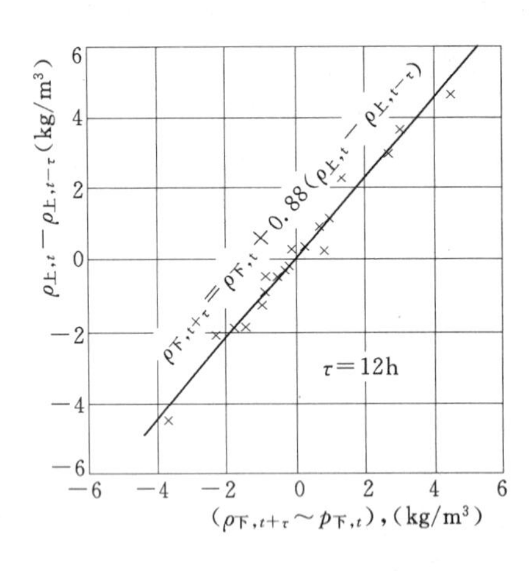

图 11-20 万县站—奉节站含沙量相应涨差关系图

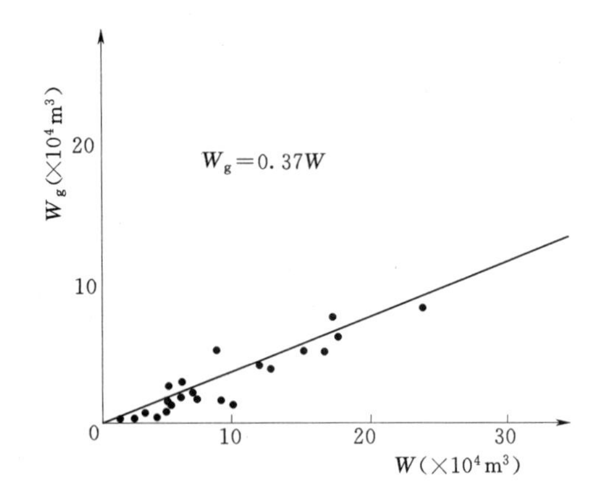

图 11-21 刘家沟流域 $W\sim W_g$ 关系图

2. 输沙瞬时单位线法

近年来国内外一些水文工作者，根据流域产水、产沙和汇流、输沙混为一体的关系，类似用单位线推求径流过程，设想用流域输沙单位线由产沙过程推求出口的输沙过程。目前应用的有输沙总量单位线法、输沙瞬时单位线法等。以下仅就后者作简要介绍。

将纳希瞬时单位线方程中的参数 n、K 改为 n_s、K_s，即得输沙瞬时单位线 $u_s(0, t)$。它代表流域上瞬间产沙一个单位随水流在出口形成的输沙过程线，其方程为

$$u_s(0,t)=\frac{1}{K_s\Gamma(n_s)}\left(\frac{t}{K_s}\right)^{n_s-1}e^{-\frac{t}{K_s}} \tag{11-27}$$

式中　$u_s(0, t)$——输沙瞬时单位线的纵标值；

Γ——伽玛函数。

n_s、K_s 为输沙瞬时单位线的参数，如同 n、K，在流域一定时，各次输沙过程的 n_s 近似为常数，可由多次平均值代表，K_s 则存在如下的非线性关系

$$m_{s1}=n_sK_s=a_sI_s^{-b_s} \tag{11-28}$$

式中，m_{s1} 为输沙瞬时单位线的一阶原点矩；a_s、b_s 为经验系数和指数；I_s 为产沙率，类似地面净雨强度，代表单位时间的产沙量。

根据以上关系，类似推求瞬时单位线那样，可由实测降雨、径流、泥沙资料分析输沙瞬时单位线：①分析降雨、径流关系，建立地面净雨计算方案，由降雨计算地面净雨过程；②分析次洪水的输沙量 W_s 与地面径流量 W 的关系，建立由 W 推求 W_s 的方案，由地面净雨过程计算每个时段净雨的产沙量或产沙率 I_s；③由产沙过程和实测的输沙过程优选每次雨洪的输沙瞬时单位线参数 n_s、K_s；④由各次的 n_s、K_s 和 I_s 按式（11－28）分析 a_s、b_s 和 n_s 的平均值。至此，就把一个流域的输沙过程预报方案建立起来了，如果方案具有较好的精度，即可用于流域输沙过程预报。樊尔兰根据自己提出的这一方法，对陕北刘家沟流域（面积 $F=21.0\text{km}^2$）的降雨、洪水、泥沙资料分析后，建立了该流域的输沙过程预报方案：①次暴雨洪水的地面径流量 W 与输沙量 W_s 相关图（图 11－21），其方程为 $W_s=0.37W$；②输沙瞬时单位线参数：$n_s=1.5$，$a_s=9.0$，$b_s=-0.2$，$K_s=6I_s^{-0.2}$，K_s、I_s 的单位分别为 min、mm/min。该方案经用 8 场暴雨、径流、泥沙资料率定，合格率为 75％；4 次资料检验，合格率为 100％。

运用该方案预报输沙过程的步骤大致为：①应用产流方案，由暴雨计算地面净雨过程；②用水沙关系 $W\sim W_s$，由地面净雨计算流域产沙过程 $I_s\sim t$；③用 n_s 和 I_s 计算 K_s，再与 n_s 一起由附表 2 查算输沙时段单位线；④应用单位线假定，由产沙过程和输沙时段单位线推求输沙过程。

第六节　中长期径流预报简介

防洪抗旱、水库调度、水电站运行、航运管理等，都要求水文预报有比较长的预见期，以便及早采取措施，合理解决防洪与抗旱、蓄水与供水、各部门用水之间的矛盾。因此，积极开展中长期水文预报是非常必要的。我国在这方面做了一定的工作，取得了一些经验和成果。但是，随着预见期的加长，许多影响因素变化的不确定性增强，从而导致许多中长期预报成果的精度大大下降，甚至失去了指导生产管理的价值，因此，除少数中长期预报方法较为成功外，大多数还属探索性的研究，尚难在实际中应用。另外，中长期预报还要求有广泛的气象学知识。因此，这里仅作一些概要的介绍，使读者对中长期径流预报有一初步的了解。

中长期径流预报的研究，可大致分为成因分析和水文统计两种途径。

一、成因分析途径

河川径流的变化主要取决于大气降水，而降水又是由一定的环流形势与天气过程决定

的，即径流的长期变化应与大型天气过程的演变有密切关系。若能找到天气过程的长期演变规律，预报出长期降水过程，结合流域产汇流规律，便能作出长期的径流预报。随着遥感技术的发展，对全球天气资料掌握的越来越全面，不仅范围广，而且及时，加上大型计算机准确快速分析，必将促进这一途径的突破性进展。针对目前的天气预报水平来说，还难以作出准确的中长期天气预报。

二、水文统计途径

该途径又可分为两类：一类是分析水文要素自身随时间变化的统计规律，然后用这种规律进行预报，如历史演变法，时间序列分析法等；另一类是从分析影响预报对象的因素着手。从中挑出一批预报因子，然后用多元回归分析法，直接与后期的水文要素建立起定量的关系进行预报，这是目前比较常用的方法。

多元回归分析法，一是挑选预报因子；二是建立多元回归方程。预报因子就是多元回归方程中的自变量，是影响径流的主要前期因素，应结合径流形成和天气演变进行全面分析和选择，既要防止把那些不相干的因子选入，也不要漏掉了一些颇有作用的因素。对初选的预报因子作多元回归分析，不断剔除对预报对象作用甚微的因子（其作用低于规定的标准），最后即可得到主要因子与预报对象间的相关关系——多元回归方程。例如下式就是新安江水库长期径流预报的多元回归方程：

$$y=24900-427x_1-261x_2-129x_3-236x_4 \tag{11-29}$$

式中，y 为预报的下一年 4～7 月平均流量，m^3/s；x_1，x_2，x_3 分别为屯溪气象站本年 7 月月平均气温，月平均绝对湿度和月平均气压；x_4 为屯溪气象站本年 1 月月平均气压。该回归方程的复相关系数为 0.8547，并大于信度水平为 0.01 的临界相关系数，说明有比较好的相关关系，预报方案基本上是可行的。该方案的预见期为本年 7 月到次年 7 月，长达一年。

第七节　实 时 水 文 预 报

上述各种预报方案都是根据以往的实测资料制定的，其中的相关曲线或参数反映的是以往平均最优情况，用于作业预报时，当实际情况偏离过去确定方案的状态时，就会使预报的结果出现偏差。实时水文预报就是利用在作业预报过程中，不断得到预报值与实测值的误差信息，运用现代系统理论方法及时地校正、改善预报估计值或水文预报模型中的参数，使以后阶段的预报误差尽可能减小，预报结果更接近实测值。

一、实时水文预报方法的分类

自然界的水文现象及其要素（流量、水位等）都遵循其内在的运动规律，每时每刻都处在运动和变化之中，当人们认识和掌握了这些水文变化规律时，就可以以基本物质运动原理为基础，建立各种水文预报方法或水文模型，模拟或预测未来的水文现象及其运动要素特征值。然而，水文现象受到自然界中众多因素的影响，这些影响因素又大多具有不确定性的时变特征，给人们在认识和掌握水文现象运动规律时造成困难。因此，人们在水文预报中所采用的各种方法或模型都不可能将复杂的水文现象模拟得十分确切，水文预报估计值与实际出现值的偏差，即预报误差是不可避免的。

为了提高洪水预报精度，就必须尽量减少预报误差。根据预报误差来源的不同，实时水文预报可分为以下三种校正方法。

1. 对模型参数实时校正

采用这种方法认为水文预报方法或水文模型的结构是有效的，只是由于优选模型参数计算方法非完善的缘故，使识别的模型参数对其真值来讲存在着误差，或是识别的模型参数对具体场次的洪水并非最优。因此，在实际作业预报过程中，根据实际的预报误差不断地修正模型参数，以提高此后的预报精度。对模型参数进行实时校正的方法有最小二乘估计等算法。

2. 对模型预报误差进行预测

对已出现的预报误差时序过程进行分析，寻求其变化规律，建立合适的预报误差模型，例如第六章中介绍的自回归滑动平均模型等。通过推求未来的误差值以校正尚未出现的预报值，从而提高预报的精度。

3. 对状态变量进行估计

预报模型中能控制当前及以后时刻系统状态和行为的变量，称为状态变量。对状态变量的估计是认为预报误差来源于状态估计的偏差和实际观测的误差，通过实时修正状态变量来校正以后的预报值，从而提高预报的精度。卡尔曼滤波或自适应滤波方法就是对状态变量进行实时校正的一种算法。

二、实时水文预报的最小二乘方法

在水文预报模型参数的估计中，最小二乘法是一种常用的估计方法，由最小二乘法获得的估计，在一定条件下具有最佳的统计特性，估计是一致的，无偏的和有效的。这种方法可用于线性系统模型，也可用于非线性系统模型。可用于利用历史资料进行模型参数识别的离线估计，也可用在利用现实观测资料进行模型参数识别的在线估计。在洪水预报中，衰减记忆递推最小二乘可以充分利用预报误差，实时跟踪模型参数的变化，不断对预报误差进行修正，提高洪水预报精度。

1. 最小二乘估计的基本算法

通过最小二乘估计可以获得一个在最小方差意义上与实测数据拟合最好的模型。假定变量 y 与一个 n 维变量 $X=(x_1 \quad x_2 \quad \cdots \quad x_n)$ 的线性关系为

$$y=\theta_1 x_1+\theta_2 x_2+\cdots+\theta_n x_n \tag{11-30}$$

式中，y 为系统观测输出值；X 为系统观测输入值；θ_1，θ_2，…，θ_n 是一组待定的参数，可以通过不同时刻对 y 及 X 的观测值估计出它们的数值。

设 $y(i)$ 和 $x_1(i)$，$x_2(i)$，…，$x_n(i)$ 为在 i 时刻所观测得的数据，$i=1$，2，…，m。可以用 m 个方程表示这些数据的关系为

$$y(i)=\theta_1 x_1(i)+\theta_2 x_2(i)+\cdots+\theta_n x_n(i)(i=1,2,\cdots,m) \tag{11-31}$$

可用矩阵形式表示为

$$Y=X\theta \tag{11-32}$$

其中：$Y=\begin{bmatrix} y(1) \\ y(2) \\ \vdots \\ y(m) \end{bmatrix}$，$X=\begin{bmatrix} x_1(1) & x_2(1) & \cdots & x_n(1) \\ x_2(2) & x_2(2) & \cdots & x_n(2) \\ \vdots & \vdots & \vdots & \vdots \\ x_1(m) & x_2(m) & \cdots & x_n(m) \end{bmatrix}$，$\theta=\begin{bmatrix} \theta_1 \\ \theta_2 \\ \vdots \\ \theta_n \end{bmatrix}$

当 $m=n$ 时，若 X 的逆矩阵存在时，式（11-32）可以得到唯一解。由于测量的数据不可避免地存在着误差，用 n 组数据估计 n 个参数，必然带来较大的估计误差。为了获得更可靠的结果，常增加测量次数，使 $m>n$。m 超过一般方程组所需的定解条件数 n，这种情况在水文问题中经常遇到。最小二乘原理指出，最可信赖的参数值 θ 应在使残余误差平方和最小的条件下求得。

设估计误差向量 $E=[e(1),e(2),\cdots,e(m)]^T$，并令

$$E=Y-X\theta \tag{11-33}$$

目标函数

$$J(\theta)=\sum_{k=1}^{m}e^2(k)=\sum_{k=1}^{m}E^TE=\min \tag{11-34}$$

即

$$\begin{aligned}J(\theta)&=E^TE=(Y-X\theta)^T(Y-X\theta)=(Y^T-\theta^TX^T)(Y-X\theta)\\&=Y^TY-\theta^TX^TY-Y^TX\theta+\theta^TX^TX\theta\end{aligned}$$

将 J 对 θ 求偏导数，且令其为零，则可求得使 J 趋于最小的估计值 $\hat{\theta}$，即

$$\frac{\partial J}{\partial\theta}\Big|_{\theta=\hat{\theta}}=-2X^TY+2X^TX\hat{\theta}=0$$

由此可得：

$$X^TX\hat{\theta}=X^TY$$

解得 θ 的最小二乘估计值为

$$\hat{\theta}=(X^TX)^{-1}X^TY \tag{11-35}$$

2. 最小二乘估计的递推算法

最小二乘估计的基本算法是利用已获得的所有观测数据进行整批运算处理，又称为最小二乘的整批算法。整批算法适用于模型参数的离线估计。最小二乘的递推算法就是在每次取得新的观测数据后，在前次估计结果的基础上，利用新加入的观测数据对前次估计的结果进行修正，从而递推地估算出新的参数估计值。这样随着新的观测数据的逐次加入，一步一步地进行参数修正，实现参数的在线估计。

矩阵方程式（11-32）是一个包含 m 个方程的方程组。现引入 m 作为 Y 和 X 的下标

$$Y_m=X_m\theta \tag{11-36}$$

同时式（11-35）中的 $\hat{\theta}$ 也就相应改为 $\hat{\theta}(m)$，表示是由 m 组观测值所估计的参数。

$$\hat{\theta}(m)=(X_m^TX_m)^{-1}X_m^TY_m \tag{11-37}$$

假定又获得一组新的观测数据 $[y(m+1),X(m+1)]$，则第 $m+1$ 个方程为

$$y(m+1)=\theta_1x_1(m+1)+\theta_2x_2(m+1)+\cdots+\theta_nx_n(m+1)$$

若定义 $X^T(m+1)=[x_1(m+1),\ x_2(m+1),\ \cdots,\ x_n(m+1)]$，则有

$$y(m+1)=X^T(m+1)\theta \tag{11-38}$$

现在 $m+1$ 个方程的方程组可以写为

$$Y_{m+1}=X_{m+1}\theta \tag{11-39}$$

其中

$$Y_{m+1}=\begin{bmatrix} y(1) \\ \vdots \\ y(m) \\ y(m+1) \end{bmatrix}=\begin{bmatrix} Y_m \\ y(m+1) \end{bmatrix}$$

$$X_{m+1}=\begin{bmatrix} x_1(1) & x_2(1) & \vdots & x_n(1) \\ \vdots & \vdots & \vdots & \vdots \\ x_1(m) & x_2(m) & \vdots & x_n(m) \\ x_1(m+1) & x_2(m+1) & \vdots & x_n(m+1) \end{bmatrix}=\begin{bmatrix} X_m \\ X^T(m+1) \end{bmatrix} \tag{11-40}$$

新的最小二乘估计是

$$\hat{\theta}(m+1)=(X_{m+1}^T X_{m+1})^{-1} X_{m+1}^T Y_{m+1} \tag{11-41}$$

定义矩阵

$$P(m)=(X_m^T X_m)^{-1} \tag{11-42}$$

则

$$\begin{aligned} P(m+1)&=(X_{m+1}^T X_{m+1})^{-1}=\left\{\begin{bmatrix} X_m^T & X(m+1) \end{bmatrix} \begin{bmatrix} X_m \\ X^T(m+1) \end{bmatrix}\right\}^{-1} \\ &=\left[X_m^T X_m+X(m+1)X^T(m+1)\right]^{-1} \\ &=\left[P^{-1}(m)+X(m+1)X^T(m+1)\right]^{-1} \end{aligned} \tag{11-43}$$

式（11－43）中矩阵的求逆运算，可以利用矩阵求逆引理将矩阵 $P(m+1)$ 转化为不必求逆的递推计算形式，若 $A \cdot A+BC^T$ 和 $I+C^TA^{-1}B$ 都是满秩矩阵，则有下面式子成立

$$(A+BC^T)^{-1}=A^{-1}-A^{-1}B(I+C^TA^{-1}B)^{-1}C^TA^{-1} \tag{11-44}$$

因此，式（11－43）转化成

$$\begin{aligned} P(m+1)&=[P^{-1}(m)+X(m+1)X^T(m+1)]^{-1} \\ &=P(m)-P(m)X(m+1)[I+X^T(m+1)P(m)X(m+1)]^{-1}X^T(m+1)P(m) \end{aligned} \tag{11-45}$$

注意到式中$[I+X^T(m+1)P(m)X(m+1)]$是一个标量，它的求逆只是求它的倒数。为此令：

$$r(m+1)=[I+X^T(m+1)P(m)X(m+1)]^{-1}$$

于是

$$\begin{aligned} P(m+1)&=P(m)-r(m+1)P(m)X(m+1)X^T(m+1)P(m) \\ &=[I-r(m+1)P(m)X(m+1)X^T(m+1)]P(m) \end{aligned} \tag{11-46}$$

从而

$$\hat{\theta}(m+1) = P(m+1)X_{m+1}^T Y_{m+1}$$
$$= P(m+1)\begin{bmatrix} X_m^T & X(m+1) \end{bmatrix}\begin{bmatrix} Y_m \\ y(m+1) \end{bmatrix}$$
$$= P(m+1)\left[X_m^T Y_m + X(m+1)y(m+1) \right]$$

由式（11-37）和式（11-43）有

$$X_m^T Y_m = P^{-1}(m)\hat{\theta}(m) = \left[P^{-1}(m+1) - X(m+1)X^T(m+1)\right]\hat{\theta}(m)$$

所以

$$\hat{\theta}(m+1) = P(m+1)\{[P^{-1}(m+1) - X(m+1)X^T(m+1)]\hat{\theta}(m) + X(m+1)y(m+1)\}$$
$$= \hat{\theta}(m) + P(m+1)X(m+1)[y(m+1) - X^T(m+1)\hat{\theta}(m)]$$
$$= \hat{\theta}(m) + K(m+1)[y(m+1) - X^T(m+1)\hat{\theta}(m)] \quad (11-47)$$

其中

$$K(m+1) = P(m+1)X(m+1)$$
$$= [P(m) - r(m+1)P(m)X(m+1)X^T(m+1)P(m)]X(m+1)$$
$$= P(m)X(m+1)r(m+1)\left[\frac{1}{r(m+1)} - X^T(m+1)P(m)X(m+1)\right]$$
$$= r(m+1)P(m)X(m+1)$$
$$= \frac{P(m)X(m+1)}{1 + X^T(m+1)P(m)X(m+1)} \quad (11-48)$$

因此，式（11-46）进一步可写为

$$P(m+1) = P(m) - K(m+1)X^T(m+1)P(m) \quad (11-49)$$

由式（11-47）～式（11-50）构成了最小二乘递推算法。在这种算法中，根据$P(m)$以及新的观测数据可以直接计算矩阵$K(m+1)$，以此再根据$\hat{\theta}(m)$计算出$\hat{\theta}(m+1)$，下一次递推计算所需要的$P(m+1)$可以根据$P(m)$和$K(m+1)$计算出来。这种算法的优点在于$\hat{\theta}(m+1)$的递推估计只需当前获得的新数据$y(m+1)$、$X(m+1)$，不需逐时扩大的数据矩阵参与计算，降低了计算机的存储量及计算的复杂程度。

3. 衰减记忆的最小二乘递推算法

上述的最小二乘递推算法是假定模拟的对象为定常的线性系统，最新的测量数据与老的数据对参数值的估计都提供同样好的信息。因此，在递推运算的过程中，全部参入计算的观测数据都给予同样的重视。如若模拟的对象为时变的线性系统时，系统动态特征将随时间而变化，最新的观测数据较之老的数据更能反映对象的现时动态特性。衰减记忆最小二乘递推算法就是在递推估计中，通过人为地给数据加权，将过时的老的数据逐渐“遗忘”掉，而突出当前数据的作用。

具体的作法是，每当取得一个新的观测数据时，就将以前的所有数据乘上一个小于1的加权因子，即$0<\lambda<1.0$。在m次观测的基础上，当又增加一次新的观测时，有

$$Y_{m+1} = \begin{bmatrix} \lambda Y_m \\ y(m+1) \end{bmatrix}, \quad X_{m+1} = \begin{bmatrix} \lambda X_m \\ X^T(m+1) \end{bmatrix} \quad (11-50)$$

与式（11-40）相比，只是在式（11-40）中Y_m和X_m的基础上乘上加权因子λ，λ是个

标量，因此采用类似上述的推导方法，可得

$$\hat{\theta}(m+1)=\hat{\theta}(m)+K(m+1)[y(m+1)-X^T(m+1)\hat{\theta}(m)] \tag{11-51}$$

$$K(m+1)=P(m)X(m+1)[\lambda^2+X^T(m+1)P(m)X(m+1)]^{-1} \tag{11-52}$$

$$P(m+1)=\frac{1}{\lambda^2}[I-K(m+1)X^T(m+1)]P(m) \tag{11-53}$$

选择不同的 λ 值就可以得到不同的加权效果，λ 越小，表示对过去数据“遗忘”得越快，所以称 λ 为“遗忘因子”。由式（11-51）～式（11-53）组成的一组算式称为衰减记忆的最小二乘递推算法。

应用上述衰减记忆最小二乘递推算式进行实时洪水预报时，首先必须确定遗忘因子 λ 值和递推计算的初值 $\hat{\theta}(0)$ 和 $P(0)$。遗忘因子选择是根据参数估计值 $\hat{\theta}$ 跟踪其真值 θ 的程度，由实时预报的效果，对 λ 值进行优选确定的。对初值 $\hat{\theta}(0)$ 和 $P(0)$ 的选取，有两种方法：①整批计算，由最初的 m 个数据直接用最小二乘的整批算法求出 $\hat{\theta}(m)$ 和 $P(m)$，以此作为递推计算的初值，从 $m+1$ 个数据开始逐步进行递推计算；②预设初值，直接设定递推算法的初值 $\hat{\theta}(0)$，$P(0)=\alpha I$，其中 α 为一个充分大的正数，I 为单位矩阵。在进行递推计算中，尽管开头几步误差较大，但经过多次递推计算后，$\hat{\theta}$ 将逐步逼近真值。

应用递推最小二乘方法作实时洪水预报，是一个预报、校正、再预报、再校正……连续不断的预报校正过程。即每一时刻的模型参数估计值，可以用该时刻的观测值进行校正，并将校正后的模型参数，用于下一时刻的模型预报之中。以下结合算例，说明洪水实时预报中的衰减记忆最小二乘递推算法。

【例 11-2】 某河道断面的洪水流量过程，经分析可采用如下的自回归模型来预报：

$$Q(t+1)=\theta_1 Q(t)+\theta_2 Q(t-1)+\theta_3 Q(t-2)$$

式中 $\theta=(\theta_1, \theta_2, \theta_3)$ 为模型参数。该断面 1985 年 4 月 8～16 日发生一次洪水过程，应用衰减记忆最小二乘递推算法进行洪水实时预报，步骤如下。

（1）将选定的水文预报模型写成递推最小二乘的规范形式，有

$$y(t+1)=X^T(t+1)\hat{\theta}(t) \tag{11-54}$$

式中

$$y(t+1)=Q(t+1)$$

$$X^T(t+1)=[Q(t)\quad Q(t-1)\quad Q(t-2)]$$

$$\hat{\theta}(t)=[\theta_1(t)\quad \theta_2(t)\quad \theta_3(t)]^T$$

（2）根据该河段以往的洪水流量资料，经综合分析选取遗忘因子 $\lambda^2=0.95$，$\hat{\theta}(0)=(2.298\quad -1.821\quad 0.598)^T$，$P(0)=10^{-6}I$。

（3）设 4 月 8 日 20 时为计算初始时间，其计算时段序号 $t=0$，由初始条件 $\hat{\theta}(0)$，$P(0)$ 以及 $X^T(1)=(523\quad 570\quad 640)$，应用预报模型式（11-54）预报 4 月 9 日 2 时，即时段序号 $t=1$ 的流量

$$\hat{y}(1)=X^T(1)\hat{\theta}(0)=(523\quad 570\quad 640)(2.298\quad -1.821\quad 0.598)^T=547\text{m}^3/\text{s}$$

（4）在 4 月 9 日 2 时，获得实测流量 $y(1)=510\text{m}^3/\text{s}$ 时，需对模型参数进行校正，应

用式（11-51）和式（11-50），有

$$K(1)=P(0)X(1)[\lambda^2+X^T(1)P(0)X(1)]^{-1}$$

$$=\begin{bmatrix}10^{-6} & 0 & 0\\ 0 & 10^{-6} & 0\\ 0 & 0 & 10^{-6}\end{bmatrix}\begin{bmatrix}523\\570\\640\end{bmatrix}\left\{0.95+(523\quad 570\quad 640)\begin{bmatrix}10^{-6} & 0 & 0\\ 0 & 10^{-6} & 0\\ 0 & 0 & 10^{-6}\end{bmatrix}\begin{bmatrix}523\\570\\640\end{bmatrix}\right\}^{-1}$$

$$=(0.000267\quad 0.000291\quad 0.000327)^T$$

$$\hat{\theta}(1)=\hat{\theta}(0)+K(1)[y(1)-X^T(1)\hat{\theta}(0)]$$

$$=\begin{bmatrix}2.298\\-1.821\\0.598\end{bmatrix}+\begin{bmatrix}0.000267\\0.000291\\0.000327\end{bmatrix}(510-547)=(2.289\quad -1.831\quad 0.587)^T$$

（5）应用 $K(1)$ 和实测流量 $y(1)$，便可进行下一步递推计算，有

$$P(1)=\frac{1}{\lambda^2}[I-K(1)X^T(1)]P(0)=10^{-7}\begin{bmatrix}9.06 & -1.60 & -1.80\\ -1.60 & 8.78 & -1.96\\ -1.80 & -1.96 & 8.32\end{bmatrix}$$

预报 4 月 9 日 8 时，即时段序号 $t=2$ 的流量

$$\hat{y}(2)=X^T(2)\hat{\theta}(1)=(510\quad 523\quad 570)(2.298\quad -1.831\quad 0.587)^T=549\text{m}^3/\text{s}$$

（6）依上述步骤逐时递推计算，可计算得洪水实时预报过程，如表 11-4 第（4）栏所示。若在第（2）步初值选取时 $\hat{\theta}(0)$ 未知，可设 $\hat{\theta}(0)=(0\quad 0\quad 0)^T$，$P(0)=10^6 I$。经同样步骤递推计算，其结果如表 11-4 中第（5）栏所示，可以看到预报开始时段误差较大，但经过几个时段的计算之后，也可以获得好的预报结果。

表 11-4　　某河流断面洪水实时预报结果　　单位：m³/s

时序	时间（月・日・时）	实测流量	预报流量	预报流量	时序	时间（月・日・时）	实测流量	预报流量	预报流量
	4・8・8	640	0	0	15	4・12・14	3440	3882	3790
	4・8・14	570	0	0	16	4・12・20	2970	3254	3018
0	4・8・20	523	0	0	17	4・13・2	2430	2245	2238
1	4・9・2	510	547	0	18	4・13・8	2020	2286	2598
2	4・9・8	547	549	473	19	4・13・14	1860	1939	2026
3	4・9・14	579	621	655	20	4・13・20	1740	1965	2012
4	4・9・20	796	633	290	21	4・14・2	1660	1689	1696
5	4・10・2	1010	1118	789	22	4・14・8	1620	1629	1634
6	4・10・8	1230	1202	1936	23	4・14・14	1730	1612	1615
7	4・10・14	1240	1455	1540	24	4・14・20	1790	1885	1892
8	4・10・20	1110	1127	1460	25	4・15・2	1600	1779	1778
9	4・11・2	954	943	1220	26	4・15・8	1400	1310	1307
10	4・11・8	850	839	933	27	4・15・14	1190	1270	1274
11	4・11・14	1070	818	851	28	4・15・20	948	1051	1054
12	4・11・20	1470	1442	1550	29	4・16・2	696	774	776
13	4・12・2	2360	1862	1820	30	4・16・8	535	529	531
14	4・12・8	3200	3510	3710					

复习思考题

11-1　水文预报方案和作业预报有何区别与联系？

11-2　河道洪水波变形的内因和外因各是什么？对洪水波变形有什么作用？

11-3　如何根据实测洪水资料确定洪水波的传播时间和波速？波速与断面平均流速有何关系？

11-4　以下游同时水位为参数的相应水位预报法适应于何种河段情况？

11-5　马斯京根法的基本原理是什么？其中的计算时段 Δt 应如何选择？

11-6　枯水预报的预见期为什么比较长？

11-7　沙情预报与径流预报有何关系？

11-8　实时水文预报的基本思路是什么？

习　题

11-1　由实测资料摘得某河段上、下游站相应洪峰水位及传播时间，如表 11-5 所示。要求：(1) 制作该河段相应洪峰水位预报方案；(2) 当已知该河段 6 月 5 日 11 时上游站洪峰水位为 25.60m 时，试用该方案预报出下游站的洪峰水位及其出现时间。

表 11-5　某河段上、下游站相应洪峰水位及传播时间摘录

上游站洪峰				下游站洪峰				传播时间 τ (h)
出现时间			水位 $Z_上$ (m)	出现时间			水位 $Z_下$ (m)	
月	日	时：分		月	日	时：分		
4	28	17：30	22.28	4	29	4：00	8.74	10.50
6	2	1：30	27.38	6	2	8：00	10.10	6.50
6	7	7：30	24.27	6	7	16：00	9.22	9.00
6	16	14：15	23.33	6	16	22：00	8.98	7.75
6	22	0：00	25.16	6	22	6：00	9.35	6.00
6	28	16：45	22.59	6	29	2：00	8.72	9.25
7	14	11：15	23.11	7	14	11：00	8.89	7.75

表 11-6　某河段某次洪水记录表

时间			实测流量 (m^3/s)		区间流量 q (m^3/s)	时间			实测流量 (m^3/s)		区间流量 q (m^3/s)
月	日	时	上游站 $Q_上$	下游站 $Q_下$		月	日	时	上游站 $Q_上$	下游站 $Q_下$	
7	22	0	750	690	70	7	23	18	1000	1460	
7	22	6	840	770	140	7	24	0	890	1230	
7	22	12	2810	940	200	7	24	6	800	1060	
7	22	18	3900	2320	140	7	24	12	750	940	
7	23	0	2380	3300	60	7	24	18	720	840	
7	23	6	1580	2750		7	25	0	700	800	
7	23	12	1200	1830		合计			18320	18930	

11-2 表11-6为从某河段发生的多次洪水中摘出的一次洪水流量记录。现要求：(1) 用该次记录分析马斯京根法的参数 k、x，并写出流量演算方程；(2) 用该流量演算方程，由表11-6第(1)栏上游站的洪水过程演算下游站的洪水过程，并与实测的下游站流量过程进行比较。

11-3 由水文年鉴摘得某站1961～1980年10月和11月平均流量，列于表11-7中。要求：(1) 绘制11月平均流量与10月平均流量相关图；(2) 已知1981年10月平均流量为46m^3/s，试用此相关图预报1981年11月平均流量。

表11-7　　某站历年10、11月月平均流量值　　单位：m^3/s

年份	平均流量		年份	平均流量		年份	平均流量		年份	平均流量	
	10月	11月		10月	11月		10月	11月		10月	11月
1961	29	25	1966	47	41	1971	55	50	1976	49	44
1962	31	29	1967	50	42	1972	54	44	1977	40	36
1963	34	29	1968	41	35	1973	53	46	1978	38	32
1964	33	31	1969	61	49	1974	44	40	1979	40	32
1965	48	38	1970	56	48	1975	44	37	1980	45	36

第十二章　水库兴利调节计算

第一节　概　　述

水资源是一种很重要的自然资源，我国的水资源中主要以河川径流为主。我国河流众多，总长度约达 42 万 km，流域面积在 $100km^2$ 以上的就有 5 万多条。全国河川平均年径流总量为 27115 亿 m^3，占我国水资源总量的 96.4%。由于河川径流在时间上和地区上的分布都极不均匀，必须修建一定数量的水利工程进行控制才能为各部门有效利用。在进行水利工程规划设计及管理运用中，必须考虑各部门的用水特点才能有效地综合利用水资源。

一、各部门用水需求及水资源综合利用

各部门用水需求的主要特点。

1. 灌溉

农田灌溉是消耗水资源量较大的用水部门，属于季节性耗水用户，年内用水变化大，各年的灌溉用水量也有差别。农田灌溉耗水量与灌溉方式、作物种类、灌溉面积和土壤性质等有关。灌溉有自流灌溉和提水灌溉两种方式，自流灌溉节省动力，但对水源的位置和引水的高程要求严格；而提水灌溉则比较灵活，但需要提供动力。农田灌溉与其他需水部门之间的矛盾最为突出。如从水电站上游取水灌溉，将降低水电站的出力和发电量；如从水电站下游取水，可先发电后灌溉，但发电与灌溉在用水时间和需水量方面存在一定矛盾，需合理协调和处理。

2. 发电

开发利用河流水资源时，水力发电通常是一个重要部门。水电站通常参加电力系统运行，与其他电厂联合供电。发电用水取决于用电要求，一年内变化较为均匀。但水电站是一个比较灵活的需水用户，除要求保证的发电流量外，遇丰水季节，还可以多发电量，以节省电力系统的其他能源消耗。水力发电通常要修筑挡水坝，坝用以集中河段的落差，并形成水库，水力发电只利用水流所含的能量，本身不消耗水量，发电后的尾水可供下游其他部门使用，使之发挥综合利用效益。

3. 供水

工业和城镇供水也是个常年性的耗水用户，但用水量比较均匀。同灌溉一样，当从水库上游取水时，会减少发电用水。一般供水量相对于发电用水量来说是不大的，但它十分重要，必须优先给予满足。工业和城镇供水仍有一部分要回归河中，但已变成污水，应作处理，以免污染水流，以利于水环境保护和生态平衡。

4. 航运

航运是非耗水部门，它仅要求河道中能经常保持一定的通航水深。修建水库后，由于

蓄水水库上游航运条件得到改善，扩大了河流的通航能力；水库下游河道则要求通过水库泄放某一固定流量来维持通航水深。要考虑船只过坝设施，如建造船闸或升船机等通航建筑物，以保证枢纽上下游之间的通航。航运与发电的矛盾主要表现在用水方式上，航运要求固定放流，将限制水电站的有利工作方式，影响水电站的效益。

5. 生态环境

生态环境需水是指为维持生态与环境功能和进行生态环境建设所需要的最小需水量，它包括河道内和河道外生态环境需水。河道内生态环境需水即为维持河道及通河湖泊、湿地基本功能和河口生态环境的用水；而河道外生态环境需水则为美化城市景观和其他生态环境用水等。

水资源的利用除兴利方面（如灌溉、发电、供水、航运和生态环境等），还有防洪方面（包括防洪和治涝）。水资源的综合利用就是要使同一河流同一地区的水资源同时满足几个不同的部门的需要，并且将除水害与兴水利结合起来统筹兼顾，做到一水多用，一库多用。我国大多数大中型水利工程都是以综合利用为开发目标的。水资源的综合利用是水利建设的一项重要原则，因它能使宝贵的水资源发挥最大的效益。同时还要注意环境保护和生态平衡的问题，不要造成对自然环境重大的恶劣影响，不然会带来无法弥补的损失。

二、径流调节与分类

天然河流中的径流变化很大，与上述用水部门的需水在时间上很不相适应，要满足用水部门要求往往需要修建蓄水的水库，对河道径流加以人工控制，以适合用水部门的需要，这称为径流调节。换句话说，径流调节就是利用水利工程将天然径流按人们的需要进行重新分配。当水库的来水大于用水时，多余的水蓄在水库里；当水库来水小于用水时，则水库泄放不足的水量，以满足用水的要求。

从水库库空开始蓄水（来水大于用水时），到水库蓄满后供水（来水小于用水时）直至放空，这样经历一个完整的蓄放时间为一个调节周期。由于水库大小和调节任务的不同，调节周期的长短就不同，水库调节类型可分为：日调节、周调节、季调节、年调节和多年调节。

1. 日调节

河道一日内天然流量几乎保持不变，而用户的需水要求变化较大。水库库容能够对一天的径流加以重新分配，即一天内以库空到库满又到库空，调节周期为一天的水库称为日调节水库，如图 12-1 所示。

2. 周调节

河道天然流量在一周内的变化不大，而用水部门由于工作日和假日用水差异较大，因此可利用水库将周内假日的多余水量蓄存起来，在工作日使用，这种调节周期为一周的称周调节，如图 12-2 所示。

3. 年调节

河道天然流量在一年内的变化很大，与用水要求往往不相适应，因此要将丰水时期多余的水量蓄存起来，到枯水时期放出以补充来水之不足，这种对年内丰、枯季的径流进行重新分配的调节就叫做年调节，它的调节周期为一年。如果相应于设计保证率的来水年份的径流能全部用完，不发生弃水，则称为完全年调节；如果有弃水发生，年来水大于年用

水，则称为不完全年调节水库（或季调节），如图 12－3 所示。

4. 多年调节

当水库库容较大时，丰水年份蓄存的多余水量不仅可用于补充年内供水，而且还可用以补充相邻枯水年份的水量不足，这种能进行年际之间的水量重新分配的调节，叫做多年调节。这种水库的有效库容并非年年蓄满或放空，其调节周期长达若干年，且不是一个常数，如图 12－4 所示。

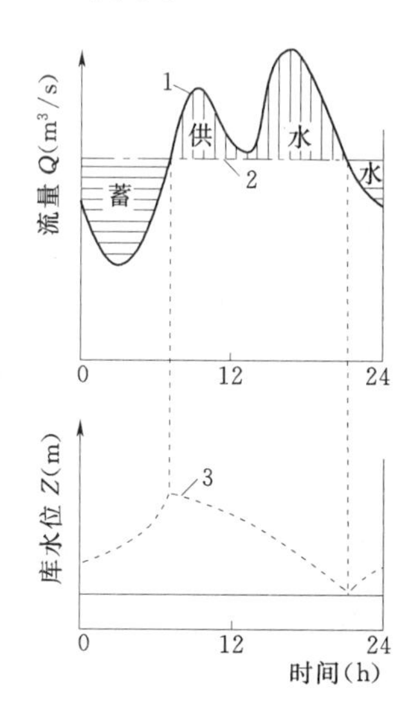

图 12－1　径流日调节

1—用水流量；2—天然日平均流量；3—库水位变化过程线

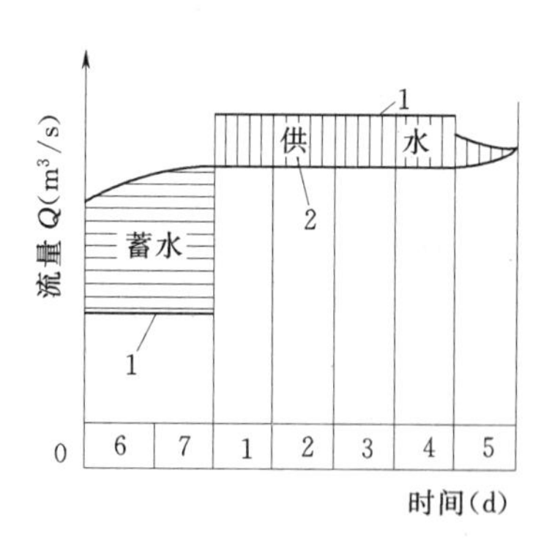

图 12－2　径流周调节

1—用水流量；2—天然流量

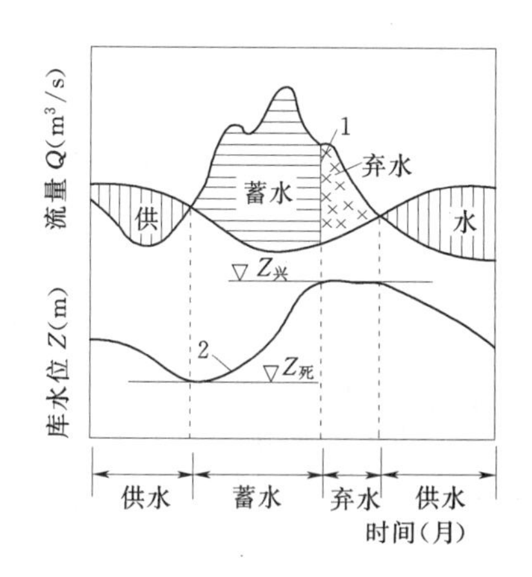

图 12－3　径流年调节

1—天然流量过程；2—水库水位变化过程

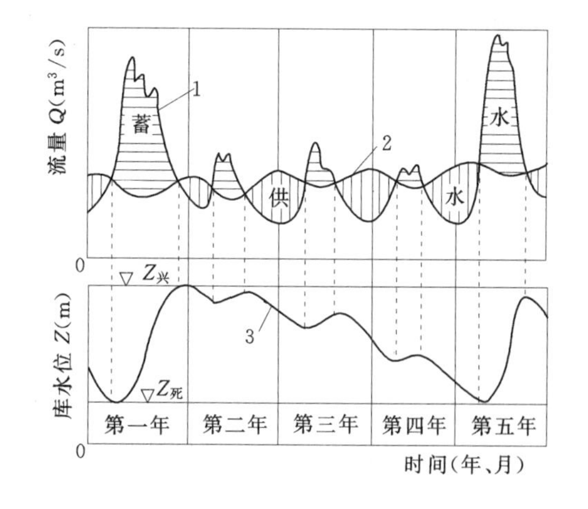

图 12－4　径流多年调节

1—天然流量过程线；2—用水流量过程线；3—库水位变化过程线

三、水利计算的任务和内容

通过水库的径流调节要解决河道天然径流适应用水部门的兴利问题，此外，河道汛期发生的大洪水容易泛滥成灾，需要水库进行洪水调节解决防洪减灾问题。因此，必须通过兴建水利工程来调节和改变径流的天然状态，达到兴利除害的目的。水利工程的建设和运用是要经过勘测、规划、设计、施工和管理几个阶段，而每个阶段都需要进行水文水利计算工作，当然，各阶段要求计算的任务和内容不尽相同。在水文计算的基础上，研究国民经济各部门的需水要求，经过综合分析比较，确定水利工程的规模，阐明水利工程的效益，并编制水利工程的控制运用规程等，这就是水利计算的基本任务；水利计算的内容主要有径流调节、水能利用、防洪计算、经济论证、水利枢纽参变数的选择、水库群的计算、水库的管理和控制运用等。这里将介绍其中最基本的三部分内容，即水库兴利调节计算，水库的防洪计算，以及水库调度的基本知识。

第二节　水　库　特　征

一、水库特性曲线

水库是指在河道、山谷等处修建大坝等挡水建筑物形成蓄集水的人工湖泊。一般来说，大坝筑得越高，水面面积就越大，库容也越大。但在不同坝址，即使坝高相同，其相应的面积和容积也是不同的，这就是库区内地形的不同造成的。水库特性曲线就是反映水库地形特征的曲线，包括水库水位与水面面积关系曲线和水库水位与水库容积关系曲线，它们是水库规划、设计不可缺少的基本资料。

1. 水库面积曲线

水库水位与水面面积关系曲线简称水库面积曲线，它可根据库区地形图来绘制。根据水库的大小和地形特点选取1/5000～1/50000比例尺的地形图，用求积仪等方法，算出不同高程等高线与坝轴线包围的水库水面面积 A_i，以水位 Z 为纵坐标，以水库面积 A 为横坐标，点绘成水位～面积关系曲线 $Z\sim A$，如图12-5所示。

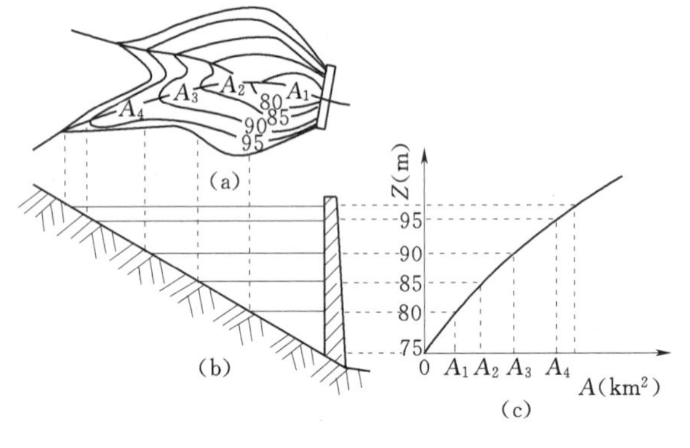

图12-5　水库面积曲线绘制示意图

(a) 水库平面图；(b) 水库剖面图；(c) 水库面积曲线

2. 水库容积曲线

水库水位与水库容积关系曲线简称水库容积曲线。它是水库面积曲线沿高程的积分曲线，可通过分别计算各相邻高程间隔内的部分容积，自河底向上累加得相应水位的容积，从而绘出水位容积曲线 $Z\sim V$，见图12-6。某高程的容积计算为

$$V=\int_{Z_0}^{Z}A\mathrm{d}Z \tag{12-1}$$

$$V=\sum_{Z_0}^{Z}\overline{A}\Delta Z=\sum_{Z_0}^{Z}\Delta V \tag{12-2}$$

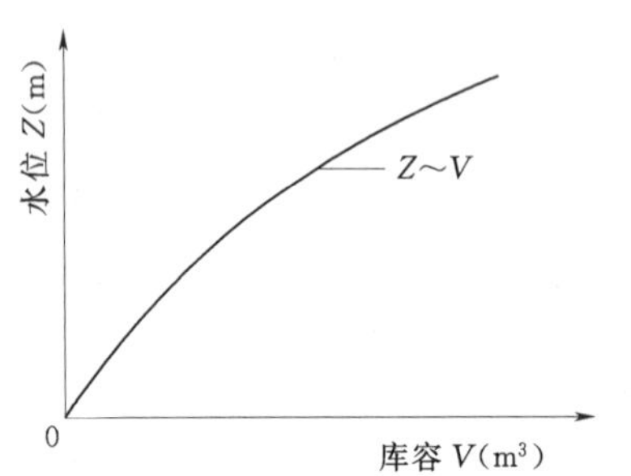

图12-6　水库容积曲线

$$\overline{A}=\frac{1}{2}(A_1+A_2) \tag{12-3}$$

$$\overline{A}=\frac{1}{3}(A_1+\sqrt{A_1A_2}+A_2) \tag{12-4}$$

式中 V——水库容积；

ΔZ——相邻两水位间的水层厚度；

A_1、A_2、$\overline{A}$——相邻水位的水库面积及两者的平均值；

ΔV——与 ΔZ 相应的容积；

Z_0——库底高程。

上述计算的水库面积曲线和容积曲线是在假定水库水面是水平的基础上得到的，这种情况只有当入库流量为零时才有可能，称为静库容。静库容能满足一般水库规划设计的要求，对于大的湖泊型水库，流速甚小，水面曲线接近水平，仅回水尾端稍稍上翘，以静库容计算误差不大。对于河道型水库，回水影响甚远，当库区流速较大时，所形成的水面线并非水平，这时若仍按水库水面为水平计算，则误差较大，故应按动水容积来计算，即除静库容外，还有一部分楔形蓄量，见图 12－7 阴影部分。静库容和楔形蓄量构成的容积为动水容积，简称动库容。

动库容曲线的绘制是：在可能出现洪水范围内拟定多个入库流量，对某入库流量假定不同的坝前水位，根据水力学公式，推求出不同的水面线，并计算相应的库容，便可点绘出该入库流量的水位与库容的关系曲线。采用同样的方法又可求得另一曲线，这样就可得出以入库流量为参数、水位为纵坐标、库容为横坐标的动库容曲线，如图 12－8 所示。

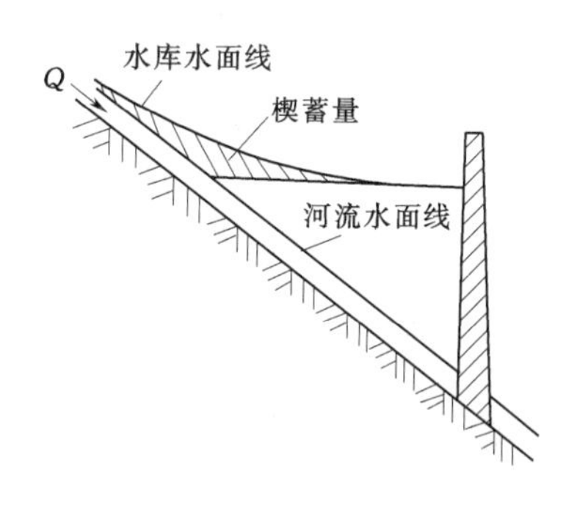

图 12－7 水库动库容示意图

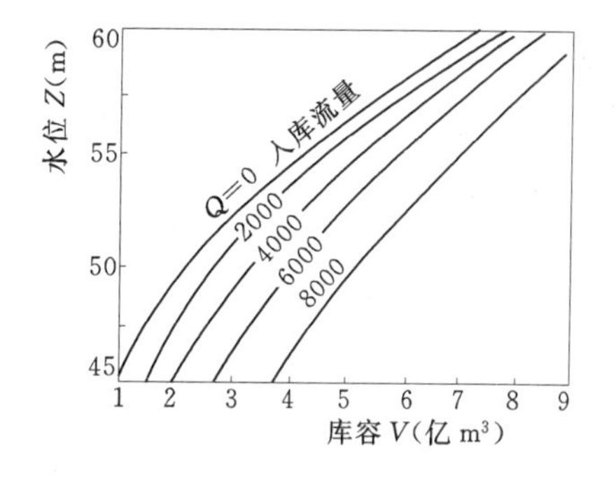

图 12－8 水库动库容曲线

二、水库的特征水位和特征库容

反映水库工作状况的水位称为水库特征水位，特征水位及其相应库容（即特征库容），如图 12－9 所示，它们体现出水库正常工作的特定要求，是规划设计阶段确定主要水工建筑物尺寸（如坝高、溢洪道宽度）及估算工程效益的基本依据。

1. 死水位（$Z_{死}$）和死库容（$V_{死}$）

水库正常运用情况下，允许水库消落的最低水位，称死水位，该死水位以下的库容称死库容。一般情况下，死库容是不能动用的，除非特别干旱年份为保证紧急供水，才允许临时动用死库容的部分存水。

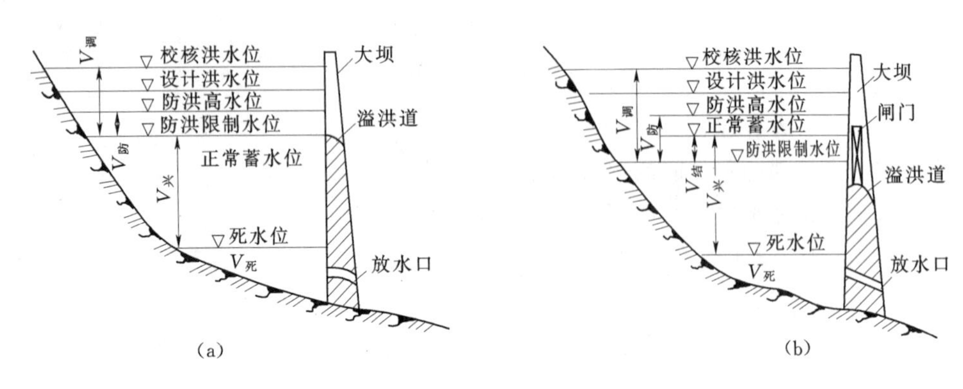

图 12-9 水库特征水位及特征库容示意图

(a) 防洪和兴利不结合；(b) 防洪与兴利部分结合

2. 正常蓄水位（$Z_{蓄}$）和兴利库容（$V_{兴}$）

水库在正常运用情况下，为满足用水部门枯水期的正常用水，在供水期开始时应蓄到的水位称正常蓄水位。正常蓄水位与死水位之间的库容称为兴利库容。正常蓄水位与死水位之间的深度称为消落深度。如水库采用无闸门溢洪道，溢洪道的堰顶高程就是正常蓄水位[见图 12-9 (a)]。如水库溢洪道上装有闸门控制，水库的正常蓄水位一般就是闸门关闭时的门顶理论高程，实际的门顶还要高一些[见图 12-9 (b)]。

3. 防洪限制水位（$Z_{限}$）和结合库容（$V_{结}$）

水库在汛期洪水来临之前允许兴利蓄水的上限水位，称防洪限制水位，也称汛限水位。汛期发生洪水时，为滞洪水库水位允许超过防洪限制水位，当洪水消退时，水库应尽快地泄洪，使水库水位回落到防洪限制水位。防洪限制水位与正常蓄水位之间的库容称结合库容，兼作防洪与兴利之用，以减少专门的防洪库容。这样水库溢洪道上装设闸门是设置结合库容的必要条件。若汛期洪水有明显的季节性变化规律，对主汛期和非主汛期可分别采用不同的防洪限制水位。

4. 防洪高水位（$Z_{防}$）和防洪库容（$V_{防}$）

当水库遇到下游防护对象的设计洪水时，水库为控制下泄流量而拦蓄洪水，这时坝前达到的最高库水位，称防洪高水位。该水位与防洪限制水位之间的库容称为防洪库容。

5. 设计洪水位（$Z_{设}$）和拦洪库容（$V_{拦}$）

当水库遇到大坝设计洪水时，该洪水从防洪限制水位开始，经水库调节后所达到的最高库水位称设计洪水位。该水位与防洪限制水位之间的库容称拦洪库容。

6. 校核洪水位（$Z_{校}$）和调洪库容（$V_{调}$）

当水库遇到校核洪水时，该洪水从防洪限制水位开始，经水库调节后所达到的最高库水位称校核洪水位。该水位与防洪限制水位之间的库容称调洪库容。

7. 总库容（$V_{总}$）

校核洪水位以下的全部静库容称总库容，即

$$V_{总}=V_{死}+V_{兴}+V_{调}-V_{结}$$

水库总库容 $V_{总}$ 的大小是反映水库规模的主要指标。通常按总库容的大小，把水库划分为下列五级，见表 12－1。

表 12－1　　　　　　　　　　　　**水库级别的划分**

水库级别	大Ⅰ型	大Ⅱ型	中 型	小Ⅰ型	小Ⅱ型
总库容（亿 m^3）	＞10	1～10	0.1～1	0.01～0.1	＜0.01

水库大坝的坝顶高程是在设计洪水位或校核洪水位基础上，考虑风浪影响并按设计规范加上相应的安全超高确定的。

三、水库的水量损失

水库建成蓄水后，形成人工湖泊，改变了河流天然状况，增加的蒸发损失和渗漏损失，统称为水库水量损失。

1. 水库的蒸发损失

修建水库前，除原河道有水面蒸发外，整个库区都是陆面蒸发，在坝址断面的径流资料中已反映了此陆面蒸发。建成水库后，库区原陆面面积变成水面面积，原来的陆面蒸发变成为水面蒸发，因水面蒸发比陆面蒸发大，故蒸发损失就是指由陆面变为水面这部分面积所增加的额外蒸发量。蒸发损失可按下式表示

$$W_{蒸}=1000(E_{水}-E_{陆})A_{库} \tag{12-5}$$

式中　$W_{蒸}$——水库年蒸发损失量，m^3；

$E_{水}$、$E_{陆}$——水库的年水面蒸发深度和年陆面蒸发深度，mm；

$A_{库}$——水库的水面面积，km^2，精确计算时，还应减去建库前其中的水面面积。

水面蒸发一般在水文站或气象站有观测资料，但这些观测都是蒸发器皿上的观测数值，由于传热性能和风的影响都与水库大水体不同。因此，水库水面蒸发值 $E_{水}$ 一般是蒸发器皿的水面蒸发值 $E_{皿}$ 乘上一个折算系数 k，即 $E_{水}=kE_{皿}$。k 随蒸发器皿的型号及各地气候条件不同而不同，很多地区已有蒸发皿和大水体的对比试验，应选用当地的试验数据来确定 k 值。

陆面蒸发 $E_{陆}$ 一般没有观测资料，目前也尚无较成熟的计算方法，一般采用闭合流域水量平衡方程来估算

$$\overline{E}_{陆}=\overline{P}-\overline{R} \tag{12-6}$$

式中　$\overline{P}$——闭合流域多年平均年降水量，mm；

$\overline{R}$——闭合流域多年平均年径流量，mm；

$\overline{E}_{陆}$——闭合流域多年平均年陆面蒸发量，mm。

有些省、区的水文手册上刊有多年平均年陆面蒸发等值线图，可以查用。

在蒸发资料比较充分的情况下，要作出与来、用水对应的水库年蒸发损失系列，其年内分配即采用当年 $E_{皿}$ 的年内分配。如果资料不充分，在长系列年调节计算时，或多年调节计算时，可采用多年平均的年蒸发量和多年平均的年内分配。例如，某年 80cm 蒸发器实测蒸发量年内分配比例如表 12－2 第（2）栏，$\Delta E=E_{水}-\overline{E}_{陆}=920$mm，则年内各月蒸发损失标准如表中第（3）栏。

表 12-2　　蒸发损失标准计算表

月份	(1)	4	5	6	7	8	9	10	11	12	1	2	3	全年
分配比（%）	(2)	2.7	4.9	6.5	10.9	16.3	21.8	10.9	6.5	6.5	6.5	4.3	2.2	100
标准（mm）	(3)	25	45	60	100	150	200	100	60	60	60	40	20	920

2. 水库的渗漏损失

建库后，由于水位抬高，水压力增大，水库中的蓄水通过能透水的坝身、闸门、库底及库岸四周向外渗漏，其渗漏量的大小取决于库区、坝址的地质及水文地质条件与施工质量。由于观测较困难，所以渗漏损失值是根据库区地质和水文地质情况，参考已有水库的实际渗漏资料，用经验的方法估算。常用的经验指标如表 12-3 所示。

表 12-3　　计算渗漏损失的经验指标　　%

水文地质条件	月渗漏量与水库蓄水量之比	年渗漏量与水库蓄水量之比
优良	0～1.0	0～10
中等	1.0～1.5	10～20
恶劣	1.5～3.0	20～40

在水库运行的最初几年，由于初蓄时湿润土壤、抬高地下水位需要额外损失水量，渗漏损失往往较大（大于上述经验数据）；水库运行多年之后，库床泥沙颗粒间的空隙逐渐被水内细泥或黏土淤塞，渗漏系数变小，同时库岸四周地下水位逐渐抬高，渗漏量会逐渐减少且趋于稳定。

第三节　水库死水位的选择

在以灌溉为主的水库规划设计中，往往先确定水库死水位，然后再进行兴利调节计算。而水库死水位的选择主要取决于泥沙淤积、灌溉引水高程、发电最小水头的要求等因素。

一、泥沙淤积的需要

河流上修建水库后，库区水深增大，水面变缓，流速减小，水流挟沙能力降低，导致水流中泥沙大部分沉积在水库里，使水库库区不断淤积。特别在含沙量较大的河流上修建水库时，更要考虑泥沙淤积对水库运行的影响，如果事先没有正确估算泥沙来量和妥善安排排沙等措施，几次大洪水后，泥沙就有可能把水库淤满报废。因此，在水库设计时，应留足一定的库容来容纳沉积的泥沙。

对用来沉积泥沙的库容可用简单的方法来估算，先计算出水库一年沉积泥沙的体积，然后计算出水库使用年限 T 年的淤沙总容积，并假定泥沙淤积从坝前库底处开始淤积，呈水平状，则可求得相应水位，为泥沙淤积需要的死水位。

悬移质年淤积量的计算公式为

$$V_{沙,年}=\frac{\rho_0 W_0 m}{(1-\phi)r} \tag{12-7}$$

式中　$V_{沙,年}$——多年平均年淤沙容积，m^3/年；

ρ_0——多年平均含沙量，kg/m^3；

W_0——多年平均年径流量，m^3；

m——库中泥沙沉积率，%；

ϕ——淤积体的孔隙率，$\phi=0.3\sim0.4$；

r——泥沙颗粒的干容重，kg/m^3。

河道内除了悬移质外，还有推移质。由于推移质观测资料较少，所以一般是根据观测和调查资料分析推移质与悬移质淤积量的比值 α，用来估计推移质的淤积量。一般平原河流 α 较小，约为 1%～10%；山溪河流 α 较大，可达 15%～30%。如果水库库区有塌岸，还应计入塌岸泥沙量 $V_{塌}$，因此，水库年淤积体积为

$$V_{沙,年}=(1+\alpha)\frac{\rho_0 W_0 m}{(1-\phi)r}+V_{塌} \tag{12-8}$$

T 年后的总淤积容积为

$$V_{沙,总}=TV_{沙,年} \tag{12-9}$$

式中：T 为水库正常使用年限，年，一般小水库 $T=20\sim30$ 年，中型水库 $T=50$ 年，大型水库 $T=50\sim100$ 年。

由 $V_{沙,总}$ 可查水位容积曲线得相应库水位，即为淤沙需要的死水位。

二、自流灌溉引水高程的需要

农田的自流灌溉要求渠首要有一定水面高程才能进行，渠首的水面高程是根据灌区的控制高程和输水渠道的长度、坡度来推算的。根据输水建筑物的型式和尺寸经过水力学计算，可得通过设计流量时的最小水头 h，加上渠首水面高程，就可得出要求的水库死水位，如图 12-10 所示。

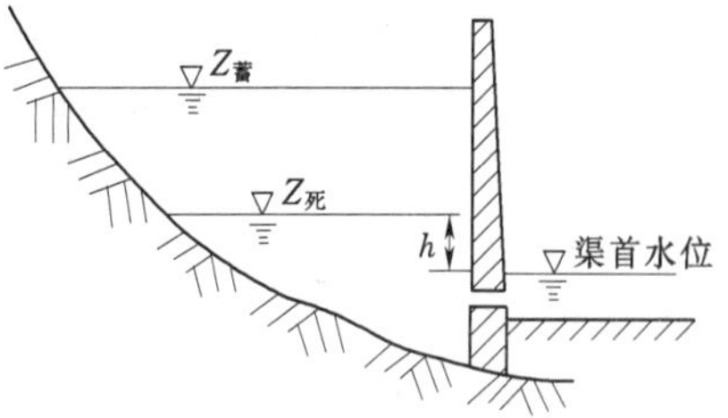

图 12-10　水库死水位（灌溉要求）示意图

三、水力发电的需要

如果水库有发电要求，就要安装一定型式的水轮机，水轮机的运行是有一定水头范围的，也就会有最小水头的要求。设计流量相应的下游水位加上最小水头则为发电要求的水库死水位。

四、其他用水部门的需要

建造水库多是综合利用的，当有航运任务时，水库上游有最小航深要求，考虑水库死水位时，就要使水库的水深不能小于最小航深。水库养鱼要求有一定的水体让鱼类活动，死库容就不能少于此最小水体的要求。环境卫生要求不要造成很多浅水区，水草丛生，滋长疟蚊和钉螺。

综合以上各方面要求的死水位，选择较高者作为设计水库的死水位，其相应库容即为死库容。

第四节　径流调节时历列表法

进行水库规划，需要确定水库各特征水位和相应库容，正常蓄水位和兴利库容是通过兴利调节计算而确定的。进行兴利调节计算还可以提供水库的兴利效益或水库供水所达到

的保证率。为了灌溉、发电、供水、航运等目的来研究水库的来水和用水等关系的调节计算，称为兴利调节计算。

一、水库兴利调节计算原理

兴利调节计算，就是要把水库从库空——蓄满——放空的整个调节周期划分为若干个计算时段，按时段进行水量平衡计算。水库的时段水量平衡方程可用下式表示

$$\Delta V=(Q-q)\Delta t \tag{12-10}$$

或

$$V_2-V_1=W_{入}-W_{出} \tag{12-11}$$

式中　Q——计算时段 Δt 内的入库平均流量；

q——计算时段 Δt 内的出库平均流量（包括各兴利部门用水量、蒸发损失，渗漏损失及水库的弃水量等）；

ΔV——计算时段 Δt 内的蓄水变量；

V_1、V_2——时段初末的蓄水量；

$W_{入}$、$W_{出}$——计算时段 Δt 内流入、流出水库的水量。

计算时段 Δt 的长短可根据调节周期的长短及径流和用水变化程度而定。对年调节水库和多年调节水库，一般可取计算时段为一个月，有时也可取旬作为计算时段。需要注意的是容积的计量单位除了用 m^3 表示外，为了能与来水的流量单位直接对应，水库容积的计量单位常采用 $m^3/s \cdot 月$。如 $1m^3/s \cdot 月$表示 $1m^3/s$ 的流量在一个月（每月天数计为30.4天）的累积总水量，即 $1m^3/s \cdot 月 =1\times30.4\times24\times3600=2.63\times10^6 m^3$。

调节计算是要按调节周期进行的，即以水库蓄水期初库空开始，经来水大于用水的蓄水期把水库蓄满，又经来水小于用水的供水期将水库放空为止，以蓄水期的开始作为年度的开始，供水期的结束作为年度的结束，这样经历一年称为调节年（或称水利年），因此，年调节的兴利调节是按调节年进行的。由于每年的蓄水期和供水期不是固定不变的，所以调节年度不一定总是12个月一年，有长有短，但多年平均情况是12个月为一年。

按照水库各时段水量平衡计算，可以得出水库所需的库容。由于水库的来水（以 Q 表示）和用水（以 q 表示）过程配合情况不同，所以确定库容的方法亦有所差别。

1. 水库为一次运用

在一个调节周期内，水库只有一个余水期和一个缺水期，这称为水库为一次运用情况。如图12-11所示，$t_0 \sim t_1$ 为余水期，余水量为 V_1；$t_1 \sim t_2$ 为缺水期，缺水量为 V_2。在这种情况下，所需库容就是 V_2。水库从库空开始，余水期蓄纳多余水量，使水库蓄满，在 $t_1 \sim t_2$ 期间放水以补充来水的不足，到 t_2 时刻止，水库放出的水量正好为 V_2，水库又呈库空状态。说明设置库容 V_2 是能够满足用水要求的。

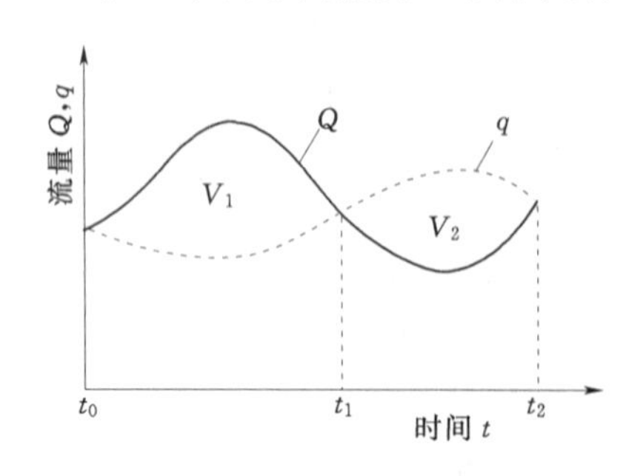

图12-11　水库一次运用情况

2. 水库为两次运用

在一个调节周期内有两个余水期和两个缺水期，这称为水库为两次运用情况，如图12-12所示。根据各次余水量和缺水量的相对大小，可能出现三种组合情况：

（1）当 $V_1>V_2$，$V_3>V_4$［图 12-12（a）］时，库容应为 V_2、V_4 中的较大者，即两个缺水量中较大的缺水量为水库的库容值。

（2）当 $V_2<V_3<V_4$［图 12-12（b）］时，则库容就是 V_4。

（3）当 $V_2>V_3$，$V_3<V_4$［图 12-12（c）］时，则库容为两个缺水量之和减去中间的余水量，即 $V=V_2+V_4-V_3$。

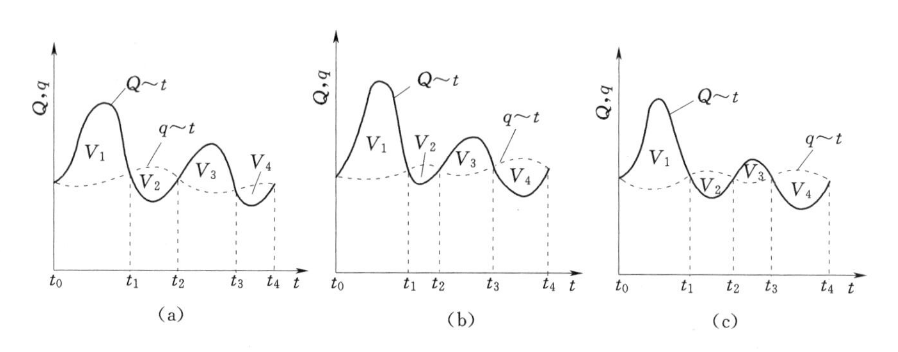

图 12-12 水库两次运用情况

(a) $V_1>V_2$，$V_3>V_4$；(b) $V_2<V_3<V_4$；(c) $V_2>V_3$，$V_3<V_4$

3. 水库为多次运用

在一个调节周期中有多次余水量和多次缺水量的称水库为多次运用。在多次运用情况下，确定库容与两次运用情况相似。亦可用逆时序推算方法来确定库容，即假定年末水库放空，蓄水量为零，逆时序往前计算，遇缺水相加，遇余水相减，若得负值时取为零，这样就可求得各时刻水库所需要的蓄水量，其中最大的蓄水量即为所求的库容。例如图 12-13 所示，设 $V_1=20$，$V_2=8$，$V_3=9$，$V_4=10$，$V_5=6$，$V_6=12$（单位均为 $10^6\mathrm{m}^3$。），则 $t=t_6$ 时，蓄水量 $W_6=0$；$t=t_5$ 时，$W_5=V_6=12\times10^6\mathrm{m}^3$；$t=t_4$ 时，$W_4=(12-6)\times10^6\mathrm{m}^3=6\times10^6\mathrm{m}^3$；$t=t_3$ 时，$W_3=(6+10)\times10^6\mathrm{m}^3=16\times10^6\mathrm{m}^3$；$t=t_2$ 时，$W_2=(16-9)\times10^6\mathrm{m}^3=7\times10^6\mathrm{m}^3$；$t=t_1$ 时，$W=(7+8)\times10^6\mathrm{m}^3=15\times10^6\mathrm{m}^3$；$t=t_0$ 时，$W_0=0$，比较各时刻蓄水量，最大值为 $16\times10^6\mathrm{m}^3$，故水库库容 $V=16\times10^6\mathrm{m}^3$。

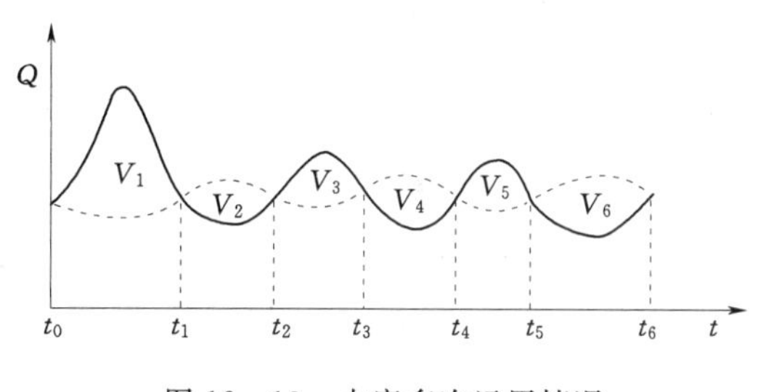

图 12-13 水库多次运用情况

二、不计入损失的时历列表法

径流调节计算方法分两大类：利用径流的时历特性进行计算的方法称时历法，利用径流统计特性进行计算的方法称为数理统计法。时历列表法是时历法的一种基本方法，它计算简单、实用性强，是规划设计中最常用的方法。该方法可用于年调节计算，也可用于多年调节计算，下面结合年调节水库计算介绍该方法的应用。将水库坝址断面的来水和用水过程按水利年列表，进行逐时段（月或旬）的水量平衡计算，其具体方法有不计水量损失和计入水量损失两种。前者常用于方案比较阶段，水库兴利库容的最后确定必须考虑水库的水量损失。例题 12-1 说明不计入水量损失时的列表计算方法。

【例 12-1】 将某水库的来水和用水过程以月（或旬）为时段，按水利年度列于表格（如表 12-4 中的第 2、第 3 栏），由时段水量平衡方程计算各时段水库的余水量和缺水量（表中第 4 栏、第 5 栏），分别累加各时段连续的余、缺水量，如表 12-4 的第 4、第 5 栏，可得 $V_1=92.6\times10^6\text{m}^3$，$V_2=17.0\times10^6\text{m}^3$，$V_3=28.2\times10^6\text{m}^3$，$V_4=41.0\times10^6\text{m}^3$，然后按上述判别库容的方法，确定库容为 $V=41.0\times10^6\text{m}^3$。为了了解水库运用的过程，需要求出各时刻的蓄水量，但由于水库操作调度不同，水库蓄水过程也不同，其差别反映在水库蓄水时期，在此时期内水库的蓄水和弃水可以有许多种方式，但最终都能使蓄水期末水库蓄满。早蓄方案和迟蓄方案便是其中两种极端运用情况。早蓄方案是以年初（水利年）库空开始顺时序计算，（如表 12-4 中第 6 栏）。有余水就蓄，库满后，多余的水作为弃水量放掉；到缺水期，水库放水，蓄水量减小，直到水库放空。迟蓄方案是从年末库空开始逆时序计算（如表 12-4 中第 8 栏），遇缺水时相加，得时段初的蓄水量，直到水库蓄满；遇余水时相减，若水库蓄水量为零，还有余水就作为弃水量。迟蓄方案是先弃水后蓄水，早蓄方案是先蓄水后弃水。

表 12-4　　某水库年调节计算表　　单位：$\times10^6\text{m}^3$

年·月	来水量	用水量	来水量—用水量		早蓄方案		迟蓄方案	
			余水（+）	缺水（−）	水库月末蓄水量	弃水量	水库月末蓄水量	弃水量
(1)	(2)	(3)	(4)	(5)	(6)	(7)	(8)	(9)
					0		0	
1982·4	24.0	16.0	8.0		8.0		0	8.0
1982·5	31.9	17.7	14.2		22.2		0	14.2
1982·6	28.0	17.1	10.9		33.1		0	10.9
1982·7	82.8	23.3	59.5 / 92.6		41.0	51.6	29.8	29.7
1982·8	16.1	19.4		3.3	37.7		26.5	
1982·9	15.8	29.5		13.7 / 17.0	24.0		12.8	
1982·10	43.9	26.0	17.9		41.0	0.9	30.7	
1982·11	27.7	17.4	10.3 / 28.2		41.0	10.3	41.0	
1982·12	13.7	19.8		6.1	34.9		34.9	
1983·1	4.4	17.1		12.7	22.2		22.2	
1983·2	1.9	17.7		15.8	6.4		6.4	
1983·3	11.3	17.7		6.4 / 41.0	0		0	
合计	301.5	238.7	120.8	58.0		62.8		62.8
校核	301.5−238.7=62.8		120.8−58.0=62.8					

三、计入损失的时历列表法

水库的水量损失是在蓄水和供水过程中产生的，而且与水库当时的蓄水量和水面面积有直接关系。因此，只有了解某时段水库的蓄水量，才能确定该时段的损失水量。而实际

上，时段末的水库蓄水量是未知的，先要假定时段末的水库蓄水量，由此计算出水库损失量，再进行水量平衡计算求出时段末的水库蓄水量，如此值与开始假定的值不符，则重新假定，直到两者一致为止。这样做的工作量大，可以采用更为简便的方法。首先不考虑水量损失进行计算，近似求得各时段的蓄水情况，并以此蓄水量算出各时段的损失量，然后考虑损失再进行水量平衡计算。下面举一例具体说明。

【例 12－2】 资料与前面不考虑水量损失时调节计算的例 12－1 相同，考虑水量损失时的计算步骤如下：

（1）首先不考虑水量损失，计算各时段的蓄水量。表 12－5 中第（1）～第（5）栏即为表 12－4 中第（1）～第（5）栏，第（6）栏为表 12－4 中第（6）栏加死库容（$95\times10^6m^3$）。

（2）计算各时段平均蓄水量 $\overline{V}$，即各时段初，末蓄水量平均值，列于第（7）栏。

（3）计算各时段平均水面面积 $\overline{A}$。可由第（7）栏 $\overline{V}$ 查水库容积曲线和面积曲线，得各月的 $\overline{A}$，列于第（8）栏。

（4）由当年实测蒸发资料计算所得的蒸发损失标准，见表 12－2，列于本表第（9）栏。

（5）第（8）、第（9）栏相乘，得蒸发损失水量，列于第（10）栏。

（6）根据库区的地质情况，决定渗漏标准，填于第（11）栏。

（7）第（7）栏乘第（11）栏得渗漏损失水量，填于第（12）栏。

（8）求出第（10）栏和第（12）栏的和，为总水量损失，填于第（13）栏。

（9）第（3）栏和第（13）栏的和为总出库水量，填于第（14）栏。

（10）用第（2）栏和第（14）栏进行平衡计算，余水填于第（15）栏，缺水填于第（16）栏。

（11）累计各连续时段的余、缺水量，得 $V_1=85.8$，$V_2=23.0$，$V_3=23.9$，$V_4=47.4$，因此得库容 $V=47.4\times10^6m^3$。

（12）求出各时段水库蓄水量（填于第 17 栏）和弃水量（第 18 栏）。

（13）检查计算结果是否有误。根据水量平衡原理，应有 $\sum W_{来}-\sum W_{用}-\sum W_{损}-\sum W_{弃}=0$。本例中：$301.5-238.7-23.5-39.3=0$，说明计算无误。

由表 12－5 计算得库容 $V=47.4\times10^6m^3$，比较表 12－4 不计损失 $V=41.0\times10^6m^3$ 增大 $6.4\times10^6m^3$，说明不考虑损失存在一定的误差。但表 12－5 计算结果仍是近似值，这是由于损失值是采用近似的蓄水量计算所得。若要求更精确的成果，可将第（17）栏的水库蓄水量用来计算水库的损失水量，再作水量平衡计算，就可得更精确的结果。但这种重复计算收敛很快，只要重复一次，就可得比较满意的结果。

在作初步设计时，可采用更简单的方法进行计入损失的近似计算。即根据不计损失计算所得的库容，取库容的 1/2 加上死库容作为供水期平均蓄水量，以此蓄水量查出平均水面面积，然后计算出水库供水期的蒸发损失和渗漏损失，把此损失加上原来计算的库容作为考虑损失后所需的库容值。如上例中 $V=41.0\times10^6m^3$，$V_{死}=95\times10^6m^3$，所以 $V=(95+41/2)\times10^6=115.5\times10^6m^3$，故供水期（12～3 月）渗漏损失 $W_{渗}=115.5\times10^6\times4\times1\%=4.6\times10^6m^3$。由 $115.5\times10^6m^3$ 查得库水位，再查得平均水面面积为 $9.1\times10^6m^2$，

表 12-5　　　　　　**计入损失的年调节计算表**　　　　　　单位：$10^6 m^3$

年·月	来水量 $W_{来}$	用水量 $W_{用}$	$W_{来}-W_{用}$		水库蓄水量 V	月平均蓄水量 $\overline{V}$	月平均水面面积 $\overline{A}$ ($10^6 m^2$)	水库水量损失					考虑损失的用水量 $M=W_{用}+W_{损}$	$W_{来}-M$		水库蓄水量 V	弃水量 $W_{弃}$
								蒸发		渗漏		总损失 $W_{损}=W_{蒸}+W_{渗}$					
			+	−				标准(mm)	$W_{蒸}$	标准(%)	$W_{渗}$			+	−		
(1)	(2)	(3)	(4)	(5)	(6)	(7)	(8)	(9)	(10)	(11)	(12)	(13)	(14)	(15)	(16)	(17)	(18)
					95.0											95.0	
1982·4	24.0	16.0	8.0		103.0	99.0	8.50	25	0.2	以当月水库蓄水量的1%计	1.0	1.2	17.2	6.8		101.8	
1982·5	31.9	17.7	14.2		117.2	110.1	8.85	45	0.4		1.1	1.5	19.2	12.7		114.5	
1982·6	28.0	17.1	10.9		128.1	122.7	9.35	60	0.6		1.2	1.8	18.9	9.1		123.6	
1982·7	82.8	23.3	59.5		136.0	132.1	9.70	100	1.0		1.3	2.3	25.6	57.2/85.8		142.4	38.4
1982·8	16.1	19.4		3.3	132.7	134.4	9.75	150	1.5		1.3	2.8	22.2		6.1	136.3	
1982·9	15.8	29.5		13.7	119.0	125.9	9.45	200	1.9		1.3	3.2	32.7		16.9/23.0	119.4	
1982·10	43.9	26.0	17.9		136.0	127.5	9.50	100	1.0		1.3	2.3	28.3	15.6		135.0	
1982·11	27.7	17.4	10.3		136.0	136.0	9.80	60	0.6		1.4	2.0	19.4	8.3/23.9		142.4	0.9
1982·12	13.7	19.8		6.1	129.9	133.0	9.70	60	0.6		1.3	1.9	21.7		8.0	134.4	
1983·1	4.4	17.1		12.7	117.2	123.6	9.30	60	0.6		1.2	1.8	18.9		14.5	119.9	
1983·2	1.9	17.7		15.8	101.4	109.3	8.75	40	0.4		1.1	1.5	19.2		17.3	102.6	
1983·3	11.3	17.7		6.4	95.0	98.2	8.45	20	0.2		1.0	1.2	18.9		7.6/47.4	95.0	
合计	301.5	238.7	120.8	58.0				920	9.0		14.5	23.5	262.2	109.7	70.4		39.3

注　$V_{死}=95\times10^6 m^3$。校核：$\sum(2)-\sum(3)-\sum(13)-\sum(18)=0$

供水期（12～3月）的蒸发损失标准为180mm，故供水期蒸发损失量为$1.6\times10^6m^3$，因此，水库总损失水量为$6.2\times10^6m^3$。计入水量损失的库容为$(41.0+6.2)\times10^6=47.2\times10^6m^3$，与详细计算很接近。

第五节　设计保证率及设计代表期的选择

一、设计保证率的含义

设计保证率是指工程投入运用的多年期间里，用水部门能保持正常供水不受破坏的几率。由于河川径流的多变性，若在各种来水年份都要保证各兴利部门的正常用水，就要兴建很大的水库，这就造成技术上的困难和经济上的不合理。例如，为了某特枯水年的正常用水，可能增加较大的库容才能实现，投资会成倍增长，而仅是很稀遇的枯水年才增加效益。因此，一般并不要求在全部运行时期均保证正常用水，而允许一定程度的断水或供水不足。这就要研究各用水部门允许减少供水的可能性和合理范围，定出在多年工作期间用水部门正常工作得到保证的程度，这个正常用水保证率简称为设计保证率。

设计保证率通常有年保证率$p_{设}$和历时保证率$p_{历}$两种表示形式。年保证率指多年期间正常工作年数占运行总年数的百分比，即

$$p_{设}=\frac{正常工作年数}{运行总年数+1}\times100\%=\frac{运行总年数-允许破坏年数}{运行总年数+1}\times100\% \qquad (12-12)$$

式中所谓破坏年数，包括不能维持正常供水的任何年份，不论在该年内缺水时间长短和缺水量的多少。历时保证率$p_{历}$是指多年期间正常工作的历时（日、旬或月）占运行总历时的百分比，即

$$p_{历}=\frac{正常工作历时}{运行总历时+1}\times100\% \qquad (12-13)$$

采用年保证率还是历时保证率，要根据用水部门的种类、水库调节性能及设计要求等因素确定。对于调节性能差的水电站，航运用水等部门，一般用历时保证率，而调节性能较好的水电站、灌溉用水等部门，一般用年保证率。

对于不能正常工作的供水时期，应设法补救其损失。如设法以其他水源补充，没有其他水源时，应该缩减次要部门（减产损失小的部门），来保证主要部门的正常用水，把供水破坏引起的损失减到尽可能少的程度。

二、设计保证率的选择

设计保证率是水利水电工程设计的重要依据，其选择是一个十分复杂的技术经济问题。若设计保证率选得越高，则用水部门正常工作遭到破坏的几率就越少，取得的效益就越大，但所需的库容也越大，工程费用就越高。这就需要对不同保证率情况下的投资和效益以及工作破坏对国民经济有关部门的影响，进行全面的技术、经济分析和比较，确定有利的保证率。但由于涉及因素非常复杂，计算十分困难。因此，目前对设计保证率的选择并不是根据计算所得，而是根据国家和本地区的条件，考虑到技术、

经济、政治及对人民生活的影响，参照国家行业标准 DL/T5015—1996《水利水电工程动能设计规范》中的规定来选择。

1. 水电站的设计保证率

水电站设计保证率的选择一般考虑水电站的规模（装机容量大小）和水电站在电力系统中的比重来决定。此外，还参考系统中的用户组成与负荷特性，河川径流特性、水库调节性能等因素。可参照表 12-6 提供的范围，分析选定水电站的设计保证率。

表 12-6　　水电站设计保证率

电力系统中水电站容量比重（%）	<25	25～50	>50
水电站设计保证率（%）	80～90	90～95	95～98

2. 灌溉设计保证率

灌溉设计保证率的选择一般考虑灌区土地和水利资源情况、农作物种类、气象和水文条件、水库调节性能等因素，设计时可根据具体条件，参照表 12-7 选用。

一般说来，灌溉设计保证率的选择，南方高于北方，大型灌区比中、小型灌区高，自流灌溉比提水灌溉高。

表 12-7　　灌溉设计保证率　　%

地区特点	农作物种类	年设计保证率	地区特点	农作物种类	年设计保证率
缺水地区	以旱作物为主	50～75	水源丰富地区	以旱作物为主	70～80
	以水稻为主	70～80		以水稻为主	75～95

3. 航运设计保证率

航运保证率是指通航水位的保证程度，用历时保证率表示。对于季节性通航河道来说，它指的是通航季节内的历时保证率。航运设计保证率一般按航道等级结合其他因素由航运部门提供，设计时可参照表 12-8 选用。

表 12-8　　航运设计保证率　　%

航道等级	设计保证率（历时）
一～二级	97～99
三～四级	95～97
五～六级	90～95

三、设计代表期的选择

对年调节水库兴利调节计算，若有长系列的来水和用水资料时，则按长系列水文资料进行径流调节计算，可得出较精确的结果。但长系列调节计算工作量较大，尤其在进行多方案比较时，工作量就更大。在方案比较时，不一定需要很精确的结果，只要能比较出各方案的优劣即可，这样就可采用简化的方法，即从水文资料中选择一些代表年。选择的年份一般为如下三种。

（1）设计枯水年。在长系列资料中选年水量的频率与设计保证率一致的年份作为设计枯水年。对年调节水库来说，对该年进行调节计算，所得成果就是反映符合设计保证率的兴利情况。

（2）设计中水年。在长系列资料中选年水量的频率为 50%、径流年内分配接近多年平均情况的年份作为设计中水年。对这样年份进行调节计算，所得成果就是反映一般来水

条件下的兴利情况。

（3）设计丰水年。在长系列资料中选择频率为（$1-p_{设}$），而径流年内分配接近于较丰水年份平均情况的年份作为设计丰水年。此年的调节计算结果就反映出丰水条件下的兴利情况。

对于多年调节水库的设计代表期选择而言，因为多年调节水库的调节周期为若干年，为了得到符合设计保证率的整个调节周期的兴利情况，就应选择包括若干年的设计代表期（即设计枯水系列）来进行调节计算。选择的方法是：先计算出长系列资料中设计保证率条件下正常工作允许破坏的年数

$$T_{破}=n-p_{设}(n+1) \quad (12-14)$$

式中　$T_{破}$——允许破坏年数；

n——水文系列年数。

然后在实测资料中选出最严重的连续多年的枯水年组，从该枯水年组末开始逆时序扣除允许破坏年数 $T_{破}$，余下的即为所选的设计枯水系列。若除最严重的枯水年组外，还有其他年遭破坏，如还有一年破坏，则亦应从 $T_{破}$ 中扣除，即在原枯水年组中扣除破坏年数应为（$T_{破}-1$），余下的年份为所选设计枯水系列。在水文系列中，保持实际的破坏总年数仍为 $T_{破}$。

第六节　年调节水库兴利库容的确定

本章第四节已经介绍过已知某年来水过程和用水过程，通过调节计算求出所需的库容。由于各年的来水和用水都不一致，所需库容也不同，因此在规划水库时，需要选择一定的库容作为兴利库容。

一、长系列法计算年调节水库兴利库容

长系列法进行调节计算，就是将水库坝址的来水系列资料和相应的用水系列资料按时历顺序进行逐时段的水量平衡计算，从而计算出各年所需的库容，根据这些库容作出库容频率曲线，由设计保证率查出相应的库容即为兴利库容。

【例 12-3】　某水库 1950～1970 年各月的来水、用水的余缺水量如表 12-9 中所列，用长系列法计算年调节水库兴利库容的具体计算步骤如下：

（1）按来水、用水资料系列情况，大致划分调节年度，如表 12-9 中为该年 11 月到下年 10 月。

（2）计算各时段的余、缺水量，即各时段的来水量减去用水量，如得正值为余水量，如得负值为缺水量，如表中（2）～（13）栏。

（3）分析各年所需库容，要注意调节年不一定如第一步分析的情况，有些年不足 12 个月（如 1963～1964 年是 11 个月），有些年可多于 12 个月（如 1954～1955 年是 14 个月），一定要在调节年内来确定库容。确定库容时还是根据一次运用，两次运用等情况来判别，各年所需库容值如表 12-9 所示中第（14）栏。特别要注意的是在年调节计算时，

表 12-9　某水库长系列来、用水量调节计算表

单位：(m^3/s) 月

年＼月	各月余缺水量												库容	年来水量	年用水量	备注
	11	12	1	2	3	4	5	6	7	8	9	10				
(1)	(2)	(3)	(4)	(5)	(6)	(7)	(8)	(9)	(10)	(11)	(12)	(13)	(14)	(15)	(16)	(17)
1950～1951			0.36	1.40	1.92	2.08	1.33	1.60	4.69	−1.13	0.98	0.56	1.13	17.00	3.21	11、12 月缺资料
1951～1952	0.59	1.0	0.89	2.52	3.28	1.32	3.17	−0.33	1.21	0.82	2.25	0.99	0.33	20.39	2.68	
1952～1953	0.53	0.46	0.33	1.20	1.53	0.63	−0.16	2.78	0	−1.62	−0.16	0.46	1.78	10.49	4.51	水库两次运用
1953～1954	1.39	0.57	2.87	2.28	1.31	1.70	8.68	9.26	8.87	1.94	−0.31	0.11	0.31	39.20	0.53	
1954～1955	0.02	0.44	0.72	1.01	2.88	3.41	1.97	5.95	2.03	−0.24	−2.07	−1.06	3.50	18.93	3.87	
1955～1956	−0.13	0.10	0.02	0.19	3.67	2.44	6.21	5.30	0.36	2.98	3.96	0.68	0	26.75	0.97	
1956～1957	0.22	0.11	0.58	1.60	1.23	1.91	4.18	0.43	4.57	3.04	−0.03	0.61	0.03	20.02	1.57	
1957～1958	0.43	0.89	0.12	0.34	1.74	2.35	3.84	−0.71	−2.18	−0.29	2.81	1.52	3.18	15.32	4.46	
1958～1959	0.43	0.25	0.51	2.76	0.77	3.72	4.35	0.39	−0.41	−1.85	−0.75	−0.62	3.63	14.82	5.27	
1959～1960	0.30	0.38	0.54	0.22	2.24	2.46	8.09	3.11	−1.56	1.67	0.36	0.13	1.56	20.42	2.48	
1960～1961	0.60	0.33	0.38	0.97	2.29	1.13	1.30	2.94	−2.08	0.23	1.88	2.80	2.08	15.64	2.87	
1961～1962	0.67	0.29	0.38	0.32	0.30	1.81	2.48	2.12	0.31	2.32	4.54	0.53	0	16.78	0.71	
1962～1963	0.61	0.68	0.26	0.18	0.23	2.66	6.20	0.24	−0.78	2.27	−0.86	−0.06	0.92	14.85	3.22	水库两次运用
1963～1964	0.67	0.26	0.72	1.72	1.42	2.37	2.80	4.18	1.94	0.62	−0.36	0.83	0.36	19.85	2.68	
1964～1965	0.33	0.22	0.06	0.82	0.81	1.28	0.43	−2.01	−1.97	2.87	−0.31	0.72	3.98	8.56	5.31	水库两次运用
1965～1966	0.32	0.43	0.38	0.42	1.45	2.36	0.41	−0.62	2.06	−2.19	−1.34	−0.96	4.40	9.74	7.02	水库两次运用
1966～1967	−0.11	0.18	0.11	0.21	1.20	1.72	2.41	−1.37	−1.12	−2.16	−2.26	−1.17	(8.08)	7.10	9.46	多年调节
1967～1968	0.78	0.07	0.08	0.16	0.22	−0.17	2.10	−1.89	−0.58	−1.55	−1.81	0.02	(10.80)	4.59	7.16	多年调节
1968～1969	−0.15	0.25	1.29	2.41	1.35	0.96	1.20	0.36	13.03	1.60	0.41	−0.16	0.16	26.02	3.47	
1969～1970	0.13	0.21														缺资料

有些年来水量小于年用水量，对这种年份来说，无论库容多大，只靠本年的水量是无法解决本年度用水问题的。因此，在年调节计算时，不需计算这些年每年所需的库容。

（4）将各年的库容由小到大进行排列（对年来水量小于年用水量的年份不计算库容，但排列时放在后面）。计算其经验频率，并在方格纸上绘出库容频率曲线，如图12－14所示。

（5）根据设计保证率 $p_{设}$ 在频率曲线上可查得兴利库容。

长系列法求得的年调节水库兴利库容，其设计保证率概念比较明确，成果比较可靠，所以凡条件许可，应力求按长系列法进行计算。

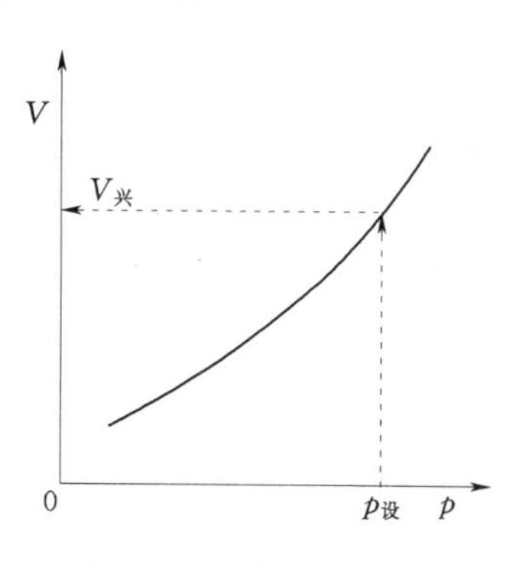

图12－14　库容频率曲线

二、代表年法计算年调节水库兴利库容

长系列法计算工作量较大，如果考虑损失时工作量更大；另外中、小型水库常常因为资料缺乏或不足，达不到应用长系列法对资料条件的要求，因此设想只选一个或几个代表年进行计算兴利库容的方法，以减少工作量或资料不足的问题。关键是如何选择代表年，使其进行调节计算的结果能代表长系列资料的计算结果。随着代表年的选择方法不同，有如下几种方法。

1. 实际代表年法

实际代表年法就是单以来水频率曲线为依据，选择符合或接近设计保证率、年内分配偏于不利的实际年来水过程和同年的年用水过程，进行调节计算，以此求得的库容作为兴利库容。或单以用水频率曲线为依据，选择符合或接近设计保证率、年内分配偏于不利的实际年用水过程和同年的年来水过程，作调节计算，求得的库容作为兴利库容。这种单一选年法只考虑来水（或用水）一方面因素，忽略另外一方面用水（或来水）因素，其库容保证率的概念模糊。

2. 库容排频法

库容排频法，就是从年来水频率曲线上选出接近（大于和小于）设计保证率的几个年份为代表年，进行调节计算，求得各年库容，并按这些库容的大小和原选择年份所相应的频率重新排列，即可得设计保证率相应的库容即为兴利库容。如某水库的设计保证率为80%，根据系列资料选出相应 $p=80\%$ 的来水年份为1965～1966年，相应 $p=85\%$ 的来水年份为1964～1969年，相应 $p=75\%$ 的来水年份为1952～1953年，对这三年进行调节计算得库容分别为4.61（m^3/s）月、3.98（m^3/s）月、1.78（m^3/s）月，按库容大小重新排列得 $p=75\%$，$V=1.781$（m^3/s）月；$P=80\%$，$V=3.98$（m^3/s）月；$p=85\%$，$V=4.6$（m^3/s）月。因此，得兴利库容为3.98（m^3/s）月。

3. 设计代表年法

设计代表年法是按设计保证率选择一年的来、用水过程线，作为设计代表年，然后根据此设计代表年去进行调节计算，求得库容作为设计的兴利库容。推求设计代表年过程线的方法，常用以年水量为控制的同倍比法，其方法及步骤如下。

（1）对坝址断面设计站或灌区各水文年的年来水量及年用水量进行频率计算。若无较长系列的年月来水资料，则可根据该地区《水文手册》中年径流统计参数等值线图查得。

（2）由年来水，年用水频率曲线求得相应于用水设计保证率的设计年来水量 $W_{来,P}$，及设计年用水量 $W_{用,P}$。

（3）从实测资料中选择年来水量接近 $W_{来,P}$、年用水量接近 $W_{用,P}$，且年内分配具有代表性的一年（或几年）作为典型年，其年来水量为 $W_{来,典}$，年用水量为 $W_{用,典}$。

（4）计算缩放倍比 $K_{来}=\frac{W_{来,P}}{W_{来,典}}$ 及 $K_{用}=\frac{W_{用,P}}{W_{用,典}}$，用此 $K_{来}$、$K_{用}$ 分别乘该典型年各月来水量及各月用水量，即得设计代表年的来、用水过程。

（5）对所推求的设计代表年进行调节计算，求得设计兴利库容。如由所选择的几个设计代表年求得的结果不一致，为安全起见，可选择对工程较为不利的一年，即调节计算得出较大库容的一年作为设计代表年。

必须指出，设计代表年法采用来、用水同频率只有在各年来、用水之间有较好相关关系时才是正确的，否则由此求得的兴利库容不一定符合设计保证率。在我国干旱地区灌溉用水比较固定（灌溉用水各年相差不多），可以采用以来水为主的同倍比缩放法确定来水过程，再与固定用水过程配合计算兴利库容。但我国湿润地区及半湿润地区，农业用水各年不同，调节计算必须考虑来、用水组合。

年调节计算的代表年法和长系列法，在调节计算的原理和方法上是基本相同的，只是在设计代表年法中计算蒸发损失标准时略有一些差别。在长系列法和实际代表年法中，$E_{皿}$ 是水文站或气象站当年所观测到的蒸发皿蒸发量，而在设计代表年法中，$E_{皿}$ 则应采用符合设计条件的年蒸发量，一般是采用实际系列中最大的或较大的年蒸发量，其年内分配则常采用多年平均的年内分配。

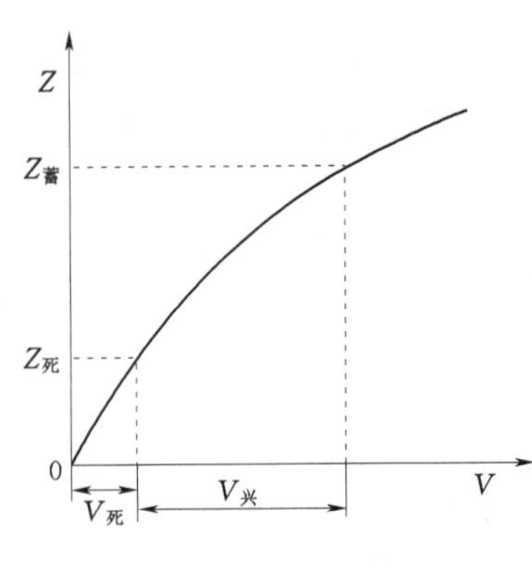

图 12-15　由兴利库容查正常蓄水位

三、正常蓄水位的确定

确定水库的兴利库容后，加上死库容就得到两者之和的库容，由此库容在水库水位～容积曲线上查得相应的水位（图 12-15），即为正常蓄水位。

第七节　多年调节水库的调节计算

年调节水库可以解决用水部门年用水量小于设计保证率相应年来水量条件下，径流年内变化枯水期供水不足的问题。如果年用水量大、或设计保证率提高，致使设计保证率相应的年来水量小于年用水量情况时，就需要调节年际间的水量才能解决问题，这种能够进行丰、枯水年年际水量调配的水库称多年调节水库。多年调节水库的调节计算可用时历法和数理统计法。

一、时历列表法求兴利库容

多年调节计算的基本原理和步骤与年调节计算相似。如长系列资料的时历列表法，先通过逐年调节计算求得每年所需库容，再进行频率计算，便可求得满足设计保证率要求的兴利库容。只是多年调节水库要经过若干个连续丰水年才能蓄满，经过若干个连续枯水年才能放空，完成一次蓄放循环往往要经过很多年。在这种情况下，确定某些年份所需库容时，不能只靠本年度缺水期的不足水量来定库容，而必须联系前一年或前几年的不足水量的情况分析才能定出。确定库容时，相当于年调节的多次运用情况，如果某年的来水量大于或等于本年的年用水量时，则只需进行本年度的调节计算就可确定出库容。

【例 12－4】 某水库具有 24 年实测年径流资料，经分析此年径流系列具有一定的代表性，各年来、用水的余、缺水量的统计数字如表 12－10 所示。以下说明通过列表法如何计算逐年的库容。

应该注意的是调节年度的划分不应硬性规定，须视每年的余、缺水情况分析定出。如 1950～1951 年调节年的蓄泄过程只有 11 个月，其中 1951 年 8～9 月为缺水段。又如 1970～1971 年调节年的蓄泄过程有 13 个月，其中 1971 年 8～9 月为缺水段。再如 1956～1957 调节年原为 13 个月，但因该年余水 854.9 万 m^3 小于缺水 10261.9 万 m^3，故应将 1955～1956 年一起考虑，并由 1956 年 9 月～1957 年 11 月这个连续缺水段来计算该年所需要的库容 $V=10261.9+3279.7-854.9=12686.7$ 万 m^3。但因 1955～1956 年余水量 12344.0 万 m^3 小于此库容 12686.7 万 m^3，不能满足 1956～1957 年缺水的需要，故仍需往前考虑到 1954～1955 年。因该年余水量也小于缺水量，又需往前考虑到 1953～1954 年。因为，1953～1954 年有剩余水量 $17781.1-2159.2=15621.9$ 万 m^3，足够补充以后几年的缺水，故 1953～1957 年为连续四年的多年调节。

把由多年调节计算所得的多年调节库容，填入表 12－10 的第（6）栏，则按此表的库容值，计算并绘制的库容频率曲线就是考虑多年调节后的成果，从中便可求出已知 P 的设计兴利库容。

二、计算逐年兴利库容的差量累积曲线法

【例 12－5】 由例 12－4 资料，用差量累积曲线法求各年的兴利库容。

（1）根据来、用水量，将各水利年划分为余水期和缺水期。

（2）求各年余、缺水期的余水量和缺水量，并按时序计算累积值，如表 12－10 中第（5）栏所示。

（3）以∑（来水量－用水量）为纵坐标，以时序为横坐标，点绘水量的差量累积曲线，如图 12－16 所示，图中横坐标 50、51、…、73 分别代表表 12－10 中的 1950～1951 年、1951～1952 年、…、1973～1974 年。

（4）在差量累积曲线上，每年从缺水期末向前作水平线与差量累积曲线第一次相交即停止；此水平线与差量累积曲线间的最大纵坐标差值，即为该年所需库容。

（5）各年所需库容求得后，绘出库容频率曲线，由设计保证率可查得兴利库容。

显然，上述作图步骤就是判别余水量和缺水量的过程，所作水平线与差量累积曲线交在何处，即表明到此处为止，∑余水量已大于∑缺水量，不需要再向前考虑，其最大纵坐标差值就是最大累积缺水量。

表 12-10　　**某水库逐年余、缺水量统计表**

年份	起讫时间（月份）	余水量（+）（万 m³）	缺水量（-）（万 m³）	累积水量（万 m³）	库　容（万 m³）
(1)	(2)	(3)	(4)	(5)	(6)
1950～1951				0	974.5
	11～7	5744.5		5744.5	
	8～9		974.5	4770.0	
1951～1952	10～5	3722.2		8492.2	3188.0
	6～8		3188.0	5304.2	
1952～1953	9～3	1215.1		6519.3	5338.6
	4～10		3365.7	3153.6	
1953～1954	11～8	17781.1		20934.7	2159.2
	9～10		2159.2	18775.5	
1954～1955	11～8	1523.3		20298.8	5431.1
	9～12		4795.2	15503.6	
1955～1956	1～8	12344.0		27847.6	3279.7
	9～10		3279.7	24567.9	
1956～1957	11～6	854.9		25322.8	12686.7
	7～11		10261.9	15160.9	
1957～1958	12～8	1433.3		16594.2	13572.7
	9		2319.3	14274.9	
1958～1959	10～6	4643.7		18918.6	20207.4
	7～10		11278.4	7640.2	
1959～1960	11～7	6300.4		13940.6	20597.9
	8～10		6690.9	7249.7	
1960～1961	11～3	149.2		7398.9	35351.9
	4～10		14903.2	-7504.3	
1961～1962	11～2	659.1		-6845.2	39408.1
	3～10		4715.3	-11560.5	
1962～1963	11～8	6932.9		-4627.6	1611.0
	9～10		1611.0	-6238.6	
1963～1964	11～7	6137.3		-101.3	3628.5
	8～9		3628.5	-3729.8	
1964～1965	10～2	1114.3		-2615.5	8724.9
	3～9		6210.7	-8826.2	
1965～1966	10～3	430.0		-8396.2	48259.0
	4～10		12015.2	-20411.4	
1966～1967	11～6	4321.1		-16090.3	3463.9
	7～9		3463.9	-19554.2	
1967～1968	10～7	13718.2		-5836.0	4338.9
	8～10		4338.9	-10174.9	
1968～1969	11～8	11198.9		1024	639.2
	9～10		639.2	384.8	
1969～1970	11～7	10430.1		10814.9	2381.7
	8		2381.7	8433.2	
1970～1971	9～7	4466.9		12900.1	3504.0
	8～9		3504.0	9396.1	
1971～1972	10～6	3348.2		12744.3	7453.7
	7～9		7297.9	5446.4	
1972～1973	10～9	16044.7		21491.1	0
			0	2149.1	
1973～1974	10～6	7522.8		29013.9	7831.5
	7～10		7831.5	21182.4	

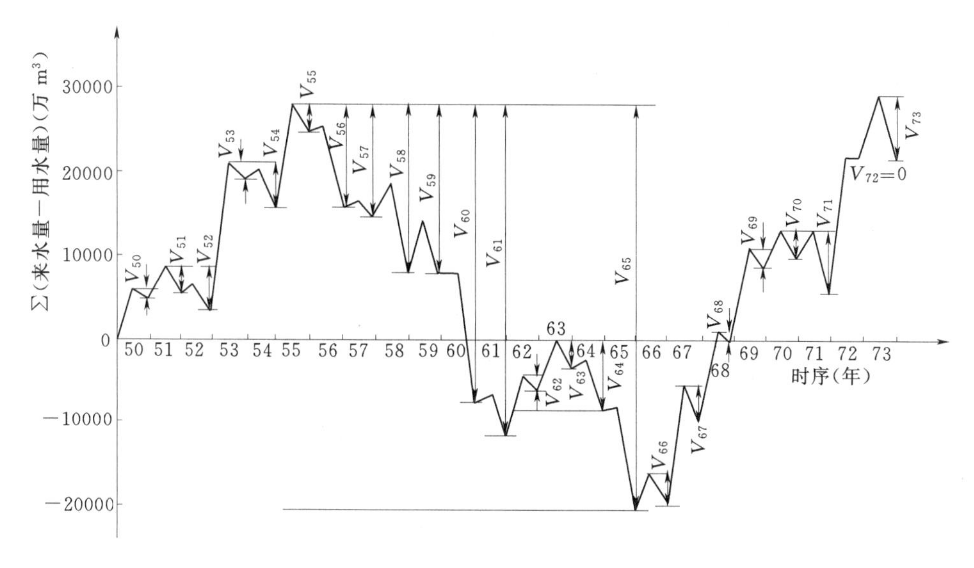

图 12-16　多年来、用水量的差量累积曲线

三、试算法求兴利库容

在多年调节的列表法计算兴利库容时，需要逐年分析库容，为避免这种麻烦除采用差量累积曲线外，还可以采用试算法求兴利库容。试算法是先假定一个兴利库容，逐时段连续调节计算，统计出用水得到保证和用水破坏的年数，从而计算出保证率。如果计算保证率和设计保证率相等，则假定的库容就是所求的兴利库容。试算法采用的计算表格与年调节时历法基本相同，水量调节计算一般是从假定的兴利库容库满（正常蓄水位）或库空（死水位）开始，逐月进行水量平衡计算，遇到余水就蓄，蓄满了还有余水就作弃水处理；遇缺水就供水，直到库容放空时还缺水，就算这年供水不足遭受破坏，然后从下一年的蓄水期开始再继续进行计算，直到全系列操作完，统计出供水保证的年数，计算供水保证率 p 为

$$p=\frac{\text{供水保证年数}}{\text{计算总年数}+1}\times 100\% \tag{12-15}$$

若计算的供水保证率不等于设计保证率，则另假定兴利库容，重复上述计算过程，直到两者相等为止。

四、多年调节水库损失的计算

多年调节水库的水量损失计算，一般采用近似计算法。首先按不计算水量损失时初定的兴利库容，计算水库多年平均蓄水容积和多年平均水面面积，就以此水面面积和蓄水量来计算多年平均的逐月蒸发和渗漏损失；然后从来水系列资料中逐年逐月扣除该水量损失，变成历年净来水系列。用历年净来水系列与历年用水系列进行水量平衡计算，所得的结果就是考虑水量损失后的计算结果。

【例 12-6】 某水库有 24 年来、用水资料，用水设计保证率为 75%，死库容为 708 万 m^3，不计水量损失的多年调节兴利库容为 12600 万 m^3，试计算该水库多年平均的逐月水量损失。

水库每月的水量损失为月蒸发损失和渗漏损失之和，为计算简便，计算损失时均以平均蓄水容积和平均水面面积计算。则水库平均蓄水量为 $V=V_{死}+\frac{1}{2}V_{兴}=708+\frac{1}{2}\times 12600=7008$ 万 m^3，平均水面面积由水库水位容积曲线和水位面积曲线得 $A=6.35km^3$。月渗漏损失标准为蓄水量的 0.5%，即月渗漏损失 $=7008\times 0.005=35$ 万 m^3。月蒸发损失标准等于多年平均的各月蒸发损失深度。以此深度乘多年平均水面面积即得多年平均各月蒸发损失量，如表 12-11 所示。

表 12-11　　某水库多年平均水量损失计算表

月　份	1	2	3	4	5	6	7	8	9	10	11	12	全年
蒸发损失标准（mm）	14.5	15.8	12.0	5.7	11.9	36.0	38.6	48.6	36.9	33.2	16.0	14.3	283.5
蒸发损失（万 m^3）	13.5	14.7	11.2	5.3	11.1	33.7	36.1	45.5	34.5	31.0	14.9	13.4	264.9
渗漏损失（万 m^3）	35.0	35.0	35.0	35.0	35.0	35.0	35.0	35.0	35.0	35.0	35.0	35.0	420.0
水库总水量损失（万 m^3）	48.5	49.7	46.2	40.3	46.1	68.7	71.1	80.5	69.5	66.0	49.9	48.4	684.9

五、多年调节水库的数理统计法

上述用时历法进行调节计算，概念清楚，推理简明，能够直接求出多年调节的兴利库容及水库蓄、泄水过程。但要求有长系列资料，特别是多年调节，即使掌握了有几十年资料，多年调节的循环次数也不多，代表性不够。资料系列较短时，会产生较大的误差。若设计保证率较高和调节性能较好时，计算结果更不可靠。在这种情况下，可采用第六章介绍的径流随机模拟方法模拟长期年、月径流系列。然后按上述的时历法进行调节计算，推求兴利库容。但这种方法在我国目前还不普遍，仅在技术力量比较强的工程设计单位使用。除此之外，可采用数理统计法进行调节计算。

数理统计法是把年径流量看成随机变量，具有统计规律性。因此，年径流量可用频率曲线来描述其变化特性，根据水量平衡和频率组合原理，推求出水库多年的工作情况。

多年调节水库的兴利库容 $V_{兴}$ 可视为由两部分组成，即多年库容 $V_{多年}$ 和年库容 $V_{年}$，$V_{兴}=V_{多年}+V_{年}$，多年库容是用来调节径流的年际变化，年库容是用来调节径流的年内变化。如作出设计枯水年组的来用水差量累积曲线（如图 12-17 所示的实线），则可求出兴利库容 $V_{兴}$。若不考虑径流年内变化，即以年为计算时段绘制的设计枯水年组的来用水差量累积曲线（如图 12-17 所示虚线），亦可求出所需库容，即为调节年际变化（不考虑年内变化）所需库容

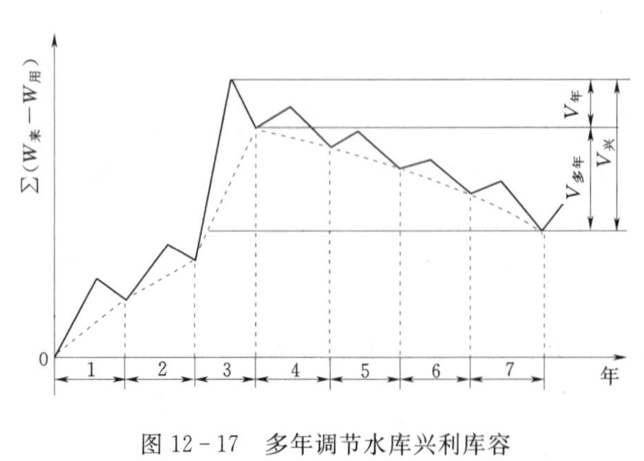

图 12-17　多年调节水库兴利库容

$V_{多年}$。兴利库容 $V_{兴}$ 除了 $V_{多年}$ 之外的剩余部分就是年库容 $V_{年}$。

多年库容 $V_{多年}$ 的求法是将来水和用水都用频率曲线来表示，在一定的多年库容情况下，用频率曲线组合的方法，并经过水量平衡的演算，求出1年、2年以至多年组合中的供水中断几率，从而得出水库的供水保证率。变化用水或多年库容，所得的供水保证率就不同。经过大量的计算工作后，就可绘制出线解图。如普列什柯夫线解图绘出了供水保证率、用水、多年库容和径流离势系数的关系。因此，规划设计人员就很容易用查图的方法求得多年库容，详细情况请参阅有关书籍。

年库容 $V_{年}$ 的求法一般采用时历法。选择来水等于用水的年份用列表法求出年库容 $V_{年}$。最后将求得多年库容和年库容相加就得兴利库容 $V_{兴}$。

用数理统计法进行多年调节计算时，只需确定水文系列三个参数 W、C_V、C_S 即可，在资料系列较短或缺乏资料的地区可设法获得。调节计算有线解图可查，计算方便，但这种方法得不到蓄水和泄水的时间过程。

第八节　水电站的水能计算

在天然河道中，流动的水流蕴藏着一定的能量，但这种能量消耗于水流的内部摩擦、克服沿程河床阻力、冲刷河床和挟带泥沙等。如果采取一定的工程措施，设法利用水流所潜藏的能量，就是水流能量的利用，简称为水能利用。水电站的水能计算主要包括：水电站出力和发电量的计算，装机容量的确定，水电站在电力系统中的运作情况以及水能与水库特征值的关系分析等。

一、水能利用的基本原理

为了计算天然河道中水流潜在的能量，取河道中的一个河段来分析，如图12-18所示，研究水流流经断面1—1及断面2—2时能量变化情况。若取0—0为基准面，则按伯努里方程，流经两断面的单位重量水体所消耗的能量为

$$E=(Z_1-Z_2)+\frac{p_1-p_2}{r}+\frac{\alpha_1 V_1^2-\alpha_2 V_2^2}{2g}=H \qquad (12-16)$$

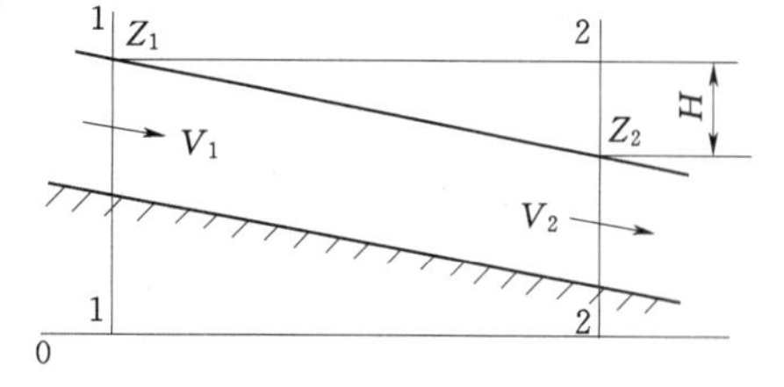

图12-18　河段水能图

两断面大气压强 p_1 与 p_2 近似相等，流速水头 $\frac{\alpha_1 V_1^2}{2g}$ 与 $\frac{\alpha_2 V_2^2}{2g}$ 的差值也相对较小，可忽略不计。因此，这一单位重量水量的水能就可以近似地用水位差 $H=Z_1-Z_2$ 来表示，或称为水头。

若 T 时段内流经断面1—1至断面2—2间河段的水量为 W，则两断面间的能量差为

$$E=\gamma WH=1000WH \quad (kg\cdot m) \qquad (12-17)$$

式中：γ 为水的容重，通常取 $1000kg/m^3$，W、H 的单位分别为 m^3 和 m，因而 E 的单位为 kg·m。电力工业上，习惯以 kW·h（或称度）为能量单位，而 1kW·h=102×36000=367200kg·m，所以式（12-17）变成

$$E=\frac{1000}{367200}WH=0.00272WH \quad (kW\cdot h) \qquad (12-18)$$

式（12－18）表示水量 W 下落 H 距离所作的功，单位时间所作的功称为功率，通常在水能利用中称为出力，一般用 N 表示。即

$$N=\frac{E}{T}=9.81QH \tag{12-19}$$

式中 N——功率，kW；

Q——流量，m^3/s；

H——落差，m。

从式（12－19）可以看出，河流水能资源利用取决于落差和流量两个因素。在天然情况下，河段的落差是分散的，要想加以利用，必须采取工程措施，把分散的落差集中起来，形成可利用的水头（被集中起来的落差称为水头）。根据集中落差方式的不同，水电站的基本开发方式可分为坝式、引水式、混合式三种类型。

1. 坝式

在河道中拦河筑坝抬高上游水位，形成水库，如图 12－19（a）所示，使河段 AB 的落差集中到坝址 B 处，从而获得水电站的水头（落差）H。所引取流量为坝址 B 处的平均流量。坝式水电站按能否调节天然径流，可分为蓄水式和径流式，能进行径流调节的水库水电站称蓄水式水电站；只能引取未经调节的天然流量来发电的，称为径流式水电站。若按照厂房位置不同，可分为河床式和坝后式两种，河床式水电站厂房是挡水建筑物的一部分，能承受水的压力，这种型式适合于平原河流的低水头水电站；坝后式水电站的厂房位于坝后，厂房不承受上、下游水位差的压力，因而适合于河床较窄、洪水流量较大的高、中水头电站。

坝式水电站能较充分利用水能，但基建工程较大，并会造成一定的上游淹没。

2. 引水式

在 AB 开发河段上，如图 12－19（b）所示，没有适合修建大坝的场地，则沿河床修建引水道，以便使河段 AB 的落差集中到引水道末厂房处，从而获得水电站的水头 H，但引水渠道集中落差时会有一定的损失。如果引水道是明渠，则称无压引水式水电站，如果引水道是有压隧洞或有压管道，则称为有压引水式水电站。引水式没有水库容积调节径流，也不会使 AB 河段有淹没损失。引水式不需要有较好的地形、地质条件来筑坝。河段坡降陡峻时，常用引水式来集中水能。

3. 混合式

在 AB 开发河段上，如图 12－19（c）所示，B 处不宜建坝，但 C 处的地形、地质条件可以筑坝。这样，就可在 C 处用坝式集中 AC 河段的水能，并引取 C 处的流量通过引水隧洞至 B 处，即此引水式集中 CB 河段的水能。这种混合式开发，能利用 A 至 B 处的水头，但只能利用 C 处的流量，而 C 至 B 处的流量就无法利用。由于 C 处筑坝，形成水库，能够调节径流，但调节程度不如坝式，淹没损失也只有 AC 河段。

以上是三种基本开发水能方式，在实际中要根据当地的条件来选择合适的开发方式。

按式（12－19）计算出来的水流功率，是水流具有的理论功率，实际上水流通过引水建筑物，即流经拦污栅、进水口、引水管道至水轮机，并经尾水管排至下游河槽这整个过程中，水流必定会产生一定的水头损失 dH，水头损失一般与引水设备的形状和水流流量

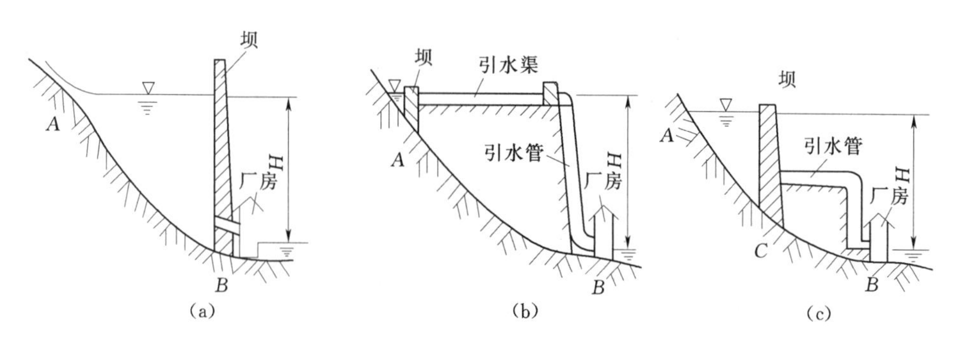

图 12-19 集中水能的方式示意图
(a) 坝式；(b) 引水式；(c) 混合式

大小等因素有关，可由水力学公式计算出来。规划时，要事先绘制引用流量与相应的水头损失关系曲线，以便计算时查用。当水头损失与水头相比甚小时，在初步计算时可忽略不计。如考虑水头损失，在水电站的功率计算中，应用净水头 $H_{净}$ 来代替毛水头（水库上、下游水位差）H，$H_{净}=H-dH$。

水流能量经过水电站除有水头损失外，水能要变成电能，就要经过水轮机，先变成机械能，再通过传动设备，带动发电机转动，才能变成电能。在能量的转换和传递过程中，存在一定的能量损失。此能量损失通常以水电站效率 η 来反映。因此，水电站实际发电功率为

$$N=9.81\eta QH_{净} \tag{12-20}$$

实际上，水电站效率 η 是随着流量、水头不同而变化的。这样进行计算就会增加很多麻烦，在水能初步计算中，为了简便，常把 9.81η 作为常数处理，9.81η 用 A 表示，A 称为出力系数，则水电站出力可表示为

$$N=AQH_{净} \tag{12-21}$$

式（12-20）和式（12-21）为水能计算的基本公式。计算时，一般小型水电站的 A 值可取为 6.5～7.5，中型水电站的 A 值可取为 7～8，大型水电站的 A 值可取为 8～8.5。

水电站在某时段发出的电能，即为水电站在该时段的发电量，由该时段的平均出力 $\overline{N}$ 乘以该时段的小时数 T 而得，即

$$E=\overline{N}T \tag{12-22}$$

二、水电站保证出力和多年平均发电量的计算

水电站出力和发电量的计算（简称水能计算），是在一定的死水位和正常蓄水位下进行的，也就是说水库的兴利库容已知。在水电站规划设计阶段，由于水库参数尚未选定，需先假设几个不同的死水位和正常蓄水位方案，通过对每个方案进行水能计算来选择有利方案。水能计算的列表法概念清晰，应用较广泛。所以本节只介绍不同水库调节类型的水电站水能计算列表法。

水电站的保证出力是指相应于设计保证率的枯水出力，不同调节类型的水电站有不同保证出力的含义。多年平均发电量则是水电站多年期间年发电量的平均值。保证出力和多年平均发电量是水电站两个主要动能指标，同时是决定水电站装机容量的依据。

1. 无调节水电站的水能计算

如果水电站上游没有水库或虽有水库但库容很小，不能对天然来水进行调节，称为无调节水电站或径流式水电站。如山区引水式水电站、小库容的河床式水电站及某些多沙河流上水库被淤积不能再进行调节的水电站均属此类。无调节水电站的引用流量完全取决于天然来水过程。若上游有其他用水部门取水，则应将这部分流量从天然来水中扣除。发电站水头的确定也比较简单，若上游水位基本保持不变，即是水库的正常蓄水位（也是死水位），下游水位则与下泄流量有关，可从下游水位～流量关系曲线查得。水头损失可根据水力学公式估算。

无调节水电站的保证出力是指相应于设计保证率的水流平均出力，其设计保证率常用$p_{历}$表示。根据径流资料情况和对计算精度的要求，无调节水电站保证出力的计算方法有长系列法和代表年法。

当水电站取水断面处的径流系列较长，且具有较好的代表性时，可采用长系列法。该法首先根据已有的水文系列，取日为计算时段，逐日计算水电站的日平均出力，然后将日平均出力从大到小排列，按常用的经验频率公式计算日平均出力的频率（或保证率），然后绘制日平均出力频率曲线（见图12-20），并由已选定的设计保证率在曲线上查得保证出力。通常为了简化计算，将日平均流量由大到小分组，并统计其出现日数和累积出现日数，再按分组流量的平均值来计算出力和推求保证出力。计算时，可按表12-12的格式进行。根据表12-12计算结果，可绘出水电站日平均出力频率曲线（见图12-20）。若将图的横坐标改为时间t，即用一年的365天或8760小时来表示，则又可得到日平均出力历时曲线。

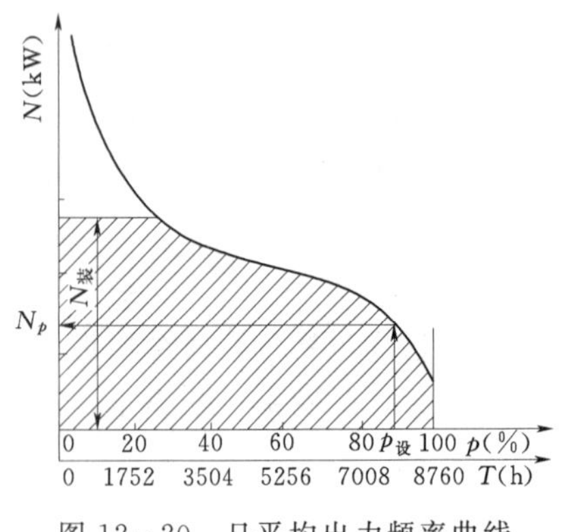

图12-20 日平均出力频率曲线

表12-12 某无调节水电站的出力计算表

日平均流量分组 (m³/s)	分组日流量平均值 (m³/s)	出现日数 (d)	累积出现日数 (d)	频率(保证率) P (%)	保证时间 $t=8760P$ (h)	引用及损失流量 (m³/s)	发电流量 $Q_{电}$ (m³/s)	上游水位 $Z_{上}$ (m)	下游水位 $Z_{下}$ (m)	水头损失 ΔH (m)	净水头 $H_{净}$ (m)	出力 N (kW)
180以上	180以上	595	595	9.58	839	2	178以上	123.85	97.35	1.20	25.30	31524
150～180	165	492	1087	17.50	1533	2	163	123.85	97.35	1.20	25.30	28867
130～150	140	321	1408	22.67	1986	2	138	123.85	97.35	1.20	25.30	24440
⋮	⋮	⋮	⋮	⋮	⋮	⋮	⋮	⋮	⋮	⋮	⋮	⋮
15以下	15以下	5	6210	100	8760	1	14以下	123.85	96.55	1.20	26.10	2558

根据无调节水电站选定的设计保证率$p_{历}$，在日平均出力频率曲线上，可查得水电站的日平均保证出力N_p。

在规划及初步设计阶段，一般可选择设计代表年进行无调节水电站保证出力的简化计算。一般选三个设计代表年来进行计算，即设计枯水年、设计平水年和设计丰水年。将三

个设计代表年的日平均流量统一进行分组，并统计其各组流量出现日数和累积出现日数，然后按与长系列法相同的步骤来计算保证出力。

无调节水电站多年平均发电量 E 的计算可采用平均出力历时曲线来求得。出力历时曲线与纵、横坐标轴所包围的全部面积，即为水流具有的多年平均发电量。但由于装机容量的限制，某些时刻过大的出力是不能利用的，则不能包括在内。因此可在图 12－20 的纵坐标上作出装机容量的水平线，则图中阴影面积即为多年平均发电量。当然，亦可将各年进行列表计算平均发电量。

2. 日调节水电站水能计算

日调节水电站具有一定的库容，可将一日内的天然流量调节为电力变化需要的流量。日调节水电站的水能计算方法与无调节基本相同，区别仅在于无调节水电站的上游水位固定不变，而日调节水电站的日内上游水位则在正常蓄水位和死水位之间变化。计算仍以日为时段，则日平均上游水位为死库容加上日调节库容的 1/2 查库容曲线得出的水位，计算表格与表 12－12 相同。

日调节水电站的保证出力和多年平均发电量的计算方法与无调节水电站完全相同。

3. 年调节水电站的水能计算

年调节水库通过兴利库容可以对年内水量重新进行分配，所以年调节水电站的发电流量不是完全取决于天然流量。发电流量的变化还会影响上游库水位的变化，也影响水电站尾水位的变化。因此，年调节水电站的水能计算要比无调节水电站复杂，各时段的发电量除与天然流量有关外，还与水库调节方式有关。下面介绍以等流量的调节方式进行水能计算的方法。

等流量调节方式，对水电站水库来说，是一种近似的设想，是为了计算的简便而提出来的。它设想蓄水期的发电流量和供水期的发电流量是均匀的流量，即在水库的调节能力允许的情况下，尽量使发电流量为均匀流量。年调节的水能计算一般以月为时段，供水期的发电流量（调节流量）可用下式计算

$$Q_{调}=\frac{W_{供}+V_{兴}}{T_{供}} \tag{12-23}$$

式中　$Q_{调}$——水电站某年供水期的调节流量，m^3/s；

$W_{供}$——水电站该年供水期的天然来水量，m^3/s・月；

$V_{兴}$——水库的兴利库容，m^3/s・月；

$T_{供}$——水电站该年供水期的月数，月。

由于供水期时间与供水期来水量相互关联，所以需用试算法来求调节流量。先假定供水期 $T_{供}$，即可求得供水期来水量 $W_{供}$，按式（12－23）求得调节流量 $Q_{调}$，然后以 $Q_{调}$ 检查假定的供水期是否合理，因供水期是指天然流量小于调节流量的时期，如不合理，则要重新试算。

蓄水期的发电流量（调节流量）可由下式计算

$$Q_{调}=\frac{W_{蓄}-V_{兴}}{T_{蓄}} \tag{12-24}$$

同样采用试算法求出。即先假定蓄水期 $T_{蓄}$，求得 $W_{蓄}$，按式（12－24）求 $Q_{调}$，然后以 $Q_{调}$ 检查假定的蓄水期是否合理，蓄水期是指天然流量大于调节流量的时期。试算合理后，就可确定 $Q_{调}$。

要注意的是，天然来水过程中，若某些时期既不是供水期也不是蓄水期，则称为不蓄期。这些时期的发电流量等于天然流量。

【例 12－7】 某年调节水电站兴利库容为 $12m^3/s\cdot$月，死库容为 $4m^3/s\cdot$月，某年来水过程如表 12－13 第（2）栏，试进行该年的水能计算（出力系数 $A=7$）。

（1）计算各月发电用水（调节流量）。假定 9 月～次年 2 月 6 个月为供水期，则 $W_{供}=2.35+0.85+1.20+1.00+1.65+2.50=9.55m^3/s\cdot$月，$Q_{调}=(9.55+12)/6=3.59m^3/s$；而 9 月～次年 2 月的天然来水量小于 $3.59m^3/s$，3～8 月的天然流量大于 $3.59m^3/s$，故该假定是正确的。同样可得蓄水期 3～7 月的调节流量为 $4.9m^3/s$。将蓄水期、供水期的调节流量填于第（3）栏。为计算方便，8 月～次年 1 月的 $Q_{调}=3.6m^3/s$，而 2 月的 $Q_{调}=3.58m^3/s$ 是为了保持水量平衡。

（2）计算水库各月蓄水和月平均水位。由余缺水量和死库容求得第（8）栏的各月末水库蓄水，其时段初、末值平均得第（9）栏的月平均蓄水量，查水位容积曲线即得第（10）栏的上游月平均水位。

（3）计算各月下游水位。由第（3）栏查下游水位流量关系曲线得第（11）栏的下游水位。

（4）计算各月出力。由上、下游水位计算水头填于第（12）栏（此例中未考虑水头损失），结合第（3）栏便可按式（13－23）计算得第（13）栏的各月平均出力。

（5）计算年发电量。第（13）栏的平均值即为此年的年平均出力，将其乘以一年的小时数，即为此年的发电量 $7.41\times10^6kW\cdot h$。

年调节水电站的保证出力是指相应于设计保证率供水期的平均出力。由上述年调节水电站的水能计算可知，对水文资料的每一年，都可通过水能计算得出供水期的平均出力。将各年供水期的平均出力从大到小排队，计算出相应频率，并绘制频率曲线，则该曲线上相应于设计保证率的出力，便是年调节水电站的保证出力。此为年调节水电站保证出力计算的长系列法。

在精度要求不很高时，为了简化计算，可以只对设计枯水年进行水能计算。此年供水期的平均出力即为保证出力，若如表 12－13 所示的年份为设计枯水年，则保证出力 $N_p=(837+799+743+716+643+583)/6=720kW$。

年调节水电站的多年平均发电量，如用长系列资料来计算，就应对每年进行水能计算，求得各年的年发电量，然后再求多年年平均值，即为多年平均发电量。简化的方法就是选择丰、中、枯三个代表年，计算这三年的发电量 $E_{年,丰}$、$E_{年,中}$、$E_{年,枯}$，则多年平均年发电量为

$$\overline{E}_{年}=\frac{E_{年,丰}+E_{年,中}+E_{年,枯}}{3} \tag{12-25}$$

必须指出，在计算各年发电量时，不能把月平均出力大于装机容量的部分包括在内，多余部分为弃水出力，即是说，实际计算时，凡是月平均出力大于装机容量 $N_{装}$ 的，都应

以 $N_{装}$代替，再来计算发电量。

表 12－13　　某水库出力计算表

月份	天然来水 (m³/s)	发电用水 (m³/s)	余水量		不足水量		月末水库蓄水 (万 m³)	平均蓄水 (万 m³)	月平均水位 (m)	下游水位 (m)	水头 (m)	出力 (kW)
			流量 (m³/s)	水量 (万 m³)	流量 (m³/s)	水量 (万 m³)						
(1)	(2)	(3)	(4)	(5)	(6)	(7)	(8)	(9)	(10)	(11)	(12)	(13)
2							1050					
3	7.50	4.90	2.60	682			1732	1391	25.50	1.50	24.00	823
4	6.50	4.90	1.60	422			2154	1943	28.50	1.50	27.00	926
5	5.00	4.90	0.10	26			2180	2163	29.50	1.50	28.00	960
6	12.00	4.90	7.10	1862			4042	3111	32.40	1.50	30.90	1060
7	5.50	4.90	0.60	158			4200	4121	34.80	1.50	33.30	1140
8	3.90	3.90					4200	4200	35.00	1.30	33.70	920
9	2.35	3.60			1.25	327	3873	4037	34.50	1.30	33.20	837
10	0.85	3.60			2.75	720	3153	3513	33.00	1.30	31.70	799
11	1.20	3.60			2.40	628	2525	2839	30.80	1.30	29.50	743
12	1.00	3.60			2.60	681	1844	2184	29.70	1.30	28.40	716
1	1.65	3.60			1.95	610	1334	1590	26.80	1.30	25.50	643
2	2.50	3.58			1.08	284	1050	1192	24.80	1.30	23.30	583

4. 多年调节水电站水能计算

多年调节水电站的特点是其水库能进行年际间的水量调配，将丰水年蓄存在水库中的多余水量，可以调配到连续几个枯水年份使用。多年调节水电站的水能计算与年调节水电站水能计算相似，只是在求发电的流量时，多年调节水库的供水期与蓄水期的调节周期可能长达若干年。以等流量的调节方式进行水能计算时，试算确定供水期或蓄水期的调节流量，仍可以应用式（12－23）和式（12－24）。只要各年调节流量确定后，就可列表进行各年的水能计算了。

多年调节水电站的保证出力是指符合设计保证率要求的连续枯水年组的平均出力。因此，多年调节水电站的保证出力通常可采用设计枯水年组的水文资料进行计算。设计枯水年组的选择已在本章第六节叙述。首先对枯水年组进行调节计算，通过试算求得供水期（枯水年组）调节流量 $Q_{调}$，并用简单计算法或列表法求得供水期内的平均水头。用简算法时，以 $\overline{V}=V_{死}+\frac{1}{2}V_{兴}$ 查得平均库水位，以 $Q_{调}$ 查得下游水位，从而可得平均水头 $\overline{H}$。用列表法时，列出供水期的来水量和调节流量，从正常蓄水位开始，计算各时段的蓄水量和库水位，下游水位由 $Q_{调}$查得，计算各时段的水头，就可以求得供水期的平均水头 $\overline{H}$，则供水期的平均出力，即为保证出力 $N_p=AQ_{调}\overline{H}$。

多年平均发电量的计算与年调节相同，只是对多年要连续计算。因调节周期是多年，不是每年能蓄满和放空水库的，计算时可从水库蓄满时开始连续计算，或水库放空时开始连续计算，计算出各年发电量后，求其均值，即为多年平均发电量。简化计算时，亦可用丰、中、枯三个代表年进行，求得这三年的发电量的均值即为多年平均发电量。但要注意，对这三年进行水能计算时，应是处于多年平均状态下，即每年的年初和年末的水库蓄水量是在2/3的多年库容之处，每年的调节库容是$V_{年}+\frac{1}{3}V_{多}$，这样求得的三个年的发电量平均，才能代表多年的平均值。

三、水电站装机容量的选择

装机容量是水电站的重要参数，它反映了水电站的规模、水力资源利用的程度、水电站的效益及供电保证的程度等主要问题。装机容量的选择，应根据用户的负荷要求、天然水量、水电站的落差、水库调节性能、综合利用要求和水电站在电力系统的作用等，通过技术经济比较，综合分析，合理确定。总之，装机容量的选择是个复杂的过程，但在规划阶段方案比较时，或规模较小的水电站，装机容量的选择通常用简化方法。

水电站的装机容量从设备的观点来看，包括最大工作容量、备用容量和重复容量。最大工作容量是为满足用户的最大负荷的需要而设置的容量。只有最大工作容量是不能保证用户的正常供电的，这是因为：①有超过最大负荷的跳动负荷出现时，供电就不正常，要正常工作，就要设置备用容量，称负荷备用容量；②有些机组可能会突然发生事故，供电就不正常，若有备用容量代替事故机组工作才能正常供电。为此设置的备用容量称事故备用容量；③机组到一定时期（如每年一次）要进行检修，在检修期间，应有机组代替其工作，若专门为代替检修机组工作而设置的容量，称为检修备用容量。综上所述，备用容量包括负荷备用容量、事故备用容量和检修备用容量。最大工作容量和备用容量之和称为必需容量，是正常供电必不可少的。除必需容量外，在调节性能较差的水电站上，为了充分利用水力资源，减少弃水，可多装一部分容量，来发季节性电能，这部分容量称季节容量或重复容量。

下面介绍装机容量选择的两种简化方法。

1. 装机容量年利用小时数法

水电站多年平均发电量$\overline{E}_{年}$除以装机容量$N_{装}$，得机组多年平均的年利用小时数，即一年内要求发电量为$\overline{E}_{年}$，全部机组满载运行时所需要的发电小时数，简称年利用小时数，用$h_{年}$表示，即

$$h_{年}=\frac{\overline{E}_{年}}{N_{装}} \tag{12-26}$$

$h_{年}$较大，表示机组运行时间长，设备利用率高，水力资源利用不充分；$h_{年}$较小，表示机组运行的时间短，设备利用率低，而水力资源利用较充分。因此，可以从设备利用率、电力需要情况、地区的水力资源情况等具体条件考虑，选定水电站的年利用小时数，然后推算装机容量，即

$$N_{装}=\frac{\overline{E}_{年}}{h_{年}} \tag{12-27}$$

但是水电站的$\overline{E}_{年}$和$N_{装}$有关，因此利用上式计算装机容量时需采用试算法。假定若干个装机容量，通过水能计算，求得若干个多年平均发电量，再按式（12-27）算出若干个年利用小时数，即可绘制$N_{装}\sim h_{年}$曲线关系，如图12-21所示。然后按选定的设计年利用小时数$h_{年}$，查出水电站应有的装机容量$N_{装}$。装机容量年利用小时数法的关键是在于如何规定水电站的设计年利用小时数，它是反映水电站经济的综合指标。它的决定要考虑如下因素：①水力资源的情况，对水力资源丰富的地区，$h_{年}$应取较大的数值；②水库的调节性能，调节性能好的水电站，$h_{年}$应取较小的数值；③水电站在电网中的比重，若水电站比重较大时，$h_{年}$应取较大的数值；④用户的用电情况，用电较均匀时，$h_{年}$应取较大的数值；⑤水库综合利用情况，对综合利用水库，$h_{年}$应取较小值。一般k是在2000～6000h内选择。

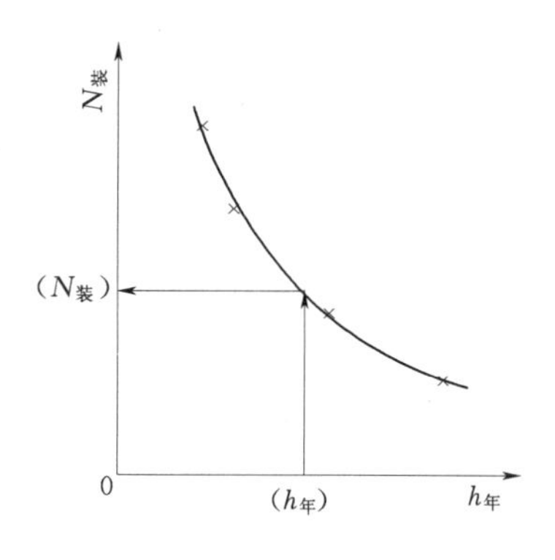

图12-21　$N_{装}\sim h_{年}$关系曲线

2.保证出力倍比法

装机容量由最大工作容量、备用容量和重复容量组成，对有调节的水电站来说，最大工作容量占装机容量的比重较大，而最大工作容量的大小是决定于保证出力的大小。因此，装机容量$N_{装}$与保证出力N_p有较密切的关系，即

$$N_{装}=cN_p \tag{12-28}$$

式中c为倍比系数，c值的确定要考虑的因素与$h_{年}$确定考虑的因素相同，即有：①水力资源丰富的地区，c值可取小些；②调节性能好的水电站，c值可取大些；③水电比重在电站中较大时，c值可取小些；④用户用电较均匀时，c值可取小些；⑤联合运用的水库，c值可取大些。一般情况下，c值在2～4之间选取；但对某些地区，水力资源非常缺乏，c值可达6～8。c值确定后，就很容易确定装机容量。

经计算分析选定的装机容量，要考虑机组设备的生产和供应情况的可能性，对大型水电站，可以与生产厂家协商，制定适合于本电站情况的新型机组；对小型水电站，一般是套用定型设计机组，使水电站建设易于进行。机组机型确定后，装机容量的数值才能最后确定。

复习思考题

12-1　水利计算的任务是什么？

12-2　水库有哪些特征水位？其相应库容是什么？

12-3　水库死水位选择时，考虑哪些因素？

12-4　兴利调节计算中为什么需要引入设计标准？

12-5　正常库容已知时，如何判断这一水库是年调节还是多年调节？

12-6　何谓调节年？在实际资料中如表12-14，如何划分？

表 12－14　　某水库来水 $W_{来}$、用水 $W_{供}$ 情况

年份	水量	月份											
		1	2	3	4	5	6	7	8	9	10	11	12
1968	$W_{来}$（万 m^3）	3	4	6	5	6	9	10	7	8	5	5	4
	$W_{供}$（万 m^3）	0	0	0	6	11	15	13	10	5	3	0	0
1969	$W_{来}$（万 m^3）	2	3	4	5	7	8	10	8	9	6	4	3
	$W_{供}$（万 m^3）	0	0	0	7	10	14	13	10	4	3	0	0

12－7　在两次运用和多次运用的情况下，如何判别所需库容？

12－8　图 12－22（图中数值单位为万 m^3）中所示情况，所需兴利库容为多少，并在其下方绘出水库蓄水过程示意图。

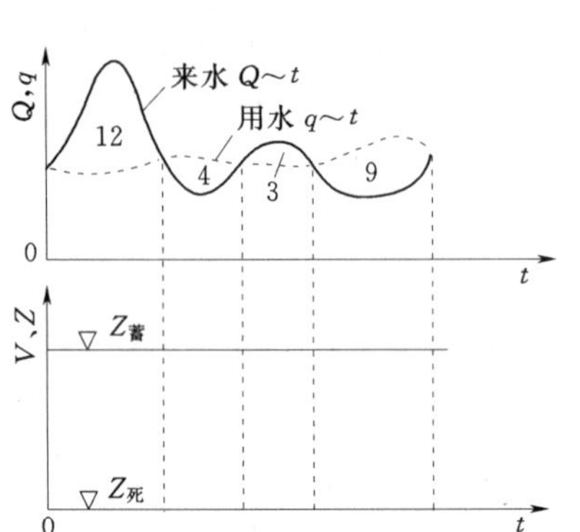

图 12－22　来水、用水蓄水过程线

12－9　水库的水量损失如何计算？

12－10　各种集中落差的方式有何优缺点？

12－11　水流出力与水电站出力有什么不同？

12－12　无调节水电站的出力历时曲线是如何绘制的？它与出力频率曲线有什么不同？

12－13　年调节水电站的保证出力和多年平均发电量的含义是什么？如何求得？

12－14　分析无调节、日调节、年调节和多年调节水电站水能计算的不同之处。

12－15　水电站的装机容量由哪几部分组成？各种容量的意义和作用如何？

12－16　装机容量年利用小时数如何确定？

习　题

12－1　青年水库为年调节水库，以下述资料用时历列表法（计入损失），试求水库兴利库容、设计蓄水位及其蓄水、弃水过程。

（1）坝址断面设计枯水年（$p=90\%$）流量过程见表 12－15。

表 12－15　　设计枯水年流量过程

月　份	2	3	4	5	6	7	8	9	10	11	12	1
流量（m^3/s）	9.87	11.98	10.80	30.90	6.19	5.90	16.34	6.79	5.19	1.71	0.69	4.16

（2）用水部门设计枯水年需水要求见表 12－16。

表 12－16　　设计枯水年需水过程

月　份	2	3	4	5	6	7	8	9	10	11	12	1
灌溉用水（m^3/s）	0	0	0.17	2.13	0.91	4.38	3.10	0.07	0.82	0	0	0
发电用水（m^3/s）	6.62	6.62	6.62	6.62	6.62	6.62	6.62	6.62	6.62	6.62	6.62	6.62
共计	6.62	6.62	6.79	8.75	7.53	11.00	9.72	6.69	7.44	6.62	6.62	6.62

（3）水库水位～面积，水位～容积曲线见表12－17。

表12－17　　水库水位～容积、水位～面积关系

水　位（m）	95	100	102	104	106	108	111	112	114
水面面积（$10^8 m^2$）	0.056	0.075	0.084	0.088	0.096	0.103	0.113	0.112	0.133
水库容积（$10^8 m^3$）	0.45	0.78	0.95	1.10	1.28	1.48	1.71	1.94	2.20

（4）蒸发损失标准见表12－18。

表12－18　　水库蒸发损失标准

月　份	1	2	3	4	5	6	7	8	9	10	11	12
蒸发损失（mm）	1.09	1.65	5.10	7.33	6.10	9.70	17.5	7.70	10.60	5.45	2.85	2.06

（5）水库每月渗漏损失按月平均蓄水量的1%计。

（6）水库设计死水位 $Z_{死}=102m$。

（7）下游水位变化不大，平均为86.0m。

12－2　按习题12－1的资料和推求的水库兴利库容、设计蓄水位，不计水头损失，用列表法推求保证出力和设计枯水年的年发电量。

第十三章　水库防洪计算

在河流上修建水库，通过兴利调节计算，可以确定水库的兴利库容，通过兴利库容对天然径流的调节与重新分配，以满足各用水部门的需水要求。另外，天然河流中的径流存在利弊两重性，设计或运用水库时，既要考虑兴利问题，又应注意防洪问题。水库防洪任务：一是修建泄洪建筑物，保护水库不受到洪水溢顶造成大坝失事；二是设置防洪库容，蓄纳洪水或阻滞洪水，减轻下游地区的洪水威胁，以保证下游防护区的安全。因此，水库防洪计算一般是在兴利计算的基础上，结合设计洪水过程线，经过水库洪水调节计算，合理确定出泄洪建筑物的类型、尺寸和防洪库容、设计洪水位、校核洪水位以及坝高等。

第一节　水库的调洪作用

设计水库时，为使水工建筑物和下游防护地区能抵御规定的洪水，要求水库有防洪设施，即设置一定的防洪库容和泄洪建筑物。使洪水经过水库调节后，安全通过大坝，并要求下泄流量不超过防护河段的允许泄量，以保证下游防护对象的安全。河道的允许泄量是指防护河段允许通过而不发生泛滥的最大流量。下面列举两种典型情况，说明水库是如何发挥调洪作用的。

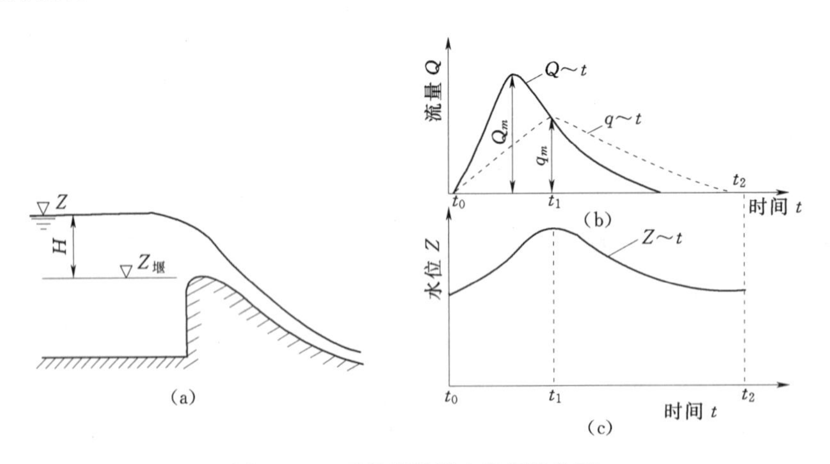

图 13-1　无闸溢洪道水库调洪作用

(a) 无闸溢洪道；(b) 水库入、出流过程线；(c) 库水位过程线

一、　无闸溢洪道的水库调洪情况

无闸溢洪道常称作开敞式溢洪道，当库水位超过溢洪道堰顶高程后就自行溢流，

如图 13-1（a）所示。在水库规划设计情况下，常假设洪水来临时，库水位正好与堰顶齐平，此时，堰顶上没有形成水头，水库的泄流量为零。其后，随着入库流量 Q 逐渐加大，水库蓄水量就会逐渐增加，库水位 Z 上升，堰顶形成水头 H，此时产生下泄流量 q。随着入库流量的增加，库水位不断上涨，下泄流量也跟着增加，但由于入库流量大于下泄流量，如图 13-1（b）所示中 $t_0 \sim t_1$ 时段，水库蓄水量不断增加；当入库洪水流量逐渐减退时，如达到 t_1 时刻，此时的入库流量与溢洪道下泄流量相等，水库具有最大的蓄水量，即水库水位达到最高值，因此有最大的堰顶水头和最大下泄流量 q_m，如图 13-1（b）所示中的 t_1 时刻。t_1 后，入库流量小于同一时刻的下泄流量，所以库水位和下泄流量也随之逐渐减小，至 t_2 时，库水位恢复到堰顶高程，此次调洪结束。

二、　有闸溢洪道的水库调洪情况

当溢洪道上设置闸门时，由于闸门控制运用较灵活，常给防洪和兴利带来很大好处，所以较大、或重要的水库，溢洪道上多设置闸门。对有闸门的溢洪道，如图 13-2（a）所示，在洪水来临之前，一般库水位是在防洪限制水位 $Z_{限}$，而 $Z_{限}$ 是在堰顶高程以上，堰顶就有一定的水头，使溢洪道有相当的泄流能力。洪水刚入水库时，为了保证兴利的要求，显然在没有准确预报的条件下，不允许闸门全开，否则 $Z_{限}$ 以下的水量就会泄出，兴利用水可能得不到保证，这时只能控制闸门开度，来多少泄多少，如图 13-2(b)所示中的 $t_0 \sim t_1$ 时段。t_1 以后，来水流量 Q 大于 $Z_{限}$ 水位时闸门全开的下泄能力，但下泄能力又不超过允许泄流量 $q_{允}$（下游被保护对象提出的要求）时，应使闸门全开，按泄洪能力泄洪。由于入库流量 Q 大于泄流量 q，水库蓄水位不断增加，水位上涨，泄流量越来越大，如图中的 $t_1 \sim t_2$ 时段。t_2 时刻以后，水库下泄能力开始大过水库允许泄流量 $q_{允}$。为保护下游防护对象安全，不能继续敞开泄流，这时应逐渐关闭闸门，使下泄流量等于允许下泄流量 $q_{允}$，如图中 t_2 时刻以后的情况。到 t_3 时刻的水库入流量已降到 $q_{允}$，以后的入库流量就小于 $q_{允}$，所以，t_3 时刻的库水位为最高库水位。由于以后的入库流量逐渐减少，下泄流量大于入库流量，闸门开度可逐渐增大，但不能使下泄流量大于 $q_{允}$。此段时间，水库蓄水量逐渐减少，库水位逐渐下降，直至回复到水位 $Z_{限}$。

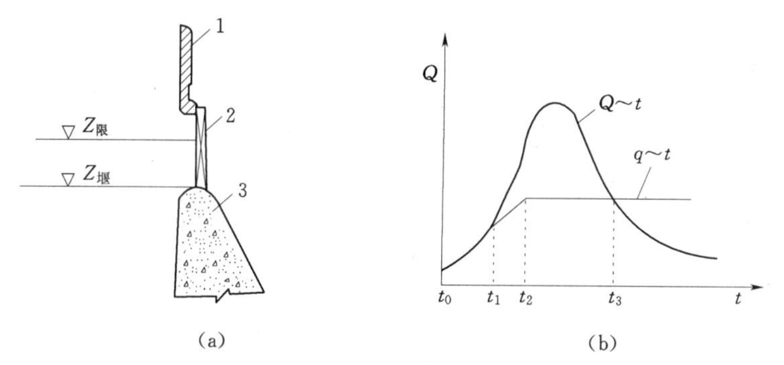

图 13-2　有闸溢洪道水库调洪作用

（a）有闸溢洪道；（b）水库入、出流过程线

1—胸墙；2—闸门；3—溢洪道

第二节 水库的调洪计算原理

水库调洪计算又称调洪演算，其任务是：对一定的水库泄洪建筑物（类型、尺寸、调洪方式已定）来说，已知入库设计洪水过程线，推求水库下泄过程线，从而可求得最大下泄流量、防洪所需库容以及相应的最高洪水位。

一、水库泄洪建筑物

在水利枢纽中，泄洪建筑物可分为两类，即表面式溢洪道和深水式泄洪洞。表面式溢洪道可作为坝体的一部分，也可设在坝体之外，并可分为无闸门自由溢流和有闸门控制泄流的两种形式。溢洪道除宣泄洪水之外，还可附带排泄冰凌、垃圾等漂浮物，有时还能用以排放浮运的木材。深水式泄洪洞有设在坝体的底孔、隧洞及泄水管等形式，一般都设有闸门。设置高程较低时，还可起到施工导流、放空水库和排沙等作用。并能在洪水来临之前，考虑水文预报，提前预泄部分水量。因此，重要的大中型水库枢纽，一般是同时设有两种类型的泄洪建筑物。

洪溢道的泄洪能力可按堰流公式计算

$$q=M_1BH_0^{\frac{3}{2}} \tag{13-1}$$

$$H_0=H+\frac{v^2}{2g}$$

式中 q——溢洪道泄洪能力，m^3/s；

H_0——考虑行近流速 v 的堰顶水头，水库行近流速 v 一般较小，计算时常可忽略其影响，H_0 可近似等于堰顶水深 H，m；

B——溢流堰净宽，m；

M_1——流量系数，其值取决于溢流堰型式，可参阅水力学书籍查定。

泄洪洞的泄洪能力可按有压管流公式计算

$$q=M_2\omega H_0^{\frac{1}{2}} \tag{13-2}$$

$$H_0=H+\frac{v^2}{2g}$$

式中 q——泄洪洞的泄洪能力，m^3/s；

H_0——考虑行近流速 v 的泄洪洞计算水头，在非淹没出流时，H 等于库水位与洞口中心高程之差；淹没出流时，H 为上下游水位差；

ω——泄洪洞的过水断面面积；

M_2——流量系数，应按淹没和非淹没情况参阅水力学书籍查取。

二、水库调洪计算基本原理

水库调洪是在水量平衡和动力平衡方程（即圣维南方程组的连续方程和运动方程）的支配下进行的。水量平衡用水库水量平衡方程表示，动力平衡可由水库蓄泄方程（或蓄泄曲线）来表示。

1. 水库水量平衡方程式

如图 13-3 所示，在某时段 Δt 内，入库水量减去出库水量，应等于该时段内水库增加或减少的蓄水量。水量平衡方程为

$$\frac{Q_1+Q_2}{2}\Delta t-\frac{q_1+q_2}{2}\Delta t=V_2-V_1 \quad (13-3)$$

式中　Q_1，Q_2——计算时段 Δt 始、末的入库流量；

q_1，q_2——计算时段 Δt 始、末的出库流量；

V_1，V_2——计算时段 Δt 始、末的水库蓄水量；

Δt——计算时段，其长短的选择，应能较准确地反映洪水过程线的形状为原则。陡涨陡落时，Δt 取短些；反之，取长些。

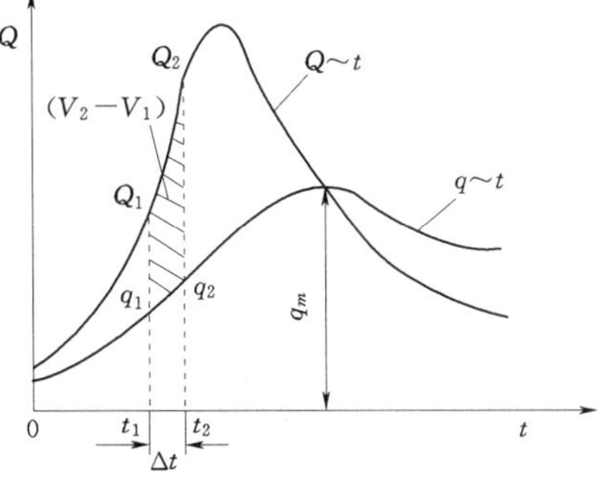

图 13-3　水库调洪计算示意图

2. 水库蓄泄方程或水库蓄泄曲线

由式（13-1）和式（13-2）给出的泄洪建筑物泄流能力 q 是水头 H 的函数，而 H 又取决于库水位 Z，Z 又与库容 V 成函数关系，因此，q 转换为 V 的单值函数。即

$$q=f(V) \quad (13-4)$$

通过逐时段联解式（13-3）和式（13-4），就可以求得水库下泄流量过程线、最大下泄流量 q_m、这场洪水所需防洪库容 $V_{防}$ 和水库最高洪水位 Z_m。

第三节　水库调洪计算的基本方法

水库调洪计算就是在拟定水库泄洪建筑物形式、尺寸等条件下，利用式（13-3）和式（13-4）进行联解，由入库洪水推求水库下泄流量过程。进行调洪计算的具体方法有很多种，常用的方法有列表试算法、图解法等。对于小型水利工程或工程初步设计方案比较阶段，可采用简化三角形法等。

一、列表试算法

列表试算法是将水量平衡方程式（13-3）中各项用表格的形式列出，便于逐时段试算下泄流量的一种简易方法。该方法概念清楚，是一种最基本且用途较广的水库调洪计算方法，其具体计算步骤如下：

（1）根据库容曲线 $Z\sim V$ 和拟定的泄洪建筑物形式、尺寸，用水力学公式计算和绘制水库的蓄泄曲线 $q\sim V$。

（2）分析确定调洪开始时的起始条件，即起调水位和相应的库容、下泄流量。在规划设计时，起调水位一般为防洪限制水位，即认为洪水来临前，库水位总是维持在防洪限制水位。如无闸溢洪道，一般防洪限制水位与溢洪道堰顶齐平，此就是起调水位。

（3）应用水量平衡方程和蓄泄曲线，如表 13-1 所示的表格形式，试算求解各时段末的 q_2、V_2。试算从第一时段开始，逐时段连续进行。对于第一时段，Q_1、Q_2、q_1、V_1 及 Δt 均已知，假设 q_2，若能同时满足式（13-3）和式（13-4），说明这是两式的解，假设的 q_2 即为所求。否则要重设 q_2，重复上述计算，直到两者相等为止。这样求得的 V_2、

q_2，就是下一时段的 V_1、q_1，于是又可同第一时段一样，试算出第二时段末的 V_2、q_2，如此连续试算，即得所需要的下泄流量过程 $q \sim t$。

（4）将入库洪水曲线 $Q \sim t$ 和计算的 $q \sim t$ 线点绘在一张图上，若计算的最大下泄流量 q_m 正好是两线的交点，则计算的 q_m 是正确的。否则，说明计算的 q_m 有误差，此时应把计算时段 Δt 划分短些，进行试算，直至计算的 q_m 正好是两线的交点为止。

（5）由 q_m 查曲线 $q \sim V$，得总库容 V_m，从中减去防洪限制水位相应的库容，便可得调蓄洪水的库容。由 V_m 查库容曲线 $Z \sim V$，可以得到最高洪水位。显然，当入库洪水为设计标准的洪水时，所求的结果是设计洪水的最大下泄流量、拦洪库容、设计洪水位；当入库洪水为校核标准洪水时，所求的结果为校核洪水的最大下泄流量、调洪库容、校核洪水位；若入库洪水为防洪标准的洪水时，所求的结果为防洪标准的最大下泄流量（一般为安全泄量）、防洪库容、防洪高水位。

【例 13-1】 已知某水库泄洪建筑物为无闸溢洪道，堰顶高程为116m，堰顶净宽 $B=45$m，流量系数 $M_1=1.6$。该水库设有小型水电站，汛期按水轮机过水能力 $Q_{电}=10\text{m}^3/\text{s}$，引水发电。水库的库容曲线如表 13-1 所示。设计洪水过程如表 13-3 所示中第（3）栏，用试算法推求水库下泄流量过程、设计最大下泄流量、拦洪库容和设计洪水位。计算时段 $\Delta t=12$h。

表 13-1　　水库水位容积曲线

库水位 Z (m)	75	80	85	90	95	100	105	115	125
库容 V ($\times10^6/\text{m}^3$)	0.5	4.0	10.0	23.0	45.0	77.5	119	234	401

（1）推求该水库的蓄泄曲线 $q \sim V$。先列出表格计算 q 和 V 的关系，如表 13-2 所示。在堰顶高程 116m 之上，假定不同的库水位 Z，列于第（1）栏，将它减去堰顶高程 116m，得第（2）栏所示的堰顶水头 H，代入堰流式（13-1），得

$$q=M_1BH^{3/2}=1.6\times45\times H^{3/2}=72H^{3/2}$$

从而算出各 H 下的溢洪道泄流能力。加上发电流量 $10\text{m}^3/\text{s}$，得水位 Z 相应的水库泄流能力，列于第（3）栏，库容曲线 $Z \sim V$ 和蓄泄曲线 $q \sim V$ 绘于图 13-4。

表 13-2　　某水库 $q \sim V$ 关系计算

库水位 Z (m)	(1)	116	118	120	122	124	126
堰顶水头 H (m)	(2)	0	2	4	6	8	10
泄流能力 q (m^3/s)	(3)	10	214	586	1068	1638	2280
库容 V ($\times10^6\text{m}^3$)	(4)	247	276	307	340	378	423

（2）确定调洪的起始条件、溢洪道属于无闸门控制，取起调水位与堰顶齐平，即为116m。其相应的库容 $V_1=247\times10^6\text{m}^3$，$q_1=10\text{m}^3/\text{s}$。

（3）推求下泄流量过程线 $q \sim t$。整个下泄流量过程的计算可按表 13-3 的格式进行；已知第一时段的 $Q_1=10\text{m}^3/\text{s}$，$Q_2=140\text{m}^3/\text{s}$，并由起始条件得 $V_1=247\times10^6\text{m}^3$，$q_1=10\text{m}^3/\text{s}$，

现在要求出第一时段末的 V_2 和 q_2；求法是：假定 $q_2=30\text{m}^3/\text{s}$，由式（13－3）得

$$\begin{aligned}V_2&=\frac{Q_1+Q_2}{2}\Delta t-\frac{q_1+q_2}{2}\Delta t+V_1\\&=\frac{10+140}{2}\times12\times3600-\frac{10+30}{2}\times12\times3600+247\times10^6\\&=249.38\times10^6\text{m}^3\end{aligned}$$

在曲线 $q\sim V$ 中（图 13－4），以 $V_2=249.38\times10^6\text{m}^3$ 查得 $q_2=20\text{m}^3/\text{s}$，与原假设不符，故需重设 q_2 进行计算。再假设 $q_2=20\text{m}^3/\text{s}$，可得

$$V_2=\frac{10+140}{2}\times12\times3600-\frac{10+20}{2}\times12\times3600+247\times10^6=249.59\times10^6\text{m}^3$$

由 V_2 查得 $q_2=20\text{m}^3/\text{s}$，与假设相符，故 $V_2=249.59\times10^6\text{m}^3$，$q_2=20\text{m}^3/\text{s}$ 即为所求，分别填入表 13－3 中该时段末的第（9）栏和第（6）栏。以第一时段所求的 V_2、q_2，作为第二时段初的 V_1、q_1，重复第一时段的试算过程，又可求得第二时段的 $V_2=265.26\times10^6\text{m}^3$，$q_2=105\text{m}^3/\text{s}$。如此连续试算，即得第（6）栏所示的下泄流量过程 $q\sim t$。

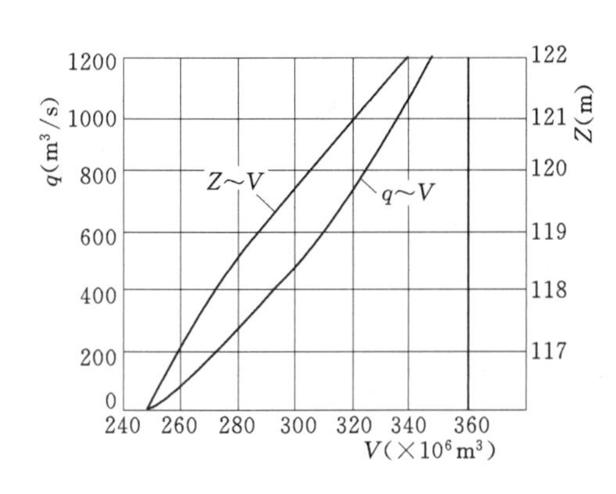

图 13－4　某水库库容曲线 $Z\sim V$ 和蓄泄曲线 $q\sim V$

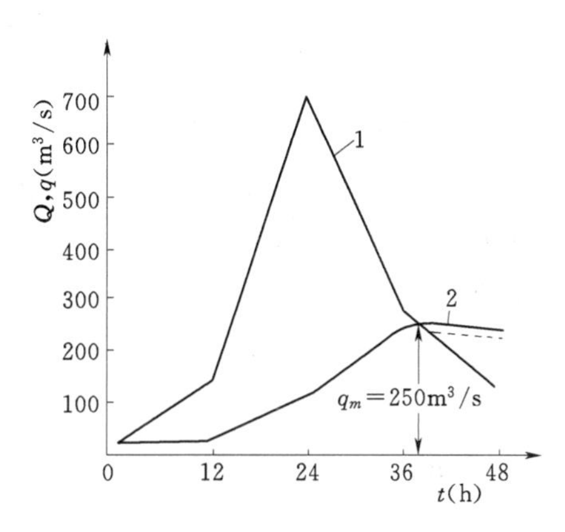

图 13－5　某水库设计洪水过程线及下泄流量过程线

（4）最大下泄流量 q_m 的计算。按时段 $\Delta t=12\text{h}$，取表中 t、Q、q 值绘制如图 13－5 所示的 $Q\sim t$ 和 $q\sim t$（退水段为虚线）过程线。$Q\sim t$ 和 $q\sim t$ 的交点处是出现 q_m 的地方，从图或表中可见 $Q\sim t$ 与 $q\sim t$ 的交点处并不在固定时段的节点上，而在 $t=36\text{h}$ 稍后。可根据两曲线相交的趋势把时段取小些，如取 $\Delta t=2\text{h}$，认为此时 $Q_2=q_2$，则在 $Q\sim t$ 线上可得 $Q_1=279\text{m}^3/\text{s}$，$Q_2=250\text{m}^3/\text{s}$。由前一时段计算可知，$q_1=240\text{m}^3/\text{s}$，$V_1=279.18\times10^6\text{m}^3$，则由式（13－3）计算得

$$V_2=\left(\frac{279+250}{2}-\frac{240+250}{2}\right)\times2\times3600+279.18\times10^6=279.32\times10^6\text{m}^3$$

由 V_2，查图 13－4 的曲线 $q\sim V$ 得 $q_2=250\text{m}^3/\text{s}$，说明与假设相符，故 $q_m=250\text{m}^3/\text{s}$ 即为所求，其出现时间在 38h。续后应对 38～48h 的时段（$\Delta t=10\text{h}$）进行试算，求得 48h 的 $q=230\text{m}^3/\text{s}$，$V=277.54\times10^6\text{m}^3$，以后就可以按 $\Delta t=12\text{h}$ 继续计算。

（5）推求拦洪库容和设计洪水位。从表 13－3 中可知，$q_m=250\text{m}^3/\text{s}$ 所相应的库容 $V_m=$

$279.32\times10^6\mathrm{m}^3$，此库容减去防洪限制水位相应的库容即为拦洪库容，$V_{拦}=(279.32-247.00)\times10^6=32.32\times10^6\mathrm{m}^3$；由 $V_m=279.32\times10^6\mathrm{m}^3$ 查曲线 $Z\sim V$ 可得 $Z_{设}=118.21\mathrm{m}$。

表 13-3　　某水库调洪计算

时间 t (h)	时段 Δt (h)	Q (m^3/s)	$\frac{Q_1+Q_2}{2}$ (m^3/s)	$\frac{Q_1+Q_2}{2}\Delta t$ ($10^6\mathrm{m}^3$)	q(m^3/s)	$\frac{q_1+q_2}{2}$ (m^3/s)	$\frac{q_1+q_2}{2}\Delta t$ ($10^6\mathrm{m}^3$)	V ($10^6\mathrm{m}^3$)	Z (m)
(1)	(2)	(3)	(4)	(5)	(6)	(7)	(8)	(9)	(10)
0		10			10			247.00	116.0
	12		75	3.24		15.0	0.65		
12		140			20			249.59	116.2
	12		425	18.37		62.5	2.70		
24		710			105			265.26	117.2
	12		494.5	21.37		172.5	7.45		
36		279			240			279.18	118.2
	2		264.5	1.90		245.0	1.76		
38		250			250			279.32	118.2
	10		190.5	6.86		240.0	8.64		
48		131			230			277.54	118.1
⋮	⋮	⋮	⋮	⋮	⋮	⋮	⋮	⋮	⋮

二、图解法

上述试算法概念清晰，容易掌握，但试算工作量较大，为了减少计算工作量，不少学者提出许多其他计算方法。这些方法的基本原理都是相同的，只是在计算技巧和公式形式上有所改换而已。图解法避免了试算，对一个水库进行多种方案和多种频率的设计洪水调洪计算时，更显其优越性。以下介绍单辅助线图解法和双辅助线图解法。

1. 单辅助线图解法

单辅助线法也称为半图解法，其计算原理与试算法是相同的，还是解算式（13-3）和式（13-4）两个方程。将水量平衡方程式整理移项，可写为

$$\left(\frac{V_2}{\Delta t}+\frac{q_2}{2}\right)=\frac{Q_1+Q_2}{2}-q_1+\left(\frac{V_1}{\Delta t}+\frac{q_1}{2}\right) \tag{13-5}$$

式中右端是已知项，左端是未知项，两个括号内都包含 $q/2$ 和 $V/\Delta t$ 两项，它们都是 q 的函数。因此，可把式（13-4）改写成

$$q=f\left(\frac{V}{\Delta t}+\frac{q}{2}\right) \tag{13-6}$$

在进行调节计算时，式（13-6）可根据确定的溢洪建筑物的类型、尺寸和库容曲线、计算时段 Δt，作好 $q=f\left(\frac{V}{\Delta t}+\frac{q}{2}\right)$的辅助曲线。

利用式（13-5）和式（13-6）进行调洪计算，采用如下步骤：

（1）从第一时段开始，由入库洪水过程和起始条件就可以知道 Q_1、Q_2、q_1、V_1，从而可以计算出式（13-5）右端的数值，并以此值查 $q=f\left(\frac{V}{\Delta t}+\frac{q}{2}\right)$曲线，便可得出第一时段末 q_2 值。

（2）第一时段末各项的数值就是第二时段初始的各项数值。重复第一时段的解算方法，又可以得第二时段求的 q_2 值。这样逐时段进行，就可以得出整个下泄流量过程线

$q \sim t$。

从解算的过程中得知，调节一方面通过公式计算；另一方面进行查图计算，才能求解 $q \sim t$ 过程。因此称为半图解法。但需指出的是，该法在作辅助曲线时，Δt 是取固定值，并由泄流能力曲线 $q \sim V$ 转换而得。所以，该法只适用于自由泄流与时段 Δt 固定的情况。当用闸门控制泄流时，应按拟定的调洪方式确定下泄流量。当 Δt 变化时，可采用试算法计算，或应作出各种 Δt 相应的辅助曲线，查图计算时，应查与计算时段相应的曲线图。

【例 13-2】 仍用例 13-1 的基本资料，采用半图解法进行调洪计算。

（1）计算和绘制 $q=f\left(\frac{V}{\Delta t}+\frac{q}{2}\right)$ 辅助曲线。假定不同的库水位 Z，列于表 13-4 中第（1）栏；可确定不同的堰顶水头 H，列于第（2）栏；由库水位查库容曲线得总库容 $V_{总}$，列于第（3）栏。为了减小计算数值，以提高作图精度，计算时不用总库容 $V_{总}$，而用堰顶以上的库容 V，列于表的第（4）栏；第（4）栏的数值被 Δt 相除，得第（5）栏；按泄流公式计算泄流能力，加上发电流量，得第（6）栏；第（6）栏数值的 1/2 得第（7）栏；第（5）栏加第（7）栏得第（8）栏；以第（6）栏为纵坐标，第（8）栏为横坐标，绘制 $q=f\left(\frac{V}{\Delta t}+\frac{q}{2}\right)$ 辅助曲线，如图 13-6 所示。

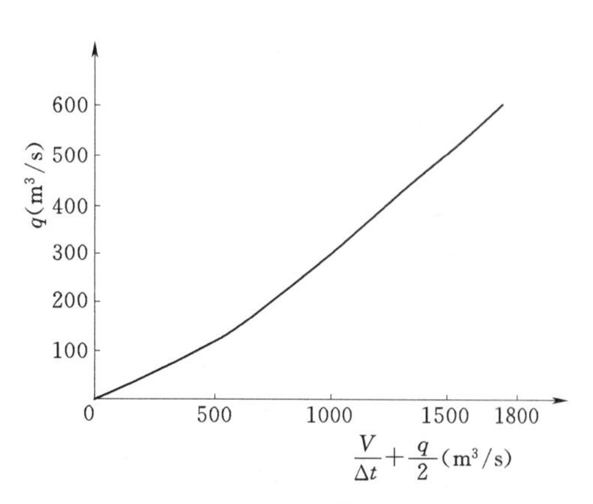

图 13-6　某水库 $q \sim \frac{V}{\Delta t}+\frac{q}{2}$ 辅助曲线

表 13-4　　某水库 $q=f\left(\frac{V}{\Delta t}+\frac{q}{2}\right)$ 关系计算表（$\Delta t=12h$）

库水位 Z (m)	堰顶水头 H (m)	总库容 $V_{总}$ ($\times 10^6 m^3$)	堰顶以上库容 V ($\times 10^6 m^3$)	$\frac{V}{\Delta t}$ (m^3/s)	q (m^3/s)	$\frac{q}{2}$ (m^3/s)	$\frac{V}{\Delta t}+\frac{q}{2}$ (m^3/s)
(1)	(2)	(3)	(4)	(5)	(6)	(7)	(8)
116	0	247	0	0	10	5	5
117	1	262	15	348	82	41	369
118	2	267	29	672	214	107	779
119	3	291	44	1020	384	192	1212
120	4	307	60	1390	586	293	1683

（2）推求下泄过程。从［例 13-1］可知，第一时段的 $Q_1=10m^3/s$，$Q_2=140m^3/s$，$q_1=10m^3/s$，$V_1=0$（只计算堰顶以上部分），因此，$\frac{V_1}{\Delta t}+\frac{q_1}{2}=5m^3/s$；从式（13-5）计算得 $\frac{V_2}{\Delta t}+\frac{q_2}{2}=70m^3/s$，查图 13-6 得 $q_2=18m^3/s$。对第二时段，$Q_1=140m^3/s$，$Q_2=$

$710\text{m}^3/\text{s}$，$q_1=18\text{m}^3/\text{s}$，$\dfrac{V_1}{\Delta t}+\dfrac{q_1}{2}=70\text{m}^3/\text{s}$，由此可计算出$\dfrac{V_2}{\Delta t}+\dfrac{q_2}{2}=477\text{m}^3/\text{s}$，查图得 $q_2=110\text{m}^3/\text{s}$。第三时段及以后其他时段的计算方法同此完全相同，计算可列成表 13－5 的格式进行。

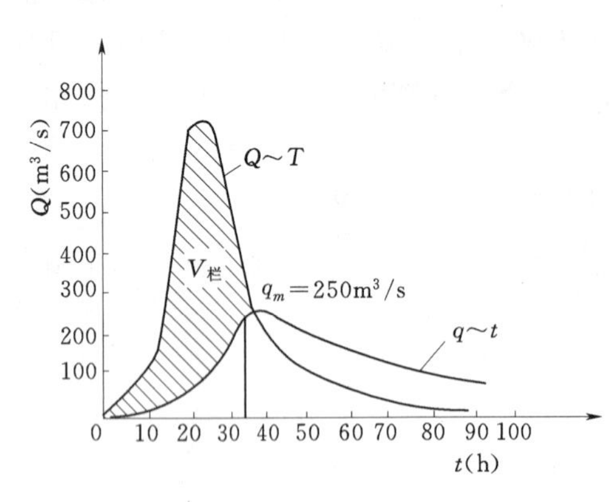

图 13－7　某水库调洪计算成果

（3）求 q_m、$V_{拦}$ 和 $Z_{设}$。将表 13－5 中的（1），（2）、（4）栏数据绘在方格纸上，如图 13－7所示，得 $Q\sim t$ 和 $q\sim t$ 两过程线，为了计算合理，若 q_m 不出现在 $Q\sim t$ 上就不是真正的 q_m，则可按趋势从计算的 q_m 顺延到曲线 $Q\sim t$ 上，如图中计算的 q_m 为 $244\text{m}^3/\text{s}$，延至 $Q\sim t$ 上则得 $q_m=250\text{m}^3/\text{s}$。若顺延没有把握时，亦可用试算法求 q_m。由 q_m 按泄流能力公式可算出堰上水头 $H_m=2.2\text{m}$，则可得水库水位（设计洪水位）$Z_{设}=116+2.2=118.2\text{m}$，并由此库水位查库容曲线得 $V_{总}=279.2\times10^6\text{m}^3$，总库容减防洪限制水位相应的库容得拦洪库容 $V_{拦}=32.8\times10^6\text{m}^3$。

表 13－5　　某水库调洪计算表

t (h)	Q (m^3/s)	$\dfrac{Q_1+Q_2}{2}$ (m^3/s)	q (m^3/s)	$\dfrac{V}{\Delta t}+\dfrac{q}{2}$ (m^3/s)
(1)	(2)	(3)	(4)	(5)
0	10	75	10	5
12	140	425	18	70
24	710	495	110	477
36	279	205	244	862
48	131	98	230	823
60	65	49	181	691
72	32	24	137	559
84	15	13	100	446
96	10	10	75	359
108	10		60	294

2. 双辅助线图解法

图解计算除上述用一根辅助曲线的方法之外，还有双辅助线法。此时可把水量平衡方程改写为

$$\left(\frac{V_2}{\Delta t}+\frac{q_2}{2}\right)=\overline{Q}+\left(\frac{V_1}{\Delta t}-\frac{q_1}{2}\right) \tag{13-7}$$

式中$\overline{Q}$为时段的平均流量，即$\overline{Q}=\dfrac{Q_1+Q_2}{2}$，并把蓄泄曲线改成 $q\sim\dfrac{V}{\Delta t}+\dfrac{q}{2}$ 和 $q\sim\dfrac{V}{\Delta t}-\dfrac{q}{2}$ 两

条辅助曲线，如图 13－8 所示。图解时从第一时段开始，已知时段的平均流量$\overline{Q}=\left(\dfrac{Q_1+Q_2}{2}\right)$和时段初的 q_1，以 q_1 在图 13－8 的纵坐标上定出 A 点，作水平线交曲线 $q\sim\dfrac{V}{\Delta t}-\dfrac{q}{2}$于 B 点，延长 AB 线到 C，使 $BC=\overline{Q}$，过 C 点作垂线与曲线 $q\sim\dfrac{V}{\Delta t}+\dfrac{q}{2}$交于 D 点，则 D 点的纵坐标即为时段末的下泄流量 q_2。第一时段 q_2 作为第二时段的 q_1，用同样的方法进行图解计算，即可得到整个下泄过程 $q\sim t$。

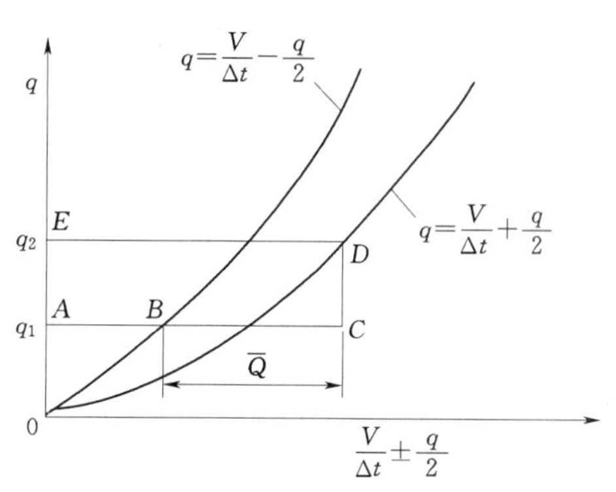

图 13－8　双辅助线图解法

三、考虑动库容的调洪计算方法

以上介绍的调洪计算方法，都是以静库容曲线为基础进行的，即把水库水面作为水平面进行的调洪计算。这对于水面较宽的湖泊型水库来说误差不大而方法简便，能满足计算精度的要求。但对狭长的河道型水库，当大洪水流量进入时，水库水面呈现明显的水面坡降，在这种情况下，仍按静库容曲线进行调洪计算常常带来较大的误差。因此，为满足成果精度要求，必须采用动库容曲线进行调洪计算。

考虑动库容影响进行调洪计算，其原理和方法与静库容计算基本相同。其差别是将水库的静库容曲线制作的 $q\sim V$ 关系线，改换成用动库容曲线制作的以 Q 为参数的 $q\sim Q\sim V$ 关系线。仍然采用逐时段求解水量平衡方程和蓄泄方程，也可用试算法和图解法来求解。下面介绍单辅助线图解法的步骤。

1. 绘制水库调洪计算辅助曲线 $q=f\left(\dfrac{V}{\Delta t}+\dfrac{q}{2},\ Q\right)$

绘制辅助曲线可先通过表 13－6 的形式计算，假定不同的入库流量 Q，由动库容曲线 $Z=f(V,\ Q)$ 查得相应的 Z 及 V，填于表第（2）栏和第（3）栏，由坝前水位 Z 减去堰顶高程（或孔口中心高程）得计算水头 H 填于第（4）栏，由泄流能力公式计算得 q 填于第（5）栏，由第（3）栏数值计算第（6）栏数值，因而可计算第（7）栏数值。然后可用第（1）、第（5）、第（7）栏数值绘出辅助曲线 $q=f\left(\dfrac{V}{\Delta t}+\dfrac{q}{2},\ Q\right)$，如图 13－9 所示。

表 13－6　　调洪计算辅助曲线 $q=f\left(\dfrac{V}{\Delta t}+\dfrac{q}{2},\ Q\right)$计算表

入库流量 Q (m^3/s)	坝前水位 Z (m)	动库容 V (m^3)	计算水头 H (m)	下泄流量 q (m^3/s)	$\dfrac{V}{\Delta t}$ (m^3/s)	$\dfrac{V}{\Delta t}+\dfrac{q}{2}$ (m^3/s)
(1)	(2)	(3)	(4)	(5)	(6)	(7)

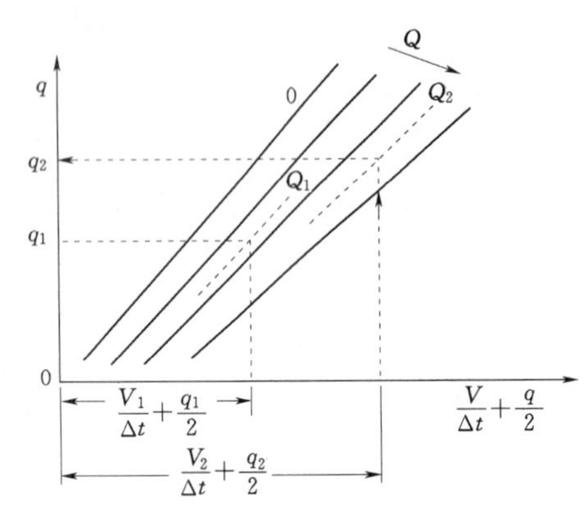

图 13-9　考虑动库容调洪计算

2. 调洪计算

在进行调洪计算前，先把水量平衡方程式变换为

$$\left(\frac{V_2}{\Delta t}+\frac{q_2}{2}\right)=\frac{Q_1+Q_2}{2}-q_1+\left(\frac{V_1}{\Delta t}+\frac{q_1}{2}\right)$$

由起始条件 q_1、V_1 及 Q_1、Q_2，便可计算出公式左端的值$\frac{V_2}{\Delta t}+\frac{q_2}{2}$，然后以此值和 Q_2，查图 13-9 可得 q_2。用求得的 q_2 作为下一时段的 q_1，同样方法进行计算，就可得出整个下泄流量过程 $q \sim t$。有了 $Q \sim t$ 和 $q \sim t$ 便可求得所需的最大下泄流量、滞洪库容和最高洪水位。

第四节　溢洪道不设闸门时的水库防洪计算

第三节讲述的调洪计算原理与方法是在确定的泄洪建筑物类型和尺寸情况下，由入库洪水来求下泄流量过程，从而可得最大下泄流量、滞洪库容、最高洪水位，这就是调洪计算的内容。而水库防洪计算的内容，除包括调洪计算的内容外，还包括泄洪建筑物的类型和尺寸、防洪限制水位的选择等。因此，水库防洪计算的任务就是要确定水库的防洪参数。水库防洪计算分不设闸门和设闸门两部分讨论。本节先讲述不设闸溢洪道的水库防洪计算。

一、无闸溢洪道水库防洪计算的特点

对于小型水库，包括有些中型水库，库容较小，一般不承担下游的防洪任务，水库防洪只是为了水库本身的安全。此时，为了管理上的方便可靠，节省投资，溢洪道一般不设闸门。在这种情况下的防洪计算有以下特点。

（1）由于没有闸门控制，为保证兴利用水的正常供给，溢洪道的堰顶高程应设在正常蓄水位处。若堰顶高程高于正常蓄水位，则可能在洪水来临时不能及时排泄原有蓄水，使水位高于原定的最高洪水位，使水库不安全；若堰顶高程低于正常蓄水位，则由于水库蓄水量达不到兴利库容，而使水库供水破坏。

（2）溢洪道上不设闸门和由于这类小型水库多为山区性洪水的多变特点，使兴利库容和防洪库容不可能结合使用。因此，防洪限制水位与正常蓄水位齐平。

（3）对这类小型水库在设计计算为安全起见，一般调洪计算时的起调水位应取堰顶高程。当洪水来后，库水位超过溢洪道堰顶，即自行溢洪，属于自由泄流方式。

二、无闸溢洪道水库的防洪计算

1. 拟定泄洪建筑物尺寸方案

对无闸溢洪道水库来说，溢洪道堰顶高程就是正常畜水位，也是防洪限制水位，这由兴利计算来决定。因此，泄洪建筑物尺寸的方案主要是根据水库坝址附近地形、地质条件和洪水情况，拟定几个可能的溢洪道宽度 B（如同时具有泄洪洞，则还要拟定泄洪洞的尺寸）。

2. 调洪计算

对拟定的几个不同方案，由已知的入库洪水过程线，如设计洪水过程线、校核洪水过程线等，进行水库的调洪计算。从而得出某一方案（溢洪道宽 B）相应的最大下泄流量 q_m、滞洪库容，最高洪水位等成果。如对某一溢洪道宽 B，以设计洪水过程线进行调洪计算，就可得出设计条件下的最大下泄流量、拦洪库容、设计洪水位；以校核洪水过程线进行调洪计算，就可得到校核条件下的最大下泄流量、调洪库容、校核洪水位。

3. 坝顶高程计算

坝顶高程是水库的非溢流坝的顶部高程，它不论在设计洪水位还是在校核洪水位的情况下，遇到风浪时，都不应使洪水溢过坝顶。为安全起见，还应有一定的安全超高，故坝顶高程为

$$Z_{坝}=\begin{bmatrix} Z_{设}+h_{浪、设}+\Delta h_{设} \\ Z_{校}+h_{浪、校}+\Delta h_{校} \end{bmatrix} \tag{13-8}$$

式中　$Z_{设}$，$Z_{校}$——某方案的设计洪水位和校核洪水位；

$h_{浪、设}$，$h_{浪、校}$——设计条件和校核条件下的风浪高，与水面、风速、坝坡情况有关，可按有关规范计算；

$\Delta h_{设}$，$\Delta h_{校}$——超过 $Z_{设}+h_{浪、设}$ 和 $Z_{校}+h_{浪、校}$ 的安全超高，按有关设计规范选取。

在式（13－8）中，$Z_{设}$ 小于 $Z_{校}$，但 $h_{浪、设}$ 大于 $h_{浪、校}$，$\Delta h_{设}$ 大于 $\Delta h_{校}$，故应对两种情况都作出计算，取大值者作为该方案的坝顶高程。

4. 方案比较和选择

根据各方案的溢洪道宽度 B、最大下泄流量 q_m、最高洪水位及坝顶高程 $Z_{坝}$ 等，通过水工布置和设计，算出工程量、材料消耗、工程投资、淹没和浸没损失、防洪效益等，然后点绘出 $B\sim Z_{坝}$ 和 $B\sim q_{m校}$ 两曲线，如图 13－10 所示。从图中可以看出，在其他条件相同时，B 愈大，则其相应的最大泄流量 $q_{m校}$ 愈大，所需的坝高愈小。而坝高是大坝投资和水库上游淹没损失（用 S_D 表示）的决定性因素，最大下泄流量是泄洪建筑物投资、水库下游堤防费用及下游淹没损失（用 S_B 表示）的决定性因素。当 B 愈大时，S_B 亦愈大，而 S_D 则愈小，如图 13－11 所示。根据此图，就可得出各方案相应的总投资。当然，总投资最小的方案为经济上最有利的方案，但在选择方案时，还应考虑技术上和政治上的因素，综合分析比较后，确定最有利的防洪方案。

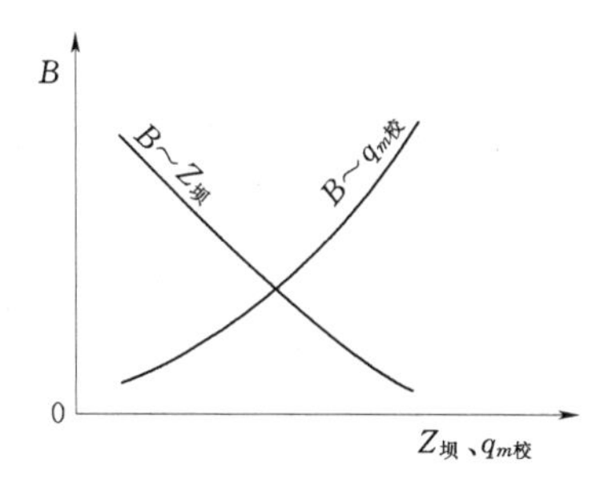

图 13－10　$B\sim q_{m校}$，$B\sim Z_{坝}$ 关系曲线

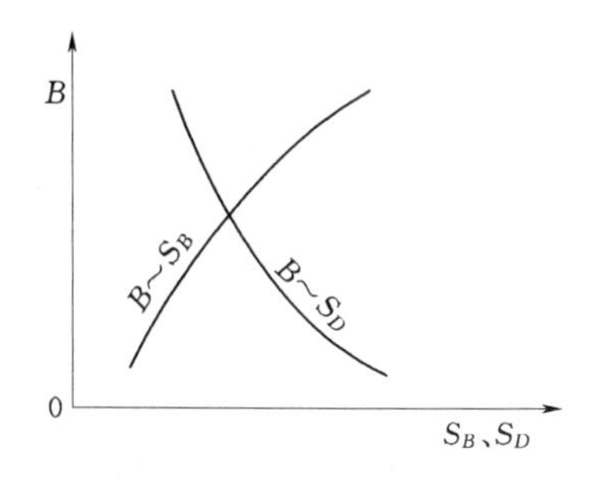

图 13－11　$B\sim S_D$，$B\sim S_B$ 关系曲线

第五节　溢洪道设闸门时的水库防洪计算

一、溢洪道设闸门的作用

溢洪道设闸门会使泄洪建筑物的投资增加，操作管理变得复杂，但有了闸门就可比较灵活地按需要控制泄洪量的大小和泄洪的时间，这会给大中型水库枢纽的综合利用和下游防洪安全带来极大的好处，故大中型水库的溢洪道上一般都设闸门。设闸的作用很多，主要有：①因为无闸溢洪道的堰顶与正常蓄水位齐平，有闸溢洪道的堰顶低于正常蓄水位，当库水位相同时，有闸溢洪道的泄洪能力大于无闸溢洪道的泄流能力；②在同样满足下游河道允许泄量 $q_{允}$ 的情况下，有闸的防洪库容要比无闸的小，如图 13－12 所示，图中阴影面积即为有闸比无闸所减少的防洪库容量，从而可减少大坝的投资和上游淹没损失；反之，防洪库容一定时，有闸控制时可使下泄最大流量减小，如图 13－13 所示，$q_{m1}>q_{m2}$，从而可减轻下游洪水灾害；③有闸控制时可考虑洪水补偿调节，当区间来水小时，水库可加大下泄流量，使上游洪水和区间洪水错开，从而可有效地削减下游河段的最大流量；④溢洪道上设闸时，可使正常畜水位 $Z_{蓄}$ 高于防洪限制水位 $Z_{限}$，$Z_{限}$ 和 $Z_{蓄}$ 之间的库容，在汛期用于防洪，非汛期蓄水兴利，这可使水库的总库容减小；⑤水库溢洪道设闸，才有可能考虑洪水预报，提前预泄，腾空库容，也能达到减少总库容的目的。

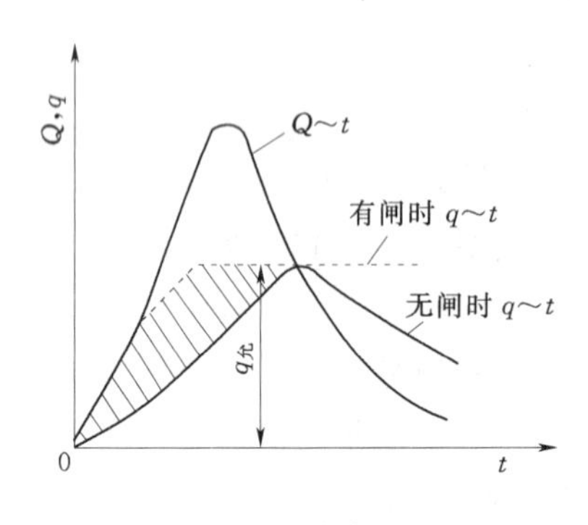

图 13－12　溢洪道设闸后防洪库容减少示意图

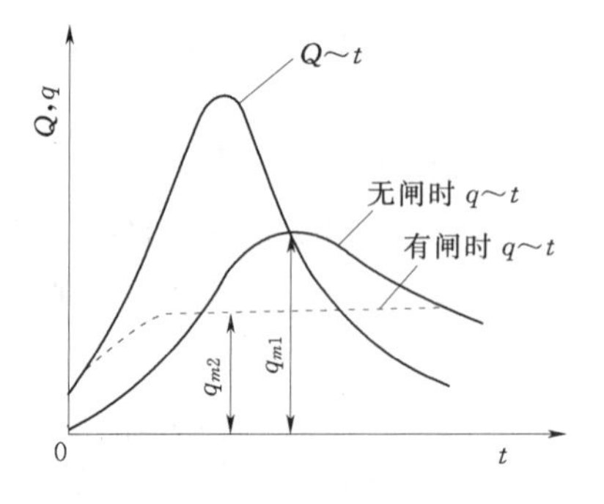

图 13－13　溢洪道设闸后最大下泄流量减少示意图

二、设闸门溢洪道水库的防洪计算

1. 防洪方案的拟定

对无闸溢洪道水库来说，防洪方案较为简单，只是拟定不同的溢流堰顶宽度。但对有闸溢洪道水库来说，组成防洪计算方案的因素很多，除堰顶宽度 B 外，还有堰顶高程 $Z_{堰}$、防洪限制水位 $Z_{限}$、闸门顶高程 $Z_{门}$ 等。此外，当有非常泄洪设施时，还要考虑其位置、类型、规模、启用水位等因素，若任一因素有改变，都会构成一个拟定的方案。对于这种比较复杂的情况，拟定出的方案非常多的时候，要注意全面深入地分析研究，抓住主要矛盾，尽可能排除一些互相制约的因素，就能减少拟定方案的盲目性。如当闸门顶以上没有胸墙时，闸门顶高程 $Z_{门}$ 应不低于正常蓄水位 $Z_{蓄}$；溢洪道堰顶高程 $Z_{堰}$ 为闸门顶高程 $Z_{门}$ 与闸门高度 $h_{门}$ 之差，闸门高度应以结构设计允许最大高度为限，然后结合溢洪道

附近的地形、地质条件拟定 $Z_{堰}$ 的比较方案；防洪限制水位是根据洪水特性、防洪要求、兴利库容等因素确定的，对防洪来说，希望 $Z_{限}$ 定得低一些，以便有更多的库容来容纳洪水，以利防洪安全，这样亦能降低工程造价。但定得太低，会使兴利得不到保证，若没有洪水，兴利库容就可能蓄不够，这对兴利来说是不允许的。因此，$Z_{限}$ 应是在不破坏设计供水的原则下取最低值；在保证防洪安全的条件下取最高值。

2. 拟定调洪方式

设闸门溢洪道的下泄流量随着闸门的启闭，有时属于控制泄流，有时属于全开的自由泄流，有时除溢洪道泄流外，还可能运用非常泄洪设施。因此，调洪计算时，应先根据下游防洪要求、非常泄洪运用条件、是否有可靠的洪水预报等情况来拟定调洪方式，即定出各种条件下启闭闸门规则和启用非常泄洪设施规则，调洪计算就根据所定的规则进行。

各水库的具体情况不同，调洪方式也就不同。作为一例，下面只分析一种较简单的情况，学习如何拟定调洪方式。当水库上游发生一场大洪水时，若不考虑预报，且洪水开始时的库水位在防洪限制水位处。洪水刚开始时，入库流量 Q 小于 $Z_{限}$ 时的溢洪道泄流能力 $q_{限}$，即 $Q<q_{限}$，此时要保持库水位不变，以保证兴利用水要求，则应控制闸门开度，使下泄流量 q 等于入库流量 Q，如图 13－14 所示的 ab 段；随着 Q 增大，达到 $Q>q_{限}$ 时，即堰闸的下泄能力小于入库流量，这时应在保证下游安全的条件下尽快泄洪，闸门全开自由泄流，如图 13－14 所示的 bc 段；但由于 $Q>q$，蓄水量增加，库水位不断上涨，堰闸的下泄能力不断增大，当下泄能力大于下游允许泄量 $q_{允}$ 时，则应关小闸门，控制下泄流量 $q=q_{允}$，如图 13－14 所示的 cd 段；由于 Q 持续大于 $q_{允}$，库水位继续上涨，当水库水位超过防洪高水位 $Z_{防}$ 时，说明这次洪水超过了下游防洪标准，这时应把保证大坝的安全作为主要目标，把闸门全开自由泄流，如图 13－14 所示的 ef 段；若库水位仍然上涨，达到了启用非常泄洪设施的水位 $Z_{启}$ 时，入库流量仍很大，此时应使非常泄洪设施投入运行，即各种泄洪措施共同排泄洪水，如图 13－15 所示中的曲线 $fghi$，以确保大坝安全。

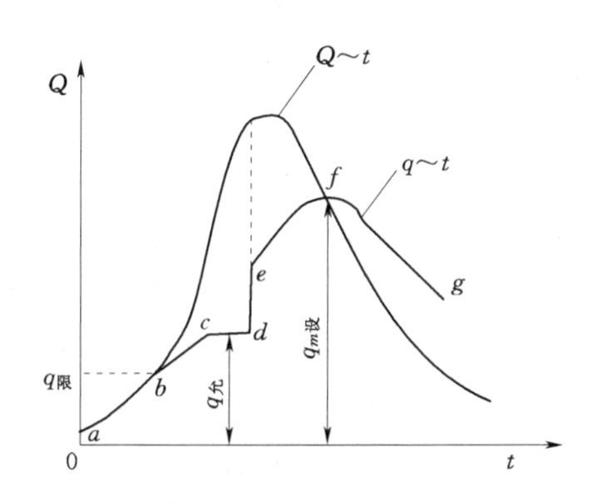

图 13－14　有闸溢洪道设计标准洪水计算

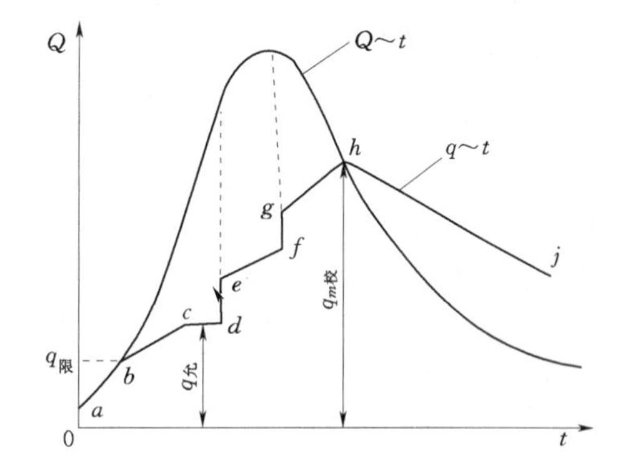

图 13－15　有闸溢洪道校核标准洪水计算

3. 调洪计算

有了调洪方式后，就很容易根据不同的条件进行调洪计算。如对设计标准的洪水，如图 13－14 所示，ab 段是控制泄流，按入库流量大小控制下泄；cd 段也是控制泄流，按 $q_{允}$ 控制下泄；bc 段和 efg 段都是自由泄流，可按本章第三节的方法求得，这样就可求得整个下泄流量过程线 $abcdefg$，从而得出 $q_{m设}$ 和 $Z_{设}$。对于校核标准的洪水，如图 13-15 所示，f 点以前的计算与设计标准洪水的方法完全一样，而曲线 ghi 是自由泄流的计算方法求得，其泄流能力应包括正常和非常的泄洪设施，从而求得整个下泄流量过程线 $abcdefgh$ 和 $q_{m校}$、$Z_{校}$。

4. 方案比较和选择

溢洪道设闸时的方案比较和选择与前述溢洪道无闸的情况基本相同，就是对各方案都计算出溢洪道建筑物投资、水库下游堤防费用及下游淹没损失，也计算出大坝投资及水库上游淹没损失，然后再比较各方案的经济、技术、政治等因素，综合分析后，选出最有利的防洪方案。

第六节　水库运用中防洪限制水位的设置与控制

防洪限制水位又称为汛限水位，是汛期洪水来到之前，水库允许蓄水的最高水位。在调洪计算时，防洪限制水位是调洪的起始水位，在本章前几节中已对规划设计阶段的水库防洪计算方法作了必要的论述。本节主要介绍水库在建成后的实际运用中，防洪限制水位的设置与控制运用问题。

水库运用阶段防洪限制水位的确定，一般要考虑以下几个方面的因素：

（1）水库工程质量。工程质量差的水库，应该降低防洪限制水位运行；工程质量问题严重的水库要空库运用，由此保证防洪安全。尤其对有病险的新建水库，通过低水位运行和观测资料分析，无异常现象的逐步提高运用水位。

（2）水库防洪标准。对原设计防洪标准较低的水库，在汛期为了保证水库安全，应降低防洪限制水位，以便提高防洪标准。

（3）水文情况。如果入库径流枯季相对较大，在汛后短期内可以蓄满水库，这种情况下防洪限制水位可以定得低一些。若汛期内河道流量有明显的分期，则可将汛期分为不同的分期（阶段），分别计算各分期的洪量和留出不同的防洪库容，进而确定各分期的防洪限制水位。这种分期控制，有利于逐步蓄水。

一、无闸溢洪道防洪限制水位的设置

水库建成经几年运用达到设计标准时，水库的防洪限制水位应与溢洪道槛顶齐平，洪水来临则由溢洪道自由泄出。目前很多已建水库由于种种原因还难以达到这种运行水平，因此，这一类水库在汛期必须限制蓄水，防洪限制水位定在溢洪道顶高程之下，其具体位置通过调洪演算来确定。如图 13-16 所示，进入水库的一部分洪水首先就被拦蓄在防洪限制水位至溢洪道顶之间的库容中（以 V_1 表示），溢洪道顶以上的滞洪库容（$V_{滞}$）只需要对剩余洪量（洪水总量 $W—V_1$）进行调节即可。

由于防洪限制水位 $Z_{限}$ 未知，V_1 不能定，可通过试算来确定 $Z_{限}$。先假定几个不同的 $Z_{限}$，求得相应的 V_1，再从洪水过程曲线 $Q\sim t$ 上扣除 V_1，并对曲线 $Q\sim t$ 的其余部分进行调洪演算，得 $V_{滞}$，见图 13-16（b）。由库容曲线可查得相应的最高洪水位 Z_m，与允许最高洪水位 $Z_{m,允}$进行比较，若两者相等，则 $Z_{限}$ 即为所求的防洪限制水位。

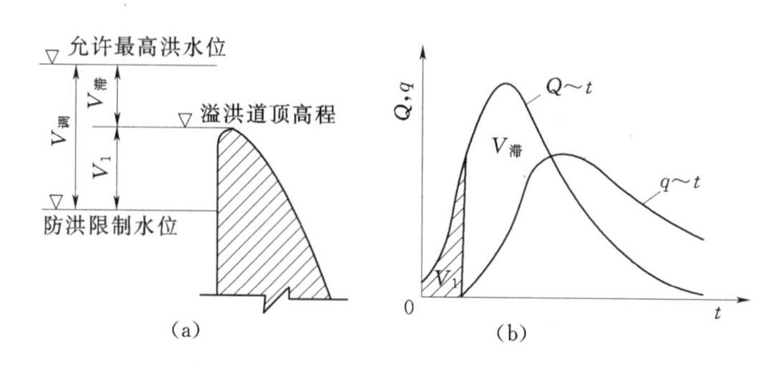

图 13-16 无闸门溢洪道防洪限制水位示意图

(a) 防洪限制水位位置图；(b) 调洪演算图

二、有闸溢洪道防洪限制水位的设置

溢洪道有闸门控制时，防洪限制水位一般处在溢洪道顶高程之上，见图 13-17。根据水库下游防洪任务的要求不同，推求防洪限制水位的方法也有所区别。

1. 下游无防洪任务时

水库下游无防洪任务要求时，防洪计算的主要目的是为了大坝的安全，水库的最大下泄量不受限制。水库的闸门控制运用方式如下；在洪水来临前，闸门关闭，蓄水至防洪限制水位。洪水来临，逐渐开启闸门，使下泄流量等于入库流量（见图 13-18 中的曲线 ab），库水位维持在防洪限制水位不变。b 点后，入库流量开始大于闸门全部开启的泄洪能力，则将闸门全部打开，形成自由溢流，下泄流量随库水位的升高而增大，至 c 点，下泄流量达到最大，此时入库流量等于下泄流量。c 点后，随着库水位逐渐降低，下泄流量逐渐减少。

若当年水库的允许最高洪水位确定时，防洪限制水位 $Z_{限}$ 可采用调洪计算方法逆时序反推求得。

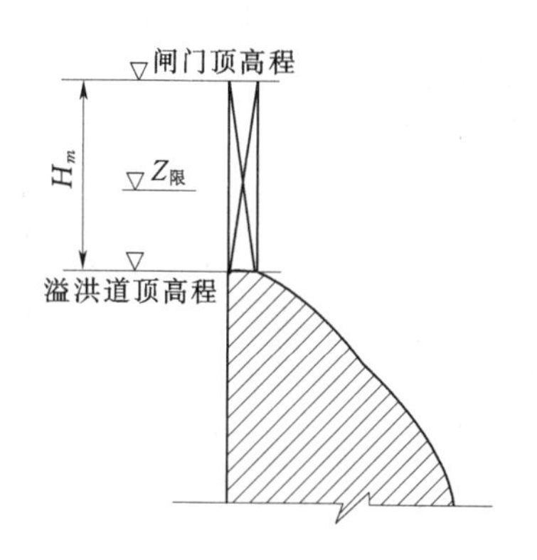

图 13-17 有闸门溢洪道防洪限制水位示意图

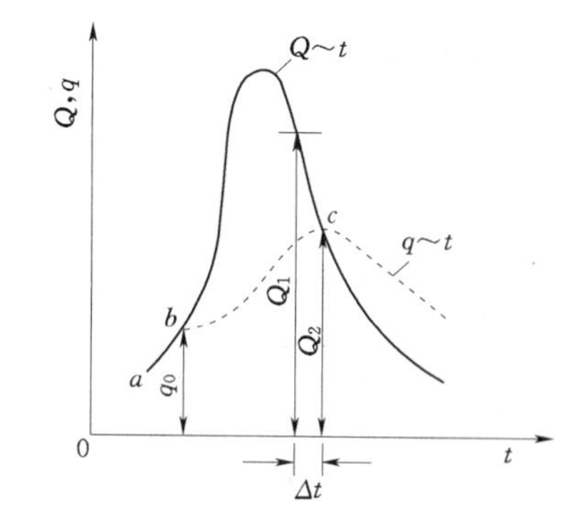

图 13-18 逆时序调洪演算示意图

2. 下游有防洪任务时

水库承担有下游防洪任务时，防洪限制水位确定的原则应该是既能保证水库工程的安全，又能满足下游防洪要求，并根据拟定的水库防洪调度方式通过调洪计算加以确定。现以固定泄流方式为例予以说明。

固定泄流情况下推求防洪限制水位 $Z_{限}$ 需采用试算法。对于一级控制泄流，开始时，应先取下游防洪标准的洪水过程线，假定一个起调水位，下泄量按下游安全泄量 $q_{安}$ 控制，进行调洪计算求得相应于下游防洪标准的 $V_{防1}$，见图 13-19（a）。当出现水库设计洪水时，见图 13-19（b）。开始仍按 $q_{安}$ 下泄，当 $V_{防1}$已经蓄满，则敞开闸门泄洪，当至最大下泄量 q_m 时，求得这时的最高洪水位 Z_m，与允许最高洪水位相比较，如两者相等，则假定的起调水位即为防洪限制水位；如两者不等，则重新假设起调水位，再行计算，直至两者相等为止。

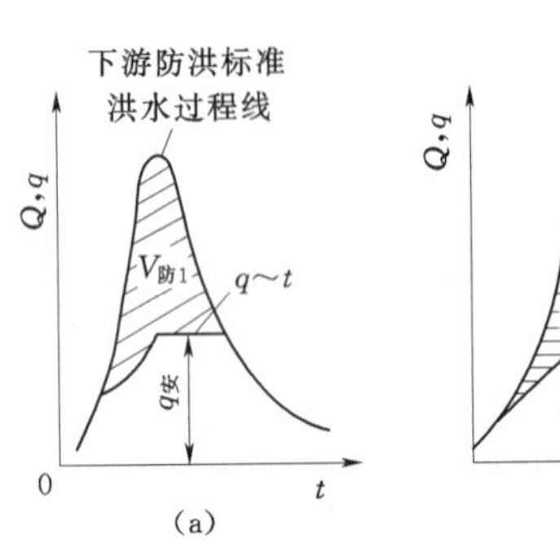

图 13-19　固定泄流（一级控制）的防洪调度示意图
（a）第一步调洪；（b）第二步调洪

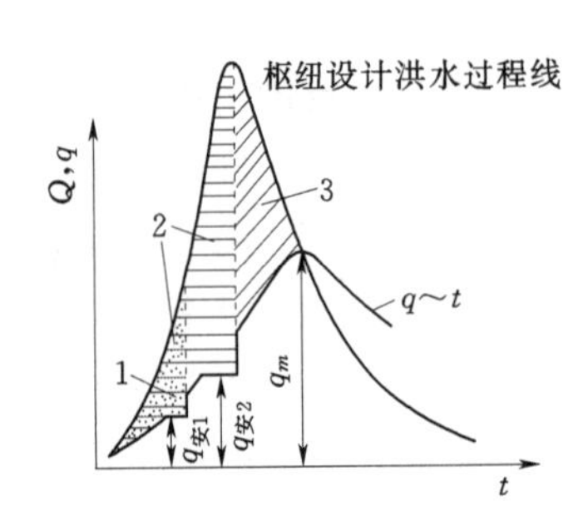

图 13-20　固定泄流（二级控制）的防洪调度示意图
1—$V_{防1}$；2—$V_{防2}$；3—$V'_{防}$

若为分级控制，亦须先假定一个起调水位，进行调洪计算，求得下游各种防洪标准相应的防洪库容 $V_{防1}$、$V_{防2}$、…及水库洪水位 Z_1、Z_2、…。当库水位低于 Z_1 时，控制泄流量不大于 $q_{安1}$，库水位在 Z_1 至 Z_2 之间时，控制泄流量不大于 $q_{安2}$，…依次逐级控制（见图 13-20）。当超过下游最后一级防洪标准时，例如，图 13-20 所示中的 $V_{防2}$及其相应的库水位 Z_2，则敞开闸门泄洪，至最大下泄量 q_m，求得相应的最高库水位 Z_m，与允许最高洪水位相比较，两者相等的起调水位即为所求的防洪限制水位。

三、分期防洪限制水位的设置

对于汛期洪水变化有明显分期特性的河流，可根据洪水变化特性将汛期分为若干个分期，如前汛期、后汛期，或初汛期、主汛期、尾汛期等。按分期确定 $Z_{限}$，可在某些分期可以将 $Z_{限}$ 相对地抬高，以便在保证防洪安全的前提下，充分利用库容蓄水兴利。例如，初汛和尾汛的洪水小于主汛期，所以其 $Z_{限}$可以相对提高。

分期防洪限制水位设置的计算，基本内容和步骤为：

（1）将整个汛期划分为若干分期如第七章所述，主要根据水文气象资料和预报条件进行统计分析和洪水成因分析，然后研究确定。

（2）各分期设计标准的洪水计算按第七章所述方法进行计算，即可求得各分期的设计洪水。必须注意，分期设计洪水组合的全汛期洪水不应低于年最大值法选样推求的设计洪水，以确保防洪安全。

（3）分期防洪限制水位的推求按照划定的分期进行，例如，对于汛期划分为初汛、主

汛和汛末三个分期的水库，首先对初汛期内的设计洪水进行调洪计算，由已经确定的允许最高洪水位，求得相应的防洪限制水位 $Z_{限}$，其他分期也按原规定的防洪标准由此同样方法，求得相应的防洪限制水位。

四、防洪限制水位动态设计与控制

前面介绍水库在汛期控制运用时，全汛期设置一个固定不变的防洪限制水位，或分阶段设置多个防洪限制水位的控制方法，称为汛期水位单值或多值静态控制。它是基于概率论与数理统计原理的防洪规划设计或汛期计划阶段的成果，即水库实际运用阶段无论面临水文气象条件如何，都将置于可能发生设计标准和防洪标准洪水的情景中，以此来应对从而保障防洪安全。这种传统的汛限水位控制方式主要利用洪水的统计信息，而没有考虑现代水文预报和气象预报技术，致使会造成水库在汛期不敢蓄水而汛后又无水可蓄的窘境，以牺牲部分兴利效益为代价来保证防洪安全，在水库运行中暴露出的问题已经越来越多。

随着雷达、气象卫星、水雨情自动测报系统、洪水预报系统等现代化预报技术及产品的应用，降雨预报、洪水预报的有效预见期和预报精度都有了较大提高，为安全利用洪水资源，实施水库汛限水位动态控制提供了可能性。水库汛限水位动态控制是基于成因分析与统计学的条件概率事件出发，综合利用现代科学技术提供的一切有用的信息（如实时的水、雨、工情，水文气象预报的水、雨情及卫星云图等），并采用弥补措施预防预报的小概率误差与稀遇洪水事件发生，安全经济地确定一个允许动态控制域，并在此约束域内对汛限水位实施动态控制。实时调度阶段，如将汛限水位控制在上限，则目标是在满足原设计防洪安全要求的前提下，提高洪水资源的利用率；若将汛限水位控制在下限，则在满足供水保证率的前提下，提高防洪安全度。

预泄预蓄调度方式不改变水库设计指标，是一种行之有效且安全可靠的动态控制手段，目前在很多水库已经进行了具体实践。其中，控制域和可行的调度方式是动态控制方案的关键内容，动态控制方案的优劣则需要通过评价体系来衡量。汛限水位的动态变化需要控制在合理的控制域范围内，即汛限水位的上限和下限。上限通常由有效预见期内的安全泄流计算确定，有多大的泄流能力则可上浮多大的库容；下限以退水期内的回蓄能力确定，库容下浮量取决于退水洪量，当预报遭遇致灾洪水时可加大下浮库容，尽量降低库水位，而遭遇非致灾洪水时可取原静态控制的汛限水位作为下限。

预泄预蓄法的设计思想为：根据短期实时洪水预报和降雨预报信息，在有效预见期内，利用水库的泄流能力，在满足下游防洪安全前提下留有余地（考虑预报误差及其他干扰）的上浮或下调汛限水位。预泄是使上浮的水位在下场洪水来临前降回到设计汛限水位下限，以确保水库和下游防洪安全。预蓄是为了提高蓄水效益，在洪水消落阶段，根据有效预见期内的退水过程留有余地回蓄至汛限水位上限。

实施预泄预蓄控制的步骤如下：

（1）利用降雨天气预报，当预报未来有日降雨为大雨及以上时，水库充分供水，例如水电站满负荷发电，根据实际情况判断是否需要提前预泄以及确定下泄流量，对库水位进行初步的调整。

（2）当发生实际降雨后，结合气象预报和洪水预报信息，根据实际情况及时判断是否需要预泄。当需要预泄时，确保在入库洪水达到安全泄量前降至汛限水位下限，腾出防洪

库容。

（3）库水位降至汛限水位下限后，按常规的防洪调度规则调度。

（4）在退水阶段，根据未来及当前时段降雨、洪水预报，适时适度进行回蓄，尽量减少弃水。

为保证能应付各种突发事故，需要制定相应的动态控制应急方案，建立和健全洪灾预警系统，提高应对洪灾风险的快速反应能力，及时有效地组织开展防汛抗洪抢险救灾工作，最大限度地减轻洪灾的损失。在实时预报调度中，调度人员应参考设计调度方案并灵活运用，根据实际情况作出积极稳妥的调度决策。

复习思考题

13－1　防治洪水灾害一般有哪几种措施？它们在防洪上各有什么特点？

13－2　图13－21表示一个无闸溢洪道水库的调洪示意图，它是否正确？为什么，如不正确，加以修正。

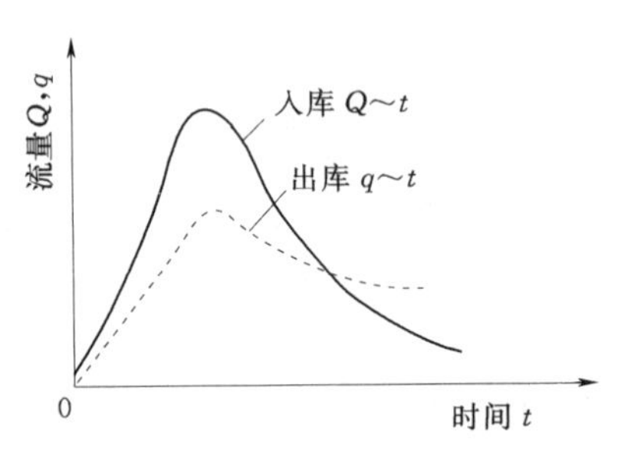

图13－21　无闸溢洪道水库的调洪示意图

13－3　水库调洪计算的试算法和半图解法的基本原理是否一致？它们各有什么优缺点？

13－4　无闸溢洪道水库调洪计算，为什么最大下泄流量一定出现在入库洪水过程线的退水线上？

13－5　利用动库容曲线做调洪计算，与利用静库容曲线相比，其结果有什么差别？

13－6　有闸溢洪道的调洪计算与无闸相比，有何特点？

13－7　下游有防洪任务时，如何推求水库的设计洪水位和校核洪水位？

习　　题

13－1　已知胜利水库调洪计算的资料如下：

（1）$p=5\%$的洪水过程见表13－7。

（2）水库的泄洪建筑物为溢洪道，设有五孔闸门，每孔高10m，宽12m，堰顶高程为50m，汛前水位为54m，水电站水轮机最大过水能力$Q_T=120\text{m}^3/\text{s}$，下游安全允许泄量$q_{允}=2500\text{m}^3/\text{s}$。溢洪道溢流能力公式：$q=MB\sqrt{2g}H^{3/2}$，流量系数$M=0.45$。

表13－7　$p=5\%$的洪水过程

时间（h）	0	6	12	18	24	30	36	42	48	54	60	66	72
流量（m^3/s）	250	450	750	1250	2000	2750	3200	3400	3600	4800	5950	5750	5200
时间（h）	78	84	90	96	102	108	114	120	126	132	138	144	
流量（m^3/s）	4500	4000	3250	2700	1800	1400	1100	800	700	650	400	250	

（3）水库水位容积曲线。见表13－8。

表 13-8　　水库水位容积曲线

水位（m）	45	46	50	51	52	53	54	55	56	57	58	59	60	61
容积（亿 m^3）	1.85	2.1	3.5	4.0	4.5	5.0	5.5	6.1	6.7	7.3	8.0	9.0	10.5	13.0

（4）$p=1\%$的设计洪水过程线。见表 13-9。

表 13-9　　$p=1\%$的设计洪水过程

时间（h）	0	6	12	18	24	30	36	42	48	54	60	66
流量（m^3/s）	500	766	1480	2200	3000	3400	3800	4100	4500	6900	7600	7300

时间（h）	72	78	84	90	96	102	108	114	120	126	132	138	144
流量（m^3/s）	6850	5900	5000	4400	3600	2850	1950	1600	1300	1100	950	650	360

要求：①绘制 $p=1\%$的设计洪水过程线和水库容积曲线；②计算并绘制调洪辅助曲线；③调洪计算，确定防洪标准 $p=5\%$的防洪库容和防洪高水位；④确定拦洪库容和设计洪水位，并绘出 $p=1\%$设计洪水的调洪下泄流量过程线。

第十四章　水　库　调　度

第一节　水库调度的意义

在水库规划设计阶段确定的主要参数如正常蓄水位、设计洪水位、有效库容以及水库的调度方式和调度原则等，是水库管理运用的基本依据。而对水库如何进行有效、合理的管理，指导水库如何运行的方法称为水库调度，又称为水库控制运用。水库调度是指在水库来水与用水变动的情况下，根据径流特性和水库的任务要求，有目的、有计划地统筹安排水库蓄水与供水、拦洪与泄洪、防洪与兴利的一种技术和措施。其目的在于既要保证水库的安全可靠，又要充分发挥其综合效益。

水库的天然来水与国民经济用水计划之间存在一定的矛盾。由于径流情况的多变性，造成水库来水难以预测的困难；又由于各部门综合用水的需要，既要求水库供水有计划，又要求水库工作安全经济。这种来水与用水之间的矛盾，必须采取专门措施，加以综合解决，这也是需要水库调度的根本原因。由于防洪兴利的要求不同，兴利各部门之间的要求也不同（反映在保证率上的差异），但却要在同一个水库内满足它们各自的需要，这就不能避免彼此之间产生矛盾。要求一个水库合理地解决这些矛盾，就必须对水库的工作进行周密的安排。这是需要水库调度的另一个原因。

水库参加水利系统和电力系统工作时，水库供水并不是唯一的水源或能源，系统中各水源或能源均可相互替代。提高水库的供水量，就可减少其他能源的消耗；减少水库发电的耗水量，势必增加另一能源的消耗量。水库如何工作，才能使整个系统工作既能满足用户要求，又能获得最大经济效益。这就需要参加系统工作的水库，与水库群、火电、核电、风电等电站进行联合统一的优化调度。

水库调度之所以必需，还在于目前没有预见期足够长和精度足够高的水文预报。假如水库具有长期、准确的径流预报时序过程，就可安排出一个最优的水库工作方式，从而避免人为失误，造成缺水和弃水现象。然而，这种长期、准确的水文预报，目前还很难办到。但是，随着水文预报科学的发展，某种程度的长期预报是可以得到的。事实上，国内任何水库的调度工作均在不同程度上使用预报值，进行水库预报调度，而且在不断的发展，但目前长期水文预报精度还不很高。因此，对水库的未来工作，不得不采用另外的一种形式，就是通常所说的水库调度，即没有足够长期而准确的水文预报，也是构成需要水库调度工作的原因之一。

根据上述的主要原因，水库调度不仅是水库运行阶段所必需，也是水库设计阶段不可缺少的。对于保证工程安全可靠和充分发挥水库最大综合效益，都是非常关键的措施。

水库调度的实践表明：水库控制运用恰当，就可有效地解决防洪兴利之间、综合利用

中各部门之间的矛盾，切实做到水库有计划的充蓄和消落，有目的的拦洪和泄洪，一水多用，一库多利，确保水库安全，发挥水库最大效益；水库无调度计划或控制运用不当，非但不能满足各部门的用水要求，达不到预期效果，而且会引起人为失误，造成不应有的损失和灾难。

为了进行水库调度，必须利用径流的时历特性资料或统计特性资料，按水库运行调度的最优准则，预先编制出一组控制水库工作的水库蓄水指示线即调度线，组成水库调度图，在运行过程中即使缺乏径流预报，只要根据各时刻的水库实际蓄水情况，以调度图和调度规则为指导，就能决定水库应当如何工作。这样调度的结果，就会较好地满足各方面的要求，获得较大的综合效益。如果水库调度结合水文预报来进行的，则称为水库预报调度。下面仅介绍单个水库的调度问题。

第二节　水库调度图的绘制方法及应用

水库调度图是以水库水位、时间为纵、横坐标，由一组调度线和水库特征水位划分的若干调度区所组成的。水库运行时，管理人员则依据当时库水位所处的调度区，按该区的调度规则来进行调度。调度图的绘制，首先必须绘出各种调度线，不同调节类型的水库，其调度线的绘制也是有些差别的，以下分别介绍年调节水库和多年调节水库调度线绘制的方法。

一、绘制水库调度图的基本依据

(1) 水文资料包括坝址历年逐月平均流量资料、统计特性资料、设计洪水过程线以及下游水位流量关系曲线等。

(2) 水库特性资料包括水库容积曲线、水库面积曲线、水库各种兴利和防洪特征水位等。

(3) 水电站动力特性资料包括水轮机运行综合特性曲线、有压引水系统水头损失特性资料等。

(4) 水电站保证出力图它表示为了保证电力系统正常运行而要求水电站每月发出的平均出力。

(5) 综合利用要求包括灌溉、航运、给水等要求，并可作出保证供水图。

二、年调节水库各调度线的绘制

1. 上、下基本调度线的绘制

上基本调度线又称保证供水线，如图 14-1 中的上包线（粗实线），它是正常供水还是加大供水的分界线。它的作用是：在设计保证率范围内，保证正常供水不遭受破坏。也就是对于来水不小于设计枯水年的年份，正常供水必须得到保证，要尽量利用多余水量加大供水，供水期末水库泄放至死水位时蓄水正好用完，而避免弃水。

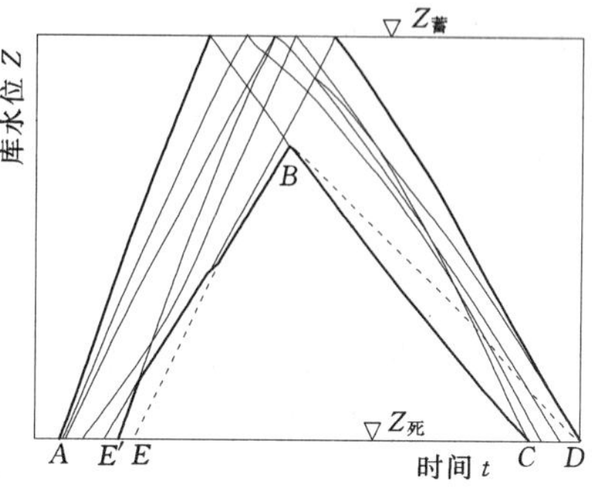

图 14-1　上、下基本调度线的绘制

下基本调度线又称限制供水线，如图 14-1 所示中的下包线（粗实线），它是正常供水还是限制供水的分界线。它的作用是：当出现特枯水年时，正常供水肯定达不到要求，为使允许破坏的那些特枯水年供

水不至于完全中断，因而需要提前限制供水，逐步降低其供水量，尽量减少其破坏程度。

由于上、下基本调度线都是以设计保证率的来水年份作为衡量加大、正常、限制供水的分界线，所以可用设计枯水年来绘制基本调度线，绘制的步骤如下：

(1) 选择符合设计保证率的若干典型年，并对它们进行修正，使其年水量等于设计年径流量。选年时应注意供水期终止时刻与大多数的年份一致。

(2) 对修正后的典型年来水过程，按保证供水图自供水期末开始进行逆时序、逐时段调节计算，算至供水期初后继续往前计算，至蓄水期初，就可求得各年按保证供水图供水的水库蓄水过程线（图 14-1 上、下包线间的各条细实线）。

(3) 取各年蓄水过程线的上、下包线，如图 14-1 所示，即为上、下基本调度线。

为了防止在运行中汛期开始较迟，引起水库供水剧烈减少（或过早降低）而带来正常工作的集中破坏，一般是修正下基本调度线来解决。修正的办法是：对供水期，可将两基本调度线结束于同一时刻，把下基本凋度线的结束点 C 移至 D 点，将 B、D 连接起来作为下基本调度线；对蓄水期，可将下基本调度线的开始点 E' 移至洪水最迟开始时刻的 E 点。作出 BE 光滑曲线作为下基本调度线。

有了上、下基本调度线之后，在水库遇到设计枯水年时，水库将具有足够的蓄水量，无论对哪一种径流年内分配典型，都不会由于蓄水不足引起破坏；在水库遇到特枯水年时，水库可及时降低供水，以避免供水期后期集中破坏，而产生严重的国民经济损失：当水库遇到比设计枯水年大的来水年份，水库蓄水量会落于上基本调度线上方，此时可及时加大供水量，以免在蓄水期末发生弃水或在供水期末不能降至死水位，使下一年蓄水期发生弃水。

2. 加大供水调度线的绘制

加大供水线是为了使水库在丰水年份充分利用多余径流，避免发生不应有的弃水而绘制的。尽管有了上基本调度线后，可以知道什么时候水库可加大供水，但是加大供水的数量还不很明确，有了加大供水线后，就可知道什么时候以最大供水量供水以及部分加大供水时间，这样进行调度就更明确了。绘制加大供水线的步骤如下：

(1) 选择设计丰水年（一般采用频率为 $1-P_{设}$ 的年份）作为水库来水过程。

(2) 以用水部门的最大供水量进行供水，从供水期末水库放空开始进行逆时序、逐时段调节计算，则得各时刻水库蓄水量，此即为加大供水线，如图 14-3 所示中的 3 线。

加大供水线的作用是保证充分利用丰水季的多余径流，而不发生不应有的弃水，同时保证水库在丰水年的枯水季末能将水库泄空。

有时为了更明确水位落在加大供水线至上基本调度线间时的加大供水量，还可在此区间划分成几个小区，使各区更明确指示加大数量的值。如由正常供水至最大供水之间分成两等或若干等，则可把此区间划分为两个或若干个小区。

3. 防洪调度线的绘制

防洪调度线是为满足水库安全而在各时刻必须预留蓄纳设计洪水的库容指示线，该线的作用是指示何时需要控制泄洪，不因调度不当而造成意外损失。防洪调度线的绘制步骤如下：

(1) 分析洪水出现规律，找出设计洪水来临的最迟时刻 t_k。

（2）以 t_k 时刻相应的上基本调度线的水位为防洪限制水位 $Z_{限}$，如图 14－2 所示。

（3）进行调洪计算，从而可得水库的蓄水过程线，此即为防洪调度线，如图 14－3 所示中 4 线。

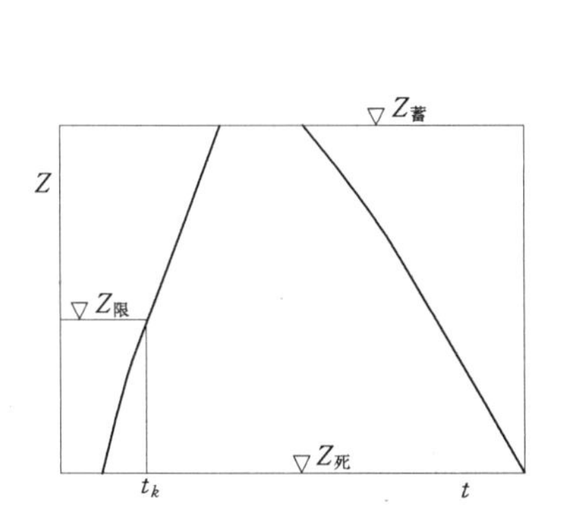

图 14－2　防洪限制水位确定

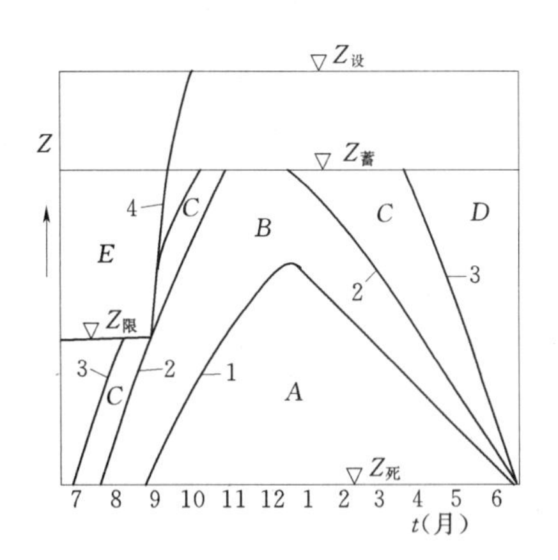

图 14－3　年调节水库调度图

4．年调节水库调度图及其应用

将上述各调度线综合绘制在一起时，即可得到年调节水库调度图，如图 14－3 所示。图中 1 线为下基本调度线；2 线为上基本调度线；3 线为加大供水线；4 线为防洪调度线，各调度线将水库整个调度图分成了几个区域。

A 区为限制供水区，当出现特枯水年时，其径流量不足以满足正常供水，水库正常运行中的实际蓄水位将降低到下基本调度线以下的区域，这时水库应立即采取限制供水措施，按降低供水量供水。在实际工作中，可以在限制供水区内，按一定的限制供水规则，绘出若干个降低供水量的附加调度线，将该区划分为若干个降低供水量的运行小区（范围），以便在实际操作时，正确判定降低供水的程度。库水位落在 *A* 区时，供水减少的方式有三种情况：①立即降低供水，使水库蓄水在本时段末就回到下基本调度线上，如图 14－4 所示中 1 线。这种方式一般地说引起的破坏强度较小，时间也比较短；②后期集中降低供水，如图 14－4 所示中 2 线，水库一直按正常供水，当水库有效蓄水放空后按天然流量供水，若此时天然流量很小，会引起供水（或出力）的剧烈降低，这种方式比较简单，且系统正常工作破坏的持续时间较短；③均匀降低供水，如图 14－4 所示中 3 线，这种方式使破坏时间长一些，但破坏强度最小。

B 区为正常供水区，反映了设计枯水年可能的运行范围，因此当蓄水落于该区时，水库应按正常供水量供水。

C 区为加大供水区，若水库蓄水落于该区，说明入库径流较大，除足以保证正常供水外，尚有多余水量，可以用来加大供水，加大供水量视多余水量的数值和拟定的余水加大方式而定。在实际工作中，为操作方便起见，可以在加大区内，按照一定的余水利用规则，绘制若干条加大供水的附加调度线，以明确划分定出不同加大供水流量的运行范围。这样只要了解实际蓄水落在哪个范围内，就能确定加大供水量的数值。余水加大方式可以有三种情况：①立即加大供水，使水库水位在时段 Δt 末就降落在上基本调度线上，如图

14－5所示中的1线。这种方式水量利用比较充分，但供水（或出力）不均匀；②后期集中加大供水，如图14－5所示中的2线，这种方式可使水电站较长时期处于较高水头下运行，对发电有利，但出力不均匀，如汛期提前来临，还可能发生弃水；③均匀加大出力，如图14－5所示中的3线，这种方式使水电站出力均匀，也能充分利用水能资源。

D区为最大供水区，根据加大供水线的绘制方法和条件可知，当水库蓄水落于D区，说明入库径流很大。在这种情况下，显然必须使水库立即按设备最大过水能力供水，水电站按装机容量发电。

E区为防洪区，水库蓄水落于该区时，若水库不负担下游防洪任务，则应全力泄洪，使库水位迅速回到防洪调度线上；若水库承担下游防洪任务，则应按下游规定允许泄量下泄，当水库水位已达防洪高水位时，水库应全力泄洪，泄洪流量不受允许泄量的限制。

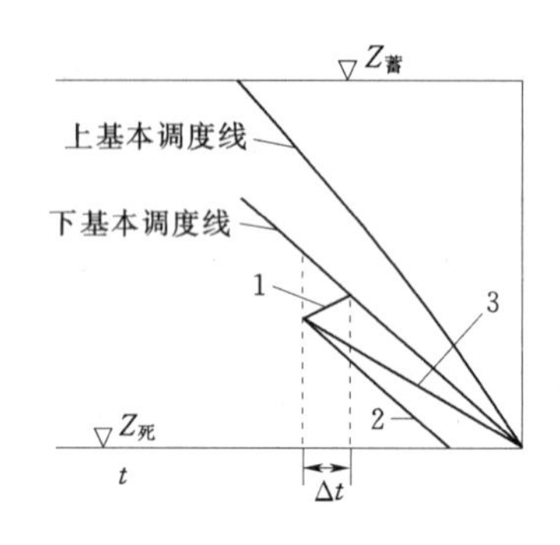

图14－4　供水减小方式

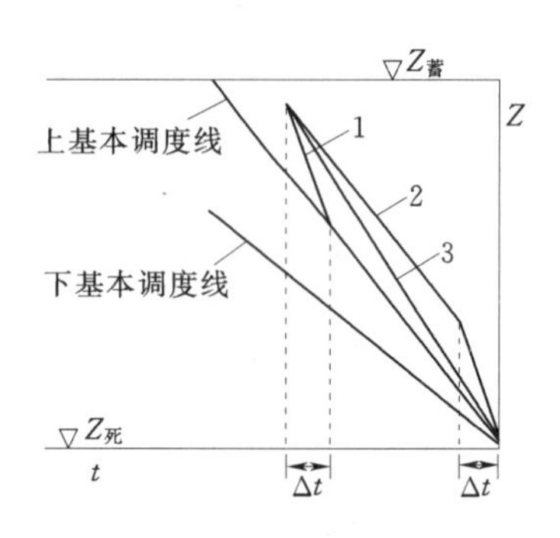

图14－5　余水加大方式

三、多年调节水库调度图的绘制

年调节水库是在一个年度内完成一个蓄泄循环，对这种调节周期来说，使用年调度图足以反映出水库的运行规则。对多年调节水库来说，因其调节周期往往长达若干年，很少用整个调节周期的运行图来完整地反映它的运行规则，这一是由于受到实测水文系列的限制，即使我们掌握了长达几十年的实测径流资料，它们所反映的仅是为数极少的调节循环，代表性不够，据此所绘出的整个调节循环的调度图，可靠性差；二是由于多年调节水库调节周期的年数并不是固定不变的，丰枯水年的组合不同，调节周期的组成年数也不同。而在实际运行中，很难预知未来若干年的径流组合情况，使用整个调节周期的运行图就有困难，所以绘制多年调节水库调度图多是简化地采用年运行图来反映其运行规则。

简化后的多年调节水库调度图的特点是：不研究整个调节周期，而是研究枯水年组的第一年和最后一年的工作情况。对多年调节水库，$V_{多年}$是为了蓄存丰水年的余水量以补充枯水年组的不足水量，使枯水年组的各年都能得到正常供水，当水库的$V_{多年}$未蓄满前，不应加大供水，亦即只有在$V_{多年}$蓄满后才可能有加大供水的问题，这与枯水年组的第一年的工作情况有关。因此，选择计算年库容$V_{年}$的办法来绘制上基本调度线。同样，当$V_{多年}$未放空前不应降低供水，亦即只有在$V_{多年}$放空后才可能有降低供水问题，这与枯水年组的最后一年的工作情况有关。因此，选择计算年库容$V_{年}$的办法来绘制下基本调度线。

1. 上基本调度线的绘制

选择年径流量等于年用水量的年份，并选取几种不同径流分配典型。按年初和年末的

$V_{多年}$都蓄满为条件进行调节计算，则得各年相应的运行曲线，最后取其上包线作为上基本调度线（图 14-6 中的 2 线）。

2. 下基本调度线的绘制

选择年径流量等于年用水量的年份，对于水电站来说，此年的年径流量与绘上基本调度线的年径流量不相同，因为保证出力相同，而水头不同，所以年平均流量不相同。并考虑不同的径流分配典型，按年初和年末都为死水位为条件进行调节计算，得出各年相应的蓄水过程线，取其下包线即为下基本调度线（图 14-6 中的 1 线）。

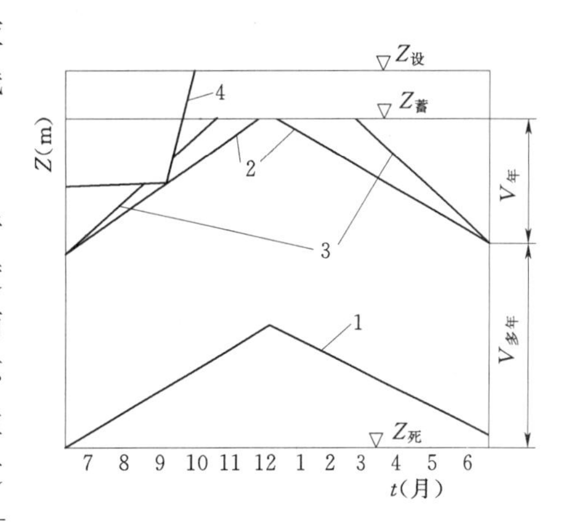

图 14-6　多年调节水库调度图

3. 防洪调度线和加大供水线

防洪调度线和加大供水线（图 14-6 中的 4 线和 3 线）的绘制方法与年调节时完全相同，绘制时，是以$V_{多年}$蓄满为前提条件进行的。

用上述方法作出各种调度曲线之后，即可得到如图 14-6 所示的多年调节水库的调度图。该图中各运行区域的性质以及利用该图进行水库操作的方法都与年调节水库调度图相同。

可以看出，简化后的多年调节水库调度图与年调节水库调度图的不同点是扩大了正常供水区，扩大的范围正好等于多年库容$V_{多年}$。

第三节　多沙河流水库的控制运用

一、水库淤积问题

在河流上修建水库后，改变了原河流的水力条件，库水位壅高，水深增大，水面比降减缓，流速减小，水流挟带泥沙的能力显著降低，促使大量泥沙淤积在水库里，可能使水库有效库容减小，原水库计划的防洪、发电、灌溉、航运等任务就不可能完全实现，更严重者，会使水库报废，可见，水库的淤积问题必须给予足够的重视。

在我国许多河流中，含沙量一般较大，特别是西北、华北地区流经黄土高原的多沙河流，如陕西省的泾河、渭河，河北省的永定河、黄河三门峡河段等，其多年平均含沙量都超过了 30kg/m^3。由于含沙量大，造成水库淤积问题十分突出。例如，陕西省 1973 年统计库容在 100 万 m^3 以上水库 192 座，总库容为 15 亿 m^3，已被泥沙淤积 4.7 亿 m^3，占总库容的 31.6%，其中 43 座水库已完全淤满。比较严重的延安和榆林地区，损失库容竟占总库容的 88.6%和 74.6%。据山西、内蒙古等省（区）的统计，其库容损失也是很严重的。

二、水库淤积规律

由于水库的各种条件很不相同，影响水库淤积的规律亦不一致，使得各水库在淤积数量和淤积形态上各异，而决定这些的主要因素有：库区地形，来水量、来沙量及其组成和

沿程变化，水库的运用方式，水库的泄洪方式，库容的大小，支流汇入等。在水库控制运用中，最为关注的是淤积的数量、淤积的部位和淤积后水库底部的形状，即淤积形态。水库淤积具有纵向形态规律和横向形态规律。

1. 水库淤积的纵向形态

水库淤积的纵向形态主要有下列三种：

（1）三角洲淤积。湖泊型水库比较广泛地展现这种淤积形态。当水流进入水库回水末端，挟沙能力便开始降低，泥沙开始淤积，越往下游挟沙能力递减越多，泥沙落淤也越多，所以淤积厚度是沿程递增的。但是，到了某断面以后，尽管挟沙能力继续递减，但由于水流含沙量已减少很多，所以淤积量开始减小，淤积厚度也逐渐减小。沿纵剖面就形成一个三角形，称为三角洲淤积。如图 14－7 所示，三角洲顶点以下的 1 线称为前坡，三角洲面 2 称为顶坡。较细颗粒的泥沙在坝前几乎以静水沉降的方式慢慢沉淀下来，如图中的 3 线，为坝前锥体淤积。

（2）锥体淤积。当水库的库水位变化较大，如滞洪水库，库水位随流量的增减而升降，或者淤积量相对于库容来讲比较大，则淤积可以一直推到坝前，形成上游淤积厚度小，下游淤积厚度大的锥体淤积形态。多沙河流上的小型水库更为普遍地出现这种锥体淤积形态，这是由于小型水库壅水段较短、底坡陡、坝高小，故水流速度较大，能将大量泥沙带到坝前，造成坝前淤积迅速发展，而形成沿纵剖面的锥形淤积。造成锥体淤积还可能是异重流的作用以及其他原因，只要某种原因能将泥沙大量地淤积在坝前，就可以形成锥体状的淤积形态。如图 14－7 所示的 3 线为官厅水库 1956 年的坝前锥体淤积，主要是异重流所形成的。

（3）带状淤积。这种淤积形态多出现在河道型水库中。当河流含沙量较小时，则淤积为沿纵剖面呈带状均匀分布于整个库区，叫做均匀淤积或带状淤积。这多发生在来沙不多，泥沙颗粒较细，库水位变动较大的狭长形水库中，如图 14－8 所示。

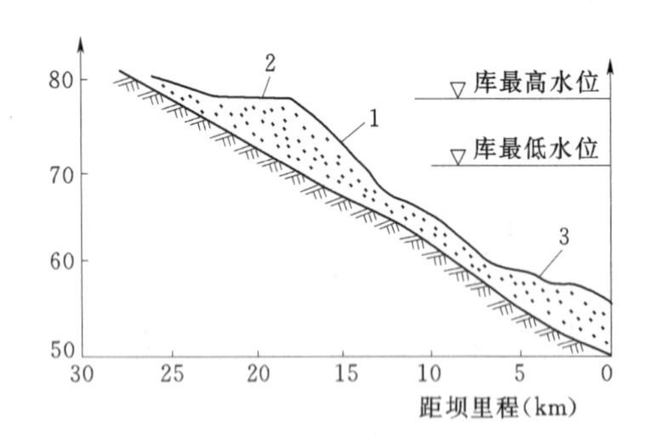

图 14－7　官厅水库 1956 年淤积形态图

1—前坡；2—坡顶；3—坝前锥体淤积

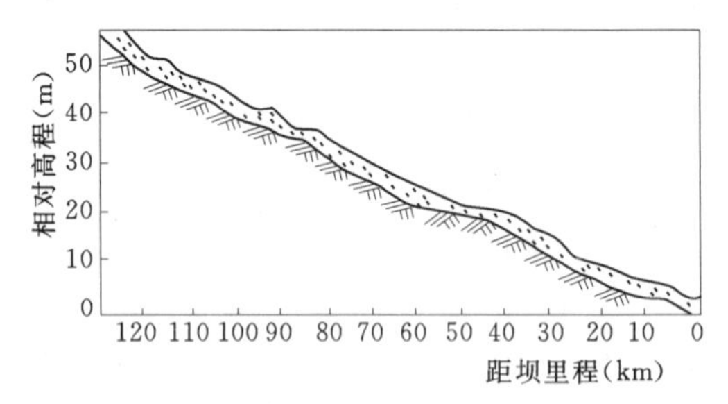

图 14－8　丰满水库淤积剖面图

2. 水库淤积的横向形态

天然河道的横向形态往往是滩、槽分明的，冲积平原上的河道尤其如此。水库淤积的实际观测表明，对于多沙河流而言，淤积后的水库其横向形态不存在明显的滩槽形态，出现淤积一大片的特点。当库水位下降时，如果水库具有足够大的泄流能力，并采取经常泄

空的运用方式，则库区将拉出一条深槽，恢复滩、槽分明的河道形态，形成一个有滩有槽的复式断面，呈现为“淤积一大片，冲刷一条线”的淤积特点。在这种情况下，主槽有冲有淤，出现相对稳定的主槽，是为“活槽”，但滩面却逐年淤高，只增不减，形成“死滩”。由此可见，为了保持水库的有效库容，一方面应力求避免损失滩地库容，汛期含沙量高时应尽量使水流不漫滩（即低水运行），避免滩地淤积；另一方面还应尽量扩大主槽库容，在主槽冲刷时尽可能使主槽冲得深，拉得宽。

三、多沙河流水库控制运用方式

多沙河流水库的控制运用，除要考虑水量调节之外，还要考虑泥沙的调节，只有控制泥沙淤积的过分发展，才能保证有一定的库容来调节水量。因此，确定合理的控制运用方式是多沙河流水库运用中的一个重要课题，下面介绍几种常见的运用方式。

1. 拦洪蓄水运用

拦洪蓄水运用简称蓄洪运用，它是指水库常年蓄水，水库不仅在非汛期含沙量较低时蓄水，而且在汛期含沙量较高时也拦洪蓄水。水库放水是根据用水部门的用水要求而定。拦洪蓄水运用主要适用于库容相对较大，河流含沙量较小的水库。我国南方各地的水库大多采用这种运用方式，北方也有少数多年调节水库采用这种运用方式。对于多沙河流的水库，常年蓄水可使近期的供水保证率和效益较高，但因蓄水位比较高，又不能放空水库进行大量排沙减淤，所以淤积速度较快，水库寿命较短，水库的长期效益往往难以保证。

采用蓄洪运用方式的多沙河流上的水库，泥沙在库内的纵向淤积形态一般为三角洲体，横向淤积形态比较平坦，淤积面平行抬高，大部分泥沙首先淤积在有效库容内。

2. 蓄清排浑运用

蓄清排浑运用指水库在汛期主要来沙季节，不予拦蓄，尽量排出库外，以减轻水库的淤积，并在下游引洪淤灌；在其他季节，水流含沙量较小，则拦蓄径流，蓄水兴利。这种运用方式的特点是：水库既能调节径流，又能排沙减淤，大大减轻水库淤积，延长水库寿命，引洪淤灌可以充分利用水沙资源，促进农业生产，减轻泥沙对下游的威胁，故为我国多沙河流水库目前广泛采用的一种运用方式。

我国北方多沙河流的水库，其全年沙量一般大部分都集中在汛期7月、8月。这两个月水量和沙量的集中程度，决定了排沙的弃水量，这对运用方式有重大影响。7月、8月沙量占全年沙量比例愈大，水量比例愈小，即为排沙而弃去的水量愈少，则采取蓄清排浑运用愈有利。例如，陕西省黑松林水库，从多年平均情况来看，汛期7月、8月的沙量占全年沙量的93.9%，而水量只占25.8%，在一年中便可依靠25%左右的高浓度含沙水流去排泄90%以上的沙量。有的地区，汛期7月、8月的水量占全年水量的50%以上，非汛期水量往往不能满足灌溉用水的需要，造成排浑与兴利严重矛盾，这时应特别注意将排浑和淤灌结合起来，并把蓄清排浑和拦洪蓄水配合运用，以尽量解决这一矛盾。

蓄清排浑运用，由于水库水位变幅较大，纵向淤积有明显滩、槽，淤积泥沙绝大部分集中在坝前段的死库容内。

3. 利用异重流排沙

当含有大量细颗粒泥沙的水流进入蓄有清水（含沙量很低）的水库时，在一定的条件下，入库的浑水不与库里的清水掺混，而潜入到清水下面，沿库底向下游运动，这种水流

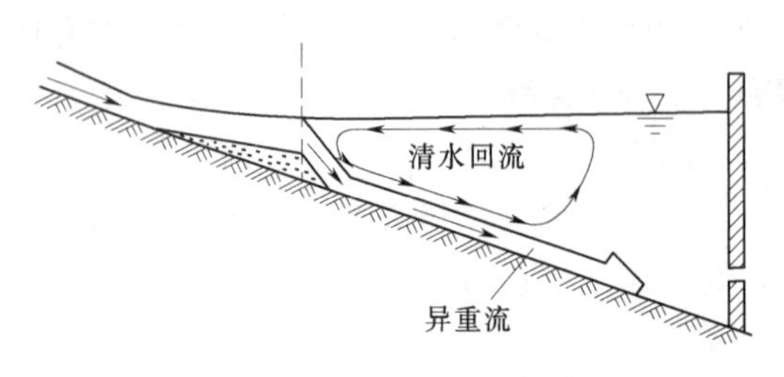

图 14－9　异重流示意图

称为异重流，如图 14－9 所示。异重流的形成，可以把一部分泥沙，主要是细粒（$d<0.02$mm）泥沙挟运到下游库段或一直到坝前。图中上部是异重流引起的清水回流，下部是异重流。

在水库蓄水期间，当洪水具有足够产生异重流的条件时，洪水入库后就将以异重流形式潜入库底向坝前运动。当异重流运动到坝前时，若及时打开底孔闸门加以宣泄，便可将一部分泥沙排走，减少水库淤积量，黑松林水库异重流排沙效率（水库泄出的沙量与同期入库沙量的百分比）平均为 61.2%，最高达 91.4%，由于水库在异重流前后均能蓄水，使水库在汛期保持有一定的调蓄能力而不产生大量弃水，所以水量较缺或不能泄空排沙的水库比较适合采用这种运用方式。

根据一些水库的经验，异重流到达坝前时能否及时开启闸门，对异重流排沙效果影响很大。如果提前开闸，出库水量含沙量低，会招致水量的浪费；如果开闸较迟，使异重流在坝前受阻，就会在坝前落淤，加速坝前淤积。

第四节　水库优化调度简介

前述水库调度方法的特点是以实测资料为依据，并假定在水库运行期间实际入库径流规律与以往实测资料类似，各综合需水部门对水库的要求与编制调度图时没有变化，按此调度规则运行，调度结果会比较合理，具有一定可靠性，且计算比较简单。但这种水库调度方法也有不足之处，例如，所采用的实测水文资料往往有一定的局限性，其代表性不够全面；时历法调度图总带有一定的经验性，即使是按某种水库调度判别式运行，则所得结果一般只是合理解，而并非最优解。随着国民经济的发展，电力系统和水利系统的库群越来越多，相互关系复杂，要考虑的因素和待定的变量较多，一般的水库调度已难以胜任，这就需要采用系统工程的理论、方法和计算技术，开展水库优化调度。

水库优化调度，就是根据水库的入流过程，遵照优化调度准则，通过优化技术，寻求比较理想的水库调度方案，使发电、防洪、灌溉等各部门在整个分析期内的总效益最大。

以发电水库的优化调度为例，优化准则一般是在满足各综合利用部门一定要求的条件下使水电站群发电最大。常见的表示方法有以下几种。

（1）在满足电力系统水电站总保证出力一定要求的前提下，使水电站群的年发电量期望值最大，这样不至于发生因发电量最大而引起保证出力降低的情况。

（2）对火电为主、水电为辅的电力系统中的调峰、调频电站，使水电站供水期的保证电能值最大。

（3）对水电为主、火电为辅的电力系统中的水电站，使水电站群的总发电量最大，或者使系统总燃料消耗最小，也有用电能损失最小来表示的。

根据实际情况选定优化准则后，表示该准则的数学式，就是进行以发电为主水库的水

库优化调度工作所用的目标函数，而其他条件如工程规模、设备能力以及各种限制条件（包括政策性限制）和调度时必须考虑的边界条件，统称为约束条件，也可以用数学式来表示。

前面所介绍的水库调度线的编制就是一个多阶段决策过程的最优化问题。以水库蓄水量（或蓄水位）为状态变量，各综合利用部门的用水量和水电站的出力、发电量均为决策变量，以每一计算时段（如一个月）为一个阶段，则整个调度过程就划分为若干互相有联系的阶段，则在每一个阶段都需要作出决策，并且某一阶段的决策确定以后，常常不仅影响下一阶段的决策，而且影响整个过程的综合效果，各个阶段所确定的决策构成一个决策序列，通常称为一个策略。由于各阶段可供选择的决策往往不止一个，因而就组合成许多策略，不同的策略，效果也不同，多阶段决策过程的最优化，就是要在提供选择的那些策略中，选出效果最佳的最优策略。

动态规划法是解决阶段决策过程最优化问题的一种方法，它可以在经济活动和技术领域内解决许多大量而复杂的多阶段决策过程问题。利用动态规划是很有成效的，但当维数（或者状态变量）超过三个以上时，解决时需要计算机储存量就相当大，这是动态规划法的主要弱点。

动态规划的基本原理——最优化原理是由贝尔曼提出的，可表述为：“一个过程的最优策略具有这样的性质，即无论其初始状态和初始决策如何，对于由前面决策产生的状态来说，其后的策略必须构成最优策略”。其含义可以用如图 14 - 10 所示的最优路线图作形象化的说明。在该图中，如已求得由 A 到 G 的最优路线为 $A—B_2—C_2—D_1—E_2—F_2—G$，而无论从 A 是经过哪条路线到达 D_1 的，则从 D_1 开始其后的最优路线必然是 $D_1—E_2—F_2—G$，即是全过程最优路线的一部分。

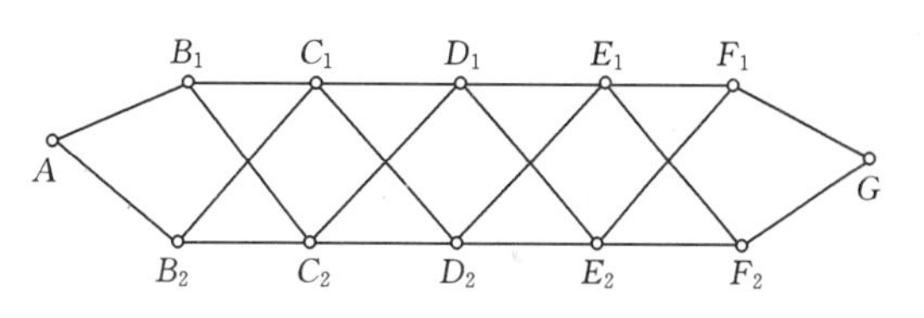

图 14 - 10　交通路线网络图

根据最优化原理可知，一个多阶段决策过程从起点到终点的最优策略中，必然嵌入了其后面各个子序列的最优策略（即从某中间阶段到终点的最优策略），这个特点使得多阶段决策过程寻求最优策略的问题具有递推的性质，即每一个子过程的最优策略均包含了其后一个子过程的最优策略。

最优化原理适用的问题必须满足以下两个条件：

（1）目标函数的可分性。指在一个多阶段决策过程，在第 i 段后各阶段的目标函数仅取决于第 i 段开始的状态和以后各阶段的决策序列，而与以前的决策序列和状态无关。

（2）状态的马尔柯夫性质。即状态具有无后效性。

对于一般决策过程，假设有 n 个阶段，每阶段可供选择的决策变量有 m 个，则求这种过程的最优策略实际上就需要求解 $m \times n$ 维函数方程。显然，求解维数众多的方程，既需要花费很多时间，而且也不是一件容易的事情。上述最优化原理利用递推关系将这样一个复杂问题化为 n 个 m 维问题求解，因而使求解过程大为简化。

如果最优化目标是使目标函数（例如取得的效益）极大化，则根据最优化原理，可将

全周期的目标函数用面临时段和余留时期两部分之和表示。对于第一时段，目标函数 f_1^* 为

$$f_1^*(S_0,x_1)=\max[f_1(S_0,x_1)+f_2^*(S_1,x_2)] \tag{14-1}$$

式中　S_0——状态变量，下标数字表示时刻；

x_1——决策变量，下标数字表示时段；

$f_1^*(S_0,\ x_1)$——从第一时段至最后时段的效益；

$f_1(S_0,\ x_1)$——第一时段状态处于 S_0 作出决策 x_1 所得的效益；

$f_2^*(S_1,\ x_2)$——从第二时段开始直到最后时段（即余留时期）的最大效益。

对于第二时段至第 n 时段及第 i 时段至第 n 时段的效益，按最优化原理同样可写为

$$f_2^*(S_1,x_2)=\max[f_2(S_1,x_2)+f_3^*(S_2,x_3)] \tag{14-2}$$

$$f_i^*(S_{i-1},x_i)=\max[f_i(S_{i-1},x_i)+f_{i+1}^*(S_i,x_{i+1})] \tag{14-3}$$

以上就是动态规划递推公式的一般形式。如果从第 n 阶段开始，假定不同的时段初状态 S_{n-1}，只需确定该时段的决策变量 x_n（在 x_{n1}，x_{n2}，…，x_{nm} 中选择）。对于第 $n-1$ 时段。只要优选决策变量 x_{n-1}，直到第一时段，只需优选 x_1。前面已说过，动态规划根据最优化原理，将原本是 $m\times n$ 维的最优化问题，变成了 n 个 m 维问题求解，以上递推公式便是最清楚的说明。

下面举一个经简化的水库优化调度的例子，见图 14-11。某水库 11 月初开始供水，次年 4 月末放至死水位 $Z_{死}$，供水期共 6 个月，如每个月作为一个阶段，则共有 6 个阶段，为了简化，假定已经过初选，每阶段只留 3 个状态，如 3 种水位情况（以圆圈表示）和 5 个决策，如 5 种运行方案（以线条表示），由它们组成 S_0～S_6 的许多种方案。图中线段上面的数字代表各月根据入库径流采取不同决策可获得的效益。

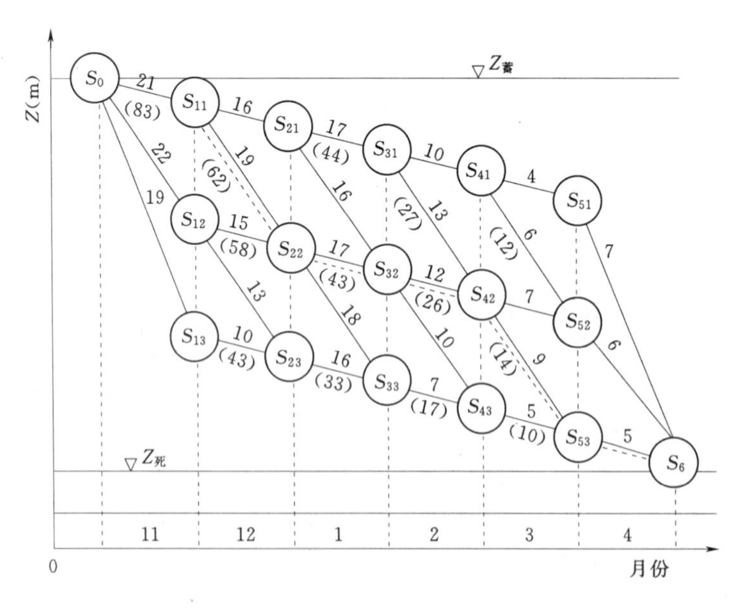

图 14-11　动态规划法进行水库调度的简化例子

用动态规划优选方案时，从 4 月末死水位处开始逆时序递推，对于 4 月初，3 种状态

各有一种决策，孤立地看从 $S_{61}\sim S_6$ 的方案最佳，但从全局来看不确定，暂时不能作决定。

将3月、4月的供水一起研究。观察3月初的情况，先研究状态 S_{41}，虽然是 $S_{41}S_{52}S_6$ 较 $S_{41}S_{51}S_6$ 为好，因前者两个月的总效益为12，较后者为大，应选前者为最优方案。将各状态选定方案的总效益写在线段下面的括号中，没有写明总效益的均为淘汰方案，同理可得另外两种状态的最优决策。$S_{42}S_{53}S_6$ 优于 $S_{42}S_{52}S_6$ 方案，总效益为14；$S_{43}S_{53}S_6$ 的总效益为10，对3月、4月来说，在 S_{41}、S_{42}、S_{43} 三种状态中，以 $S_{42}S_{53}S_6$ 这个方案较佳，它的总效益达14（其他两个方案分别为12和10）。

再看2月初情况，2月份是其面临时段，3月、4月是余留时期，余留时期的总效益就是写在括号中的最优决策的总效益，这时的任务是选定面临时段的最优决策，使该时段和余留时期的总效益最大，以状态 S_{31} 为例，面临时段的两种决策中以第2种决策较佳，总效益为13＋14＝27；对状态 S_{32} 则以第1种决策较佳，总效益为26；同理可得 S_{33} 的总效益为17（唯一决策）。

继续对1月初、12月初、11月初的情况进行研究，可由递推的办法选出最优决策。最后决定的方案是 $S_0S_{11}S_{22}S_{32}S_{42}S_{53}S_6$，总效益为83，用双线表示在图14-11上。

应该说明，如果时段增多、状态数目增多、决策数目增加，而且决策过程中还要进行比较，则整个计算是比较繁琐的，一般采用计算机来计算完成。

复习思考题

14-1　水库调度图的作用是什么？

14-2　绘制上、下基本调度线为什么要逆时序进行计算？为什么要取上、下包线？

14-3　如何绘制水库调度图的防洪调度线？

14-4　水库调度图分几个区？各区的意义如何？

14-5　水库调度图是如何使用的？

14-6　概述多沙河流的水库淤积规律？

14-7　如何利用水库调度来排沙？

习　题

14-1　某水库位于湖北省中部丘陵地带，设计灌溉面积24万亩，设计兴利库容 $V_{兴}$ ＝8816万 m^3，是年调节水库，设计保证率 $P_{设}$＝70%，相应于设计保证率的年净来水量 $W_{净}$＝13700万 m^3，年毛供水量 $M_{毛}$＝11600万 m^3。按选代表年的原则，已选得1966～1967年，1967～1968年、1971～1972年、1973～1974年为代表年，其各月来、供水量如表14-1所示。试按所选各代表年，分别进行逆时序调节计算，求出各年的蓄水量过程线，并进一步求出上、下基本调度线。

表 14-1　　**某水库各代表年各月净来水量和毛供水量**　　单位：万 m³

年份	水量	月份												
		11	12	1	2	3	4	5	6	7	8	9	10	合计
1966～1967	净来水量	73	－97	24	366	513	439	861	5452	1051	532	1177	660	11051
	毛供水量						1197			2095	4310	2160	559	10321
1967～1968	净来水量	3123	499	297	－17	102	428	971	988	5861	157	1762	438	14609
	毛供水量						1197		1688	1001	3895	1996	2275	12052
1971～1972	净来水量	511	18	189	453	4265	578	5109	3930	282	－208	350	313	15790
	毛供水量						1382			2010	4890	2340		10622
1973～1974	净来水量	－354	－326	143	563	61	5497	923	2490	1970	1201	564	558	13290
	毛供水量						1197			1915	5360	3520	80	12072

课　程　设　计

课程设计一　天福庙水库防洪复核计算

一、设计任务

天福庙水库位于湖北省远安县黄柏河东支的天福庙村，大坝以上流域面积 553.6km^2，河长 58.2km，河道比降 10.6‰，总库容 6367 万 m^3，是一座以灌溉为主，结合防洪、发电、拦沙、养殖等综合利用的水利工程。天福庙水库于 1974 年冬开工建设，1978 年建成，已运行近 30 年。1975 年技术设计时，水文系列年限仅 20 年，系列太短，也缺乏大洪水资料。本次课程设计的任务，是在延长基本资料的基础上，按现行规范要求对水库的防洪标准进行复核，其具体任务是：

1. 选择水库防洪标准。
2. 历史洪水调查分析及洪量插补。
3. 设计洪水和校核洪水计算。
4. 调洪计算。
5. 坝顶高程复核。

二、设计提纲

（一）水文气象资料的搜集和审查

熟悉流域的自然地理情况，广泛搜集有关水文气象资料（见基本资料）。

（二）防洪标准选择

根据国家《防洪标准》（GB 50201—94）和部颁《水利水电工程等级划分及洪水标准》（SL 252—2000）等的有关规定，选择水库防洪复核的防洪标准。

（三）峰、量选样及历史洪水调查

1. 天福庙水库坝址 1959～1977 年峰、量系列根据分乡站同期资料换算而得，洪峰按面积比指数的 2/3 次方换算，洪量按面积比的 1 次方换算。

2. 天福庙水库坝址 1978～2001 年峰、量系列直接采用天福庙入库洪水系列计算。

3. 分析分乡站历史洪水，并换算至天福庙水库坝址。根据天福庙水库坝址 1978～2001 年峰、量系列建立峰、量相关关系；根据此峰、量关系计算历史洪水的 1d、3d 洪量。

（四）设计洪水计算

1. 对天福庙水库坝址洪峰及 1d、3d 洪量系列分别进行频率计算，推求出各设计频率的设计洪峰和 1d、3d 设计洪量。（在几率格纸上绘制峰、量频率曲线）

2. 洪峰和洪量成果的合理性分析。

3. 选择典型洪水过程线。

4. 按同频率放大法计算设计洪水过程线，并按选择时段 $\Delta t=1h$ 绘制洪水过程线。

（五）设计洪水调洪计算

天福庙水库为有闸溢洪道，调洪时段 $\Delta t=1h$，编程上机进行调洪计算，并绘制入库和下泄流量过程线图。调洪起调水位为正常蓄水位409m，在此水位下，左岸溢洪道2孔、坝顶溢洪道4孔全开的泄流量为 $2940m^3/s$。当入库洪水流量小于此流量时，通过开启溢洪道闸门孔数，使泄流量等于来水流量，保持设计蓄水位409m不变。当入库洪水流量大于 $2940m^3/s$ 时，6孔闸门全开泄洪，库水位开始上涨，直至达到最高洪水位，然后再回落至设计蓄水位409m。

（六）坝顶高程复核计算

根据《混凝土拱坝设计规范》（SL 282—2003），坝顶高程应不低于校核洪水位，坝顶上游侧防浪墙顶高程与设计洪水位或校核洪水位的高差 Δh 按下式计算

$$\Delta h=h_b+h_z+h_c$$

式中 h_b——波高，m；

h_z——波浪中心线超出静水位的风壅高度，m；

h_c——安全超高，根据建筑物等级选取（表5）。

波高
$$h_b=0.0076V^{\frac{1}{12}}\left(\frac{gD}{V^2}\right)^{\frac{1}{3}}\left(\frac{V^2}{g}\right)$$

波长
$$L_m=0.331V^{-\frac{7}{15}}\left(\frac{gD}{V^2}\right)^{\frac{4}{15}}\left(\frac{V^2}{g}\right)$$

风壅高度
$$h_z=\frac{\pi h_b^2}{L_m}\mathrm{cth}\frac{2\pi H}{L_m}$$

式中 V——计算风速，设计工况采用1.5倍的多年平均最大风速，校核工况，采用多年平均最大风速；

H——坝前水深，m；

g——重力加速度；

D——库区长度，即吹程，m。

三、设计说明书

设计说明书，主要应包括以下内容：

1. 设计任务。
2. 流域自然地理概况，流域水文气象特性。
3. 防洪标准选择。
4. 峰、量选样及历史洪水调查。
5. 设计洪水计算。
6. 设计洪水调洪计算。
7. 坝顶高程复核计算。
8. 结论与建议。
9. 附表、附图、最后装订成册。

说明书的重点是对计算成果的说明和合理性分析以及其他有关问题讨论。说明书要力

求文字通顺、简明扼要，图表要清楚整齐，每个图、表都要有名称和编号，并与说明书中内容一致。

四、基本资料

（一）流域及工程概况

天福庙水库位于湖北省远安县黄柏河东支的天福庙村，大坝以上流域面积 553.6km²，河长 58.2km，河道比降 10.6‰，总库容 6367 万 m³，是一座以灌溉为主，结合防洪、发电、拦沙、养殖等综合利用得水利工程。天福庙水库位置及水系见图 KS1－1。

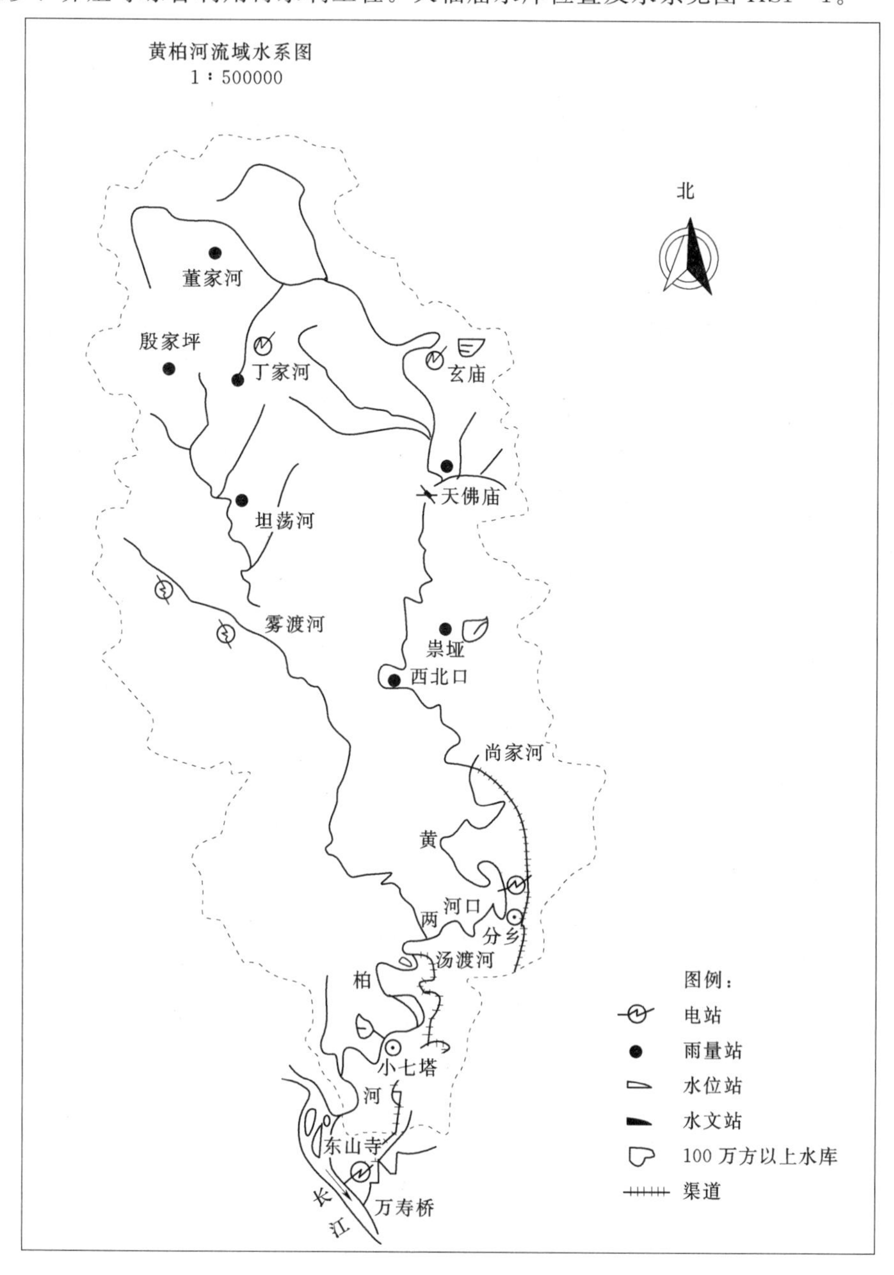

图 KS1－1　黄柏河流域及天福庙水库位置图

天福庙水库于1974年冬开工建设，1978年建成，大坝为浆砌石双曲拱坝，坝前河底高程348m，坝高63.3m，电站总装机6040kW。水库死水位378m，死库容714万m^3，正常蓄水位409m，相应库容6032万m^3。设计洪水位（$P=2\%$）409.28m，校核（$P=0.2\%$）洪水位409.8m，坝顶高程410.3m，防浪墙顶高程411.3m。库区吹程1000m。

（二）水文气象资料

1. 气象特征。天福庙流域地处亚热带季风区，四季分明，夏季炎热多雨，冬季低温少雨，秋温高于春温，春雨多于秋雨，气温年内变化较大，无霜期长。多年平均气温16.8℃，历年最高气温达40℃，最低气温−12℃，平均风速1.2m/s，多年平均最大风速15.5m/s，风向多为NE。流域多年平均年降水量1036.3mm，流域暴雨频繁，洪水多发，4～10月为汛期，汛期降雨量占全年降雨量的86.7%左右，尤其以7月最大，占全年的19.5%。月降雨量最少是12月，仅占全年的1.3%。

2. 水文测站。黄柏河干流上1958年设立池湾河水文站，1971年设立小溪塔水文站，1961年在东支设立分乡水文站。天福庙水库建成后，先后开展了降雨、水位、泄流观测，有比较完整的运行资料。分乡水文站是重要的参证站，控制流域面积1083.0km^2。

3. 分乡站历史洪水。根据1982年省雨洪办对宜昌市历史洪水调查成果的审定结果，分乡站洪水的排位为1935年、1984年、1826年、1930年、1958年，资料可靠，可直接采用。经审定认为，分乡站1935年洪水为1826年以来的第1位，重现期为176年，1984年洪水与1926年、1930年洪水相当，分别确定为1826年以来的2～4位，1958年洪水为1826年以来的第5位。分乡站历史洪水成果见表KS1－1。

表 KS1－1　　分乡站历史洪水成果表

序号	年份	洪峰流量（m^3/s）	1d洪量（$\times10^8m^3$）	3d洪量（$\times10^8m^3$）	重现期	备注
1	1935	4680			176	
2	1984	3739	1.0738	1.6664		
3	1826					不能定量
4	1930					不能定量
5	1958	2820	1.2201	1.9500		

4. 天福庙水库洪峰洪量系列。见KS1－2。

表 KS1－2　　天福庙水库洪峰、洪量系列

年份	洪峰Q_m（m^3/s）	1d洪量W_1（$\times10^8m^3$）	3d洪量W_3（$\times10^8m^3$）	年份	洪峰Q_m（m^3/s）	1d洪量W_1（$\times10^8m^3$）	3d洪量W_3（$\times10^8m^3$）
1958	1803	0.6237	0.9968	1964	452	0.1314	0.2223
1959	131	0.0434	0.0664	1965	519	0.1452	0.2300
1960	266	0.0921	0.1380	1966	189	0.0817	0.1253
1961	200	0.0664	0.1023	1967	774	0.1876	0.2852
1962	640	0.1999	0.2924	1968	838	0.2832	0.6594
1963	1036	0.3727	0.5725	1969	428	0.1514	0.2213

续表

年份	洪峰 Q_m (m^3/s)	1d 洪量 W_1 ($\times10^8m^3$)	3d 洪量 W_3 ($\times10^8m^3$)	年份	洪峰 Q_m (m^3/s)	1d 洪量 W_1 ($\times10^8m^3$)	3d 洪量 W_3 ($\times10^8m^3$)
1970	598	0.2233	0.3103	1986	218	0.0979	0.1924
1971	389	0.1681	0.2877	1987	438	0.1677	0.2864
1972	64	0.0363	0.0797	1988	222	0.1154	0.1790
1973	445	0.1457	0.2233	1989	592	0.2229	0.3189
1974	240	0.0813	0.1589	1990	634	0.1209	0.1790
1975	848	0.1483	0.2480	1991	804	0.2334	0.3158
1976	272	0.0931	0.1380	1992	851	0.2635	0.3288
1977	162	0.0915	0.1795	1993	425	0.1195	0.1824
1978	299	0.1525	0.2812	1994	167	0.1177	0.2131
1979	634	0.2880	0.5393	1995	261	0.0985	0.1860
1980	571	0.1725	0.2092	1996	487	0.2341	0.4334
1981	126	0.0841	0.1241	1997	544	0.1383	0.3186
1982	582	0.2127	0.3172	1998	974	0.2262	0.4135
1983	437	0.2124	0.3223	1999	170	0.0734	0.1686
1984	2389	0.5489	0.8518	2000	613	0.2113	0.3157
1985	121	0.0613	0.1307	2001	471	0.1913	0.2986

5. 天福庙水库典型洪水过程线（1984 年 7 月 26～28 日）见表 KS1 - 3。

表 KS1 - 3　　典型洪水过程线（1984.7.26—28）

时段 ($\Delta t=1h$)	流量 (m^3/s)	时段 ($\Delta t=1h$)	流量 (m^3/s)	时段 ($\Delta t=1h$)	流量 (m^3/s)	时段 ($\Delta t=1h$)	流量 (m^3/s)
0	96.6	19	216.3	36	45.2	55	24.8
1	572.0	20	183.5	37	44.2	56	24.2
2	1085.0	21	156.0	38	43.5	57	23.5
3	1345.0	22	138.0	39	41.7	58	22.8
4	1568.0	23	121.0	40	40.0	59	22.1
5	1791.0	24	103.9	41	38.3	60	21.5
6	2090.0	25	108.4	42	36.6	61	20.6
7	2389.0	26	91.5	43	34.8	62	19.3
8	2138.7	27	83.5	44	33.1	63	18.2
9	1465.5	28	68.6	45	32.2	64	17.3
10	1005.1	29	53.3	46	31.3	65	16.1
11	768.8	30	40.9	47	30.4	66	15.3
12	494.3	31	51.0	48	29.5	67	14.4
13	584.9	32	61.0	49	28.7	68	13.5
14	421.2	33	54.8	50	27.8	69	12.6
15	358.7	34	48.5	51	27.2	70	11.8
16	344.8	35	46.3	52	26.6	71	11.0
17	313.7	36	45.2	53	26.0	72	10.6
18	232.5	37	44.2	54	35.4		

6．天福庙水库库容曲线和泄洪建筑物泄流曲线

天福庙水库库容曲线根据原库区 1：2000 地形图进行了复核计算，与《湖北省中型水库调度规程》刊布成果一致，见表 KS1－4。左岸溢洪道堰顶高程 398.0m，2 孔，每孔净宽 13.0m，为弧形闸门控制。坝顶溢洪道堰顶高程 402.4m，4 孔，每孔净宽 8.0m，亦为弧形闸门控制。两溢洪道堰型均为 WES 标准型剖面实用堰，流量计算公式为

$$Q=\sigma_c mnb\sqrt{2g}H^{3/2}$$

由该式计算泄洪建筑物泄流曲线，见表 KS1－4。

表 KS1－4　　天福庙水库库容曲线和泄洪建筑物泄流曲线

库水位	库　容（$\times10^4m^3$）	左岸溢洪道 q_1（m^3/s）	坝顶溢洪道 q_2（m^3/s）	合计泄流量 q（m^3/s）
398	3460	0	0	0
399	3670	37	0	37
400	3890	107	0	107
401	4100	216	0	216
402	4325	365	0	365
403	4545	530	25	555
404	4775	730	103	833
405	5004	922	230	1152
406	5235	1130	400	1530
407	5515	1345	605	1950
408	5790	1582	835	2417
409	6045	1845	1095	2940
410	6310	2115	1375	3490
411	6596	2370	1695	4065

7．混凝土拱坝安全超高，见表 KS1－5。

表 KS1－5　　混凝土拱坝安全超高 h_c　　单位：m

坝的级别	1	2	3
正常运用	0.7	0.5	0.4
非常运用	0.5	0.4	0.3

课程设计二　赋石水库水利水电规划

一、设计任务

在太湖流域的西苕溪支流西溪上，拟修建赋石水库，因而要进行水库规划的水文水利计算，其具体任务是：

1. 选择水库死水位。

2. 选择正常蓄水位。

3. 计算电站保证出力和多年平均发电量。

4. 选择水电站装机容量。

5. 推求设计标准和校核标准的设计洪水过程线。

6. 推求洪水特征水位和大坝坝顶高程。

二、设计提纲

（一）水文气象资料的搜集和审查

熟悉流域的自然地理情况，广泛搜集有关水文气象资料（见基本资料）。

经初步审查，降雨和径流等实测资料可用于本次设计。

（二）设计年径流量及其年内分配

1. 设计年径流量的计算

先进行年径流量频率计算，求出频率为85%、50%、15%的年径流量。

2. 设计年径流量的年内分配

根据年、月径流资料和代表年的选择原则，确定丰、中、枯三个代表年。并按设计年径流量为控制用同倍比方法缩放各代表年的逐月年内分配。

（三）选择水库死水位

1. 绘制水库水位容积曲线和水电站下游水位流量关系曲线。

2. 根据泥沙资料计算水库的淤积体积和水库相应的淤积高程。

3. 根据水轮机的情况确定水库的最低死水位。

4. 综合各方面情况确定水库死水位。

（四）选择正常蓄水位

根据本地区的兴利要求，发电方面要求保证出力不低于800kW，发电保证率为85%，灌溉及航运任务不大，均可利用发电尾水得到满足，因此，初步确定正常蓄水位为79.9m，若通过水能计算后能满足保证出力要求就作为确定的正常蓄水位。

（五）保证出力和多年平均发电量的计算

先对丰、中、枯三个代表年以月为时段进行水能计算，计算出各月的水流出力。出力系数$A=7.5$，预留水头损失$HF=0.5$m。

取设计枯水年供水期的平均出力为保证出力。

作出出力历时曲线（以36个月出力值计算）并以装机年利用小时数$h_{装}=3440$h，推求出装机容量和多年平均发电量。

（六）推求各种设计标准的设计洪水过程线

本水库为大（2）型水库，工程等别为Ⅱ等，永久性水工建筑物级别为2级。下游防洪标准为5%，洪水设计标准为1%，校核标准为0.05%，需要推求5%、1%、0.05%的设计洪水过程线。

1. 按年最大值选样方法在实测资料中选取最大洪峰流量及各历时洪量，根据洪水特性和防洪计算的要求，确定设计历时为7d，控制历时为1d和3d，因而可得洪峰和各历时的洪量系列。

2.7d洪量只有1957～1972年，用相关分析方法延长插补（编制程序，用计算机完成）。

3. 对洪峰和各时段洪量系列进行频率计算，（洪峰频率计算要考虑特大值处理），从而可得各设计频率的洪峰和洪量值。

4. 洪峰和洪量成果的合理性分析。

5. 选择典型洪水过程线（要按照选择原则进行），并算出典型洪水过程线的洪峰和各时段洪量值。

6. 用分段同频率放大法推求设计洪水过程线（包括5%、1%、0.05%的洪水）

（七）推求水库防洪特征水位

1. 泄洪规则及起调水位

水库起调水位（防洪限制水位）为78.4m，相应库容$83.5\times10^6m^3$。根据水库下游防洪要求，等于或小于20年一遇的洪水，只放发电用水，其余全部拦蓄在水库里，超过20年一遇的洪水，溢洪道和泄洪洞共同泄洪，自由泄流。

2. 防洪高水位的计算

对20年一遇洪水过程，除下泄发电用水流量$17m^3/s$外，其余蓄在水库中，则总蓄水量加在防洪限制水位上，则可得防洪高水位。

3. 设计洪水位的计算

用百年一遇洪水过程，从防洪限制水位开始，先按发电流量（$17m^3/s$）下泄，其余蓄在水库里，待蓄至防洪高水位后，即打开溢洪道闸门和泄洪洞闸门，自由泄流，通过调洪演算，得设计洪水位、拦洪库容和相应最大下泄流量。

4. 校核洪水位的计算

方法与设计洪水计算相同，只是用2000年一遇设计洪水过程来进行计算。

5. 坝顶高程计算

根据现行《碾压式土石坝设计规范》（SL 274—2001），坝顶在水库静水位以上的超高按下式确定

$$y=R+e+A$$

式中 y——坝顶在水库静水位以上的超高，m；

R——波浪在坝坡上的爬高，m；

e——坝前静水位因风浪引起的壅高，m；

A——安全超高，按坝的等级及运用情况从表KS2-1选定。

表KS2-1　　永久性挡水建筑物安全超高　　单位：m

建筑物类型及运用情况		永久性挡水建筑物级别			
		1	2	3	4、5
土石坝	设计	1.5	1.0	0.7	0.5
	校核（山区、丘陵区）	0.7	0.5	0.4	0.3

平均波浪爬高
$$\overline{R}=\frac{k_\Delta k_w}{\sqrt{1+m^2}}\sqrt{h_m L_m}$$

式中　k_Δ——斜坡的糙率渗透性系数，根据大坝迎水坡护面类型确定；

k_w——经验系数，与$\frac{W}{\sqrt{gH}}$的大小有关，按表 KS2－2 查算。W 为风速，H 为坝前水深；

h_m——平均波高，m；

L_m——平均波长，m；

m——坝坡迎水面坡度系数。

表 KS2－2　　　经验系数 k_w

$\frac{W}{\sqrt{gH}}$	≤1	1.5	2.0	2.5	3.0	4.0	≥5
k_w	1	1.02	1.08	1.16	1.25	1.28	1.30

波高和平均波长采用鹤地水库公式计算

$$\frac{gh_{2\%}}{W^2}=0.00625W^{1/6}\left(\frac{gD}{W^2}\right)^{1/3}$$

$$\frac{gL_m}{W^2}=0.0386\left(\frac{gD}{W^2}\right)^{1/2}$$

式中，$h_{2\%}$是累计频率为 2%的波高，则 $h_{2\%}/h_m=2.13$，可求得 $h_m=h_{2\%}/2.13$。

设计波浪爬高值按工程等级确定，对Ⅰ级、Ⅱ级、Ⅲ级土石坝取累计概率 $P=1\%$时的爬高值 $R_{1\%}$，查《碾压式土石坝设计规范》附表 1.7 可得 $R_{1\%}/\overline{R}=2.23$。

风浪壅高：
$$e=\frac{KW^2D\cos\beta}{2gH_m}$$

式中　K——综合摩阻系数，$K=3.6\times10^{-6}$；

β——风向与闸轴线法线方向的夹角，赋石水库取 $\beta=30°$。

坝坡为块石护面，糙率渗透性系数 $k_\Delta=0.8$；坝坡迎水面坡度系数 $m=3.0$。库区汛期多年平均最大风速 $W_m=17$m/s，设计情况下取 $W=1.5W_m$；校核情况下取 $W=W_m$。吹程 D=6000m。

坝顶高程：

$$\text{设计情况}\quad Z_{坝,设}=Z_{设}+R_{设}+e_{设}+A_{设}\quad \text{m}$$

$$\text{校核情况}\quad Z_{坝,校}=Z_{校}+R_{校}+e_{校}+A_{校}\quad \text{m}$$

最后确定坝顶高程为：　$Z_{坝}=Max\{Z_{坝、设},Z_{坝、校}\}$　m

三、设计说明书

设计说明书，主要应包括以下内容：

1. 设计任务；
2. 流域自然地理简况，流域水文气象资料概况；
3. 设计年径流量及其年内分配的推求；
4. 水库死水位的选择；
5. 水库正常蓄水位的选择；
6. 水能计算和装机容量选择；

7. 设计洪水的推求；

8. 水库洪水特征水位的确定和坝顶高程的计算；

9. 附表、附图、最后装订成册。

说明书的重点是对计算成果的说明和合理性分析以及其他有关问题讨论。说明书要力求文字通顺、简明扼要，图表要清楚整齐，每个图、表都要有名称和编号，并与说明书中内容一致，最后成果图要字体工整，合订时，说明书在前，附表和附图分别集中，依次放在后面。

四、基本资料

1. 流域和水库情况简介

西苕溪为太湖流域一大水系（图 KS2－1），流域面积为 $2260km^2$，发源于浙江省安吉县天目山，干流全长 150km，上游坡陡流急，安城以下堰塘遍布，河道曲折，排泄不畅，易遭洪涝灾害，又因流域拦蓄工程较少，灌溉水源不足，易受旱灾。

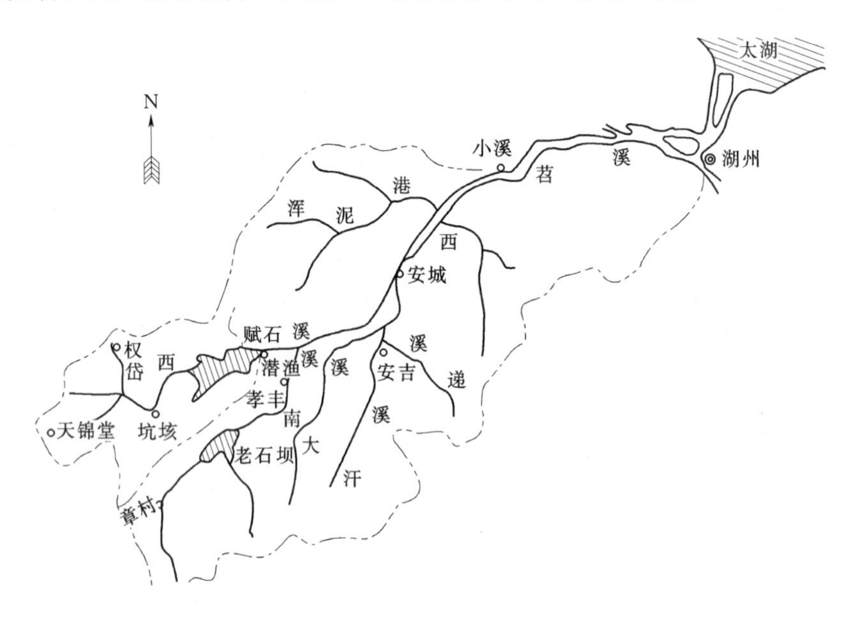

图 KS2－1 西苕溪流域水系及测站分布

赋石水库是一座防洪为主，结合发电、灌溉、航运及水产养殖的综合利用水库，位于安吉县丰城西 10km，控制西苕溪主要支流西溪，坝址以上流域面积 $328km^2$。流域内气候温和、湿润，多年平均雨量 1450mm。流域水系及测站分布见图 KS2－1。

2. 水文气象资料情况

在坝址下游 1km 处设有潜渔水文站，自 1954 年开始有观测的流量资料。通过频率计算，得各设计频率的设计年径流量，选择典型年，计算缩放倍比，成果见表 KS2－3。典型年径流过程见表 KS2－4。

根据调查 1922 年 9 月 1 日在坝址附近发生一场大洪水，推算得潜渔站洪峰流量为 $1350m^3/s$。这场洪水是发生年份至今最大的一次洪水。缺测年份内，没有大于 $1160m^3/s$ 的洪水发生。

表 KS2-3　　设计年径流量及典型年径流量

代表年	设计频率	设计年径流量 (m^3/s)	典型年	典型年径流量 (m^3/s)	缩放倍比
枯水年	$P=85\%$	5.56	1973	5.35	1.039
中水年	$P=50\%$	7.50	1957	7.11	1.055
丰水年	$P=15\%$	10.37	1967	9.95	1.042

表 KS2-4　　潜渔站设计年径流过程

月份	枯水典型年 Q	中水典型年 Q	丰水典型年 Q	月份	枯水典型年 Q	中水典型年 Q	丰水典型年 Q
3	14.00	6.47	11.10	9	0.04	4.32	23.20
4	18.60	6.93	12.80	10	0.41	2.81	7.65
5	19.50	20.80	23.00	11	1.70	1.42	1.36
6	1.31	8.24	27.60	12	0.75	3.60	0.44
7	5.21	21.80	3.97	1	0.70	1.10	0.84
8	0.06	5.50	1.24	2	1.88	2.33	6.11

3. 根据地区用电要求和电站的可能情况，发电要求为保证出力不能低于 800kW，发电保证率为 85%，灌溉和航运任务不大，均可利用发电尾水得到满足。

4. 水库水位容积曲线，如表 KS2-5 所示。

表 KS2-5　　水位容积曲线

水位 (m)	48	50	52	55	60	65
容积 ($\times10^6 m^3$)	0	0.1	0.6	2.3	8.0	18.0
水位 (m)	70	75	80	81	82	83
容积 ($\times10^6 m^3$)	35.7	60.3	94.4	102.8	111.3	120.0
水位 (m)	84	85	86	87	88	89
容积 ($\times10^6 m^3$)	129.0	138.6	148.3	158.8	170.0	181.5
水位 (m)	90	91				
容积 ($\times10^6 m^3$)	194.5	207.0				

5. 水电站下游水位流量关系曲线，见表 KS2-6。

表 KS2-6　　水位流量关系曲线

水位 (m)	46.0	46.2	46.4	46.6	46.8	47.0	47.2
流量 (m^3/s)	0	1.0	3.6	7.3	11.9	16.2	20.5

6. 根据实测泥沙资料得多年平均含沙量 $\rho_0=0.237kg/m^3$，泥沙干容重 $\gamma=1650kg/m^3$，泥沙沉积率 $m=90\%$，孔隙率 $p=0.3$，推移质与悬移质淤积量之比值 $\alpha=15\%$，水库设计使用年限为 50 年，对于淤积设计，尚需加安全值 2m。

7. 本省生产的机型有 HL263—LJ—100（即混流式 263 型，主轴金属锅壳，转轮直径 1m），单机容量为 1250kW，适应最小水头为 16m。

8. 赋石水库属Ⅱ级建筑物，因此设计洪水标准为 1%，校核洪水标准为 0.05%，水库下游保护区防洪标准为 5%。

9. 赋石水库原设计采用雨量资料推求设计洪水，现采用流量资料来推求设计洪水，以作比较。历年洪峰、1d 洪量、3d 洪量、7d 洪量如表 KS2－7 所示。

表 KS2－7　　潜渔站洪峰及定时段洪量统计表

年份	洪峰 Q_m	24 小时洪量 W_{1d}	三天洪量 W_{3d}	七天洪量 W_{7d}
1954	702	27.94	58.40	
1955	284	8.17	13.30	
1956	748	29.80	36.00	
1957	402	22.80	37.19	52.46
1958	200	8.72	15.85	22.15
1959	237	11.13	19.80	32.90
1960	478	15.70	20.80	33.20
1961	659	52.50	79.10	88.20
1962	585	43.70	49.20	53.10
1963	1160	55.60	86.60	95.90
1964	409	14.32	31.70	40.70
1965	510	15.62	24.40	27.00
1966	232	9.50	14.00	25.40
1967	244	11.82	19.00	28.00
1968	167	9.90	18.40	35.50
1969	387	20.90	32.80	48.40
1970	305	17.20	31.90	35.60
1971	500	23.40	31.80	35.30
1972	108	5.34	10.20	12.23
1973	484	19.87	42.85	
1974	287	16.16	39.05	
1975	166	11.58	22.05	
1976	119	8.29	19.95	
1977	238	7.61	20.45	

10. 典型洪水过程线如表 KS2－8 所示。

表 KS2－8　　典型洪水过程线（1963 年）

时段 (Δt=1h)	流量 (m^3/s)	时段 (Δt=1h)	流量 (m^3/s)	时段 (Δt=1h)	流量 (m^3/s)
0	6	4	15	8	57
1	7	5	23	9	73
2	7	6	34	10	100
3	8	7	43	11	130

续表

时段（Δt=1h）	流量（m^3/s）	时段（Δt=1h）	流量（m^3/s）	时段（Δt=1h）	流量（m^3/s）
12	171	42	306	72	92
13	230	43	260	73	85
14	260	44	235	74	82
15	317	45	227	75	79
16	335	46	240	76	65
17	362	47	253	77	55
18	373	48	269	78	43
19	350	49	277	79	41
20	330	50	286	80	33
21	315	51	295	81	36
22	305	52	290	82	43
23	293	53	263	83	49
24	293	54	277	84	53
25	445	55	265	85	50
26	575	56	252	86	48
27	675	57	245	87	47
28	805	58	235	88	46
29	915	59	224	89	44
30	1000	60	212	90	43
31	1060	61	205	91	41
32	1130	62	192	92	39
33	1160	63	180	93	37
34	1060	64	161	94	35
35	950	65	155	95	34
36	864	66	145	96	33
37	760	67	130	97	32
38	660	68	118	98	31
39	617	69	118	99	30
40	470	70	103		
41	370	71	97		

11. 泄洪建筑物型式尺寸。

溢洪道为实用堰型，净宽 110m，堰顶高程 88.3m。泄洪洞洞径 5m，进口底坎高程 48.5m。根据以上尺寸计算得泄流曲线如表 KS2-9 所示。

表 KS2-9　泄洪建筑物泄流曲线

水位（m）	80	81	82	83	84	85
流量（m^3/s）	332	336	341	347	351	354
水位（m）	86	87	88	89	90	91
流量（m^3/s）	358	362	370	481	874	1460

附表 1 **皮尔逊Ⅲ型频率曲线**

C_s \ P(%)	0.001	0.01	0.1	0.2	0.333	0.5	1	2	3	5	10	20	25	30
0.0	4.26	3.72	3.09	2.88	2.71	2.58	2.33	2.05	1.88	1.64	1.28	0.84	0.67	0.52
0.1	4.56	3.94	3.23	3.00	2.82	2.67	2.40	2.11	1.92	1.67	1.29	0.84	0.66	0.51
0.2	4.86	4.16	3.38	3.12	2.92	2.76	2.47	2.16	1.96	1.70	1.30	0.83	0.65	0.50
0.3	5.16	4.38	3.52	3.24	3.03	2.86	2.54	2.21	2.00	1.73	1.31	0.82	0.64	0.48
0.4	5.47	4.61	3.57	3.36	3.14	2.95	2.62	2.26	2.04	1.75	1.32	0.82	0.64	0.47
0.5	5.78	4.83	3.81	3.48	3.25	3.04	2.68	2.31	2.08	1.77	1.32	0.81	0.62	0.46
0.6	6.09	5.05	3.96	3.60	3.35	3.13	2.75	2.35	2.12	1.80	1.33	0.80	0.61	0.44
0.7	6.40	5.28	4.10	3.72	3.45	3.22	2.82	2.40	2.15	1.82	1.33	0.79	0.59	0.43
0.8	6.71	5.50	4.24	3.85	3.55	3.31	2.89	2.45	2.18	1.84	1.34	0.78	0.58	0.41
0.9	7.02	5.73	4.39	3.97	3.65	3.40	2.96	2.50	2.22	1.86	1.34	0.77	0.57	0.40
1.0	7.33	5.96	4.53	4.09	3.76	3.49	3.02	2.54	2.25	1.88	1.34	0.76	0.55	0.38
1.1	7.65	6.18	4.67	4.20	3.86	3.58	3.09	2.58	2.28	1.89	1.34	0.74	0.54	0.36
1.2	7.97	6.41	4.81	4.32	3.95	3.66	3.15	2.62	2.31	1.91	1.34	0.73	0.52	0.35
1.3	8.29	6.64	4.95	4.44	4.05	3.74	3.21	2.67	2.34	1.92	1.34	0.72	0.51	0.33
1.4	8.61	6.87	5.09	4.56	4.15	3.83	3.27	2.71	2.37	1.94	1.33	0.71	0.49	0.31
1.5	8.93	7.09	5.23	4.68	4.24	3.91	3.33	2.74	2.39	1.95	1.33	0.69	0.47	0.30
1.6	9.25	7.31	5.37	4.80	4.34	3.99	3.39	2.78	2.42	1.96	1.33	0.68	0.46	0.28
1.7	9.57	7.54	5.50	4.91	4.43	4.07	3.44	2.82	2.44	1.97	1.32	0.66	0.44	0.26
1.8	9.89	7.76	5.64	5.01	4.52	4.15	3.50	2.85	2.46	1.98	1.32	0.64	0.42	0.24
1.9	10.20	7.98	5.77	5.12	4.61	4.23	3.55	2.88	2.49	1.99	1.31	0.63	0.40	0.22
2.0	10.51	8.21	5.91	5.22	4.70	4.30	3.61	2.91	2.51	2.00	1.30	0.61	0.39	0.20
2.1	10.83	8.43	6.04	5.33	4.79	4.37	3.66	2.93	2.53	2.00	1.29	0.59	0.37	0.19
2.2	11.14	8.65	6.17	5.43	4.88	4.44	3.71	2.96	2.55	2.00	1.28	0.57	0.35	0.17
2.3	11.45	8.87	6.30	5.53	4.97	4.51	3.76	2.99	2.56	2.00	1.27	0.55	0.33	0.15
2.4	11.76	9.08	6.42	5.63	5.05	4.58	3.81	3.02	2.57	2.01	1.26	0.54	0.31	0.13
2.5	12.07	9.30	6.55	5.73	5.13	4.65	3.85	3.04	2.59	2.01	1.25	0.52	0.29	0.11
2.6	12.38	9.51	6.67	5.82	5.20	4.72	3.89	3.06	2.60	2.01	1.23	0.50	0.27	0.09
2.7	12.69	9.72	6.79	5.92	5.28	4.78	3.93	3.09	2.61	2.01	1.22	0.48	0.25	0.08
2.8	13.00	9.93	6.91	6.01	5.36	4.84	3.97	3.11	2.62	2.01	1.21	0.46	0.23	0.06
2.9	13.31	10.14	7.03	6.10	5.44	4.90	4.01	3.13	2.63	2.01	1.20	0.44	0.21	0.04
3.0	13.61	10.35	7.15	6.20	5.51	4.96	4.05	3.15	2.64	2.00	1.18	0.42	0.19	0.03
3.1	13.92	10.56	7.26	6.30	5.59	5.02	4.08	3.17	2.64	2.00	1.16	0.40	0.17	0.01
3.2	14.22	10.77	7.38	6.39	5.66	5.08	4.12	3.19	2.65	2.00	1.14	0.38	0.15	−0.01
3.3	14.52	10.97	7.49	6.48	5.74	5.14	4.15	3.21	2.65	1.99	1.12	0.36	0.14	−0.02
3.4	14.81	11.17	7.60	6.56	5.80	5.20	4.18	3.22	2.65	1.98	1.11	0.34	0.12	−0.04
3.5	15.11	11.37	7.72	6.65	5.86	5.25	4.22	3.23	2.65	1.97	1.09	0.32	0.10	−0.06
3.6	15.41	11.57	7.83	6.73	5.93	5.30	4.25	3.24	2.66	1.96	1.08	0.30	0.09	−0.07
3.7	15.70	11.77	7.94	6.81	5.99	5.35	4.28	3.25	2.66	1.95	1.06	0.28	0.07	−0.09
3.8	16.00	11.97	8.05	6.89	6.05	5.40	4.31	3.26	2.66	1.94	1.04	0.26	0.06	−0.10
3.9	16.29	12.16	8.15	6.97	6.11	5.45	4.34	3.27	2.66	1.93	1.02	0.24	0.04	−0.11
4.0	16.58	12.36	8.25	7.05	6.18	5.50	4.37	3.27	2.66	1.92	1.00	0.23	−0.02	−0.13
4.1	16.87	12.55	8.35	7.13	6.24	5.54	4.39	3.28	2.66	1.91	0.98	0.21	0.00	−0.14
4.2	17.16	12.74	8.45	7.21	6.30	5.59	4.41	3.29	2.65	1.90	0.96	0.19	−0.02	−0.15
4.3	17.44	12.93	8.55	7.29	6.36	5.63	4.44	3.29	2.65	1.88	0.94	0.17	−0.03	−0.16
4.4	17.72	13.12	8.65	7.36	6.41	5.68	4.46	3.30	2.65	1.87	0.92	0.16	−0.04	−0.17
4.5	18.01	13.30	8.75	7.43	6.46	5.72	4.48	3.30	2.64	1.85	0.90	0.14	−0.05	−0.18
4.6	18.29	13.49	8.85	7.50	6.52	5.76	4.50	3.30	2.63	1.84	0.88	0.13	−0.06	−0.18
4.7	18.57	13.67	8.95	7.56	6.57	5.80	4.52	3.30	2.62	1.82	0.86	0.11	−0.07	−0.19
4.8	18.85	13.85	9.04	7.63	6.63	5.84	4.54	3.30	2.61	1.80	0.84	0.09	−0.08	−0.20
4.9	19.13	14.04	9.13	7.70	6.68	5.88	4.55	3.30	2.60	1.78	0.82	0.08	−0.10	−0.21
5.0	19.41	14.22	9.22	7.77	6.73	5.92	4.57	3.30	2.60	1.77	0.80	0.06	−0.11	−0.22
5.1	19.68	14.40	9.31	7.84	6.78	5.95	4.58	3.30	2.59	1.75	0.78	0.05	−0.12	−0.22
5.2	19.95	14.57	9.40	7.90	6.83	5.99	4.59	3.30	2.58	1.73	0.76	0.03	−0.13	−0.22
5.3	20.22	14.75	9.49	7.96	6.87	6.02	4.60	3.30	2.57	1.72	0.74	0.02	−0.14	−0.22
5.4	20.46	14.92	9.57	8.02	6.91	6.05	4.62	3.29	2.56	1.70	0.72	0.00	−0.14	−0.23
5.5	20.76	15.10	9.66	8.08	6.96	6.08	4.63	3.28	2.55	1.68	0.70	−0.01	−0.15	−0.23
5.6	21.03	15.27	9.74	8.14	7.00	6.11	4.64	3.28	2.53	1.66	0.67	−0.03	−0.16	−0.24
5.7	21.31	15.45	9.82	8.21	7.04	6.14	4.65	3.27	2.52	1.65	0.65	−0.04	−0.17	−0.24
5.8	21.58	15.62	9.91	8.27	7.08	6.17	4.67	3.27	2.51	1.63	0.63	−0.05	−0.18	−0.25
5.9	21.84	15.78	9.99	8.32	7.12	6.20	4.68	3.26	2.49	1.61	0.61	−0.06	−0.18	−0.25
6.0	22.10	15.94	10.07	8.38	7.15	6.23	4.68	3.25	2.48	1.59	0.59	−0.07	−0.19	−0.25
6.1	22.37	16.11	10.15	8.43	7.19	6.26	4.69	3.24	2.46	1.57	0.57	−0.08	−0.19	−0.26
6.2	22.63	16.28	10.22	8.49	7.23	6.28	4.70	3.23	2.45	1.55	0.55	−0.09	−0.20	−0.26
6.3	22.89	16.45	10.30	8.54	7.26	6.30	4.70	3.22	2.43	1.53	0.53	−0.10	−0.20	−0.26
6.4	23.15	16.61	10.38	8.60	7.30	6.32	4.71	3.21	2.41	1.51	0.51	−0.11	−0.21	−0.26

录

的离均系数 ϕ 值表

40	50	60	70	75	80	85	90	95	97	99	99.9	100	P(%) / C_s
0.25	0.00	−0.25	−0.52	−0.67	−0.84	−1.04	−1.28	−1.64	−1.88	−2.33	−3.09	−∞	0.0
0.24	−0.02	−0.27	−0.53	−0.68	−0.85	−1.04	−1.27	−1.62	−1.84	−2.25	−2.95	−20.0	0.1
0.22	−0.03	−0.28	−0.55	−0.69	−0.85	−1.03	−1.26	−1.59	−1.78	−2.18	−2.81	−10.0	0.2
0.20	−0.05	−0.30	−0.56	−0.70	−0.85	−1.03	−1.24	−1.55	−1.75	−2.10	−2.67	−6.67	0.3
0.19	−0.07	−0.31	−0.57	−0.71	−0.85	−1.03	−1.23	−1.52	−1.70	−2.03	−2.54	−5.00	0.4
0.17	−0.08	−0.33	−0.58	−0.71	−0.85	−1.02	−1.22	−1.49	−1.66	−1.96	−2.40	−4.00	0.5
0.16	−0.10	−0.34	−0.59	−0.72	−0.85	−1.02	−1.20	−1.45	−1.61	−1.88	−2.27	−3.33	0.6
0.14	−0.12	−0.36	−0.60	−0.72	−0.85	−1.01	−1.18	−1.42	−1.57	−1.81	−2.14	−2.86	0.7
0.12	−0.13	−0.37	−0.60	−0.73	−0.85	−1.00	−1.17	−1.38	−1.52	−1.74	−2.02	−2.50	0.8
0.11	−0.15	−0.38	−0.61	−0.73	−0.85	−0.99	−1.15	−1.35	−1.47	−1.66	−1.90	−2.22	0.9
0.09	−0.16	−0.39	−0.62	−0.73	−0.85	−0.98	−1.13	−1.32	−1.42	−1.59	−1.79	−2.00	1.0
0.07	−0.18	−0.41	−0.62	−0.74	−0.85	−0.97	−1.10	−1.28	−1.38	−1.52	−1.68	−1.82	1.1
0.05	−0.19	−0.42	−0.63	−0.74	−0.84	−0.96	−1.08	−1.24	−1.33	−1.45	−1.58	−1.67	1.2
0.04	−0.21	−0.43	−0.63	−0.74	−0.84	−0.95	−1.06	−1.20	−1.28	−1.38	−1.48	−1.54	1.3
0.02	−0.22	−0.44	−0.64	−0.73	−0.83	−0.93	−1.04	−1.17	−1.23	−1.32	−1.39	−1.43	1.4
0.00	−0.24	−0.45	−0.64	−0.73	−0.82	−0.92	−1.02	−1.13	−1.19	−1.26	−1.31	−1.33	1.5
−0.02	−0.25	−0.46	−0.64	−0.73	−0.81	−0.90	−0.99	−1.10	−1.14	−1.20	−1.24	−1.25	1.6
−0.03	−0.27	−0.47	−0.64	−0.72	−0.81	−0.89	−0.97	−1.06	−1.10	−1.14	−1.17	−1.18	1.7
−0.05	−0.28	−0.48	−0.64	−0.72	−0.80	−0.87	−0.94	−1.02	−1.06	−1.09	−1.11	−1.11	1.8
−0.07	−0.29	−0.48	−0.64	−0.72	−0.79	−0.85	−0.92	−0.98	−1.01	−1.04	−1.05	−1.05	1.9
−0.08	−0.31	−0.49	−0.64	−0.71	−0.78	−0.84	−0.895	−0.949	−0.970	−0.988	−0.999	−1.000	2.0
−0.10	−0.32	−0.49	−0.64	−0.71	−0.76	−0.82	−0.869	−0.911	−0.935	−0.919	−0.952	−0.952	2.1
−0.11	−0.33	−0.50	−0.64	−0.70	−0.75	−0.80	−0.844	−0.879	−0.900	−0.905	−0.909	−0.909	2.2
−0.13	−0.34	−0.50	−0.64	−0.69	−0.74	−0.78	−0.820	−0.849	−0.865	−0.867	−0.870	−0.870	2.3
−0.15	−0.35	−0.51	−0.63	−0.68	−0.72	−0.77	−0.795	−0.820	−0.830	−0.831	−0.833	−0.833	2.4
−0.16	−0.36	−0.51	−0.63	−0.67	−0.71	−0.75	−0.772	−0.791	−0.800	−0.800	−0.800	−0.800	2.5
−0.17	−0.37	−0.51	−0.62	−0.66	−0.70	−0.73	−0.748	−0.764	−0.769	−0.769	−0.769	−0.769	2.6
−0.18	−0.37	−0.51	−0.61	−0.65	−0.68	−0.71	−0.726	−0.736	−0.740	−0.740	−0.741	−0.741	2.7
−0.20	−0.38	−0.51	−0.61	−0.64	−0.67	−0.69	−0.702	−0.710	−0.714	−0.714	−0.714	−0.714	2.8
−0.21	−0.39	−0.51	−0.60	−0.63	−0.66	−0.67	−0.680	−0.687	−0.690	−0.690	−0.690	−0.690	2.9
−0.23	−0.39	−0.51	−0.59	−0.62	−0.64	−0.65	−0.658	−0.665	−0.667	−0.667	−0.667	−0.667	3.0
−0.24	−0.40	−0.51	−0.58	−0.60	−0.62	−0.63	−0.639	−0.644	−0.645	−0.645	−0.645	−0.645	3.1
−0.25	−0.40	−0.51	−0.57	−0.59	−0.61	−0.62	−0.621	−0.625	−0.625	−0.625	−0.625	−0.625	3.2
−0.26	−0.40	−0.50	−0.56	−0.58	−0.59	−0.60	−0.604	−0.606	−0.606	−0.606	−0.606	−0.666	3.3
−0.27	−0.41	−0.50	−0.55	−0.57	−0.58	−0.58	−0.587	−0.588	−0.588	−0.588	−0.588	−0.588	3.4
−0.28	−0.41	−0.50	−0.54	−0.55	−0.56	−0.56	−0.570	−0.571	−0.571	−0.571	−0.571	−0.571	3.5
−0.29	−0.41	−0.49	−0.53	−0.54	−0.55	−0.552	−0.555	−0.556	−0.556	−0.556	−0.556	−0.556	3.6
−0.29	−0.42	−0.48	−0.52	−0.53	−0.535	−0.537	−0.540	−0.541	−0.541	−0.541	−0.541	−0.541	3.7
−0.30	−0.42	−0.48	−0.51	−0.52	−0.522	−0.524	−0.525	−0.520	−0.526	−0.526	−0.526	−0.526	3.8
−0.30	−0.41	−0.47	−0.50	−0.506	−0.510	−0.511	−0.512	−0.513	−0.513	−0.513	−0.513	−0.513	3.9
−0.31	−0.41	−0.46	−0.49	−0.495	−0.498	−0.499	−0.500	−0.500	−0.500	−0.500	−0.500	−0.500	4.0
−0.32	−0.41	−0.46	−0.48	−0.484	−0.486	−0.487	−0.488	−0.488	−0.488	−0.488	−0.488	−0.488	4.1
−0.32	−0.41	−0.45	−0.47	−0.473	−0.475	−0.475	−0.476	−0.476	−0.476	−0.476	−0.476	−0.476	4.2
−0.33	−0.41	−0.44	−0.46	−0.462	−0.464	−0.464	−0.465	−0.465	−0.465	−0.465	−0.465	−0.465	4.3
−0.33	−0.40	−0.44	−0.45	−0.453	−0.454	−0.454	−0.455	−0.454	−0.455	−0.455	−0.455	−0.455	4.4
−0.33	−0.40	−0.43	−0.44	−0.444	−0.444	−0.444	−0.444	−0.444	−0.444	−0.444	−0.444	−0.444	4.5
−0.33	−0.40	−0.42	−0.43	−0.435	−0.435	−0.435	−0.435	−0.435	−0.435	−0.435	−0.435	−0.435	4.6
−0.33	−0.39	−0.42	−0.42	−0.426	−0.426	−0.426	−0.426	−0.426	−0.426	−0.426	−0.426	−0.426	4.7
−0.33	−0.39	−0.41	−0.41	−0.417	−0.417	−0.417	−0.417	−0.417	−0.417	−0.417	−0.417	−0.417	4.8
−0.33	−0.39	−0.40	−0.40	−0.408	−0.408	−0.408	−0.408	−0.408	−0.408	−0.408	−0.408	−0.408	4.9
−0.33	−0.379	−0.395	−0.399	−0.400	−0.400	−0.400	−0.400	−0.400	−0.400	−0.400	−0.400	−0.400	5.0
−0.32	−0.374	−0.387	−0.391	−0.392	−0.392	−0.392	−0.392	−0.392	−0.392	−0.392	−0.392	−0.392	5.1
−0.32	−0.369	−0.380	−0.384	−0.385	−0.385	−0.385	−0.385	−0.385	−0.385	−0.385	−0.385	−0.385	5.2
−0.32	−0.363	−0.373	−0.376	−0.377	−0.377	−0.377	−0.377	−0.377	−0.377	−0.377	−0.377	−0.377	5.3
−0.32	−0.358	−0.366	−0.369	−0.370	−0.370	−0.370	−0.370	−0.370	−0.370	−0.370	−0.370	−0.370	5.4
−0.32	−0.353	−0.360	−0.363	−0.364	−0.364	−0.364	−0.364	−0.364	−0.364	−0.364	−0.364	−0.364	5.5
−0.32	−0.349	−0.355	−0.356	−0.357	−0.357	−0.357	−0.357	−0.357	−0.357	−0.357	−0.357	−0.357	5.6
−0.32	−0.344	−0.349	−0.350	−0.351	−0.351	−0.351	−0.351	−0.351	−0.351	−0.351	−0.351	−0.351	5.7
−0.32	−0.339	−0.344	−0.345	−0.345	−0.345	−0.345	−0.345	−0.345	−0.345	−0.345	−0.345	−0.345	5.8
−0.31	−0.334	−0.338	−0.339	−0.339	−0.339	−0.339	−0.339	−0.339	−0.339	−0.339	−0.339	−0.339	5.9
−0.31	−0.329	−0.333	−0.333	−0.333	−0.333	−0.333	−0.333	−0.333	−0.333	−0.333	−0.333	−0.333	6.0
−0.31	−0.325	−0.328	−0.328	−0.328	−0.328	−0.328	−0.328	−0.328	−0.328	−0.328	−0.328	−0.328	6.1
−0.30	−0.320	−0.322	−0.323	−0.323	−0.323	−0.323	−0.323	−0.323	−0.323	−0.323	−0.323	−0.323	6.2
−0.30	−0.315	−0.317	−0.317	−0.317	−0.317	−0.317	−0.317	−0.317	−0.317	−0.317	−0.317	−0.317	6.3
−0.30	−0.311	−0.312	−0.313	−0.313	−0.313	−0.313	−0.313	−0.313	−0.313	−0.313	−0.313	−0.313	6.4

附表 2 瞬时单位线

t/K \ n	1.0	1.1	1.2	1.3	1.4	1.5	1.6	1.7	1.8	1.9
0	0	0	0	0	0	0	0	0	0	0
0.1	0.095	0.072	0.054	0.041	0.030	0.022	0.017	0.012	0.009	0.007
0.2	0.181	0.147	0.118	0.095	0.075	0.060	0.047	0.036	0.029	0.022
0.3	0.259	0.218	0.182	0.152	0.126	0.104	0.086	0.069	0.057	0.045
0.4	0.330	0.285	0.244	0.209	0.178	0.150	0.127	0.107	0.089	0.074
0.5	0.393	0.346	0.305	0.266	0.230	0.198	0.171	0.146	0.126	0.106
0.6	0.451	0.403	0.360	0.318	0.281	0.237	0.216	0.188	0.164	0.142
0.7	0.503	0.456	0.411	0.369	0.331	0.294	0.261	0.231	0.200	0.178
0.8	0.551	0.505	0.461	0.418	0.378	0.340	0.306	0.273	0.243	0.216
0.9	0.593	0.549	0.505	0.464	0.423	0.385	0.349	0.315	0.285	0.255
1.0	0.632	0.589	0.547	0.506	0.466	0.428	0.392	0.356	0.324	0.293
1.1	0.667	0.626	0.585	0.545	0.506	0.468	0.431	0.396	0.363	0.331
1.2	0.699	0.660	0.621	0.582	0.544	0.506	0.470	0.436	0.400	0.368
1.3	0.728	0.691	0.654	0.616	0.579	0.543	0.506	0.471	0.447	0.405
1.4	0.753	0.719	0.684	0.648	0.612	0.577	0.541	0.507	0.473	0.440
1.5	0.777	0.744	0.711	0.677	0.643	0.608	0.574	0.540	0.507	0.474
1.6	0.798	0.768	0.736	0.704	0.671	0.638	0.605	0.572	0.539	0.507
1.7	0.817	0.789	0.759	0.729	0.698	0.666	0.634	0.602	0.570	0.538
1.8	0.835	0.808	0.781	0.752	0.722	0.692	0.661	0.630	0.599	0.568
1.9	0.850	0.826	0.800	0.773	0.745	0.716	0.687	0.657	0.627	0.596
2.0	0.865	0.842	0.818	0.792	0.766	0.739	0.710	0.682	0.653	0.623
2.1	0.878	0.856	0.834	0.810	0.785	0.759	0.733	0.706	0.679	0.649
2.2	0.890	0.870	0.849	0.826	0.803	0.778	0.753	0.727	0.700	0.673
2.3	0.900	0.882	0.862	0.841	0.819	0.796	0.772	0.748	0.722	0.696
2.4	0.909	0.895	0.875	0.855	0.835	0.813	0.790	0.767	0.742	0.717
2.5	0.918	0.902	0.886	0.868	0.849	0.828	0.807	0.784	0.761	0.737
2.6	0.926	0.912	0.896	0.879	0.861	0.842	0.822	0.801	0.779	0.756
2.7	0.933	0.920	0.905	0.890	0.873	0.855	0.836	0.816	0.796	0.774
2.8	0.939	0.928	0.914	0.899	0.884	0.867	0.849	0.831	0.811	0.790
2.9	0.945	0.934	0.922	0.908	0.894	0.878	0.862	0.844	0.825	0.806
3.0	0.950	0.940	0.929	0.916	0.903	0.888	0.873	0.856	0.839	0.820
3.1	0.955	0.946	0.935	0.924	0.911	0.898	0.883	0.868	0.851	0.834
3.2	0.959	0.951	0.941	0.930	0.919	0.906	0.893	0.878	0.863	0.846
3.3	0.963	0.955	0.946	0.936	0.926	0.914	0.902	0.888	0.873	0.858
3.4	0.967	0.959	0.951	0.942	0.932	0.921	0.910	0.897	0.883	0.869
3.5	0.970	0.963	0.956	0.947	0.938	0.928	0.917	0.905	0.892	0.879
3.6	0.973	0.967	0.960	0.952	0.944	0.934	0.924	0.913	0.901	0.888
3.7	0.975	0.970	0.963	0.956	0.948	0.940	0.930	0.920	0.909	0.897
3.8	0.978	0.973	0.967	0.960	0.953	0.945	0.936	0.926	0.916	0.905
3.9	0.980	0.975	0.970	0.964	0.957	0.950	0.941	0.932	0.923	0.912
4.0	0.982	0.977	0.973	0.967	0.961	0.954	0.946	0.938	0.929	0.919
4.2	0.985	0.981	0.971	0.973	0.967	0.962	0.955	0.948	0.940	0.931
4.4	0.988	0.985	0.981	0.977	0.973	0.968	0.962	0.956	0.949	0.942
4.6	0.990	0.987	0.985	0.981	0.975	0.973	0.963	0.963	0.957	0.951
4.8	0.992	0.990	0.987	0.985	0.981	0.978	0.974	0.969	0.964	0.958
5.0	0.993	0.992	0.990	0.987	0.984	0.981	0.978	0.974	0.970	0.965
5.5	0.996	0.995	0.994	0.992	0.990	0.988	0.986	0.983	0.980	0.977
6.0	0.998	0.997	0.996	0.995	0.994	0.993	0.991	0.989	0.987	0.985
7.0	0.999	0.999	0.998	0.998	0.998	0.997	0.996	0.996	0.995	0.994
8.0			0.999	0.999	0.999	0.999	0.999	0.998	0.998	0.997
9.0								0.999	0.999	0.999

S 曲线查用表

2.0	2.1	2.2	2.3	2.4	2.5	2.6	2.7	2.8	2.9	3.0
0	0	0	0	0	0	0	0	0	0	0
0.005	0.003	0.002	0.002	0.001	0.001	0.001	0	0	0	0
0.018	0.014	0.010	0.008	0.006	0.004	0.003	0.002	0.002	0.001	0.001
0.037	0.030	0.024	0.019	0.015	0.012	0.010	0.007	0.006	0.005	0.004
0.061	0.051	0.042	0.034	0.028	0.023	0.019	0.015	0.012	0.010	0.008
0.090	0.076	0.065	0.054	0.045	0.037	0.031	0.025	0.022	0.018	0.014
0.122	0.104	0.090	0.076	0.065	0.055	0.046	0.039	0.033	0.028	0.023
0.156	0.136	0.117	0.101	0.088	0.075	0.065	0.056	0.044	0.039	0.034
0.191	0.169	0.149	0.130	0.113	0.098	0.086	0.074	0.064	0.056	0.047
0.228	0.202	0.180	0.160	0.141	0.124	0.109	0.096	0.084	0.073	0.063
0.264	0.238	0.213	0.190	0.170	0.151	0.134	0.118	0.104	0.092	0.080
0.301	0.273	0.247	0.222	0.200	0.179	0.160	0.143	0.127	0.113	0.100
0.337	0.308	0.281	0.255	0.231	0.219	0.188	0.169	0.151	0.135	0.121
0.373	0.343	0.315	0.288	0.262	0.239	0.216	0.196	0.171	0.159	0.143
0.408	0.378	0.348	0.321	0.294	0.269	0.246	0.224	0.203	0.184	0.167
0.442	0.411	0.382	0.353	0.326	0.300	0.275	0.252	0.231	0.210	0.191
0.475	0.444	0.414	0.385	0.357	0.331	0.305	0.281	0.258	0.237	0.217
0.507	0.476	0.446	0.417	0.389	0.361	0.335	0.310	0.287	0.264	0.243
0.537	0.507	0.477	0.448	0.419	0.392	0.365	0.330	0.315	0.292	0.269
0.596	0.536	0.507	0.478	0.449	0.421	0.395	0.368	0.343	0.319	0.296
0.594	0.565	0.536	0.507	0.478	0.451	0.423	0.397	0.372	0.347	0.323
0.620	0.592	0.565	0.535	0.507	0.479	0.452	0.425	0.400	0.375	0.350
0.645	0.618	0.590	0.562	0.534	0.507	0.480	0.453	0.427	0.402	0.377
0.669	0.642	0.615	0.588	0.560	0.533	0.507	0.480	0.454	0.429	0.404
0.692	0.665	0.639	0.613	0.586	0.559	0.533	0.507	0.481	0.455	0.430
0.713	0.688	0.662	0.636	0.610	0.584	0.558	0.532	0.506	0.481	0.456
0.733	0.708	0.684	0.659	0.634	0.608	0.582	0.557	0.532	0.506	0.482
0.751	0.728	0.704	0.680	0.656	0.631	0.606	0.581	0.556	0.531	0.506
0.769	0.747	0.724	0.701	0.677	0.653	0.629	0.604	0.579	0.555	0.531
0.785	0.764	0.742	0.720	0.697	0.674	0.650	0.626	0.602	0.578	0.554
0.801	0.781	0.760	0.738	0.716	0.694	0.671	0.648	0.624	0.600	0.577
0.815	0.796	0.776	0.756	0.734	0.713	0.691	0.668	0.645	0.622	0.599
0.829	0.811	0.792	0.772	0.752	0.731	0.709	0.688	0.665	0.643	0.620
0.841	0.824	0.806	0.787	0.768	0.748	0.727	0.706	0.685	0.663	0.641
0.853	0.837	0.820	0.802	0.783	0.764	0.744	0.724	0.703	0.682	0.660
0.864	0.849	0.832	0.815	0.798	0.779	0.760	0.741	0.721	0.700	0.679
0.874	0.860	0.844	0.828	0.811	0.794	0.776	0.757	0.738	0.718	0.697
0.884	0.870	0.856	0.840	0.824	0.807	0.790	0.772	0.753	0.734	0.715
0.893	0.880	0.866	0.851	0.846	0.820	0.804	0.786	0.768	0.750	0.731
0.901	0.889	0.876	0.862	0.848	0.834	0.817	0.800	0.783	0.765	0.747
0.908	0.897	0.885	0.872	0.858	0.844	0.829	0.813	0.796	0.779	0.762
0.922	0.912	0.901	0.890	0.877	0.864	0.851	0.837	0.822	0.806	0.790
0.934	0.925	0.915	0.905	0.894	0.883	0.870	0.857	0.844	0.830	0.815
0.944	0.936	0.928	0.919	0.909	0.896	0.888	0.876	0.864	0.851	0.837
0.952	0.946	0.938	0.930	0.922	0.913	0.903	0.892	0.881	0.870	0.857
0.960	0.954	0.917	0.940	0.933	0.925	0.916	0.907	0.897	0.886	0.875
0.973	0.969	0.965	0.960	0.955	0.949	0.942	0.935	0.928	0.920	0.912
0.983	0.980	0.977	0.973	0.969	0.965	0.961	0.956	0.950	0.944	0.938
0.998	0.991	0.990	0.988	0.986	0.944	0.982	0.980	0.977	0.974	0.970
0.997	0.996	0.996	0.995	0.994	0.993	0.992	0.991	0.989	0.988	0.986
0.999	0.999	0.998	0.998	0.997	0.997	0.997	0.996	0.995	0.995	0.994

t/K \ n	3.0	3.1	3.2	3.3	3.4	3.5	3.6	3.7	3.8	3.9
0	0	0	0	0	0	0	0	0	0	0
0.5	0.014	0.012	0.010	0.008	0.006	0.005	0.004	0.003	0.003	0.002
1.0	0.080	0.070	0.061	0.053	0.046	0.040	0.035	0.030	0.026	0.022
1.1	0.100	0.088	0.077	0.068	0.060	0.052	0.045	0.040	0.034	0.030
1.2	0.121	0.107	0.095	0.084	0.074	0.066	0.058	0.051	0.044	0.039
1.3	0.143	0.128	0.114	0.102	0.091	0.081	0.071	0.063	0.056	0.049
1.4	0.167	0.150	0.135	0.121	0.109	0.097	0.087	0.077	0.069	0.061
1.5	0.191	0.173	0.157	0.142	0.128	0.115	0.103	0.092	0.083	0.074
1.6	0.217	0.198	0.180	0.164	0.148	0.134	0.121	0.109	0.098	0.088
1.7	0.243	0.223	0.204	0.186	0.170	0.154	0.140	0.127	0.115	0.103
1.8	0.269	0.248	0.228	0.210	0.192	0.175	0.160	0.146	0.132	0.120
1.9	0.296	0.274	0.253	0.234	0.215	0.197	0.181	0.166	0.151	0.138
2.0	0.323	0.301	0.279	0.258	0.239	0.220	0.203	0.186	0.171	0.156
2.1	0.350	0.327	0.305	0.283	0.263	0.244	0.225	0.208	0.191	0.176
2.2	0.377	0.354	0.331	0.309	0.287	0.267	0.248	0.230	0.212	0.196
2.3	0.404	0.380	0.356	0.334	0.312	0.291	0.271	0.252	0.234	0.217
2.4	0.430	0.406	0.382	0.359	0.337	0.316	0.295	0.275	0.256	0.238
2.5	0.456	0.432	0.408	0.385	0.362	0.340	0.319	0.299	0.279	0.260
2.6	0.482	0.457	0.433	0.410	0.387	0.364	0.343	0.322	0.302	0.283
2.7	0.506	0.482	0.458	0.434	0.411	0.389	0.367	0.346	0.325	0.305
2.8	0.531	0.506	0.482	0.459	0.436	0.413	0.391	0.369	0.348	0.328
2.9	0.554	0.530	0.506	0.483	0.460	0.437	0.414	0.392	0.371	0.350
3.0	0.577	0.553	0.530	0.506	0.483	0.460	0.438	0.416	0.394	0.373
3.1	0.599	0.576	0.552	0.529	0.506	0.483	0.461	0.439	0.417	0.396
3.2	0.620	0.603	0.574	0.552	0.528	0.506	0.484	0.462	0.440	0.418
3.3	0.641	0.618	0.596	0.573	0.551	0.528	0.506	0.484	0.462	0.441
3.4	0.660	0.638	0.616	0.594	0.572	0.550	0.528	0.506	0.484	0.463
3.5	0.679	0.658	0.636	0.615	0.593	0.571	0.549	0.528	0.506	0.485
3.6	0.697	0.677	0.656	0.634	0.613	0.592	0.570	0.549	0.527	0.506
3.7	0.715	0.695	0.674	0.653	0.633	0.612	0.590	0.569	0.548	0.527
3.8	0.731	0.712	0.692	0.672	0.651	0.631	0.610	0.589	0.568	0.547
3.9	0.747	0.728	0.709	0.689	0.670	0.649	0.629	0.609	0.588	0.567
4.0	0.762	0.744	0.725	0.706	0.687	0.667	0.647	0.627	0.607	0.587
4.2	0.790	0.773	0.756	0.738	0.720	0.701	0.682	0.663	0.644	0.624
4.4	0.815	0.799	0.783	0.767	0.750	0.733	0.715	0.697	0.678	0.660
4.6	0.837	0.823	0.809	0.793	0.778	0.761	0.745	0.728	0.710	0.692
4.8	0.857	0.845	0.831	0.817	0.803	0.788	0.772	0.756	0.740	0.723
5.0	0.875	0.864	0.851	0.838	0.825	0.811	0.797	0.782	0.767	0.751
5.2	0.891	0.881	0.870	0.858	0.846	0.833	0.820	0.806	0.792	0.777
5.4	0.905	0.896	0.886	0.875	0.864	0.852	0.840	0.828	0.814	0.801
5.6	0.918	0.909	0.900	0.891	0.880	0.870	0.859	0.847	0.835	0.822
5.8	0.928	0.921	0.913	0.904	0.895	0.885	0.875	0.865	0.854	0.842
6.0	0.938	0.930	0.924	0.916	0.908	0.899	0.890	0.881	0.870	0.860
6.5	0.957	0.952	0.947	0.941	0.935	0.927	0.921	0.913	0.905	0.897
7.0	0.970	0.967	0.963	0.958	0.954	0.949	0.943	0.938	0.932	0.925
7.5	0.980	0.977	0.974	0.971	0.968	0.964	0.960	0.956	0.951	0.946
8.0	0.986	0.984	0.982	0.980	0.978	0.975	0.972	0.969	0.965	0.962
9.0	0.994	0.993	0.991	0.990	0.989	0.988	0.986	0.985	0.983	0.981
10.0	0.997	0.997	0.996	0.996	0.995	0.994	0.994	0.993	0.992	0.991
11.0	0.999	0.999	0.998	0.998	0.998	0.997	0.997	0.997	0.996	0.996
12.0			0.999	0.999	0.999	0.999	0.999	0.998	0.998	0.998

续表

4.0	4.1	4.2	4.3	4.4	4.5	4.6	4.7	4.8	4.9	5.0
0	0	0	0	0	0	0	0	0	0	0
0.002	0.001	0.001	0.001	0.001	0.001	0	0	0	0	0
0.019	0.016	0.014	0.012	0.010	0.009	0.007	0.006	0.005	0.004	0.004
0.026	0.022	0.019	0.016	0.014	0.012	0.010	0.009	0.008	0.006	0.005
0.034	0.029	0.026	0.022	0.019	0.017	0.014	0.012	0.011	0.009	0.018
0.043	0.038	0.033	0.029	0.025	0.022	0.019	0.017	0.014	0.012	0.011
0.054	0.047	0.042	0.037	0.032	0.028	0.025	0.022	0.019	0.016	0.014
0.066	0.058	0.052	0.046	0.040	0.036	0.031	0.028	0.024	0.021	0.019
0.079	0.070	0.063	0.056	0.050	0.044	0.039	0.035	0.031	0.027	0.024
0.093	0.084	0.075	0.067	0.060	0.054	0.048	0.043	0.038	0.033	0.030
0.109	0.098	0.089	0.080	0.072	0.064	0.058	0.051	0.046	0.041	0.036
0.125	0.114	0.103	0.093	0.084	0.076	0.068	0.061	0.055	0.049	0.044
0.143	0.130	0.119	0.108	0.098	0.089	0.080	0.072	0.065	0.059	0.053
0.161	0.148	0.135	0.123	0.112	0.102	0.093	0.084	0.076	0.069	0.062
0.181	0.166	0.153	0.140	0.128	0.117	0.107	0.097	0.088	0.080	0.072
0.201	0.185	0.171	0.157	0.144	0.132	0.121	0.111	0.101	0.092	0.084
0.221	0.205	0.190	0.175	0.161	0.149	0.137	0.125	0.115	0.105	0.096
0.242	0.225	0.209	0.194	0.179	0.166	0.153	0.141	0.129	0.119	0.109
0.264	0.246	0.229	0.213	0.198	0.183	0.170	0.157	0.145	0.133	0.123
0.286	0.268	0.250	0.233	0.217	0.202	0.187	0.174	0.161	0.149	0.137
0.308	0.289	0.271	0.253	0.237	0.221	0.206	0.191	0.178	0.165	0.152
0.330	0.311	0.292	0.274	0.257	0.240	0.224	0.209	0.195	0.181	0.168
0.353	0.333	0.314	0.295	0.277	0.260	0.244	0.228	0.213	0.198	0.185
0.375	0.355	0.335	0.316	0.298	0.280	0.263	0.246	0.231	0.216	0.202
0.397	0.377	0.357	0.338	0.319	0.301	0.283	0.266	0.250	0.234	0.219
0.420	0.399	0.379	0.359	0.340	0.321	0.304	0.286	0.269	0.253	0.237
0.442	0.421	0.400	0.380	0.361	0.342	0.324	0.306	0.289	0.272	0.256
0.462	0.442	0.422	0.404	0.382	0.363	0.344	0.326	0.308	0.291	0.275
0.484	0.464	0.443	0.423	0.403	0.384	0.365	0.346	0.328	0.311	0.293
0.506	0.485	0.464	0.444	0.424	0.404	0.385	0.366	0.348	0.330	0.313
0.527	0.506	0.485	0.465	0.445	0.425	0.406	0.387	0.368	0.350	0.332
0.548	0.526	0.506	0.485	0.465	0.446	0.426	0.407	0.388	0.370	0.352
0.567	0.546	0.526	0.506	0.486	0.466	0.446	0.427	0.403	0.389	0.371
0.605	0.585	0.565	0.545	0.525	0.506	0.486	0.467	0.448	0.429	0.410
0.641	0.621	0.602	0.582	0.563	0.544	0.525	0.506	0.486	0.468	0.449
0.674	0.656	0.637	0.619	0.600	0.581	0.562	0.543	0.524	0.505	0.487
0.706	0.688	0.671	0.653	0.634	0.616	0.598	0.579	0.560	0.542	0.524
0.735	0.718	0.702	0.683	0.667	0.650	0.632	0.614	0.596	0.578	0.560
0.762	0.746	0.731	0.714	0.698	0.681	0.664	0.647	0.629	0.612	0.594
0.787	0.772	0.757	0.742	0.726	0.710	0.694	0.678	0.661	0.644	0.627
0.809	0.796	0.782	0.768	0.753	0.738	0.722	0.707	0.691	0.674	0.658
0.830	0.818	0.805	0.791	0.777	0.763	0.749	0.734	0.719	0.703	0.687
0.849	0.837	0.825	0.813	0.800	0.787	0.773	0.759	0.745	0.730	0.715
0.888	0.879	0.869	0.859	0.848	0.837	0.826	0.814	0.802	0.789	0.776
0.918	0.911	0.903	0.895	0.887	0.878	0.868	0.859	0.848	0.838	0.827
0.941	0.935	0.929	0.923	0.916	0.911	0.602	0.894	0.886	0.877	0.868
0.958	0.953	0.949	0.944	0.939	0.933	0.927	0.921	0.915	0.908	0.900
0.979	0.976	0.974	0.971	0.968	0.965	0.961	0.958	0.954	0.950	0.945
0.990	0.988	0.987	0.985	0.984	0.982	0.980	0.978	0.976	0.973	0.971
0.995	0.994	0.994	0.993	0.992	0.991	0.990	0.989	0.988	0.986	0.985
0.998	0.997	0.997	0.997	0.996	0.996	0.995	0.994	0.994	0.993	0.992

t/K \ n	5.0	5.1	5.2	5.3	5.4	5.5	5.6	5.7	5.8	5.9
0	0	0	0	0	0	0	0	0	0	0
0.5										
1.0	0.004	0.003	0.003	0.002	0.002	0.002	0.001	0.001	0.001	0.001
1.5	0.019	0.016	0.014	0.012	0.011	0.009	0.008	0.007	0.006	0.005
2.0	0.053	0.047	0.042	0.038	0.034	0.030	0.027	0.024	0.021	0.009
2.5	0.109	0.100	0.091	0.083	0.076	0.069	0.063	0.057	0.051	0.047
3.0	0.185	0.172	0.160	0.148	0.137	0.127	0.117	0.108	0.099	0.091
3.2	0.219	0.205	0.192	0.179	0.166	0.155	0.144	0.133	0.123	0.114
3.4	0.256	0.240	0.226	0.211	0.198	0.185	0.173	0.161	0.150	0.139
3.6	0.294	0.217	0.261	0.246	0.231	0.217	0.204	0.191	0.179	0.167
3.8	0.332	0.315	0.298	0.282	0.266	0.251	0.237	0.223	0.210	0.197
4.0	0.371	0.353	0.336	0.319	0.303	0.287	0.271	0.256	0.242	0.228
4.1	0.391	0.373	0.355	0.338	0.321	0.305	0.289	0.274	0.259	0.244
4.2	0.410	0.392	0.374	0.357	0.340	0.323	0.307	0.291	0.276	0.261
4.3	0.430	0.411	0.393	0.375	0.358	0.341	0.325	0.309	0.293	0.278
4.4	0.449	0.430	0.412	0.394	0.377	0.360	0.343	0.327	0.311	0.295
4.5	0.468	0.449	0.431	0.413	0.395	0.378	0.361	0.345	0.328	0.312
4.6	0.487	0.469	0.450	0.432	0.414	0.397	0.379	0.363	0.346	0.330
4.7	0.505	0.487	0.469	0.451	0.433	0.415	0.398	0.381	0.364	0.348
4.8	0.524	0.505	0.487	0.469	0.451	0.433	0.416	0.399	0.382	0.365
4.9	0.542	0.524	0.505	0.487	0.469	0.452	0.434	0.417	0.400	0.383
5.0	0.560	0.541	0.523	0.505	0.487	0.470	0.452	0.435	0.418	0.401
5.1	0.577	0.559	0.541	0.523	0.505	0.488	0.470	0.453	0.435	0.418
5.2	0.594	0.576	0.558	0.541	0.523	0.505	0.488	0.470	0.453	0.436
5.3	0.610	0.593	0.575	0.558	0.540	0.523	0.505	0.488	0.471	0.453
5.4	0.627	0.609	0.592	0.575	0.557	0.540	0.522	0.505	0.488	0.471
5.5	0.642	0.626	0.608	0.591	0.574	0.557	0.539	0.522	0.505	0.488
5.6	0.658	0.641	0.624	0.607	0.590	0.573	0.556	0.539	0.522	0.505
5.7	0.673	0.656	0.640	0.623	0.606	0.590	0.573	0.556	0.539	0.522
5.8	0.687	0.671	0.655	0.639	0.622	0.606	0.589	0.572	0.555	0.538
5.9	0.701	0.686	0.670	0.654	0.638	0.621	0.605	0.588	0.571	0.555
6.0	0.715	0.700	0.684	0.668	0.652	0.636	0.620	0.604	0.587	0.571
6.2	0.741	0.726	0.712	0.696	0.681	0.666	0.650	0.634	0.618	0.602
6.4	0.765	0.751	0.737	0.723	0.708	0.693	0.678	0.663	0.648	0.632
6.6	0.787	0.774	0.761	0.748	0.734	0.720	0.705	0.690	0.676	0.661
6.8	0.808	0.796	0.783	0.771	0.758	0.744	0.730	0.716	0.702	0.688
7.0	0.827	0.816	0.804	0.792	0.780	0.767	0.754	0.741	0.727	0.713
7.2	0.844	0.834	0.823	0.812	0.800	0.788	0.776	0.764	0.751	0.738
7.4	0.860	0.851	0.841	0.830	0.819	0.808	0.797	0.785	0.773	0.760
7.6	0.875	0.866	0.857	0.845	0.837	0.826	0.816	0.805	0.793	0.781
7.8	0.888	0.880	0.871	0.862	0.853	0.843	0.833	0.823	0.812	0.801
8.0	0.900	0.893	0.885	0.877	0.868	0.859	0.850	0.840	0.830	0.819
8.5	0.926	0.920	0.913	0.907	0.899	0.892	0.884	0.876	0.868	0.859
9.0	0.945	0.940	0.935	0.930	0.924	0.918	0.912	0.906	0.899	0.892
9.5	0.960	0.956	0.952	0.948	0.943	0.938	0.933	0.928	0.923	0.917
10.0	0.97	0.968	0.965	0.962	0.958	0.955	0.951	0.946	0.942	0.938
11.0	0.985	0.983	0.982	0.979	0.978	0.975	0.973	0.971	0.968	0.965
12.0	0.992	0.992	0.991	0.990	0.988	0.981	0.986	0.985	0.983	0.981
13.0	0.996	0.995	0.995	0.995	0.994	0.993	0.993	0.992	0.991	0.990
14.0	0.998	0.998	0.998	0.997	0.997	0.997	0.996	0.996	0.996	0.995
15.0	0.999	0.999	0.999	0.999	0.999	0.998	0.998	0.998	0.998	0.997

续表

6.0	6.1	6.2	6.3	6.4	6.5	6.6	6.7	6.8	6.9	7.0
0	0	0	0	0	0	0	0	0	0	0
0.001	0	0	0	0	0	0	0	0	0	0
0.004	0.004	0.003	0.003	0.002	0.002	0.002	0.001	0.001	0.001	0.001
0.017	0.015	0.013	0.011	0.010	0.009	0.008	0.007	0.006	0.005	0.004
0.042	0.038	0.034	0.031	0.028	0.025	0.022	0.020	0.018	0.016	0.014
0.084	0.077	0.071	0.065	0.059	0.054	0.049	0.045	0.041	0.037	0.034
0.105	0.098	0.090	0.083	0.076	0.070	0.064	0.059	0.053	0.049	0.045
0.129	0.120	0.111	0.103	0.095	0.088	0.081	0.075	0.069	0.063	0.058
0.156	0.146	0.135	0.126	0.117	0.109	0.100	0.093	0.086	0.080	0.073
0.184	0.173	0.162	0.151	0.141	0.132	0.122	0.114	0.106	0.098	0.091
0.215	0.202	0.190	0.178	0.167	0.157	0.146	0.137	0.128	0.119	0.111
0.231	0.218	0.205	0.193	0.181	0.170	0.159	0.149	0.139	0.130	0.121
0.247	0.233	0.220	0.208	0.195	0.184	0.172	0.162	0.151	0.142	0.133
0.263	0.249	0.236	0.223	0.210	0.198	0.186	0.175	0.164	0.154	0.144
0.280	0.266	0.251	0.238	0.225	0.212	0.200	0.189	0.177	0.167	0.156
0.297	0.282	0.268	0.254	0.240	0.227	0.214	0.203	0.191	0.180	0.169
0.314	0.299	0.284	0.270	0.256	0.243	0.229	0.217	0.205	0.193	0.182
0.332	0.316	0.301	0.286	0.272	0.258	0.244	0.232	0.219	0.207	0.195
0.349	0.333	0.318	0.203	0.288	0.274	0.260	0.247	0.234	0.221	0.209
0.366	0.350	0.335	0.320	0.304	0.290	0.276	0.262	0.249	0.236	0.223
0.384	0.368	0.352	0.336	0.321	0.306	0.292	0.278	0.264	0.251	0.238
0.402	0.385	0.369	0.353	0.338	0.323	0.308	0.294	0.279	0.266	0.253
0.419	0.403	0.386	0.370	0.354	0.339	0.324	0.310	0.295	0.281	0.268
0.437	0.420	0.403	0.387	0.371	0.356	0.340	0.326	0.311	0.297	0.283
0.454	0.437	0.421	0.404	0.388	0.373	0.357	0.342	0.327	0.313	0.298
0.471	0.454	0.438	0.421	0.405	0.389	0.374	0.358	0.343	0.328	0.314
0.488	0.471	0.455	0.438	0.422	0.406	0.390	0.375	0.359	0.345	0.330
0.505	0.488	0.472	0.455	0.439	0.423	0.407	0.391	0.376	0.361	0.346
0.522	0.505	0.488	0.472	0.456	0.439	0.423	0.408	0.392	0.377	0.362
0.538	0.522	0.505	0.489	0.472	0.456	0.440	0.424	0.408	0.393	0.378
0.554	0.538	0.521	0.505	0.489	0.472	0.456	0.440	0.425	0.409	0.394
0.586	0.570	0.553	0.537	0.521	0.505	0.489	0.473	0.457	0.441	0.426
0.616	0.600	0.585	0.568	0.553	0.537	0.521	0.505	0.489	0.473	0.458
0.645	0.630	0.614	0.597	0.583	0.568	0.552	0.536	0.520	0.505	0.489
0.673	0.658	0.643	0.628	0.613	0.597	0.582	0.566	0.551	0.536	0.520
0.699	0.685	0.671	0.656	0.641	0.626	0.611	0.596	0.581	0.566	0.550
0.724	0.710	0.697	0.682	0.668	0.654	0.639	0.624	0.610	0.595	0.580
0.747	0.734	0.721	0.708	0.694	0.680	0.666	0.652	0.637	0.623	0.608
0.769	0.757	0.744	0.732	0.718	0.705	0.691	0.678	0.664	0.650	0.635
0.790	0.778	0.766	0.754	0.741	0.729	0.716	0.702	0.689	0.675	0.662
0.809	0.798	0.786	0.775	0.763	0.751	0.738	0.725	0.713	0.700	0.687
0.850	0.841	0.831	0.821	0.811	0.800	0.790	0.778	0.767	0.755	0.744
0.884	0.876	0.869	0.860	0.851	0.842	0.833	0.823	0.814	0.804	0.793
0.911	0.905	0.898	0.891	0.884	0.877	0.869	0.861	0.853	0.844	0.835
0.933	0.928	0.922	0.917	0.911	0.905	0.898	0.892	0.885	0.877	0.870
0.962	0.959	0.956	0.952	0.949	0.945	0.940	0.936	0.931	0.926	0.921
0.980	0.978	0.976	0.974	0.971	0.969	0.966	0.963	0.961	0.957	0.954
0.989	0.988	0.987	0.986	0.984	0.983	0.981	0.980	0.978	0.976	0.974
0.994	0.994	0.993	0.993	0.992	0.991	0.990	0.989	0.988	0.987	0.986
0.997	0.997	0.997	0.996	0.996	0.995	0.995	0.994	0.994	0.993	0.992

附表 3 **1000hPa 地图到指定高度（高出地面米数）间饱和假绝热大气中的可降水量（mm）与 1000hPa 露点（℃）函数关系表**

高度（m）	1000hpa 温度（℃）																													
	0	1	2	3	4	5	6	7	8	9	10	11	12	13	14	15	16	17	18	19	20	21	22	23	24	25	26	27	28	29	30
200	1	1	1	1	1	1	1	2	2	2	2	2	2	2	2	2	3	3	3	3	3	4	4	4	4	4	5	5	5	6	6
400	2	2	2	2	2	3	3	3	3	3	4	4	4	4	5	5	5	5	6	6	6	7	7	8	8	9	9	10	10	11	12
600	3	3	3	3	3	4	4	4	5	5	5	6	6	6	7	7	7	8	8	9	10	10	11	11	12	13	14	15	15	16	17
800	3	3	4	4	4	5	5	5	6	6	7	7	8	8	9	9	10	10	11	12	13	13	14	15	16	17	18	19	20	21	22
1000	4	4	4	5	5	6	6	6	7	7	8	9	9	10	10	11	12	13	13	14	15	16	17	18	20	21	22	23	25	26	28
1200	4	5	5	6	6	7	7	8	8	9	9	10	11	11	12	13	14	15	16	17	18	19	20	21	23	24	26	27	29	31	32
1400	5	5	6	6	7	7	8	8	9	10	10	11	12	13	14	15	16	17	18	19	20	22	23	24	26	28	29	31	33	35	37
1600	5	6	6	7	7	8	9	9	10	11	11	12	13	14	15	16	17	19	20	21	23	24	25	27	29	31	33	35	37	39	41
1800	6	6	7	7	8	9	9	10	11	12	12	13	14	15	17	18	19	20	22	23	25	26	28	30	32	34	36	39	41	43	46
2000	6	7	7	8	9	9	10	11	11	12	13	14	16	17	18	19	21	22	24	25	27	29	31	33	35	37	39	42	44	47	50
2200	7	7	8	8	9	10	10	11	12	13	14	15	16	18	19	20	22	24	25	27	29	31	33	35	37	40	42	45	48	51	54
2400	7	8	8	9	9	10	11	12	13	14	15	16	17	19	20	22	23	25	27	29	31	33	35	37	40	43	45	48	51	54	57
2600	7	8	8	9	10	11	11	12	13	14	16	17	18	20	21	23	24	26	28	30	32	35	37	40	42	45	48	51	55	58	61
2800	7	8	9	9	10	11	12	13	14	15	16	18	19	21	22	24	26	27	30	32	34	36	39	42	45	48	51	54	58	61	65
3000	8	8	9	10	10	11	12	13	14	15	17	18	20	21	23	25	27	29	31	33	35	38	41	44	47	50	53	57	61	64	68
3200	8	8	9	10	11	12	13	14	15	16	17	19	20	22	24	26	28	30	32	34	37	40	42	45	49	52	56	59	63	67	71
3400	8	8	9	10	11	12	13	14	15	16	18	19	21	23	24	26	29	31	33	36	38	41	44	47	51	54	58	62	66	70	74
3600	8	9	9	10	11	13	13	14	15	17	18	20	22	23	25	27	29	32	34	37	39	42	45	49	52	56	60	64	68	73	77
3800	8	9	10	10	11	13	13	14	16	17	19	20	22	24	26	28	30	32	35	38	41	44	47	50	54	58	62	66	70	75	80
4000	8	9	10	11	11	13	14	15	16	17	19	21	22	24	26	28	31	33	36	39	42	45	48	52	56	60	64	68	73	78	83
4200	8	9	10	11	12	13	14	15	16	18	19	21	23	25	27	29	31	34	37	40	43	46	49	53	57	61	66	70	75	80	85
4400	8	9	10	11	12	13	14	15	16	18	20	21	23	25	27	29	32	34	37	40	44	47	51	54	58	63	67	72	77	82	87
4600	8	9	10	11	12	13	14	15	17	18	20	22	24	25	28	30	32	35	38	41	44	48	52	56	60	64	69	74	79	84	90
4800	8	9	10	11	12	13	14	15	17	18	20	22	24	26	28	30	33	36	39	42	45	49	53	57	61	65	70	75	81	86	92
5000	8	9	10	11	12	13	14	16	17	19	20	22	24	26	28	31	33	36	39	42	46	50	54	58	62	67	72	77	82	88	94

续表

高度 (m)	1000hpa 温度 (℃)																													
	0	1	2	3	4	5	6	7	8	9	10	11	12	13	14	15	16	17	18	19	20	21	22	23	24	25	26	27	28	29	30
5200	8	9	10	11	12	13	14	16	17	19	20	22	24	26	29	31	34	37	40	43	47	50	54	59	63	68	73	78	84	90	96
5400	8	9	10	11	12	13	14	16	17	19	20	22	24	26	29	31	34	37	40	44	47	51	55	60	64	69	74	80	86	92	98
5600	8	9	10	11	12	13	14	16	17	19	21	22	24	27	29	32	35	38	41	44	48	52	56	60	65	70	76	81	87	93	100
5800	8	9	10	11	12	13	14	16	17	19	21	22	25	27	29	32	35	38	41	45	48	52	57	61	66	71	77	82	88	95	101
6000	8	9	10	11	12	13	15	16	17	19	21	22	25	27	30	32	35	38	42	45	49	53	57	62	67	72	78	84	90	96	103
6200	8	9	10	11	12	13	15	16	17	19	21	23	25	27	30	32	35	38	42	45	49	54	58	63	68	73	79	85	91	98	104
6400	8	9	10	11	12	13	15	16	18	19	21	23	25	27	30	33	35	39	42	46	50	54	58	63	68	74	80	86	92	99	106
6600	8	9	10	11	12	13	15	16	18	19	21	23	25	27	30	33	36	39	42	46	50	54	59	64	69	74	80	87	93	100	107
6800	8	9	10	11	12	13	15	16	18	19	21	23	25	27	30	33	36	39	42	46	50	55	60	65	70	75	81	87	94	101	108
7000	8	9	10	11	12	14	15	16	18	19	21	23	25	28	30	33	36	39	42	46	51	55	60	65	70	76	82	88	95	102	110
7200	8	9	10	11	12	14	15	16	18	19	21	23	25	28	30	33	36	39	43	47	51	55	60	65	71	76	82	89	96	103	101
7400	8	9	10	11	12	14	15	16	18	19	21	23	25	28	30	33	36	39	43	47	51	56	61	66	71	77	83	90	97	104	112
7600	8	9	10	11	12	14	15	16	18	19	21	23	25	28	30	33	36	39	43	47	51	56	61	66	72	77	83	90	98	105	113
7800	8	9	10	11	12	14	15	16	18	19	21	23	25	28	30	33	36	39	43	47	51	56	61	66	72	78	84	91	98	106	114
8000	8	9	10	11	12	14	15	16	18	19	21	23	26	28	30	33	36	40	43	47	52	56	61	67	72	78	85	92	90	107	115
8200	8	9	10	11	12	14	15	16	18	19	21	23	26	28	30	33	36	40	43	47	52	57	62	67	73	78	85	92	100	108	115
8400	8	9	10	11	12	14	15	16	18	19	21	23	26	28	30	33	36	40	43	47	52	57	62	67	73	79	85	92	100	108	116
8600	8	9	10	11	12	14	15	16	18	19	21	23	26	28	30	33	36	40	43	47	52	57	62	68	73	79	86	93	101	109	117
8800	8	9	10	11	12	14	15	16	18	19	21	23	26	28	30	33	36	40	43	47	52	57	62	68	73	79	86	93	101	109	118
9000	8	9	10	11	12	14	15	16	18	19	21	23	26	28	31	33	36	40	43	47	52	57	62	68	74	80	86	94	102	110	118
9200	8	9	10	11	12	14	15	16	18	19	21	23	26	28	31	33	36	40	43	48	52	57	62	68	74	80	87	94	102	110	119
9400						14	15	16	18	19	21	23	26	28	31	33	36	40	44	48	52	57	62	68	74	80	87	94	102	110	119
9600						14	15	16	18	19	21	23	26	28	31	33	36	40	44	48	52	57	63	68	74	80	87	94	102	111	120
9800						14	15	16	18	19	21	23	26	28	31	33	36	40	44	48	52	57	63	68	74	80	87	95	103	111	120
10000						14	15	16	18	19	21	23	26	28	31	33	37	40	44	48	52	57	63	68	74	80	87	95	103	112	121
11000											21	23	26	28	31	33	37	40	44	48	52	57	63	68	74	81	88	96	104	113	122
12000																33	37	40	44	48	52	57	63	68	74	81	88	96	105	114	123

参 考 文 献

[1] 雒文生．河流水文学．北京：水利电力出版社，1992.
[2] 詹道江，叶守泽．工程水文学（第三版）．北京：中国水利水电出版社，2000.
[3] 叶守泽．水文水利计算．北京：水利电力出版社，1992.
[4] 邓坚．水文、水利信息化 60 年成就与展望．中国水利，2009 年 18 期，总第 636 期．
[5] 赵人俊．流域水文模拟——新安江模型与陕北模型．北京：水利电力出版社，1984.
[6] 袁作新．工程水文学．北京：水利电力出版社，1990.
[7] 金光炎．水文统计原理与方法．北京：中国工业出版社，1964.
[8] 雒文生．水文学．北京：中国建筑工业出版社，2001.
[9] 水利电力部水利司．水文测验手册 第一册．北京：水利电力出版社，1975.
[10] 任树梅，等．工程水文学．北京：中国农业大学出版社，2001.
[11] M. J. 柯克比．山坡水文学．哈尔滨：哈尔滨工业大学出版社，1989.
[12] 雒文生，宋星原．洪水预报与调度．武汉：湖北科学技术出版社，2000.
[13] 丁晶，等．随机水文学．成都：成都科技大学出版社，1988.
[14] 宋星原，等．工程水文学题库及题解．北京：中国水利水电出版社，2003.
[15] 雒文生，等．超渗和蓄满同时作用的产流模型研究．水土保持学报，1992（4）．
[16] 雒文生，等．林区地下径流计算方法的实验研究．水土保持学报，1990（3）．
[17] 王维第，等．西北干旱半干旱地区设计净雨模型探讨．水文，1986（1）．
[18] Maidment D. R. Handbook of Hydrology. McGraw - Hill. 1992.
[19] 水利电力部水利水电规划设计院．水利水电工程水文计算规范．北京：水利电力出版社，1985.
[20] 长江水利委员会长江勘测规划设计研究院，等．水利水电工程等级划分及洪水标准 SL 252—2000. 北京：中国水利水电出版社，2000.
[21] 水利部．水利水电工程设计洪水计算规范 SL 44—93 [S]．北京：水利电力出版社，1993.
[22] 国家技术监督局、中华人民共和国建设部．防洪标准（GB 50201—94）．北京：水利电力出版社，1994.
[23] 马秀峰．计算机水文频率参数的权函数法．水文，1984.
[24] 陈家琦，等．小流域暴雨洪水计算．北京：水利电力出版社，1985.
[25] 郭生练．设计洪水研究进展与评价．北京：中国水利水电出版社，2005.
[26] 王国安．可能最大暴雨和洪水计算原理与方法．北京：中国水利水电出版社，郑州：黄河水利出版社，1999.
[27] 水利水电规划设计院．水利水电工程设计洪水计算手册．北京：中国水利水电出版社，1995.
[28] 中国水利学会．河流泥沙国际学术讨论会文集．北京：1980.
[29] 周明衍．晋西人黄河流产沙规律和流域治理的效果．水文，1982（2）．
[30] 樊尔兰．悬移质瞬时输沙单位线的探讨．泥沙研究，1988（2）．
[31] 袁作新．水利计算．水利电力出版社，1987.
[32] 长江水利委员会．水文预报方法（第二版）．北京：中国水利水电出版社，1993.
[33] 庄一鸰、林三益．水文预报．北京：水利电力出版社，1986.

[34] 水利电力部水利信息中心．水文情报预报规范 SL 250—2000. 北京：中国水利水电出版社，2000.
[35] 周惠成，等．水库汛期限制水位动态控制方法研究．大连：大连理工大学出版社，2006.
[36] 周之豪，等．水利水能规划．北京：水利电力出版社，1986.
[37] 水利部．灌溉与排水工程设计规范 GB 50288—99. 北京：中国计划出版社，1999.
[38] 张涛．汛限水位分期设计与动态控制研究．武汉大学博士学位论文，2009.